生物进化与分类原理

周长发　编著

本书得到国家自然科学基金重点项目（30630010）、面上项目（30570200），以及南京师范大学动物学国家重点学科和“周尧昆虫分类学奖励基金”的共同资助。

科学出版社

北京

内 容 简 介

生物进化论解释了生物多样性形成的原因和由来。然而，生物种类丰富多样，形态千差万别，特定生物或类群的进化及其分布过程、历史和式样各具特色，对它们的分类、描记、命名和重建需要遵循科学的原理、方法和规范。本书综合最新研究成果和动态，用富有个性化的语言深入浅出地对生物进化论及生物系统学的原理和方法进行了详细的介绍和探讨。对生物学中争论的热点内容也有所涉及。

本书涵盖了所有生物系统学的理论和方法，可以使具有大学以上水平的学生及相关研究人员充分了解生物系统学的历史、最新研究成果以及理论和方法。

图书在版编目(CIP)数据

生物进化与分类原理/周长发编著.—北京：科学出版社，2009

ISBN 978-7-03-022602-0

Ⅰ.生… Ⅱ.周… Ⅲ.①生物-进化 ②生物学：分类 Ⅳ.Q1

中国版本图书馆 CIP 数据核字(2008)第 112803 号

责任编辑：李韶文 王海光 王 静/责任校对：朱光光

责任印制：赵 博/封面设计：王 浩

科学出版社 出版

北京东黄城根北街 16 号

邮政编码：100717

http://www.sciencep.com

北京天宇星印刷厂印刷

科学出版社发行 各地新华书店经销

*

2009 年 1 月第 一 版 开本：787×1092 1/16

2025 年 1 月第四次印刷 印张：20

字数：446 000

定价：120.00 元

(如有印装质量问题，我社负责调换)

In nature's infinite book of secrecy! A little I can read!

——William Shakespeare (*Anthony and Cleopatra*)

自然啊，你这充满无穷神秘之书！我啊，只能领会几许！

——威廉· 莎士比亚《安东尼与克利奥帕特拉》

When a bird arranges the materials he collected together, he has his own space and niche!

当鸟儿将收集来的材料搭建在一起的时候，它就拥有了自己的天地和位置！

序一

生物系统学是进化生物学的重要组成之一，是进化概念下的生物多样性研究。一方面，它要探讨现在或过去地球上生物的分布、形态和多样性，以及生物分布格局、形态结构与环境之间的对应协调关系。另一方面，它还要研究生物形态、多样性以及分布格局形成的原因、历史和过程。因此，它需要综合多种学科如地学、进化论、形态学、生态学、分子生物学、生物信息学等方面的理论和方法。这些方面的综合使得生物系统学的原理及方法具有相当的深度和难度。对此理论和方法的介绍及阐述极为重要，也是我国生物系统学研究迫切需要加强的一个方面。

我国地理情况复杂、生境多样，造就了丰富多彩的生物多样性。目前我国生物多样性的调查研究还远没有完成，迫切需要培养和加强一支青年科研队伍。“授之于鱼不如授之于渔”，由于生物系统学研究的复杂性及艰难性，理论及方法的掌握显得尤为重要。周长发博士有志于此，潜心钻研，对生物系统学理论有相当精深的了解和掌握，这在他的这本《生物进化与分类原理》一书中有明确的体现。

该书分十七个章节对生物系统学所要研究的内容、原理和方法进行了全面、深入、独特的介绍和讲解，从介绍地球上多样的生物物种开始，逐次介绍了生物物种产生的原由、进化思想的产生及发展过程、自然选择的过程和原理、特殊的自然选择方式（性选择、群选择、亲选择）、遗传漂变、进化的结果——适应、物种概念、物种形成、物种分类、高级分类单元、生物命名概要、主要生物分类学派（支序系统学、进化系统学、数值系统学、分子系统学）以及生物地理学概要。为方便有关人员对生物进行命名和翻译，书后还附有部分常见生物种名释义（中文和拉丁文）、部分常用生物命名词汇表（中西文对照）等。尤其重要的是，书后还有详细的参考文献，以方便读者进一步参考原始文献和深入研究。

该书图文并茂、通俗易懂，语言生动活泼，介绍深入浅出。它既可以当作一本专著，也适合研究生阅读，是同类书籍中难得的一本。相信它的出版将对推动我国生物系统学的研究有诸多助益。

周开亚 教授

南京师范大学 生命科学 学院

2008 年 12 月

序二

一百多年前，达尔文（Charles Darwin）提出的生物进化论将纷繁复杂、多姿多彩的生物描述为有共同起源和血亲关系的有序整体，撼动了当时的神创论，也引起了各种思潮之间的激烈争论；五十几年前，享尼格（Willi Hennig）提出的支序分类方法将进化论与生物分类原理及其实践严格统一，挑战了过去以人为经验和判断为主的生物分类方法，震动了生物学界，也引起了不同生物分类学派之间的激烈争论。这两次较大的科学理论突破和思想争辩使进化论深入人心、生物分类方法更加严格科学、科学研究方法和结果蓬勃发展、方兴未艾也硕果累累。

为反映进化论及分类原理和方法的最新理论进展和研究成果，周长发博士经长期积累、深入学习，精心编写了这本《生物进化与分类原理》。从内容上看，本书涵盖了生物系统学的所有方面，并尽可能地综合了最近最新的研究成果，且运用了极具个性化的语言对相当深奥的理论进行了深入浅出的介绍和阐述。难能可贵得是，该书对理论问题的来龙去脉梳理得层次分明、脉络清晰；对不同学者对某一问题的不同观点和争论焦点介绍得井井有条、对应有序。尤其重要的是，本书还充分利用了我国生物系统学工作者的相关研究成果，并将它们有机地融入到相关理论性内容中，这在以前的同类书籍中并不多见。

年轻的研究人员往往对诸多实际具体的科学问题有种种困惑，这需要对相关研究领域的原理及方法有深入全面的了解和掌握，而恰当的启蒙性书籍在此方面有诸多助益。本书是我所见到的在此方面做得较为成功的一例，它援引例证具有典型性，举例充分，理论深入但易懂。

相信此书对我国生物系统学的研究帮助极大，欣然为序。

郑乐怡 教授

南开大学生物学系

2008 年 12 月

前　　言

传统的生物分类学现在一般称为生物系统学（biological systematics），它是研究多样的生物及其由来和相互关系的学科，并以生物进化论为基础。从研究层次上看，它可以分为生物分类学（taxonomy）和系统发育关系重建（phylogeny reconstruction）两方面。在第一方面，它主要探讨现在或过去地球上生物的分布、形态和多样性，以及生物分布格局和形态结构与环境之间的对应协调关系。在第二方面，它主要研究生物形态、多样性以及分布格局形成的原因、历史和过程，即进化的过程与式样。它综合了生物学各分支学科的内容和方法，尤其是形态学、生态学、进化论等学科的理论和信息，从而形成了自己独特而丰富的内涵。

我国在地理上横跨古北区和东洋区，环境复杂、生境多样，是生物多样性较高的国家之一。我国的生物系统学研究曾给世界带来很多惊喜，最著名的例子有鸟类化石（如中华鸟龙）、人类化石（如北京人）、孑遗生物（如大熊猫、白鱀豚、银杏、水杉等）的发现和报道。我国的生物系统学在研究规模和从业人员数量上可能也并不输给任何一个国家。然而，从总体上看，个人感觉我国的生物系统学研究在理论建设上鲜有创造和参与，在对标本研究的细致深入程度上也略显不足，在信息共享和将研究成果转化为实际生产力上还很初级。为使生物系统学从业人员更加深入全面地了解本学科，尤其是年轻的研究人员能够在生物系统学理论上有所了解、掌握和突破，对他们所要参与或从事的实际工作有所帮助，本人结合平生所学和已有的相关著作（这些书籍都较陈旧且不易找到），编写了本书，并以进化论及生物分类原理为基本内容。

在编写过程中，得到我的博士生导师郑乐怡教授和卜文俊教授两位先生的批评指导。本书的框架和许多例证都来自他们的课程讲义和讨论教诲！

另外，业师周开亚教授和归鸿教授对本书的内容和形式都提出过宝贵的指导意见，同实验室的程罗根教授和严洁博士对部分书稿提出过建设性意见，在此一并致谢！更要感谢几年来选修本课的研究生们对我的鼓励和宽容，他们上课时的专注眼神和下课后的热情话语带给我无限的动力和激情！

由于本人水平有限，虽极其尽力谨慎，但书中错误及不足之处在所难免，欢迎读者及同行批评指正！

周长发

2008年11月于南京师范大学生命科学学院

zhouchangfa@njnu.edu.cn

目　录

前言
第 1 章　多样的物种 …… 1
1.1　物种数目 …… 2
1.2　物种在地球上的分布 …… 8
第 2 章　生物进化思想的产生和发展 …… 10
2.1　宇宙和生命的诞生 …… 10
2.1.1　宇宙的起始 …… 10
2.1.2　宇宙是如何诞生的 …… 11
2.1.3　宇宙是何时开始的 …… 12
2.1.4　地球的诞生 …… 13
2.1.5　生命的诞生 …… 14
2.2　进化论产生 …… 14
2.3　生物进化的例证 …… 18
2.3.1　生物进化的直接证据——化石 …… 18
2.3.2　孑遗生物 …… 19
2.3.3　同源器官 …… 19
2.3.4　趋同 …… 19
2.3.5　保护色和拟态 …… 19
2.3.6　协同进化 …… 19
2.3.7　进化辐射 …… 20
2.3.8　痕迹器官和特殊构造 …… 20
2.3.9　进化事件 …… 21
2.3.10　人工选择 …… 21
2.3.11　人工进化实验 …… 22
2.4　共同由来的经典例证 …… 22
2.4.1　形态学证据 …… 22
2.4.2　胚胎学证据 …… 22
2.4.3　生理生化证据 …… 23
2.4.4　生物地理学证据 …… 23
2.4.5　分子生物学证据 …… 23
2.4.6　生物系统学证据 …… 24
2.5　进化论的发展 …… 24
2.5.1　遗传的物质基础 …… 24
2.5.2　新达尔文主义 …… 27

2.5.3 综合进化论 …… 28
2.5.4 新综合进化论 …… 28
2.6 现代进化论面临的挑战 …… 29
2.6.1 分子进化 …… 29
2.6.2 中性论 …… 30
2.6.3 间断平衡论 …… 31
第 3 章 自然选择 …… 32
3.1 种群 …… 32
3.2 自然选择的基础：遗传变异 …… 32
3.2.1 遗传变异的证明 …… 33
3.3 种群内基因频率的改变 …… 34
3.3.1 哈迪-温伯格平衡 …… 35
3.3.2 自然选择 …… 35
3.3.3 自然选择的例证 …… 36
3.4 自然选择的外在表现 …… 37
3.4.1 单向性选择 …… 38
3.4.2 稳定性选择 …… 39
3.4.3 分裂性选择 …… 39
3.4.4 平衡性选择 …… 40
第 4 章 性选择 …… 41
4.1 性的意义 …… 41
4.2 性别产生过程 …… 43
4.2.1 为什么大多数生物只有两性 …… 43
4.2.2 性别产生需要多少个基因参与 …… 44
4.3 性选择产生原因 …… 44
4.4 性选择方式 …… 45
4.4.1 性内选择 …… 45
4.4.2 性间选择 …… 48
4.5 雌雄角色的多样性 …… 50
4.6 动物的婚配制度 …… 51
4.7 植物的性系统 …… 53
4.8 性选择的结果 …… 54
第 5 章 自然选择的单位 …… 56
5.1 群选择 …… 58
5.2 亲选择 …… 61
5.2.1 亲选择理论 …… 61
5.2.2 绿胡须效应 …… 64
5.2.3 亲子冲突 …… 65
5.2.4 同胞相残 …… 66

5.2.5　互惠利他 …… 66
5.3　动物社会性的起源和进化 …… 66
5.3.1　社会性起源 …… 66
5.3.2　社会性起源：多少基因 …… 68
5.4　配子选择 …… 69
5.5　物种及其他水平的选择 …… 70
第 6 章　影响进化的其他力量 …… 72
6.1　突变 …… 72
6.2　基因流动 …… 73
6.3　近亲繁殖 …… 74
6.4　遗传漂变 …… 76
6.4.1　奠基者效应 …… 77
6.4.2　瓶颈效应 …… 78
第 7 章　进化的结果——适应 …… 80
7.1　保护色 …… 81
7.1.1　隐身色 …… 81
7.1.2　反阴影色 …… 81
7.1.3　迷彩色 …… 82
7.2　警戒色 …… 82
7.3　拟态 …… 84
7.3.1　贝氏拟态 …… 84
7.3.2　缪氏拟态 …… 85
7.3.3　波氏拟态 …… 85
7.3.4　瓦氏拟态 …… 85
7.3.5　集体拟态 …… 86
7.4　特化 …… 86
7.5　适应的相对性 …… 87
7.6　进化的方向 …… 88
7.7　进化的速度 …… 88
7.8　当前仍在进化吗？ …… 89
第 8 章　物种概念 …… 90
8.1　模式物种概念 …… 91
8.2　唯名论的物种概念 …… 92
8.3　生物学物种概念 …… 94
8.4　识别物种概念 …… 102
8.5　进化物种概念 …… 102
8.6　系统发育物种概念 …… 103
8.7　内聚物种概念 …… 105
8.8　调和物种概念 …… 105

8.9　基因簇物种定义 …… 106
第 9 章　物种形成 …… 109
9.1　物种形成过程 …… 109
9.2　物种形成方式 …… 111
9.2.1　异域种化 …… 111
9.2.2　同域种化 …… 113
9.2.3　邻域物种形成 …… 116
9.3　再次同域 …… 117
9.4　种化的速度 …… 119
9.4.1　影响种化速度的因素 …… 120
9.5　种化的极端方式 …… 121
9.5.1　物种灭绝 …… 122
9.5.2　适应辐射 …… 122
9.6　种化模式 …… 125
第 10 章　物种分类 …… 127
10.1　分类特征 …… 127
10.2　基本分类阶元层次及分类单元 …… 131
10.3　检索表 …… 134
第 11 章　高级分类单元的性质和进化 …… 136
11.1　高级分类单元的起源 …… 136
11.2　决定体制和形态的因素 …… 137
11.3　高级分类单元的进化 …… 138
11.4　高级分类单元的性质 …… 139
第 12 章　物种命名概要 …… 141
12.1　命名的必要性 …… 141
12.2　生物命名法规要点 …… 141
12.2.1　拉丁文字 …… 142
12.2.2　双名 …… 142
12.2.3　三名 …… 143
12.2.4　种名的变动 …… 143
12.2.5　语法 …… 144
12.2.6　发表与模式 …… 144
12.2.7　优先律 …… 145
12.2.8　高级分类单元的名称 …… 146
12.2.9　确立新分类单元 …… 147
第 13 章　支序系统学简介 …… 148
13.1　缘起 …… 148
13.2　分支过程的推导 …… 150
13.2.1　共祖近度 …… 150

13.2.2 同源特征与异源同形 …… 152
13.2.3 特征衍化 …… 153
13.2.4 使用共有衍征推导分支过程 …… 155
13.2.5 支序分析的程序化 …… 160
13.2.6 合意 …… 163
13.2.7 分支图与系统树的关系 …… 163
13.3 形式分类 …… 164
13.3.1 单系群 …… 164
13.3.2 支序系统学的分类原则 …… 166
第 14 章 进化分类学派及其与支序分类学派的论战 …… 169
14.1 进化分类学派与支序分类学派的异同 …… 169
14.2 论战 …… 171
争论一：单系群的定义 …… 171
争论二：系统发育概念和亲缘关系 …… 171
争论三：祖先 …… 172
争论四：时间种 …… 173
争论五：化石 …… 173
争论六：进化级 …… 174
争论七：祖先分类单元 …… 174
争论八：相似程度 …… 175
争论九：特征间隔 …… 175
争论十：生物学 …… 175
争论十一：进化过程 …… 176
争论十二：进化趋势 …… 176
争论十三：分类系统与分支图的一致性 …… 177
争论十四：分类系统的稳定性 …… 177
争论十五：二分支还是多分支？ …… 178
争论十六：向上分类还是向下分类 …… 178
争论十七：自然分类还是人为分类 …… 178
争论十八：种类平衡 …… 179
争论十九：分类层次 …… 179
争论二十：谁更接近达尔文 …… 182
第 15 章 数值分类学派 …… 183
15.1 数值分类学派的主要主张 …… 184
15.2 数值分类程式 …… 184
15.2.1 确定分类操作单元 …… 184
15.2.2 选择特征并数量化 …… 184
15.2.3 特征处理 …… 185
15.2.4 计算 …… 185

15.2.5 根据相似度进行运算和归群并作表型图 …… 189
15.2.6 形式分类 …… 189
15.3 评论 …… 189
第 16 章 分子系统学简介 …… 192
16.1 分子系统学研究的主要步骤 …… 192
16.1.1 选择要研究的类群 …… 192
16.1.2 采集标本 …… 193
16.1.3 确定分子标记 …… 193
16.1.4 纯化基因 …… 193
16.1.5 测序 …… 193
16.1.6 寻找同源序列 …… 193
16.1.7 比对 …… 193
16.1.8 确定序列长度 …… 195
16.1.9 构树 …… 196
16.1.10 方法和树的选择 …… 200
16.1.11 评价树 …… 200
16.1.12 讨论和比较 …… 202
16.2 评论 …… 202
第 17 章 生物地理学概要 …… 204
17.1 扩散与隔离分化 …… 204
17.1.1 扩散理论 …… 205
17.1.2 隔离分化理论 …… 205
17.2 生物分布格局进化假说 …… 206
17.2.1 大陆漂移假说 …… 206
17.2.2 太平洋洲假说 …… 207
17.2.3 地球膨胀假说 …… 208
17.3 生物地理学的流派及分析方法 …… 208
17.3.1 泛生物地理学 …… 208
17.3.2 系统发育生物地理学 …… 208
17.3.3 分支生物地理学 …… 209
17.3.4 特有简约性分析 …… 210
17.3.5 分子标记的生物地理学分析 …… 210
17.4 地理区划 …… 210
参考文献 …… 212
附录 1 部分常见生物种名释义（中文） …… 231
附录 2 部分常见生物种名释义（拉丁文） …… 246
附录 3 部分常见生物命名词汇表（中文西文对照） …… 261
附录 4 部分常见生物命名词汇表（西文中文对照） …… 269
中文索引 …… 287
西文索引 …… 294

第 1 章　多样的物种

人类生活的周围，存在着各色各样的生物。如果你再仔细观察，会看到更多形形色色的生物，如蜻蜓、蝴蝶、飞鸟、鱼儿等，显示这个世界上的生物是极其多样的（图 1.1，图 1.2）。那么地球上到底有多少物种呢？

图 1.1　植物的多样性

图 1.2　多样的蝴蝶

1.1 物种数目

Mayr（1969）统计出当时已报道的动物约超过 100 万种（表 1.1），并估计地球上的物种有 500 万～1000 万种，化石种可能是现存种的 50～100 倍。

表 1.1 主要动物类群的物种数目（引自 Mayr 1969）

动物门类	物种数目
动物界 Animalia	1 071 000
原生动物门 Protozoa	28 350
肉足鞭毛虫亚门 Sarcomastigophora	17 650
鞭毛虫纲 Mastigophora	6000
玛瑙虫纲 Opalinata	200
肉足虫纲 Sarcodina	11 450
孢子虫亚门 Sporozoa	3600
刺孢虫亚门 Cnidospora	1100
纤毛虫亚门 Ciliophora	6000
中生动物门 Mesozoa	50
多孔动物门 Porifera	4800
腔肠动物门 Coelenterata	5300
栉水母动物门 Ctenophora	80
扁形动物门 Platyhelminthes	12 700
涡虫纲 Turbellaria	3000
吸虫纲 Trematoda	6300
绦虫纲 Cestoda	3400
颚口虫动物门 Gnathostomulida	45
内肛动物门 Entoprocta /弓形动物门 Kamptozoa	75
纽形动物门 Nemertinea /腔吻动物门 Rhynchocoela	800
线形动物门 Nemathelminthes	12 500
腹毛纲 Gastrotricha	170
轮形纲 Rotatoria	1500
线虫纲 Nematoda	10 000
线形纲 Nematomorpha	230
动吻纲 Kinorhyncha	100
棘头动物门 Acanthocephala	500
曳鳃动物门 Priapulida	8
软体动物门 Mollusca	107 250
多板纲 Polyplacophora（Loricata）	1000
无板纲 Aplacophora（Solenogastres）	150
单板纲 Monoplacophora	3
腹足纲 Gastropoda	80 000
掘足纲 Scaphopoda	350
双壳纲 Bivalvia/瓣鳃纲 Lamellibranchia	25 000
头足纲 Cephalopoda	750
星虫动物门 Sipunculida	250
螠虫动物门 Echiurda	150
环节动物门 Annelida	8500

续表

动物门类	物种数目
有爪动物门 Onychophora	70
缓步动物门 Tardigrada	350
五气门动物门 Pantastomida/ 舌形动物门 Linguatulida	65
节肢动物门 Arthropoda	8 380 000
螯肢亚门 Chelicerata	575 000
肢口纲 Merostomata/ 剑尾纲 Xiphosura	4
蛛形纲 Arachnida	5700
全足纲 Pantopoda/强足纲 Pycnogonida	500
颚肢亚门 Mandibulata	780 500
甲壳纲 Crustacea	20 000
唇足纲 Chilopoda	2800
倍足纲 Diplopoda	7200
少足纲 Pauropoda	380
综合纲 Symphala	120
昆虫纲 Insecta	750 000
总担动物门 Lophophorata/触须动物门 Tentaculata	3750
帚形亚门 Phoronidea	18
苔藓虫亚门 Bryozoa	3500
腕足亚门 Brachiopoda	230
半索动物门 Hemichordata/鳃孔动物门 Branchiotremata	80
棘皮动物门 Echinodermata	6000
海胆亚门 Echinozoa	1750
海参纲 Holothuroidea	900
海胆纲 Echinoidea	850
海百合亚门 Crinozoa	650
海星亚门 Asterozoa	3600
太阳海星纲 Somasteroidea	1
海星纲 Asteroidea	1700
蛇尾纲 Ophiuroidea	1900
须腕动物门 Pogonophora	100
毛颚动物门 Chaetognatha	50
脊索动物门 Chordata	43 000
被囊亚门 Tunicata	1300
头索亚门 Cephalochordata	25
脊椎亚门 Vertebrata	41 700
无颌纲 Agnatha	50
软骨鱼纲 Chondrichthyes	550
硬骨鱼纲 Osteichthyes	20 000
两栖纲 Amphibia	2500
爬行纲 Reptilia	6300
鸟纲 Aves	8600
哺乳纲 Mammalia	3700
总计	1 071 000

20年后，Wilson（1988）又进行了统计，估计当时已描述的生物种类达到近140万种（表1.2），并估计地球上的物种数量为500万～3000万种。

表1.2　已描述的生物物种数量（引自Wilson 1988）

主要生物门类	已知物种数目
病毒 Virus	几千
原核生物界 Monera	4760
细菌 Bacteria	3000
支原体 Myxoplasma	60
蓝细菌 Cyanophycota	1700
真菌 Fungi	46 983
接合菌门 Zygomycota	665
子囊菌门（包括地衣）Ascomycota	28 650
担子菌门 Basidiomycota	16 000
卵菌门 Oomycota	580
壶菌门 Chytridiomycota	575
集孢黏菌门 Acrasiomycota	13
黏菌亚门 Myxomycota	500
藻类 Algae	26 900
绿藻门 Chlorophyta	7000
褐藻门 Phaeophyta	1500
红藻门 Rhodophyta	4000
金藻门 Chrysophyta	12 500
甲藻门 Pyrrophyta	1100
裸藻门 Euglenophyta	800
植物界 Plantae	248 428
苔藓植物门 Bryophyta	16 600
裸蕨植物门 Psilophyta	9
石松植物门 Lycopodiophyta	1275
木贼门 Equisetophyta	15
真蕨植物门 Filicophyta	10 000
裸子植物门 Gymnosperma	529
双子叶植物门 Dicotyledoneae	170 000
单子叶植物门 Monocotyledoneae	50 000
原生动物界 Protozoa	30 800
动物界 Animalia	989 761
多孔动物门 Porifera	5000
腔肠动物门 Coelenterata	9000
扁形动物门 Platyhelminthes	12 200
线形动物门 Nemathelminthes	12 000
环节动物门 Annelida	12 000
软体动物门 Mollusca	50 000
棘皮动物门 Echinodermata	6100
节肢动物门 Arth ropoda	
昆虫纲 Insecta	751 000
其他节肢动物 Other arthropods	123 161
其他无脊椎动物 Minor invertebrate phyla	9300
脊索动物门 Chordata	43 853
被囊亚门 Tunicata	1250
头索亚门 Cephalochordata	23
无颌纲 Agnatha	63
软骨鱼纲 Chondrichthyes	843
硬骨鱼纲 Osteichthyes	18 150
两栖纲 Amphibia	4184
爬行纲 Reptilia	6300
鸟纲 Aves	9040
哺乳纲 Mammalia	4000
合计（所有生物）	1 392 485

同一年，May（1988）也提供了已知生物数目的估计，并给出每年新物种的报道数（表1.3）。

表1.3　1978～1987年《动物学记录》上每年动物报道的文章数及可能的已知物种数目（引自May 1988）

生物门类	每年发表的文章数目（变化系数）	大概已知的物种数目	平均一年研究一个物种的文章数目
原生动物界 Protozoa	3900（10）	260 000	0.15
海绵动物门 Porifera	190（22）	10 000	0.02
腔肠动物门 Coelenterata	740（12）	10 000	0.07
棘皮动物门 Echinodermata	710（15）	6000	0.12
线形动物门 Nemathelminthes	1900（1）	1 000 000（?）	0.002
环节动物门 Annelida	840（9）	15 000	0.06
腕足动物门 Brachiopoda	220（14）	350	0.63
苔藓动物门 Bryozoa	160（15）	4000	0.04
节肢动物门 Arthropoda			
甲壳纲 Crustacea	3300（9）	39 000	0.09
蛛形纲 Arachnida	2000（6）	63 000	0.03
昆虫纲 Insecta	17 000（7）	1 000 000（?）	0.02
鞘翅目 Coleoptera	2900（6）	300 000	0.01
双翅目 Diptera	3200（7）	85 000	0.04
鳞翅目 Lepidoptera	3500（9）	110 000	0.03
膜翅目 Hymenoptera	2200（9）	110 000	0.02
半翅目 Hemiptera	1700（7）	40 000	0.04
脊索动物门 Chordata			
鱼纲 Pisces	7000（13）	19 000	0.37
两栖纲 Amphibia	1300（12）	2800	0.47
爬行纲 Reptilia	2400（7）	6000	0.41
鸟纲 Aves	9000（10）	9000	1.00
哺乳纲 Mammalia	8100（12）	4500	1.80
单孔目 Monotremata	20	3	6.8
有袋类 Marsupialia	269	266	1.0
食虫目 Insectivora	270	345	0.8
皮翼目 Dermoptera	2.2	2	1.1
翼手目 Chiroptera	402	951	0.4
灵长类 Primates	956	181	5.3
贫齿目 Edentata	38	29	1.3
鳞甲目 Pholidota	5	7	0.7
兔形目 Lagomorpha	173	58	3.0
啮齿目 Rodentia	1538	1702	0.9
鲸目 Cetacea	360	76	4.8
食肉目 Carnivora	1157	231	5.0
管齿目 Tubulidentata	2.7	1	2.7
长鼻目 Proboscidea	94	2	47.0
蹄兔目 Hyracoidea	12	11	1.0
海牛目 Sirenia	43	4	10.8
奇蹄目 Perissodactyla	142	16	8.9
偶蹄目 Artiodactyla	1124	187	6.0
鳍脚目 Pinnipedia	218	33	6.6

Mayr（2003）又估计地球上所有物种加起来至少有900万～2500万种（表1.4）。

表1.4 已描述的物种数目（引自 Mayr 2003）

生物门类	物种数目/万	生物门类	物种数目/万
原生生物	10	鸟纲	0.98
藻类	30	哺乳纲	0.48
植物	32	线虫	50
真菌	50	软体动物	12
动物	557	节肢动物	465
脊椎动物	5	甲壳类	15
硬骨鱼纲	2.7	蜘蛛	50
两栖纲	0.4	昆虫	400
爬行纲	0.715	合计	679

宋大祥和周开亚（2002）引用他人数据报道了世界主要动物类群的物种数和中国的物种数目（表1.5），并认为世界现存物种数目为1000万～1亿种，有待发现的线虫可能就有50万～100万种，有螯类（chelicerates）有75万～100万种，昆虫有800万～1亿种。

表1.5 中国及世界主要生物类群物种数目的比较（引自宋大祥和周开亚 2002）

动物类群	中国物种数目	全球物种数目	中国物种所占比例/%
原生动物门 Protozoa		31 250	
自由生活型 Free living	5759	21 100	27.3
寄生型 Parasitic		10 150	
海绵动物门 Porifera	115	10 000	1.5
扁盘动物门 Placozoa		1	
有刺泡动物门 Cnidaria	1000	10 000	10
栉水母动物门 Ctenophora	9	100	9
扁形动物门 Platyhelminthes	1800	25 000	7.2
中生动物门 Mesozoa	1	50	2
颚口动物门 Gnathostomula		100	
纽形动物门 Nemertea	60	900	6.6
腹毛纲 Gastrotricha		400	
线虫纲 Nematoda	655	15 000	4.3
线形纲 Nematomorpha		250	
动吻纲 Kinoryncha	10	100	10
铠甲动物门 Loricifera		1	
曳鳃动物门 Priapulida	2	6	12.5
轮虫纲 Rotifera	800	2000	40
棘头动物门 Acanthocephala	40	1000	4
星虫动物门 Sipuncula	43	250	17.2
螠虫动物门 Echiura	11	150	7.3
须腕动物门 Pogonophora	1	100	1
环节动物门 Annelida	1470	12 000	12.2
软体动物门 Mollusca	3500	98 800	3.5

续表

动物类群	中国物种数目	全球物种数目	中国物种所占比例/%
帚形动物门 Phorona	5	15	33.3
腕足动物门 Branchiopoda	8	280	2
苔藓动物门 Bryozoa	490	4000	12.8
内肛动物门 Entoprocta	6	150	4
圈口动物门 Cycliophora		1	
缓步动物门 Tardigrada	45	600	7.5
舌形动物门 Pentastoma	3	100	3
有爪动物门 Onychophora		70	
节肢动物门 Arthropoda			
螯肢类 Chelicerata	7000	75 000	9.3
有颚类 Mandibulata			
甲壳纲 Crustacea	3800	40 000	9.5
六足总纲 Hexapoda			
原尾纲 Protura	164	649	25
昆虫纲 Insecta	51 000	920 000	5.5
多足纲 Myriapoda	150	13 660	1.1
毛颚动物门 Chaetognatha	37	70	52.9
棘皮动物门 Echinodermata	506	6250	8.1
肠鳃动物门 Enteropneusta	6	100	6
尾索动物亚门 Urochordata	125	1400	8.9
头索动物亚门 Cephalochordata	3	25	12
脊椎动物亚门 Vertebrata	5802	48 142	12.1
圆口纲 Cyclostomata	4	84	4.8
软骨鱼纲 Chondrichthyes	237	846	28
硬骨鱼纲 Osteichthyes	约 3163	23 688	13.3
两栖纲 Amphibia	279	4184	6.7
爬行纲 Reptilia	376	6300	6
鸟纲 Aves	1200	9000	14
哺乳纲 Mammalia	499	4000	12.5

2005年出版的《昆虫的进化》(*Evolution of the Insects*, Grimaldi and Engel 2005)一书中提到现已知昆虫92.5万种，其他节肢动物12.3万种；脊索动物4.3万种，其他动物11.6万种，原生动物3万种，菌物6.9万种，藻类2.7万种，维管植物24.84万种。世界资源研究所主页上也公布了目前已知物种的数目（表1.6）。

表1.6　世界资源研究所（World Resources Institute）主页上公布的已知物种的数目

类群	数目	类群	数目
原核生物界 Monera	4760	棘皮动物门 Echinodermata	6100
原生动物门 Protozoa	30 800	软体动物门 Mollusca	50 000
藻类 Algae	19 056	昆虫纲 Insecta	751 000
真菌 Fungi	26 900	昆虫以外的节肢动物	123 151
植物界 Plantae（多细胞植物）	248 428	鱼纲 Pisces	46 983
海绵动物门 Porifera	5000	两栖纲 Amphibia	4184
扁形动物门 Platyhelminthes	12 200	爬行纲 Reptilia	6 300
线形动物门 Nemathelminthes	12 000	鸟纲 Aves	9040
环节动物门 Annelida	12 000	哺乳纲 Mammalia	4000
腔肠动物门 Coelenterata	9000		

1.2　物种在地球上的分布

多样的生物分布在哪里？有超过一半的陆地生物分布在热带雨林中（Myers 1988）。Erwin（1982，1991）通过对热带雨林中甲虫的研究，提出全球物种数目可能有 3000 万种，Stork（1993）认为太大，可信的数目可能为 500 万～1000 万种。Ødegaard（2000）对 Erwin 的估计进行检验，调整后全球物种数目为 480 万种（240 万～1020 万）。另一个生物多样性高的地方是海洋（Ray 1988）。

物种在地球上的分布是不均匀的。Dobzhansky 等（1977）列出了海洋生物 31 个主要分布区，Mayers 等（2000）认为最应优先保护的地球陆地生物多样性最高的地区有 25 个，它们的总面积只占到地球表面积的 1.4%，但包含了约 44%的维管植物和 35%主要的脊椎动物。

不同的生物类群所包含的物种数目往往相差很大。从以上几个表格中可以看出，节肢动物尤其是昆虫的数目在所有生物门类中是最多的。其原因有多种，最重要的一个可能是多数昆虫解决了长距离迁移的能力（有足能跑、有翅能飞）。另外一个就是食性的多样化，尤其是与有花植物形成了协调的共存关系。昆虫在地球上的分布也呈现出热带地区较多，向两极地区逐渐减少的格局（表 1.7）。这主要是气候影响的结果。Diamond（1988）认为影响生物多样性的因素可以分为 4 类：一是环境质量，主要指外界生态因子和生态位的多少；二是资源和消费者质量，指资源的分布和多寡及它们对消费者的影响；三是物种之间的相互作用，如竞争条件下不同个体和种群的适应能力；四是动态过程，指影响物种多样性平衡或不平衡的因素，如灭绝、种化、迁移等。

表 1.7　推测的世界不同地区的昆虫数目（引自 Stork 1993）

地区	物种数目/百万	地区	物种数目/百万
北美（美国和加拿大）	2	马达加斯加	3
欧洲和前苏联地区	2	中美洲	5
中国和日本	2	热带南美	12
亚洲	2	温带南美	3
东南亚	5	太平洋岛屿	3
澳大利亚和新西兰	4	合计	53
非洲	10		

在条件适合的情况下，某一类群的生物在某个地方可能演化出极为多样的物种。最著名的例子有夏威夷群岛上的果蝇 *Drosophila*，在总面积只有 16 600 km^2 夏威夷群岛上至少有七八百种，占所有已知种类的 25%以上，其中有 500 种是该地特有的（Desalle 1992；周红章 2000）。另一个例子是非洲高山湖泊中的丽鱼（cichlid）数目在不同的湖泊中数目相差很大（表 1.8）。

表 1.8　非洲湖泊中所拥有的丽鱼种数（引自 Turner et al. 2001）

湖	丽鱼种数	湖	丽鱼种数
Malawi	700	Barmobi/Mbo	11
Victoria	700	Bermin	8
Tanganyika	250	Turkana	7
Kyoga	100	Rukwa	5
Edwand/Geroge	60	Nabugabo	5
Kivu	18	Ejagham	4
Albert	9	Natron/Magadi	4

在地球漫长的演化历史中，还有许多生物灭绝了。如在二叠纪的大灭绝中，有超过一半的生物科、96%左右的海洋生物、70%的陆生脊椎动物消失了。少量史前生物形成了化石，使我们有机会见到它们的概况，如恐龙等。在当代，物种灭绝的速度更是惊人(表 1.9)，在我国较引人注目的例子有大熊猫、白鱀豚、老虎、朱鹮等。当今生物大灭绝的原因，可能主要是人类活动的影响。

表 1.9　热带地区各种可能的物种灭绝速度及数目（引自 Lugo 1988）

估计的灭绝速度	时期	灭绝物种数目	灭绝的物种比例
1天1种至1小时1种	1970～2000		33%～50%
	20世纪末或21世纪初	100万	20%～50%
每十年几十万种	20世纪末	50万至几百万	25%～30%
	20世纪末		15%植物种，2%植物科
	20世纪末	50万～75万	25%～30%
	21世纪		33%
	21世纪前25年		20%～25%

为什么会有这么多物种？它们从何而来？一种说法是神或造物主造的，他们神通广大，想要多少就创造多少生物。而进化论认为，地球上之所以会有这么多物种，归根结底，是由于地球上存在着生境多样性。生物在进化过程中，适应于不同的环境而形成现今的状况。换句话说，生境多样性造就了生物多样性。那么什么是进化论呢？

第2章　生物进化思想的产生和发展

人类自诞生以来，就不断地思考，不停地问：人从何而来？生物从何而来？地球从何而来？宇宙从何而来？

2.1　宇宙和生命的诞生

2.1.1　宇宙的起始

一种观点认为，宇宙是永恒的，无始无终。如果宇宙是无始无终的，就意味着宇宙是亘古不变的，即宇宙历来如此并将永恒存在，因为如果没有开始，就意味着宇宙已存在了无穷久。既然存在了永久的宇宙是如此，可以想像目前的宇宙就是永恒了的宇宙。但一个显而易见的问题是：至少地球上的物体包括生物在内都是不断变化的，如岩石的风化、海平面的涨落等。还有一个问题是，如果宇宙存在了无穷久，那么人类似乎应该是更发达、更完美的，因为现今的人类社会比100年前就进步了不知多少，而现实却是人类本身仍有很多缺陷。

基本的物理学知识告诉我们，有质量的物质之间有万有引力。因此，如果时间足够久远，宇宙间的物体（如各种星球）应该因相互吸引而距离接近，并最终融合在一起。而宇宙目前的实际状况表明宇宙存在的时间并不是非常久远。

热力学第二定律还指出，宇宙的无序状态（称为熵）总是随时间而增加。而宇宙非常有序的实际状况（如月亮围着地球转动、地球围着太阳转动）表明，宇宙只能是运行了有限的时间，否则的话，它现在应该是一种完全无序的状态。

由此可见，宇宙应该有一个起点，即有开始（Hawking 2006）。那么宇宙是如何开始和演化的呢？1929年，哈勃（Edwin Hubble）发现，来自星系的光谱呈现某种系统性的红移，就是在地球上接受到的来自其他恒星的光谱向长波一端移动。乘过火车的人都有这样的印象：疾驰而来的火车的鸣叫声显得格外刺耳，而远离而去火车的鸣叫声却显得很低沉。这是因为火车发出的声波因它的运动而改变了频率。同样的道理，光也是一种波。运动物体发出的光与静止物体发出的光在静止不动的接受者看来颜色上是有点不一样的。如果是由离我们而去的物体上发出的光，在我们看来其颜色就显得更“红”一点，就如同离我们而去的火车的声音要低沉一样。从这个理论出发，结合哈勃的发现，就可知道，其他星球是离地球而去的。换句话说，宇宙是逐渐膨胀的。

既然现在的宇宙是膨胀的，那么由此向后推就可知，在很久很久之前，宇宙所有的物质都结合在一起形成一个点，这个点一般称为奇点。因此可以说，宇宙开始于奇点。

但有没有这样的可能：就是当物体靠得很近的时候它们仅擦肩而过而没有完全融合成一点呢？1963年，俄国的Lifshitz和Khalatnikov就提出过类似的想法。他们认为只有当星系直接相互接近或离开时，它们才会在过去的一个单独的点上相重叠，才导致无限密度状态。可惜的是，星系还多少具有一些侧向速度（可以理解为有一点侧旋），宇宙早期就可能是这样。因此，星系虽然曾经非常靠近过，却能设法避免互相撞击。然后宇宙会继续重新膨胀，而不必通过一种无限的密度状态。

还有人提出另外一种假设，即 Gold、Bondi 和 Hoyle 于 1948 年提出的稳恒态理论。其思想是，宇宙会永远存在，而且在所有时间中都显得一样。物质会连续创生出来形成新的星系填补因星系离开后形成的空间。然而，对银河系外射电源的普查显示，弱源（较古老的物质）的数目比强源的数目多得多。人们可以预料，弱源在平均上讲应是较遥远的。这样就存在两种可能性：或许我们正位于宇宙中的一个强源不均的区域；或者过去的源的密度更高，光线在离开这些源向我们传播时要走更遥远的距离。这两种可能性没有一种和稳恒态理论相协调，因为该理论预言射电源密度不仅在空间上而且在时间上必须为常数。1964 年，Penzias 和 Wilson 发现了从比我们的银河系遥远得多的地方起源的微波辐射背景，即宇宙背景辐射。它是来自宇宙空间背景上的各向同性的微波辐射，实际上就是一群古老的光子。它具有从一个热体发射出的辐射的特征谱，尽管它只不过比绝对零度高 2.7 度而已。电视荧幕在空频道上的雪花和卫星电话噪音中有一些就归因于这个微波背景。宇宙背景辐射是宇宙大爆炸时留下的遗迹，它证实了宇宙有一个开端，且宇宙是不断膨胀的。早期的宇宙物质彼此靠得非常近，早期的宇宙应该是异常炽热的。随着宇宙膨胀，辐射一直冷却下来，直至今天观察到它的微弱残余。

2.1.2　宇宙是如何诞生的

当坐在运动着的车上向前扔出一物时，物体的速度等于它本身的速度加上车子的速度。换言之，一般物体的速度是可以叠加的。然而，光速却是不变的，无论是站着还是坐在火箭上打闪光灯，它发出的光的速度都是一样。为什么光速不变呢？爱因斯坦在思考了多年后说："光很奇特，但我们并不必对其穷究，因为它就是那样一种物质。"可以说，无法说清楚，但可以这样理解：一是光速是极限速度，不能再大了；二是光只有能量没有质量，不是普通的物质。

光速不变理论与引力理论存在不协调之处。引力理论指出：物体间的吸引力依赖于它们之间的质量和距离，这就意味着如果我们移动一个物体，另一个物体所受的引力就会立即改变，这种情形下引力效应就将以无限的速度传递，而不像狭义相对论所要求的那样，只能低于光速。

还有就是从手中放下一物，它就会以 g 的加速度向地球下落。我们知道，它是受到地球的引力而向地球下落的，引力的大小相当于它的质量乘以加速度。假如我们用力向前抛出一物，这个物体就会做平抛线运动，最后落在地面。假如我们用足够大的力量来抛掷，这个物体就会围着地球做圆周运动。实际上我们的卫星就是这样的。那么为什么卫星的运动是这样呢？爱因斯坦（1915）提出的"广义相对论"可以解释上述现象。广义相对论指出，引力不同于其他的力，"它是由于物质质量的存在而发生的空间-时间的扭曲。"说得简单一点，就是有质量的物体会产生引力场，就相当于磁铁周围有磁场一样。那么任何在引力场中的物体就会受到影响，沿着"引力线"运动，而"引力线"就是物体在引力场中所可能走的最短的直线距离。

引力场是什么样的？可惜目前无法模拟，因为这是个四维空间：三维空间加上时间。打个简单的比方，就如同将一个很重的铁球掷向松软的泥地，就会在地面形成一个凹陷。这个凹陷的内面是弯曲的，但在四维空间中却是平直的。这就好比一架飞机在山区上空飞行或汽车在崎岖的山路上行驶，它虽然在三维空间中以直线行进，但它在高低不平的二维地面上的投影却是沿着弯曲的轨迹运动的。所以，我们看到卫星围绕地球运动也是这个原因。当然物体落向地面更是这样了。

光虽然没有质量但有能量，因此也受引力场影响，也不能避免被引力场（如太阳的）所折弯。这一点已被实验观察所证实。如果引力场足够强，光由于强大的引力场造成的空间-时间扭曲，而被强烈地折弯并回到星体表面，不能从其表面逃逸。这种空间-时间区域就是黑洞。如上文所述，宇宙中的所有物质在开始时都集中在一个奇点处。由于其质量和密度极大，没有任何东西可以逃脱它的吸引，并且空间极小。这时，适用于宏观尺度的广义相对论失效了，它不能解释和预言宇宙如何起源问题，而只能预言一旦起源后是如何演化的。

霍金（Stephen Hawking）等将量子理论与广义相对论结合，提出宇宙自发创生的图景有一点像沸腾的水中形成的泡泡，或者是像吹气球。假定气球的胶囊无限小，在极短的时间用极大的气流为其充气而使其暴涨成无限大的尺度。宇宙初始形成就有点像这样的过程，只不过要把气球表面的横纹（纬度）换成时间。当然，因为有无数的泡泡或气球形成，至于是哪个最终形成了宇宙，这完全是概率性问题，如同原子核外的电子的位置一样（图 2.1）。

图 2.1　水中的气泡

暴涨形成的宇宙是十分均匀的，但不是完全均匀的，有些区域的密度比其他地方的稍高。这些额外密度的引力吸引使这个区域的膨胀减缓，而且最终能够使这些区域坍缩形成星系和恒星。至于是哪些地方的密度较高，这又是一个随机过程。

2.1.3　宇宙是何时开始的

宇宙是和时间同时开始的。因此，严格地说，“宇宙是何时开始的”问题并不成立，就像问南极之南是什么地方一样。不过，我们可以问：宇宙的年龄是多少？或者说宇宙开始于距今多久之前？

按照剑桥大学的 Usher 大主教 Lightfoot 的推算，《创世纪》把世界创生定于公元前 4004 年 10 月 23 日上午 9 时。我国盘古开天的故事中说，世界是约在有史以来 3 万 6 千年前开始的。但科学方法测定的宇宙年龄要比这久远得多。

测定宇宙的年龄主要有三种方法。一种是利用光线红移现象。比较不同恒星和超新星所发出的光的红移程度，就可以探测出宇宙膨胀的速度，进而推测出宇宙的年龄。根据这个方法，一般认为宇宙的年龄为 120 亿年左右。也可以直接探测宇宙中最古老的星系，如果知道了它们的年龄，也可大致推测宇宙的年龄。比较我们可以收集到的所有光谱，找出最古老的（也就是红移程度最大的），再根据物理公式进行换算，就可以推测出宇宙的年龄。目前可以观测到的最古老的星系为 135 亿年左右，因此大致可以说，宇宙的年龄也就与之相当。

第二种方法是通过元素丰度分析或长半衰期同位素分析。元素中有些是稳定的，有些是不稳定的，要自然衰变。分析同位素在地球或其他星球上的含量差异，再根据半衰期，可计算出宇宙的年龄。根据这种方法，现在一般认为宇宙的年龄为 150 亿年左右。

第三种方法是宇宙背景辐射分析：我们收集到的宇宙背景辐射并不是均匀的，有些地方稍微热点，有些地方又略微冷点。比较这些地方的不同和所占的比例，从而计算出宇宙的年龄在 150 亿年左右。

2.1.4　地球的诞生

中非 Boshongo 族人有个传说：世界最初只有黑暗、水和伟大的 Bumba 上帝。某天，Bumba 胃痛发作，呕吐出太阳。有部分水被太阳蒸发，留下土地。他的胃痛未止，又陆续吐出了月亮和星辰，然后吐出动物，如豹、鳄鱼、乌贼，最后是人（Hawking 2006）。

西方的一些宗教宣扬的是上帝创造世间万物。《圣经·旧约全书·创世纪》这样记载宇宙万物的形成：第一天，神创造了“昼与夜、光和暗”；第二天，空气“天”；第三天，海和地，树木、蔬菜和种子；第四天，太阳和月亮；第五天，动物（鱼、鸟以及各种陆生动物）；第六天，人（男女：亚当和夏娃）；第七天，安息。

我国三国时期的徐整在《三五历记》中记载了盘古开天的故事：“天地混沌如鸡子，盘古生其中。万八千岁，天地开辟，阳清为天，阴浊为地。盘古在其中，一日九变，神于天，圣于地。天日高一丈，地日厚一丈，盘古日长一文，如此万八千岁。天数极高，地数极高，盘古极长，后乃有三皇。数起于一，立于三，成于五，盛于七，处于九，故天去地九万里。”他又在《五运历年记》中称：“天气蒙鸿，萌芽兹始，遂分在地，肇立乾坤，启阴盛阳，分布之气，乃孕中和，是为人也。首生盘古，垂死化身；气成风云，声为雷霆，左眼为日，右眼为月，四肢五体为四极五岳，血液为江河，筋脉为地理，肌肉为田土，发髭为星辰，皮毛为草木，齿骨为金石，精髓为珠玉，汗流为雨泽，身之诸虫，因风所感，化为黎氓。”

而根据大爆炸理论，地球只是宇宙和太阳系中的一个星球。它是随着宇宙的诞生而诞生的。大约 50 亿年前，一个由尘埃与气体形成的星团，在太空中缓慢地旋转着。由于本身引力的缘故，这些物质便渐渐凝聚起来。当云团越缩越小时，旋转速度便越快，中心部分的温度也变得越高。这个温度极高的核心，形成了一个炽热的星球，它就是我们的太阳，而在核心的外围，尘埃和气体聚集成岩块和各种石头。同时，这些岩块和石头也和太空中剩余的气体结合，逐渐演变成太阳系中的各颗行星，而地球便是其中之一。

2.1.5 生命的诞生

有机物是由无机物演变而来，这已由实验所证实（Miller 1953；Miller and Urey 1959）。Miller按木星大气的主要成分混合了甲烷、氢、氨和水蒸气，循环搅动，再加以放电的火花作为能源，模拟早期地球环境。在水蒸气和混合气体的下部安置一个凝结器，能收集任何产生的不挥发产物。将这个装置密封一周，然后分析产物，发现了若干有机化合物，包括氨基酸。这就证明了，在原始地球上，由无机物形成诸如蛋白质等有机物是完全可能的。但遗憾的是，到目前为止，还没有实验模拟从无机物到真正生命的整个过程。

从宇宙诞生到生命出现的历史进程时间表为：约距今150亿年前，宇宙诞生；120亿年前，银河系诞生；50亿年前太阳系诞生；45亿年前，地球形成；38亿年前，生命出现。

2.2 进化论产生

简单的生物有机体诞生以后，它们是如何演变成诸如人等高等生物的呢？它们能不能进行演化呢？所有的科学证据都表明，多样的生物是进化而来的。

Mayr（2003）认为，最好将进化理解为每一个群体中的个体所经历的从一代到另一代所发生的遗传更新。进化可以简单地解释为"进步的变化"，或者说"有方向的变化"。进化论就是关于生物已经经历、正在发生和将要发生的方向性变化的理论。这涉及以下几个问题：生物是变还是不变的，或者说是改变着的还是静止的？如果是变的，那么这种变化是单向的还是杂乱无章的或者是其他形式的，如周而复始的循环等？如果说生物是进化的，那么动力和机制是什么？

进化论的产生和发展曲折复杂，以下所述主要参考Mayr（1982，1988，2003）。人类很早就注意到生物的可塑性，例如，生长在不同土壤中的植物会出现不同性状表现。同时，从哲学角度，变化的思想很早也就萌芽了，如我国的《淮南子》（公元前139年）中就有一物化于另一物的说法。但是，从生物科学角度系统而完整地提出生物可以演化或进化思想的人是法国的拉马克（Chevalier de Lamarck，1744～1829）。

拉马克在教授和研究无脊椎动物时注意到，如果将化石和现生生物联系起来一起考察就会发现，在一些生物种类之间（如贻贝等海洋软体动物）可以建立起较完整的种系系列，或者说可以按历史年代将它们排列成序列，有些可以排列成不间断的系列。但是，在一些高等生物（如菊石、猛犸象）和现生种类之间却排列不出同样的演化系列，或者说它们都没有类似的现存物种，从而得出这样的结论：早期的物种已经演变成现存的全新的物种。这就引出了如下的联想和推论：既然历史生物与现存生物存在很大的不同，可见它们并不是完美的，那么生物就不可能是由全能的上帝创造的；生物之所以改变，肯定是为了适应环境的变化，现存的生物都是对环境适应的种类；这种适应环境或者不适应环境的变化过程是缓慢的、逐渐的且是在很长的时间尺度内完成的。在这里，拉马克提出了明确的生物进化的概念和含义。

拉马克还提出了生物进化的机制和原因。当外界环境改变时，就会迫使生物做出生理和行为上的反应，以取得与环境全面协调。在新的环境中，某些器官可能会较多、较经常、较持久地使用，它们就会逐渐加强、发展和扩充，而且还会按使用时间的长短成比例地增强其能力；而其他一些就可能较少使用或长期不用，这样的器官就会不知不觉地被削弱和破坏，日益降低其能力，直到最后退化消亡（用进废退）。那些得到发展的器官及其特征以及退化的器官及其特征会通过繁殖传给后代，这样就会形成逐渐的进化过程（获得性遗传）。至于这些特征是如何遗传给后代的，拉马克没有说，因为这在当时是普遍接受的概念，无需证明。

拉马克综合前人观点和自己的研究，早在 1800 年就明确提出了生物（包括人在内）进化的概念，表现出大无畏精神。他还把时间尺度引出到生物进化中，从而将静态的世界描述成动态变化的历史过程；他还强调环境的重要性，从而讨论了生物进化的原因、目的和机制，虽然它们都是错误的。与达尔文进化学说最大的不同之处在于，拉马克的进化学说将环境的改变置于生物变化之前，而达尔文却认为生物的变异是自发的，并不是为了适应环境的改变。达尔文还正确地提出了进化的主要机制和原因，那就是自然选择。在他看来，环境并不是导致生物变异的原因，但却是筛选生物及其特征的淘汰机制，在自然选择的作用下，生物才发生了与环境相协调的进化过程。

拉马克进化学说的最大缺陷是不能解释后天获得的性状是如何遗传给后代的。魏斯曼（August Weismann，1834～1914）用水螅等做材料进行研究，发现它们的生殖细胞在刚刚进行过几次细胞分裂后在幼体早期即已隔离直到繁殖过程开始。这就说明对有机体其余部分的影响和改变将不可能传递给已隔离的生殖细胞。另一种实验设想：如果真有获得性遗传，那么便必然有某种东西从受了影响的部位传递给生殖细胞。因此，假如连续切除某器官，经过许多世代，该器官会逐渐萎缩。也可以从植物中选取极端性状（如最大、最小个体）进行选育就可以产生渐进性的结果。然而这类实验结果都是否定的。

达尔文（Charles Darwin，1809～1882）在"贝格尔号"船上作环球考察时随身带有赖尔（Charles Lyell，1797～1875）的《地质学原理》一书。在这本书中，赖尔对拉马克的进化论进行了批评，但同时也提出了进化论不可回避的问题：多样的生物是如何形成的？如果说拉马克的进化学说解释了生物形态在历史过程中的演化（称为前进进化），那么赖尔和达尔文则试图解释进化的另一个表现形式：生物多样性的起源和形成（分支进化），或者说生物物种的形成及演化问题。赖尔曾明确地提出过如下的问题：物种是固定不变的还是可变的？如果是可变的，那么每个物种能不能追溯到时间和空间上的单一起源？

拉马克将时间尺度引入到进化学说中，达尔文则引入另一个尺度——空间。他在环球考察时发现，在诸如加拉帕戈斯群岛上有许多非常奇特的动物，如嘲鸫 *Nesomimus* spp. 在此有 3 种，而在南美大陆只存在一种。岛上鸟的祖先肯定是由大陆上迁移过来后产生出 3 种不同的物种。他进一步推断，世界上的所有嘲鸫很可能都来自于一个共同祖先。与之类似，加拉帕戈斯群岛上有达尔文雀（finch）14 种，全是当地的特有种。南美也有一种地雀，与岛上的同类很相似，但又有所不同。另外岛上还有很多的其他特有生物，如植物有 228 种，鸟类有 28 种，蜥蜴类有 32 种，陆地蛇类有 50 多种，鼠类有 4 种，鱼类有 60 种。最引人注目的是巨龟，它们在岛上共发现有 15 个品系（曾认为是15个种；表2.1)。从表2.1中可见，它们往往只分布于某一个岛上，相互之间都有不同。综合所有信息，达尔文最终得出结论：地球上的所有生物都有共同的祖先，地球上的所有生命很可能都始于单一的起源。这个共同起源理论以及演化改变形成新物种学说是达尔文进化学说的重要方面。

表2.1 加拉帕戈斯群岛上的巨龟不同品系及分布范围

(引自 http://www.rit.edu/~rhrsbi/GalapagosPages/Tortoise.html)

属名	种本名	品系名	所在岛屿
Geochelone	*elephantopus*	*elephantopus*	Floreana (extinct)
		(无名称的一种)	Santa Fe (extinct)
		phantastica	Fernandina (extinct)
		wallacei	Rabida (extinct)
		hoodensis	Espanola
		abingdoni	Pinta
		ephippium	Pinzon
		chatamensis	San Cristobal
		darwini	Santiago
		vicina	Volcan Cerro Azul Isabela
		guntheri	Volcan Sierra Negra, Isabela
		vandenburghi	Volcan Alcedo, Isabela
		microphyes	Volcan Darwin, Isabela
		becki	Volcan Wolf, Isabela
		porteri	Santa Cruz

拉马克对诸如猛犸象化石的解释是它们演变成了现存的其他生物，而赖尔和达尔文对此的解释则是它们只是进化过程的一个分支并且现已灭绝了。既然世界是不断变化的，某些物种不适应环境条件改变而灭绝是很自然的事。这个环境并不一定是理化条件，也可能包括其他生物因素，有时生物因素可能是主要的。1838年9月28日，达尔文读到了马尔萨斯《人口论》中的这句话："因此，可以很有把握地说，如果不遭到限制，人口将每隔25年翻一番，或者说按几何级数增长。"既然在人类中会产生这种现象，在生物界是否也有这个现象？而实际情况是，自然条件下生物种群中的个体数目变化是不大的，原因肯定是有一些被淘汰了，而被淘汰的肯定是那些不适应生存竞争的个体。这里，达尔文找到了进化的原因和动力，就是自然选择。

既然有生物灭绝出现，那么它们肯定是不适应环境的结果。万能的造物主为什么要创造不适应环境的生物？生物到底是上帝创造的还是进化产生的？

1831年4月，达尔文大学毕业，这年的年底前4天，他开始了为期5年的环球考察行程，于1836年10月2日回到英国。到1839年时，他关于物种形成和进化的主要观点都已形成，并时断时续地开始写关于这方面的长篇论文，到1844年已写成了230页。然而，他是作为博物学家进行环球考察的，必须完成所要求的地质学方面的研究。

另外他还要扩充证据并顾忌到社会氛围和接受程度。因此，他对论文的写作并不急迫。

1858年6月18日，居住在伦敦郊外正在埋头研究进化论的达尔文收到了有过交往的年轻同行华莱士（Alfred Russel Wallace，1823～1913）寄来的一篇论文稿件，题目是《论变种与原型无限偏离之趋势》（*On the Tendency of Varieties to Depart Indefinitely from the Original Type*）。华莱士是想让达尔文帮他看看文章的质量和创见，如果可能就拿去发表。而让达尔文惊讶的是，华莱士的观点与自己正在考虑的且已写成部分书稿的进化论有惊人的相似之处。在赖尔和胡克（Joseph D. Hooker）等朋友们的催促和鼓励之下，达尔文同意将自己的进化论书稿摘要与华莱士的论文稿件一起发表。于是，赖尔和胡克就将达尔文的书稿摘要、达尔文一封包含有进化论思想的信以及华莱士的论文稿件在1858年7月1日召开的伦敦林奈学会上作了宣读，并发表于1858年8月20日出版的《伦敦林奈学会学报》（*Journal of the Proceedings of the Linnean Society of London*）上（图2.2）。一年后，达尔文的《物种起源》（完整书名为 *On the Origin of Species by Means of Natural Selection or the Preservation of Favored Races in the Struggle for Life*）出版，这宣告了进化论的正式诞生。

On the Tendency of Species to form Varieties; and on the Perpetuation of Varieties and Species by Natural Means of Selection. By Charles Darwin, Esq., F.R.S., F.L.S., & F.G.S., and Alfred Wallace, Esq. Communicated by Sir Charles Lyell, F.R.S., F.L.S., and J. D. Hooker, Esq., M.D., V.P.R.S., F.L.S, &c.

[Read July 1st, 1858.]　London, June 30th, 1858.

My Dear Sir,—The accompanying papers, which we have the honour of communicating to the Linnean Society, and which all relate to the same subject, viz. the Laws which affect the Production of Varieties, Races, and Species, contain the results of the investigations of two indefatigable naturalists, Mr. Charles Darwin and Mr. Alfred Wallace.

图2.2　1858年8月20日出版的《伦敦林奈学会学报》上刊登的达尔文与华莱士的文章首页（引自 Kutschera 2003）

达尔文的进化理论有5方面主要内容（Mayr 1988，2003）：①物种不是恒定不变的，而是可以改变的；②所有的生物都来自于共同的祖先，即有共同起源（图2.3）；③进化是逐渐的（不存在跳跃，不存在间断）；④物种数目是由少到多的（多样性的起源）；⑤进化的动力和机制是自然选择。进化论的核心是关于进化动力和机制的阐述，这就不难理解达尔文有关进化论的原始论文和书的题目中为什么都有“自然选择”了。

达尔文进化理论的核心内容有两点：一是共同起源学说，解释了生物起源问题；另一个是自然选择学说，提供了进化的机制和原因。如果用一句话来表达达尔文的进化理论，那就是：种群中的不同个体具有不同的生存和繁殖能力及其相关特征，在自然选择作用下，随着时间的流逝，这个种群就会改变。至于改变的结果，要么是种群的生存和繁殖能力得到提高而更加适应环境，要么是种群走向灭亡。

图 2.3 爬行动物、鸟类以及哺乳动物可能的进化树

2.3 生物进化的例证

进化论自提出以来，已得到多方面的补充和扩展，也已阐明了遗传和变异的物质基础和机制。因此，进化论虽然是一种学说，但已经是一种“事实”，有多方面的证据可以证明（Mayr 1969，1988，2003；Dobzhansky 1973；方舟子 2003）。

2.3.1 生物进化的直接证据——化石

当任何人看到诸如猛犸象、恐龙这样的史前生物化石时，都会受到极大的震撼；那些保存在琥珀中的化石是如此精美，让人叹为观止，这也是如《侏罗纪公园》等电影流行的原因之一。接着人们可能会问：它们还活着吗？人类找遍了整个地球，没有发现它们的任何踪迹。它们去了哪儿？一些人如拉马克认为，它们都进化成了其他的现存生物。由于发生了很大的改变，现存的它们与化石已极其不同。而达尔文等却认为它们都已灭绝。仔细研究化石生物的特征，就会发现：①虽然它们与现在生物有巨大的差异，但仍可被安排到现行的分类体系中去。它们当中没有真正的怪物。②化石越古老，和现存种就有越大的差异。③在连续的岩层中出土的化石要比相差较远的岩层中发现的种类亲缘关系要近。同时，按年代远近顺序排列就可发现，各类生物化石在地层中出现有一定规律，即从简单到复杂、从低等到高等、从水生到陆生。④某一大陆上出土的化石总是与本地的现存种的亲缘关系更近，如南美洲的化石犰狳与现生犰狳最像。⑤许多过渡类型的化石动物的存在（如始祖鸟、三趾马等），完全可以说明动物之间的亲缘关系，并且表明生物是逐渐进化的。现在已发现了很多保存得十分完好和齐整的化石，如马的演化系列、四足动物的演化系列、爬行动物到哺乳动物的演化系列、有蹄动物到鲸的演化系列、古猿到人的演化系列等，它们充分说明了生物是逐渐进化的。

2.3.2　孑遗生物

鸭嘴兽、袋鼠、水杉、银杏、蕨、蜉蝣等孑遗生物是活化石，代表了进化历程中的一些古老类群或侧支，保留了很多祖先的特征。它们的存在完全说明了生物是进化的。

2.3.3　同源器官

同源的定义是：两个或多个类群中的某一性状若来源于最近共同祖先的同一（或相应）性状，则这一性状是同源的，这些器官就是同源器官。最典型的同源器官的例证是哺乳动物的前肢，如人类、猫、鲸和蝙蝠的前肢，尽管它们的形态和功能差别很大，但骨骼的基本结构是完全一样的。对这种现象的唯一解释，就是它们是由共同祖先进化来的。它们之所以有这么大的不同，是因为适应不同的环境而逐渐进化而来的。

2.3.4　趋同

分类上相差很大的生物，如果生活环境相同，则形态上可能会极其一致。如海洋中的软骨鱼类鲨鱼和哺乳动物鲸鱼，它们的外形极为相似，但却是完全不同的生物。另外如蝙蝠的翼和鸟类的翅，因适应飞行的需要，在功能和形态上也很相似。大洋洲的有袋类在缺乏竞争的情况下，独立进化出了很多类似于胎盘类的类型：袋狼相当于北方的狼，袋鼹类似于北方的鼹鼠，袋貂类似于鼯鼠。另外，像美洲和非洲的豪猪、新大陆的秃鹰（Carthartidae 科，与鹳相关）和旧大陆的秃鹰（Accipitridae 科，与鹰相关）也是趋同进化的典型。同样是吃食花蜜的鸟在不同的地区有 4 个主要类型：蜂鸟（Trochilidae 科，美洲）、太阳鸟（Nectariniidae 科，非洲和南亚）、蜜雀（Meliphagidae 科，澳大利亚）和蜜旋木雀（Drepanididae 科，夏威夷）。

为什么会这样呢？合理的解释就是它们是因为适应类似的环境而逐渐进化而来的。

2.3.5　保护色和拟态

保护色是指生物的颜色与环境一致的情况，有时几乎将它们完全隐于环境中。拟态则不仅指颜色方面，还指形态、外形、动作等各方面生物与环境或生物与生物相互模仿的现象。这其中突出的例子有变色龙、乌贼、竹节虫和枯叶蛾等。这些生物的这些特征肯定是因适应环境而逐渐进化得来的（详见第 7 章）。为什么它们不与其他东西相同？

2.3.6　协同进化

生物界协同进化的例子比比皆是，如狮子与羚羊的奔跑速度之间就存在着协同进化，蜂鸟的喙与花的形状之间也存在着类似的关系。最引人注目的例子是昆虫与植物的协同进化关系，其中尤其是兰花与传粉动物之间的关系研究得最好（Dodson et al. 1969），这些生物之间的关系是相当固定和专一的（表 2.2）。

表 2.2　由不同动物传粉的兰花比例（引自 Dodson et al. 1969）

传粉动物	所占比例/%	传粉动物	所占比例/%
膜翅目 Hymenoptera		其他生物	
黄蜂 wasp	5	蛾类 moth	8
低等蜂类 lower bee	16	蝴蝶 butterfly	3
木蜂 carpenter bee	11	鸟类 bird	3
社会性蜂类 social bee	8	蝇类 fly	15
长舌花蜂 euglossine bee	10	复合类型 mixed agent	8
多种蜂 mixed bee	10	无性繁殖类型 apomictic	3

达尔文在《兰花的传粉》(1862) 描述了马达加斯加一种“令人惊骇”的兰花 *Angraecum* 工业 *sesquipedale*，它的花管长达 29.2cm，花蜜位于花筒底部。他当时预测说，在马达加斯加肯定有一种长喙的昆虫（蛾子），不然兰花无法传粉。1903 年，终于找到为这种兰花传粉的长喙天蛾 *Xanthopan morganii praedicta*，喙长有 25cm。可见，花管长度与传粉动物喙的长度之间有明显的协同进化关系。

另外，南非的另一种长喙天蛾 *Agrius convolvuli* 与一种文殊兰 *Crinum bulbispermum*、双翅目网翅虻科 Nemestrinidae 一种虻 *Prosoeca ganglbaueri* 与一种玄参 *Zaluzianskya microsiphon*、另一种长吻虻 *Moegistorhynchus longirostris* 与一种天竺葵 *Pelargonium suburbanum* 也具有类似的关系。

2.3.7　进化辐射

夏威夷群岛上生活着超过 700 种的果蝇 *Drosophila* spp.（Desalle 1992），几乎占世界种类的一半，而且几乎都是当地的特有种。而夏威夷群岛中几个主要岛屿的年龄为 50 万～550 万年。这些果蝇都是在这个相对较短的时间内由祖先进化而来的。另外，夏威夷群岛上的其他生物［如蜜旋木雀（*Hawaiian honeycreeper*）、天竺葵（*geranium*）、银剑树（silversword）、浆果苣苔（*Cytrandia*）等］也都有类似的辐射现象。

另一个经典的例子是加拉帕戈斯群岛上的达尔文雀。现存的 14 种是由 200 万或 300 万年前的一个祖先分化而成（Grant 2004）。

全世界有超过 3000 种的丽鱼，而在东非的湖泊中就生活着近 2000 种，其中维多利亚湖（Lake Victoria）中有超过 500 种，而这个湖在 14 700 年前曾干涸过，说明这些鱼都是在近 15 000 年中演化而来的（Verheyen et al. 2003）。

为什么在一个地方有如此多的物种而在其他地方却没有或很少？如此多的生物是神创造的吗？他为什么要这样安排？

2.3.8　痕迹器官和特殊构造

现生的鲸是无后肢的，但在体内它们却拥有退化的后肢骨。在一些蛇类［蟒蛇

(python)〕也有这种类似现象。另外还有人类的竖毛肌、尾椎骨、阑尾、智齿等，不会飞的鸟（如驼鸟）的翅、生活于黑暗中的生物的眼睛、寄生性植物体内的叶绿体等。这些构造的存在只能说明这些生物是由原始祖先（如可能具有后肢和尾巴等）进化来的。

熊类属于食肉目，但其中的大熊猫却是吃竹子的素食者。与之对应，大熊猫的一枚掌骨延长形成一个假指骨，用于抓握。这种特殊构造肯定是适应环境的进化结果。

在分子水平，基因库中有大量假基因存在（Nishikimi et al. 1994）。与痕迹器官类似，它们也是随着演化而逐步退化的结果。

2.3.9 进化事件

人类观察到的第一个明显的进化过程是工业黑化现象。生活在英国曼彻斯特附近的桦尺蠖 *Biston betularia* 有两种形态，一种体色较黑，另一种体色较浅。在工业革命以前，环境相对较好，植物上的浅色苔藓较多，这时浅色桦尺蠖较多，完全超出统计学预期。但到 1900 年左右，人们发现黑色蛾的数量反而明显较多。经过分析，这是因为在工业化过程中，环境相对变坏，树干上的苔藓被工业废气中的烟尘熏黑了，这时浅色蛾容易被天敌发现而存活概率较小，黑色蛾存活概率较大，在生存竞争中具有优势。随后，英国人痛改前非，减少污染物的排放，到 20 世纪中期以后，浅色蛾的数目因环境品质变好而再次上升。由此可见，环境对生物是有筛选作用的。

另一个有案可查的进化事例是兔子在澳大利亚的遭遇。就在《物种起源》出版的同一年，打猎爱好者 Thomas Austin 将 24 只欧洲野兔从英国带到了本没有兔子的澳大利亚。由于缺少天敌和竞争者控制其增长，几十年后澳洲几乎到处都是兔子。由于数目极多，严重破坏了生态环境也影响了当地生物和人类的正常生活和生存。为控制其数量，后来澳大利亚政府采用引进病毒的办法来消灭兔子，到 1952 年时已见到明显效果。但接下来却发现，兔子对病毒产生了一定的抵抗力，结果兔子数目有所回升。可见在选择作用下，生物是会发生改变的。

Grant 和 Grant（2006）报道了加拉帕戈斯群岛上的达尔文雀 33 年的观察结果。地雀 *Geospiza fortis* 在有竞争者 *G. magnirostris* 的情况下，如果食物短缺，其喙的大小会发生明显分化。

细菌和昆虫的抗药性：1940 年青霉素诞生，在当时几十万单位的“神奇药物”就可以挽救一个人的生命，而现在，常用的是上千万单位的青霉素。肺炎链球菌过去对青霉素、红霉素、磺胺等药品都很敏感，现在几乎“刀枪不入”。1999 年测定山东聊城棉蚜对氰戊菊酯抗药性高达 12 171 011 倍，寿光种群为 2 745 913 倍（黄清臻等 2005）。

2.3.10 人工选择

世界上狗的品种有上千种，它们都是由狼经人工驯化而来的。在形态上，不同狗之间有时差别极大，如身高超过 2m 的狼狗到极小的哈巴狗。可见人工选择的力量是很大的，生物的可塑性也是很强的。其他典型的人工选择的例子有卷心菜、番茄、辣椒、玉米、小麦、鸽子等。

2.3.11　人工进化实验

Kettlewell（1955）在英国伯明翰（Birmingham，污染较重的地区）和多塞（Dorset，污染较轻的地区）分别释放了几百只做了标记的浅色和深色桦尺蠖。经过一段时间进行回收，统计后发现在伯明翰地区黑色蛾明显比浅色蛾多，而多塞地区则刚好相反。

在实验室内生物进化的实验已做过很多，主要以细菌、果蝇、家蝇和部分植物为材料。Shikano 等（1990）发现一种微小的细菌在有捕食者存在的情况下，其体长可从 1.5μm 升到近 20μm。Boraas（1983）培养一种单细胞的绿藻作为一种鞭毛虫的食物。在 5 天以内，绿藻就成了多细胞的聚合体，最后稳定在 8 细胞的状态。Thoday 和 Gibson（1962）以 4 只雌黑腹果蝇 *Drosophila melanogaster* 建立种群后，从中分别选出身体刚毛最多最少的各 8 只进行繁殖。经过一段时间（12 代）的重复连续选择，发现多毛的果蝇与少毛的果蝇之间在交配时有明显的偏好，即多毛的多数情况下与同样多毛的交配，反之亦然。可惜这个实验不太容易重复（Thoday and Gibson 1970）。Halliburton 和 Gall（1981）对赤拟谷盗 *Tribolium castaneum* 的蛹进行选择。每次从蛹中分别选出 8 雄 8 雌最大和最小的蛹。将 32 只甲虫孵化后在一起交配产卵，当蛹到第 19 天时称重，再选出最重、最轻的个体。如此重复 15 代后，发现重型个体与轻型个体之间在选择配偶时有明显的倾向性。这些例子说明生物在选择作用下，形态及基因可以发生改变。

2.4　共同由来的经典例证

同源器官的存在，一方面说明了由统一的祖先器官可以进化出不同的形态结构，另一方面也证明了同源器官是有共同祖先的。还有多方面的证据可以证明生物的共同由来。

2.4.1　形态学证据

亚里士多德就发现，一切哺乳动物不仅具毛和其他外部特征，而且五脏六腑也都彼此相似。或者说，它们的体制等方面是相似的。在某一生物门类内，也都存在着类似的情况。为什么是如此？一个令人信服的解释就是它们是由共同的祖先进化来的。

2.4.2　胚胎学证据

胚胎学是指研究个体发育过程及其建立器官机制的科学。在《物种起源》出版之前，对胚胎的研究就已揭示出：①多细胞动物胚胎发育早期的主要阶段极为相似，后来才越来越不相同。分类地位相差较远的动物，差别越大。②很多生物的发育要通过极其迂回的途径，如蝙蝠的翼和海豚的鳍在胚胎早期并没有出现、陆栖的脊椎动物胚胎要经过鳃弓阶段、高等脊椎动物有脊索。营固着生活的藤壶在发育过程中，有一个自由游泳的幼虫期，这与自由生活的桡足类（都是甲壳动物）极其相似，另外它们幼虫的形态也几乎别无二致。螃蟹的发育过程与虾的发育过程几乎一样，只是在胚胎后期，螃蟹的腹部才缩短变小而成如此的体态。这些事例显示出它们是由共同祖先进化来的。

2.4.3　生理生化证据

在这方面有多种证据，最明显的是所有药品在用到临床以前都必须在一系列动物身上取得效果，一般要在老鼠、兔子、绵羊、猴子等试验后，才能在人群中试验。全世界那么多药物在动物和人身上都取得了类似的效果，说明它们的生理过程是一致的或类似的，所有动物体内的生化过程和代谢产物也是基本相似的。

用抗原刺激人或动物产生抗体，再比较抗体的异同，会发现系统关系越近的生物，其抗体差异度越小。据此还可以推测不同生物的起源时间（Sarich and Wilson，1967）。

2.4.4　生物地理学证据

现存生物的分布具有不连续性。如骆驼，当今只在亚洲和非洲生活有真正的骆驼，在南美洲则有它们的近亲——美洲驼。为什么相距如此遥远的地区却生活有如此相似的生物呢？北美洲为什么没有骆驼？唯一的解释就是可能北美洲曾经存在过的骆驼灭绝了。化石证据也证明北美洲曾经有过骆驼。如此一来，结合大陆漂移学说，我们就可以说，现存骆驼的祖先原先生活于古代大陆的广阔地区。后来，由于条件的改变，北美的骆驼灭绝了，在其他大陆上的骆驼则保留了下来，并各自演化成现今的样子。现今各种骆驼是由在远古时代连续分布的同一祖先演化而来的。

各地区的生物区系都有自身的特点。如澳大利亚的动物与其他大陆上的有很大的差别。如果生物是神创造的，他为什么要如此费心费力？

岛屿上的生物一般总是与最近的大陆上的生物有最大的相似性，如马达加斯加岛上的生物与非洲的很相似，日本的生物区系是属于古北区的。这些地方的生物是由大陆上迁移过来后，在孤立的情况下演化而成。

2.4.5　分子生物学证据

从病毒到人，遗传信息都是DNA和RNA，既简单又普适。DNA中只有4种遗传“字母”：腺嘌呤A、鸟嘌呤G、胸腺嘧啶T和胞嘧啶C。在RNA中，尿嘧啶U取代了胸腺嘧啶T。生命世界的整个进化历程，不是通过发明遗传“字母表”中的新“字母”，而是通过推敲这些字母的新组合而发生的。

有机体的无数不同的蛋白质几乎都由相同的20种氨基酸组成。不同的氨基酸都由DNA和RNA中1～6种三核苷酸编码。

生物化学的普适性不只限于遗传密码和翻译蛋白质的方法：极其多样化的生物体的细胞代谢存在着令人惊讶的相似性。腺苷三磷酸、生物素、核黄素、血红素、吡哆醇、维生素K和维生素B_{12}以及叶酸在各种各样的代谢过程中都在发挥作用。

血红球蛋白的α链在人和黑猩猩中有相同的氨基酸序列，但是它们与大猩猩有一个氨基酸不同（总共141个氨基酸）。人类血红球蛋白的α链和牛的有17个不同氨基酸位点，和马的有18个不同，和驴有20个，和兔子有25个，和鲤鱼有71个。

人类细胞色素c和其他生物的细胞色素c的氨基酸不同数目：猴子（1）、兔（12）、袋鼠（12）、狗（13）、猪（13）、驴（16）、马（17）、鸽（16）、鸭（17）、鸡（18）、企鹅（18）、龟（19）、响尾蛇（20）、金枪鱼（31）、蝇（33）、蛾（36）、霉菌（63）、酵母菌（56）。

2.4.6 生物系统学证据

通过测定DNA或蛋白质序列信息来重建生物之间的系统发育关系是分子系统学的主要内容。所有工作都表明，在分类上距离越远的生物在分子水平的相似度越低，而系统发育越近的生物相似度较高。这充分说明了共同起源由远及近的过程。

用形态的方法来做同样的工作，会发现在多数情况下，在高级分类单元之间，形态证据与分子系统学的结果往往都是相符的。这方面的工作在人科中做得很多，如Muchmore等（1998）及Schrago和Russo（2003）的报道。

另外，从上节的多种进化事件以及化石证据中也可看出，从一个生物祖先完全可以进化成两个或两个以上的后代物种，它们具有共同起源，可见在现实成种事件中，共同起源也可以证明。

以上用多种证据说明了达尔文进化论中的两个主要内容：进化学说和共同起源学说。由其推之，那么地球上的生物种类肯定是由少到多的，物种数量是逐渐增多的，这也是进化论中的第三部分。他的第四个学说（生物是渐变的）后来证明不一定完全正确，在生物界有快速物种形成事件，如多倍体植物等。第五个部分——自然选择学说将在下一章中单独讨论。

达尔文进化学说具有巨大的说服力和威力，但也有缺陷，例如，它的前提假设生物遗传变异的物质基础是什么或者说生物为什么会有这么多的变异存在，当时就不能完全说明和解释。进化论面临着进一步发展的命运。后继研究和发现进一步补充、修正、完善了进化论。

2.5 进化论的发展

2.5.1 遗传的物质基础

大量事实证实，生物种群中的不同个体之间性状上存在着不同。或者说，变异广泛存在。达尔文认识到这个现象，也将其作为进化的前提之一，然而限于当时的认知，他不能够正确提供这种变异存在和遗传的物质基础和机制，只提供了类似获得性遗传的假说。他假定生物的遗传性是由生殖细胞中大量肉眼看不见的、多样的微芽体现的，有机体各种各样的性状都有其单独的各自独立的微芽基础。这些微芽通过分裂而增殖，并在细胞分裂时由母细胞传给子细胞。微芽能自由移动或运输，并能在性器官中累积起来，当环境条件变化时，组织直接受新条件的影响，因而可以甩掉改变了的微芽；这些改变了的微芽连同其新获得的特征可以传递给后代。

那么遗传物质到底是什么？有性动物产生后代要雌雄两性进行交配，在此过程中，雄性个体要将自己的“种质”传递给雌性个体。这些物质到底是什么？在没有显微镜或显微技术十分初级的年代，这个问题无法回答。

最早的简单显微镜可能是在1590年左右由某些荷兰眼镜匠们发明的。1665年，Hooke等用显微镜观察植物组织，发现它们是由一个个的小室（cell）组成的。其他一些人用显微镜观察动物组织，发现了可能是液滴、气泡等东西。随着技术的逐步改进，研究者发现活细胞并不是空的而是充满了黏稠的液体，后来被称为原生质。到1833年时，Brown提出细胞核是活细胞的正常成分。5年以后，施莱登（Matthias Jacob Schleiden，1804～1881）通过对植物细胞的研究，提出植物完全是由细胞组成的，细胞可以自由形成。1839年，施旺（Theodor Schwann，1810～1882）提出施莱登的结论同样适用于动物。这就形成了细胞学说。1852年，Remak指出，细胞不能自由形成，但可以由细胞分裂而成。有了这样的认识，人们对受精的过程和作用的全新认识就自然提出来了。性腺是否由细胞组成？“种质”究竟是什么？

雄性传递给雌性的“种质”有精液和精子，是哪一部分在繁殖中起作用呢？Spallanzani早就做过这样的试验：让雄蛙系上小兜（它能让部分精液透过但精子则不能），这样的雄蛙并不能使雌蛙受精。后来实验越来越精细，到1856年就已证实合子是由雄配子与卵细胞融合而成的，受精作用只要一个精子就行。下一个问题自然就会提出：当精子进入卵细胞后，它们的核和原生质都发生了什么变化？

1870年产生了油镜，之前几年就有了切片机，这就为进一步的深入研究提供了技术支持。借助这些仪器，科学家们逐渐发现并证明，精子和卵融合后，它们的核合二为一，并通过分裂产生所有的细胞核，可见，遗传物质在核中。那么核在细胞分裂过程中是如何变化的呢？第一步，科学家们发现，在细胞分裂过程中，核也是分裂的，在核内，有后来叫做染色质的物质可以凝缩成染色体并分裂。到1882年，有丝分裂过程已被清楚了解，并由科学家们阐明了这个过程之所以复杂的根本要求：使细胞及其内含物均等分裂。

1883年，van Beneden观察到马蛔虫 *Ascaris bivalens* 配子只有两条染色体，而体细胞却有4条；当雌雄配子融合时，实际是各自的2条染色体融合形成。遗传物质存在于染色体上。

当细胞学家们在埋头观察细胞的结构、研究其各部分功能的时候，遗传学家和进化学家还在艰苦但却几乎是坐而论道似地思考进化的物质基础，两者之间基本没有交流。例如，在达尔文埋头写作《物种起源》的1856年，孟德尔（Gregor Johann Mendel，1822～1884）在奥地利偏僻的Brünn开始了他为期7年的遗传学试验，并得出了后来著名的三大遗传定律：分离定律、显隐性定律和自由组合定律。他并没有将他设想的遗传因子“原基”（相当于达尔文的“微芽”、“泛子”或其他人的“颗粒”等）与细胞中的任何结构联系起来。然而孟德尔的重要贡献除了遗传定律和将数学统计方法引入到生物学研究之外，还清楚明白地表明性状的分离和组合有特定的简单规律（如子一代显隐性性状的3∶1现象），这就显示遗传物质在生殖细胞中不可能有多个而只能是成对存在的，这彻底否定了先前所认为的多重微粒假说。

孟德尔将他的研究结果在1865年2月8日和3月8日的当地学会上进行了演讲，并将其论文《植物杂种试验》（*Versuche über Pflanzen-Hybriden*，英文为 *Experiments in Plant Hybridization*）发表在了1866年的 *Proceedings of the Natural History Society of* Brünn（《布隆博物学会会刊》）上。这本会刊被寄往115个单位的图书馆，孟德尔本人也保留了40份自己的文章并将其寄给了几个植物学家。然而他的成果直到1900年才引起重视，之前35年只被他人引用过12次。

然而一些敏锐的研究人员注意到了这样的现象：减数分裂时染色体一分为二的分离

现象与孟德尔的分离定律有惊人的一致性；另外，有性生物的性比为1∶1，这也与孟德尔遗传实验中的一个杂合子（Aa）与一个纯合隐性（aa）杂交所得到比值相同。这些现象仅仅是巧合吗？也许对性别控制的研究能够澄清这一问题。进一步的研究发现，雌性动植物的卵在性别决定上不起作用，而雄性的一半配子可以产生雄性的后代，另一半产生雌性的后代。如果用孟德尔的理论来解释，那么雄性是杂合子，而雌性是隐性纯合子。既然遗传物质存在于染色体上，它们在性别决定中又是如何起作用的呢？

通过对雄性配子的仔细观察，人们逐渐发现，有一条染色体在大小、性能或其他特征上与其他染色体不同，有些配子有多余的一条染色体，后来证明是性染色体。到1905年，科学家们就确定了性染色体在性别决定中的作用。这就确定了一种性状（性别）与某一特定的染色体的关系。

孟德尔的发现是意义重大的，也引起了研究的热潮，科学家们试图利用不同的生物来验证孟德尔理论的正确性。在遗传学研究的热潮中，有些人引入了新材料和新方法。如摩尔根（Thomas Hunt Morgan，1866～1945）利用易于饲养且繁殖周期极快的果蝇作为实验材料，并用化学试剂、温度和辐射来处理果蝇，企图引起变异。在培养过程中，他发现了在红眼果蝇种群中有白眼雄果蝇的突变体。进一步的研究发现，白眼果蝇的性别和眼睛颜色两个性状并不自由组合，“白眼”与“雄性”这一对性状是有某种连锁的，并不符合自由组合规律。因此，他断定眼睛颜色因子与决定性别的X因子是互相耦联的，或者说控制眼睛颜色的遗传因子是位于X染色体上的。这就将一特定的控制因子（基因）与一特定的染色体联系了起来。

既然遗传因子就在染色体上，如果想弄清楚遗传因子的本质，就需要对染色体的本质进行研究。该是化学家和生物化学家出场的时候了。

其实他们并没有闲着。就在《物种起源》发表后的第10年（1869年），米歇尔（Friedrich Miescher，1844～1895）就试着用各种方法将脓液中的细胞质与细胞核分开。当他用稀盐酸处理脓细胞后得到了完整的细胞核。再处理细胞核，得到了一些与蛋白质性质完全不同的沉淀物，他称之为“核素”。后来，他再用鲑鱼的精子进行提纯和实验，证明核素是同一种蛋白质紧密联系在一起，并给出了核素的分子式。Altmann（1889）通过实验，将完全排除了蛋白质的核素命名为“核酸”。既然染色体是由蛋白质和核酸组成的，那么起遗传作用的是蛋白质还是核酸呢？艾弗里（Ostwald Theodore Avery，1877～1955）等（1944）成功证明灭活了的光滑型（S）有毒脑炎球菌能将核酸转移给粗糙型（R）无毒脑炎球菌，从而能使实验鼠死亡。从而证明核酸才是遗传物质的载体。

后来的研究从两个方面进行。一个方面就是核酸的化学组成。Kossel和Levene在20世纪的前10年就已认识到，核酸的组成成分中有4种碱基（嘌呤A、G和嘧啶C、T）、一个磷酸盐、一个糖。进一步的研究证明，糖有两种：核糖和脱氧核糖。1950年，Chargaff测定出A＋T与C＋G的比值总接近于1∶1。这时候提出核酸的分子结构和模型的所有基础都已具备。可惜的是，这个时期研究核酸时一般都采用降解，这就使得到的片段较短，无法解释这么小的分子是如何遗传巨大的遗传信息的。随着超速离心、过滤等技术的引入，证明核酸是分子质量很大的大分子，它们具有作为遗传物质的基础。既然是大分子，那么它们的结构就是三维的，有着不同于小分子的空间构象。而且它们又是遗传物质的载体，有着自我复制的能力和可能。对于它们分子结构的阐明，就可以最终解释遗传变异的分子基础。

有 3 个研究小组在 1950 年左右同时进行着这方面的工作。一个是美国加利福尼亚技术研究所的鲍林（Linus Carl Pauling）研究小组，采用的方法是根据分子键长度直接搭建模型。另外两个小组在英国，其中一个是剑桥大学的沃森（Jim Watson）和克里克（Francis Crick）小组，他们不做实验，靠搜集数据去推想模型。第 3 个小组是伦敦国王学院的 Wilkins 和 Franklin，他们采用 X 衍射的方法，希望能用实验找到结构模型的证据。鲍林的儿子当时在剑桥读书。1952 年 12 月，沃森和克里克从鲍林给儿子的信中知道他很快要发表一篇关于 DNA 结构的论文。1953 年 1 月 28 日，他们看到了这篇论文，但意识到其有明显的不合理之处，并跑到伦敦将情况告诉了 Wilkins 和 Franklin。随后，Wilkins 向沃森展示了 Franklin 最近拍到的一幅清晰的 B 型 DNA 照片副本，并告诉他照片表明 DNA 具有螺旋结构。这时，Chargaff 参观了剑桥，并告诉沃森和克里克他的最新发现，即在 4 个组成 DNA 的碱基中，A 和 T、G 和 C 的数量总是相等的，也就是说 A 和 T、G 和 C 可能是配对的。1953 年 2 月 28 日，沃森和克里克宣布他们发现了 DNA 的结构（图 2.4），论文《DNA 的分子结构》（*Molecular Structure for Deoxyribose Nucleic Acid*）发表于 1953 年 4 月 25 日的 *Nature* 上。1953 年 5 月 30 日，他们的第 2 篇论文《DNA 结构的遗传意义》（*Genetical Implications of the Structure of Deoxyribonucleic Acid*）也发表于同一个期刊上。至此，关于遗传物质的分子基础就完全明了（图 2.4）。

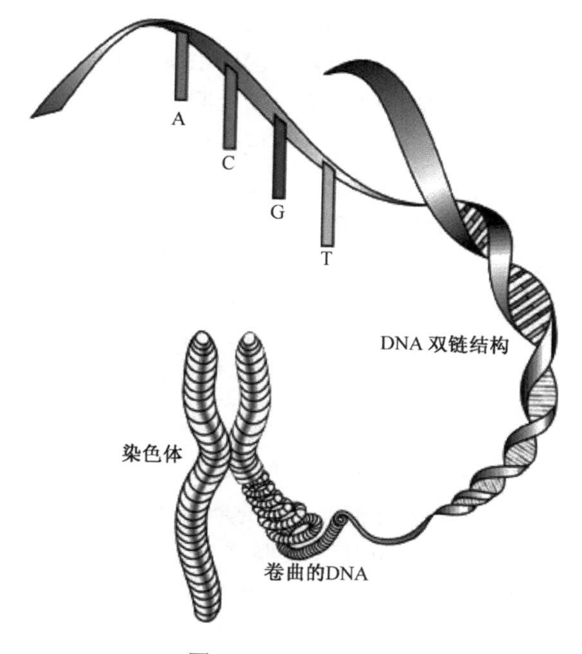

图 2.4　DNA 结构

2.5.2　新达尔文主义

上文已述，魏斯曼通过对红虫、水螅和水母等动物的研究，发现在这些生物的胚胎发育早期，未来的生殖细胞经过几次分裂后，就被“搁置”在一旁，不再与躯体的其他细胞发生联系。这就否定了拉马克的获得性遗传，并且提出，生物的遗传物质是“种质”（相当于现代意义中的染色体或DNA），它与“体质”是有区别的。进化的主要力量是自然选择。基于种质理论的进化学说又被称为“新达尔文主义”（Neo-Darwinism），它完全否定了获得性遗传，并提出了一个关于遗传变异的基本理论。

2.5.3 综合进化论

孟德尔的遗传定律表明遗传物质和遗传信息可以有规律地遗传。摩尔根进一步将特定的基因定位在特定的染色体上，并发现了突变的广泛存在。而突变与外界环境似乎无关，以一定频率自然发生。这就在一定程度上否定了自然选择对进化的作用，实际上是将突变和基因重组等看作是遗传和变异产生的根源及进化的机制。然而随着群体遗传学的兴起和发展，到20世纪30年代，已可以将遗传变异产生的主要原因（突变和重组）、群体遗传学主要内容（基因频率在群体中的变化规律）和自然选择（外界环境如何影响基因频率的改变）等几方面统一起来，综合进化论应运而生，其标志是1937年出版了《遗传学和物种起源》，代表人物有杜布赞斯基（Theodosius Dobzhansky，1900～1975）、迈尔（Erst Mayr，1904～2005）等。

综合进化论（synthetic evolutionism）有如下几方面的重要贡献：提出了生物学物种定义；强调群体，认为种群是生物进化的基本单位，进化机制的研究属于群体遗传学范畴；突变、自然选择、隔离是物种形成及生物进化过程中的3个基本环节（或3个阶段）；认为进化是通过对每一代中随机产生的可遗传变异因适应环境的需要通过自然选择来实现的，而且是不断进行的；有利变异会逐代积累加强，有害变异则被淘汰。

综合进化论的基本观点有5条（张亚平和施立明 1992）：①种群中丰富多样的遗传变异的产生和维持的基本因素是随机突变、染色体的重组和交换，而并非是生物内在的需要；②种群的进化受基因漂移、随机遗传、特别是自然选择等因素的影响。其特征是基因频率的变化；③最初微小的导致表型变化而具有适应性的遗传变异，在长期的进化过程中可在种群中逐渐积累；④具地理隔离的种群，其遗传分化不断加大，逐渐引起物种的分化和具生殖隔离种群的产生，即新种的形成；⑤在自然选择的作用下，逐渐积累的遗传分化将导致新的种上分类单元的产生，其机制与新种的形成相似。

2.5.4 新综合进化论

随着分子生物学和分子遗传学等研究的进展，人们发现含有害基因的个体并不一定被自然选择所完全淘汰，有害无害要相对不同的环境条件而言，如镰状血红细胞症。同一座位上的两个或两个以上的复等位基因在群体中都有相当高的频率。如ABO血型、MN血型、葡萄糖-6-磷酸脱氢酶同工酶（分子水平的多态性）、异色瓢虫翅斑形状和颜色的多态性等，被认为是复等位基因引起的多态现象。自然选择不是单纯起筛子作用，群体中保留了许多有害的，甚至是致死的基因，原因在于自然界存在着各种不同的选择机制，即自然选择是复杂的，它以不同的方式起作用：“稳定性选择”消除有害基因；“平衡选择”在位点上保留不同等位基因；“方向性选择”产生定向变异。

新综合进化论（new synthetic evolutionism）与旧综合进化论一样，也遵循生物进化的突变、选择、隔离的机制。区别主要是在进化的选择单位上有所不同，前者认为进化向着对整体生存或对整个群体生存有利的方向发展，选择是整体性的，而不是对个别基因的选择。

2.6 现代进化论面临的挑战

综合起来看，现代进化论面临的挑战主要有 3 个方面：一个方面是进化是被动的还是主动的，第二方面是进化的速率问题，第三方面是选择的单位问题。

进化论认为是进化是被动的，是生物对环境选择的反应。而有人认为在一定程度上，进化可能是主动的，如在分子水平。

2.6.1 分子进化

高等生物具有比低等生物更复杂的生命活动，所以，理论上它们的遗传物质应该更多更大。如果将生物体单倍体 DNA 总量称为 C 值，那么越是高等的生物其 C 值应该更高。然而事实并非如此，在一些低等生物，如少数高等植物、蝾螈和某些原始鱼类甚至原生动物一个细胞中的碱基对数量超过大多数哺乳动物（Gregory 2001），即事实上 C 值没有体现出与物种进化程度相关的趋势。高等生物的 C 值不一定高于比它低等的生物（图 2.5）。

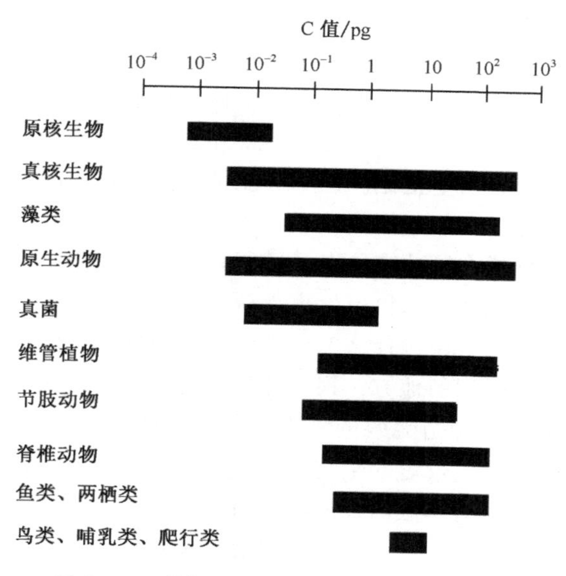

图 2.5 C 值悖论图解（引自 Gregory 2001）

之所以出现这种现象是因为在一些生物的基因组中有大量重复序列。如在人的基因组里，一个约 300 个核苷酸长度的 ALU 顺序有 30 万个拷贝，约占全部人 DNA 的 3%。在小鼠基因组中，发现一个长度为 100 个核苷酸的片段约有上百万次的重复。那么重复序列是如何产生的？这种现象是由自然选择形成的还是这些分子具有某种自主性复制？如果是后者，那么是否可以说这些分子具有自主进化的趋势而不必经过自然选择的筛选？生物（至少是某些分子）是按自身的规律进化的而不是由环境影响下的自然选择形成的？

解释C值悖论（C value enigma）必须面对3个问题：一是为什么低等生物（如植物、蝾螈）会拥有比高等生物（如哺乳动物）更多的基因量；二是在某些类群生物，基因组的大小差别极大，可达几个数量级（如鱼类），而有些变化较小（如哺乳动物）；三是基因组的大小往往与细胞的大小呈正比，而与细胞分化能力呈反比（Gregory 2001）。对C值悖论解释有多种假说，其中一种观点认为细胞核中DNA可以自主复制。如果推测有些分子的进化按这种不依赖机遇和自然选择而是以自己特定的方式朝特定的方向进行的，那么至少在分子水平上，有些分子的进化是与自然选择学说或进化学说不符合的。当然也有其他的说法与之相反。

关于进化速率问题，对进化论提出挑战的有两个学说，一是中性论，二是间断平衡论。

2.6.2 中性论

中性论（neutral theory of evolution）由日本遗传学家木村资生（Motoo Kimura）(1968）和美国的King和Jukes（1968）分别提出。

自然选择是对表型的选择，选择的对象是对生物生存和繁殖有影响的表型。如果有些表型对这些没有影响（如人的指纹），那么选择对它们的作用有限。

在分子水平，大量事实也证明，DNA中的突变大部分是中性的，它不影响核酸和蛋白质的功能，对生物的生存既无利也无害，如密码子第三位的同义替换。既然选择不起作用，这些中性突变就只能随机地在群体中固定。

另外，中性论的另一个观点是尽管不同的生物大分子（如蛋白质）的进化速率有快有慢，但从某一类特定的分子来看（如细胞色素c），它们似乎都有一个固定不变的进化速率，即突变的积累与时间呈正比。这不可能是自然选择的结果，因为环境的变化速率不可能是固定不变的。

然而，中性论只对分子水平的变异做了解释，而自然选择学说则是对表型改变的解释，两者之间几乎没有可比性。木村资生也承认，“中性论始终是以分子水平结构来提问题，至于表型水平，我没有说过什么”，“表型进化只能用自然选择来解释”。

再者，中性论也有不适用的地方。根据此说，可传承的基因突变只有在传给下一代时才有意义，代内的基因突变是无效的。因此，基因变化的速率和积累应该以代为单位。那么就可预言，那些世代较短的生物的分子钟要比世代长的跑得快。然而，事实却是蛋白质的分子钟是以时间为单位的，即与绝对时间有线性关系。对于这种现象，自然选择学说则可解释，基因的变化应该与环境的变化呈正比，不同生物历经的时间是相同的，因此它们分子进化速率也应该是差不多的。如老鼠大概每4个月一代，大象大概每30年一代，然而对它们选择的压力却是相同的（如侵害它们的细菌在这样长的时间内积累了相同的变异）。老鼠虽然经历过的选择较多，但每次选择的压力较小；大象要30年才被选择一次，但这一次的选择就是细菌积累了30年的变异下的选择，与老鼠所经历过的多次选择的量也许是差不多的（方舟子 2003）。

近年来，越来越多的研究表明在分子水平，自然选择也在起作用（周琦和王文 2004）。

总体来看，中性论偏重于分子中无意义的中性突变，而自然选择学说侧重于可以被选择的表型变异。因此，对于二者的严格区分，是要尽量区分基因组中的中性突变和其他突变的比例和成分。

2.6.3 间断平衡论

间断平衡论（punctuated equilibrium hypothesis）是由 Eldredge 和 Gould（1972）提出的。他们在研究化石生物时发现，在地质历史上，生物进化和种化的速率不是均匀的，有快有慢。大多数的进化变化导致的物种形成事件集中于地质学的瞬间内，这一瞬间体现出大量的进化事件。在此之后，物种将经历一个形态上长时间的稳定期。这种形态上的长期稳定和短期内的爆炸式改变交替发生，即进化的形式和速度是间断平衡式的。

这一学说与达尔文进化论的根本冲突是对进化速率或生物形态的变化模式的分歧，进化论一般认为生物进化是渐变式的，因为基因频率的改变是非常缓慢的（见第 3 章）。

然而，对间断平衡论的批评也十分尖锐。Mayr（2003）认为，所谓的间断平衡与生物进化论根本不矛盾。一是小种群的进化因有遗传漂变的存在是相当快的（见第 9 章）；二是化石往往不连续，可能会造成跳跃式进化的假象；三是一些调控基因的改变（如 *Hox* 基因）或多倍体的形成会引起形态上很大的变化；四是在一些特殊情况下，生物会发生适应辐射，在短期内形成许多新种（如上文提及的非洲高原湖泊丽鱼和夏威夷果蝇的进化）；五是因为化石的特殊性，某些内在的变化无法保存下来，因此某一特征也许看起来没什么变化，但那些没有被记录在化石中的其他特征也许在不断地进化。

综合进化论、间断平衡论、中性论三者争论的焦点之一是表现型的进化是渐变式的，还是间断平衡式的。实际是它们对进化速率的认识不同。综合进化论认为进化是按一定规律变化的，间断平衡论认为进化速率并不呈现综合论所要求的规律性，而中性论的分子进化速率又太具规律性。

自然选择的单位是什么？是分子、基因、细胞、个体、家庭、种群或物种？达尔文的进化论认为选择作用在个体水平，影响的是种群中的基因频率。但有些人提出了不同的看法，如在细胞水平上，有人提出过配子选择或精子竞争，在基因水平上“自私的基因”（Dawkins 1976），在家族水平上的亲选择（Hamilton 1964），在群体水平上有群选择（Wynne-Edwards 1962，详见第 5 章）、在物种水平或更高层次上的物种选择等（Stanley 1975，详见第 11 章）。

第3章　自然选择

现代进化论认为地球上的生物都是由共同祖先进化而来的；生物是以种群为基本单位不断进化的；进化的起因或原材料是因为在群体中存在着可遗传的变异；进化的主要机制和动力是自然选择，其作用原理是影响或改变群体在时空中的基因频率；对于特定的生物，进化是朝着有利于其生存和繁殖的方向发展，结果往往是与环境协调一致；进化的速度有快有慢。

3.1　种群

种群是在某一特定时间内占据某一特定空间的一群由同种生物个体所组成的集合。生物的繁殖方式可分为有性和无性两类。我们把有性繁殖的种群叫孟德尔种群，其种群内全部个体基因的总和叫基因库。

种群是进化的基本单位，因为只有种群是长久或永久存在的，种群中的个体却是迟早要死亡的。

3.2　自然选择的基础：遗传变异

生物种群中广泛存在着变异。典型例子有：人的长相千差万别，个头有高有低，指纹各不相同，声音各具特色。玫瑰花的颜色应有尽有，辣椒的形状多种多样，青菜品种数不胜数。另外如性别之分、雌雄之别等多种事实表明，种群中的变异是确实存在的，是不争的事实。有变异才有选择的基础和素材。设想如果所有参加赛跑的选手都跑得一样快，那就决不出胜负；如果所有学生的成绩和表现都一点不差，那就评不出三好学生和优秀分子。

种群中的变异有些是可遗传的，有些不可遗传。可遗传的变异是由遗传物质决定和控制的，而不可遗传变异是由环境影响的。同一个人，夏天过后其皮肤变黑，这属于后者，但其出生时的肤色却是由其基因决定的，只有这样的性状才可以遗传。同样一块地的植物，在多施化肥的情况下，往往就会长得较粗壮，籽粒较饱满，但所有地块上植株性状的平均值往往是由基因控制的。这种由基因和环境共同决定的外在表现性状，称为表现型；控制它们的基因类别是基因型。只有可遗传的基因上的变异才有传递给下一代的可能。如果在传承后代时，不同的个体因其表现型的不同而影响它们各自的生存和繁殖能力，它们在传承基因的成功率上就有差别，从而影响下一代基因的频率，或者说是某一基因型在所有基因型中的比例或频率。

生物学研究已经证明，基因就是一段DNA（脱氧核糖核酸）或RNA（核糖核酸），一般是指DNA。DNA分子是双链结构，放大起来看很像软梯子：两边有骨架，里面有连接键——“横杠”。在分子水平，“横杠”是由核苷酸A和T或C和G两两对应耦合而成（图2.6）。骨架是由核糖和磷酸组成的。由于A总是与T连接，C总是与G连接，串联起来后形成的双链中的一条就与另一条是对应互补的。相当于将“梯子”的“横杠”全部沿中线锯断，有些“横杠”的横面是平的，而有些是锯齿形的。如果给分开的两半再按照原来的模式分别配上另一半（即平面的配上平面的，锯齿形的配上锯齿形的），这样新配上的一半就与原来的一半一模一样。如果反复这样锯开又配上新的进行多个循环，就可以组成很多的与原先双链同样的双链，且数量是呈几何式增长的。如果这个过程在试管内短时完成，就是聚合酶链反应（PCR），现已广泛应用在分子实验中；如果这个过程是通过不同世代的减数分裂和重组过程来完成，即双倍体亲代通过减数分裂产生很多单倍体的配子，雌雄配子结合后又变成双倍体子代，子代长大后又产生配子。如此循环往复，实际上就是有性生物繁殖和生存的主要途径。

基因变异的来源有多种途径。例如，点突变，DNA链上的4种核苷酸中的一种由于某种原因变成了另外3种中的一种，原因可能是自发的，也可能是紫外线或辐射引起的。较大的突变包括一段DNA缺失、重复、倒位、易位等。更大的变异有染色体数目变化。染色体是由DNA与蛋白质组成的，一条染色体就是一根很长的DNA缠绕着很多蛋白质，其形状类似于码头上或牧场中用来拴船或牲口的石头上缠绕着绳子。染色体数目的变化意味着DNA数目的变化，这包含一个受精卵中有额外的或丢失了若干条染色体，也可能是染色体数目加倍。

最常见的可遗传的性状变异来自于基因重组。有性生物繁殖过程包含雌雄亲本生殖细胞的减数分裂和配子的融合。在减数分裂过程中，染色体的分配是随机的，雌雄配子的结合也是随机过程；而每个染色体上有成千上万条基因。在这种随机过程中，子代之间几乎不可能是基因型完全相同的，它们的生长过程又要受到外在和内在环境的影响，表现型则更加不可能相同。只有同卵双胞胎的基因型才是完全相同的。

3.2.1 遗传变异的证明

由减数分裂和配子结合的过程来看，如果一对等位基因是纯合的，则配子中所含的基因相同，结合后产生与亲代相似的基因型。如果是杂合的，也就是说一个座位上有两个或更多的等位基因时，配子中的这一座位中的基因就是不相同的，产生的后代基因型就可能与亲代不相同，从而造成可遗传的变异。因此，只要有一种技术来测定群体中的杂合率就可以间接地证明遗传变异的程度。

现在的凝胶电泳非常灵敏，有时可以区分只有一个核苷酸不同的DNA片段或一个氨基酸不同的蛋白质片段。用酶将特异性的DNA片段或蛋白质片段切割后进行电泳。纯合体在电泳时只产生一条带，而杂合体就有两条带。这是一个位点的情况。我们还可以研究多个位点的变异程度。例如，研究30个基因位点，发现有12个上有变异，我们就可以说有12/30=40%的位点是多态的。

再进一步，还可以研究更多同种群体的遗传变异情况。如果以上40%的变异度代表了一个群体的情况，再用同样的方法测定其他3个群体，发现分别有16、14、14个位点是多态的，我们就能计算这4个群体的平均多态程度（表3.1）。

表 3.1 多态性的计算

群体	多态性位点	全部位点数	多态性
A	12	30	12/30=40%
B	16	30	16/30=53%
C	14	30	14/30=47%
D	14	30	14/30=47%
合计	56	120	56/120=47%

另外一种计算遗传变异的方法是杂合率，也就是群体中杂合个体的频率或平均频率。首先我们可以在一个群体中取若干个个体进行试验，先测定一个位点。例如，总共测定了 12 个个体，发现有 3 个个体是杂合的，那么杂合子的频率就是 3/12=25%。同样的方法可以测定多个位点，再求得平均值，那么就是平均杂合率。如果测定多个群体，就可得不同群体的平均杂合率。

已用这种方法测定了多种生物的杂合率。无脊椎动物平均杂合率是 13.4%，脊椎动物是 6.0%，人类是 6.7%，植物的遗传变异性要高得多（表 3.2）。

表 3.2 一些生物类群自然种群的遗传变异度（引自 Ayala and Valentine 1984）

类群	研究过的物种数	每物种研究过的位点平均数	各群体多态性位点的比例	各个体中杂合位点的比例
无脊椎动物 invertebrate				
果蝇 fruit fly	28	24	0.529	0.150
黄蜂 wasp	6	15	0.243	0.062
其他昆虫 other insects	4	18	0.531	0.151
海洋无脊椎动物 marine invertebrate	14	23	0.439	0.124
陆生蜗牛 land snail	5	18	0.437	0.150
脊椎动物 vertebrate				
鱼 fish	14	21	0.306	0.078
两栖类 amphibian	11	22	0.336	0.082
爬行类 reptile	9	21	0.231	0.047
鸟类 bird	4	19	0.145	0.042
哺乳动物 mammal	30	28	0.206	0.051
平均值 average				
无脊椎动物 invertebrate	57	21.8	0.469	0.134
脊椎动物 vertebrate	68	24.1	0.247	0.060
植物 plant	8	8	0.464	0.170

人的平均杂合率为 6.7%，其遗传变异的数量是惊人的。因为假定人有 10 万个基因，那么其中就有 6700 个基因是杂合的，理论上就能产生 2^{6700} 种不同的配子；如果其中结构基因是 3 万个，就能产生 $2^{2010}=10^{605}$ 种配子，这个数字比宇宙中的原子总数还大。

3.3 种群内基因频率的改变

现代进化论主要是研究群体中基因频率的变化及其规律和机制。从上文可以看出，群体中的基因变异是极其惊人的，那么它们是如何变化的呢？说起来很难理解，这个问题是由数学家首先完成的。

1908 年，英国的哈迪（Godfrey Harold Hardy）和德国的温伯格（Wilhelm Weinberg）分别发现，在一个理想种群中，一对等位基因的频率是不变的。

3.3.1　哈迪-温伯格平衡

假定一个基因是由一个群体中的两个等位基因 A 和 a 代表的，A 的频率是 p，a 的频率是 q，而 $p+q=1$，那么在繁殖过程中就会表现出如下的基因型的频率：子一代 $AA=p^2$，$Aa=2pq$，$aa=q^2$（$p^2+2pq+q^2=1$）。子一代产生的配子 $A=p^2+pq=p(p+q)=p$，$a=pq+q^2=(q+p)q=q$。它们结合后又产生同样的三种基因型 $AA=p^2$、$Aa=2pq$、$aa=q^2$，其中 $p^2+2pq+q^2=1$。它们产生的配子 A 和 a 的频率又分别是 p 和 q。如此循环往复。可见在一个理想种群中，一对等位基因中任何一个基因频率都是不变的。当然，由它们组成的基因型的比例也是不变的。

所谓的理想种群，就是一个无限大的孟德尔种群（有性繁殖的种群），群体中个体间可以无限随机交配，没有自然选择，也没有个体迁入迁出，基因也不发生突变。然而在自然条件下，这几个方面往往都或多或少的存在，也就是说，理想种群并不存在，如此一来，在种群中就不可能存在哈迪-温伯格平衡（Hardy-Weinberg equilibrium），换句话说，在上述任何一个条件作用下，基因频率和基因型频率是可以改变的。

3.3.2　自然选择

自然选择是对表型的选择，就是通过对具有不同表型（往往因它们具有不同的基因型）个体的筛选从而影响基因频率。与其他作用不同，自然选择是方向性的选择而不是随机的过程。这种筛选往往是通过个体的生死存亡来体现的，也就是不适合的个体不能生存或不能繁殖从而不能将自身携带的基因传承给下一代，从而影响基因频率。换言之，自然选择就是对有利变异的保存和有害变异的排除（图 3.1）。

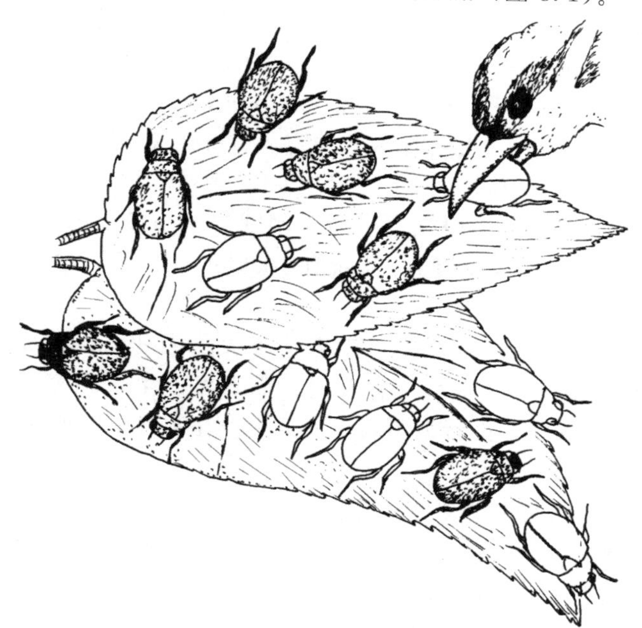

图 3.1　自然选择模式

群体中的不同个体具有不同的表型，而这些表型又影响它们的生存和繁殖能力。在自然选择的作用下，后代的基因频率就会发生改变假定在某一位点有三种基因型，纯合体 AA 的繁殖效率为 1（适合度），杂合体 Aa 也为 1，而纯合体 aa 为 0.9。也就是说，相对而言，aa 有 1－0.9＝0.1（选择系数）的繁殖是无效的，是被淘汰的。由于有淘汰过程，A 和 a 的频率就会改变。如果种群中开始时 A 和 a 的频率都为 0.5，则一代以后，A 的频率就会变为 $\Delta p = spq^2/(1-sq^2) = 0.9\times0.5\times0.5^2/(1-0.9\times0.9\times0.5^2) = 0.5128$，a 的频率就变成 1－0.5128＝0.4872。不同的选择压力下，基因频率改变的程度是不同的（表 3.3）。

表 3.3　不同选择系数下基因频率的改变

选择系数	0.01	0.02	0.1	0.5	1.0
一代以后 A 的频率	0.501 25	0.5025	0.5128	0.574	0.67
一代以后 a 的频率	0.498 75	0.4975	0.4872	0.426	0.33

当然，基因频率改变是非常缓慢的，在选择系数为 1（就是完全选择）的情况下，如果初始频率各为 0.5，被选择的基因频率要经过 8 代才能变成 0.1，50 代后才能变成 0.02，100 代后降至 0.01，1000 代后才能变成 0.001。

3.3.3　自然选择的例证

关于自然选择和进化的例证在上章中已有提及。无论是自然种群还是实验种群，无论是自然选择还是人工选择，无数事例都已证明，选择是可以改变群体的基因频率的。如工业黑化、细菌与昆虫的抗药性、澳大利亚兔子的命运、达尔文雀喙的大小、非洲的镰状细胞贫血症等。

不同生物生态位的分化就是竞争的产物之一，也是自然选择的结果。加拉帕戈斯群岛共有 14 种达尔文雀，当中有食植物种子的地雀、食仙人掌的地雀、食植物果实和芽的树雀、食虫树雀等。其中有一种雀还能把仙人掌的刺含在嘴上钩食树皮缝内昆虫。地雀中又有分别吃大、中、小不同种子的雀等（Sato et al. 1999）。

MacArthur（1958）研究了北美地区 5 种莺（*Dendroica* 属）生态位的情况，发现它们筑巢的高度和位置各不相同。

Surman 和 Wooller（2003）研究过生活于印度洋一小岛上的 5 种燕鸥的食谱，发现它们的食物——鱼的大小各不相同。Shea 和 Ricklefs（1985）对太平洋小鸟上的燕鸥的研究也取得了类似的结果。

Connell（1961）研究过两种生长在苏格兰海边藤壶 *Balanus balanoides*、*Chthamalus stellatus* 的生长情况。当前者不存在时，后者可以生长到潮水位以下的石头上。但当两者在同一地区出现时，前者因不耐旱而只生长在潮水位以下的石头上，后者生长在潮水位以上的石头上。

Clarke 和 Sheppard（1963）研究过非洲凤蝶 *Papilio dardanus*、Bates（1862，见 Mayr 2003）研究过另一种凤蝶 *Papilio memnon* 的拟态现象，它们都长得很像当地其他一些有毒蝴蝶从而逃避被捕食的命运。在不同地区，它们能根据所模仿对象的不同而做出形态的改变。在有毒的物种之间（如一些蜂和蝴蝶）也相互模仿，从而提高生存的概率。

性状替换现象的存在也证明了自然选择和竞争的作用。Grant（1972）发现加拉帕戈斯群岛上的达尔文雀 *Geospiza fortis* 和 *G. fuliginosa* 单独发生时，它们具有相似的喙，而当它们共同发生时，后者的喙要比前者窄小得多。Grant 和 Grant（2006）以及 Pennisi（2006）也都报道了该群岛上的达尔文雀 *G. fortis* 与 *G. magnirostris* 的特征替换的现象。Husar（1976）通过分析两种蝙蝠 *Myotis evotis* 和 *M. auriculus* 肠内容物的成分，发现当它们生活在不同地方的时候，食物是差不多的；而当它们同域时，前者专食甲虫，而后者既吃甲虫又吃蛾子。研究还发现，在没有其他竞争物种的情况下，各种的雌雄个体在食物上也有一定的分化。Albert 等（2007）发现不同种群的雄性刺鱼 *Gasterosteus aculeatus* 体色也存在性状替代现象：它们单独存在时的体色处在两个类型同时存在时的中间状况。

O'Steen 等（2002）从高捕食性和低捕食性环境中各挑选出 6 条虹鳉鱼（guppy），一起放入装有捕食它们的一条丽鱼（cichlid）的培养箱中，等只剩下一半鱼时，将它们取出，检查它们的来源，发现来自于高捕食性环境中的鱼有明显较高的逃避能力。

Seely（1986）报道，美国东北部生长着一种螺 *Littoria obtusa*，它的螺壳壁有厚有薄而螺纹有多有少。1900 年时，吃这种螺的蟹 *Carcinus maenas* 扩展到该地区，它一般挑吃壁薄而纹多的个体食用。到 1982 年时，已观察到这种螺一般都是壳厚而纹少的类型。

Beall 等（2004）于 1997～2000 年统计了我国西藏地区位于海拔 3800～4200m 的 14 个村庄中的 1749 名妇女（其中年龄为 20～59 岁的妇女 691 名）的生育情况、血红蛋白氧饱和度基因型、婴儿死亡率等数据后发现，具有高血红蛋白氧饱和度基因型的群体婴儿死亡率明显较低而后代存活率较高。

3.4 自然选择的外在表现

生物种群是由许多个体组成，这些个体在表型上是不同的，如高度、重量、产仔率、寿命等。如果将具不同性状的个体排列起来，就会发现表型是呈现出两头小、中间大的正态分布（图 3.2）。

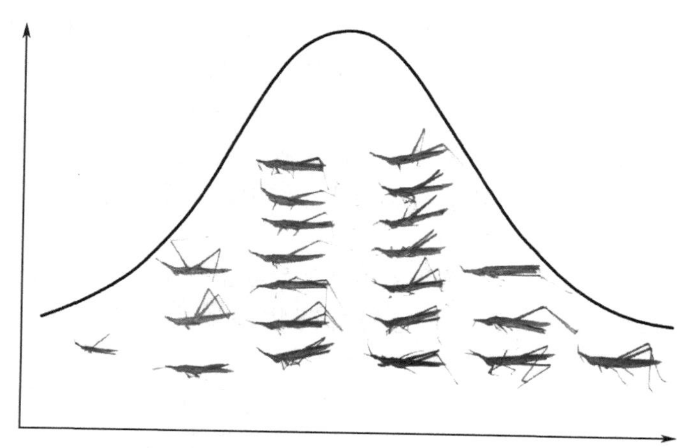

图 3.2 一群蚱蜢体长呈现出正态分布

自然选择的结果是基因频率的定向改变，而在表型上的外在表现则是种群中具某种性状的个体数目的增减。这主要有三种表现形式：单向性选择、稳定性选择和分裂性选择（图 3.3）。

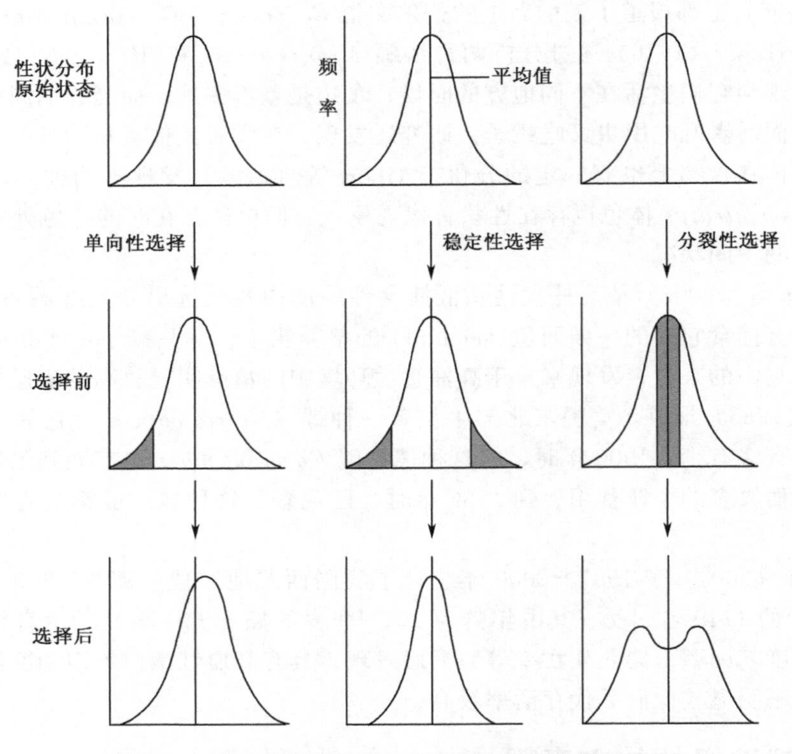

图 3.3　单向性选择、稳定性选择和分裂性选择图示

3.4.1　单向性选择

如果选择压力一直作用于正态分布的某一个极端，即始终淘汰某一个方向上表型极端个体，从而使种群的表型总体上向另一个方向移动，就是单向性选择（图 3.3）。单向性选择的典型例证有细菌、昆虫、肿瘤细胞的抗药性、工业黑化和果蝇的趋光性。

抗生素或杀虫剂都是为了杀灭致病菌或害虫而生产出来的。在施药的过程中，就将那些对药物敏感个体消灭了，但由于生物种群中有巨大的遗传变异，总有一部分抗药性强的个体生存下来。也正是由于这些药品的选择作用，从而提高了抗药基因在种群中的频率，故致病生物的抗药性越来越强。

在化疗过程中，如果有肿瘤细胞没有被杀死而残留下来，则往往是抗药性较强的株系。如果在此基础上再次生长，则它们抗药物的能力则有很大提高（Michor et al. 2006）。

著名的工业黑化现象中，在工业化加剧的情况下，则黑色桦尺蠖越来越多，而浅色蛾越来越少。反之，在环境逐渐改善的情况下，事情发生了逆转。

Carpenter（1905）做过这样的实验：用光诱捕培养的果蝇 *Drosophila ampelophila* 后，将不上灯的个体继续培养，待它们的后代长大后再进行类似的操作，如此 20 代以后，有趋光性的果蝇数目大大减少。Dobzhansky 和 Spassky（1967）建立果蝇

D. pseudoobscura 两个实验种群。一个群体向正趋光性选择（即保留下有强趋光性的个体并让其繁殖），一个群体向趋暗性选择，经过16代以后，结果也都证实了上述实验。

Møller（1993）检测雌性燕子 *Hirundo rustica* 的尾巴长度与它们的交配次数及繁殖后代的能力都有密切的正相关性关系。表明这一特征是单向性选择造成的。

其他典型事例还有：人的脑容量是持续逐渐增加的，马的体型是逐渐加大的而趾数是逐渐减少的。孔雀的尾巴如此之美，长颈鹿的脖子如此之长，羚羊跑得如此之快都是长期单向性选择的结果。

对方向性选择有很多研究，研究结果表明这种效果不太显著但是长期持续（Kingsolver et al. 2001；Hoekstra et al. 2001）。

需要指出的是，不同条件下自然选择对某一特征的选择并不总是一致的。例如，长颈鹿的脖子在打斗和取食中可能有利，而在喝水时就不利。就是在多种因素的作用下，生物才形成现今的形式和格局。

3.4.2 稳定性选择

如果选择压力不仅作用于正态分布的一个方向而是两个极端方向，就是稳定性选择（图3.3）。这种选择的效应是保持种群中的多态性，因为极端性状的个体往往是纯合的。当然，稳定性选择可以去除群体中产生的突变，使有害等位基因保持在一个低的频率上。

过大或过小的人类新生婴儿死亡率要远高于中等大小的婴儿。Lack（1947）报道鸟类总是产下一定量的蛋，以使它们能够最大限度地成功抚养并哺育后代。太少则有浪费，太多则哺育不了，因此它们产下的蛋的数目有个均值，不会太多也不会太少。

美国的一种蝇 *Eurosta solidaginis* 产卵于菊科植物中。从卵孵化的幼虫在植物茎中作瘿。它们有两种天敌，一种是黄蜂，它破坏较小的瘿；另一种是啄木鸟，它爱吃大的瘿。结果中等大小瘿的存活概率大得多。

3.4.3 分裂性选择

如果选择压力作用于正态分布的中间而偏爱于两个极端，就形成了分裂性选择。分裂性选择也可以保持种群中的基因多态性（图3.3）。

前一章提到过的 Thoday 和 Gibson（1962）以4只雌黑腹果蝇 *Drosophila melanogaster* 建立种群后，选择身体刚毛最多最少的各8只进行繁殖。经过12代的重复连续选择，发现多毛的果蝇与少毛的果蝇之间在交配时有明显的偏好。Halliburton 和 Gall（1981）从赤拟谷盗 *Tribolium castaneum* 的蛹中分别选出8雄8雌最大和最小的蛹。将32只甲虫孵化后在一起交配产卵，当蛹到第19天时再选出最重最轻的个体。如此重复15代后，发现重型个体与轻型个体之间在选择配偶时有明显的倾向性。

Jowett（1958）研究了威尔士煤矿地区的杂草 *Agrostis tenuis* 中一些个体能够耐受矿石中的高金属离子含量，从而能够生活于矿渣上。在这种强烈选择作用下，杂草形成了两个种群：一般性的和耐高金属离子的。

Tavormina（1982）研究了双翅目一种潜蝇 *Liriomyza brassicae* 种群的基因变化。从特定寄主植物上采集到的这种昆虫含有明显多的矿物，且它们的后代发育时间也较短。这种现象在野生型种群中也具有。这个现象说明，寄生虫与宿主之间的特定关系对寄生虫的分化具有重要作用，分裂性选择对基因分歧有重要影响。

Schluter（1995）用三刺棘鱼 *Gasterosteus* 的一大一小两种做实验。在开阔水面，适合于小个体生长（因有天敌），在近岸区则情况相反。在此情况下，它们的杂交后代适合度很低，很难生长。

3.4.4　平衡性选择

以上 3 种选择是表现型上的选择。在自然种群中还有一种保持杂合子的选择作用，叫平衡性选择。由于生物的杂合子往往具有杂交优势，因此，这种选择过程也可以保持多态性。

这种选择的经典例证是人类的镰状红细胞贫血病（图 3.4）。虽然得这种病的人死亡率极高，因为其血红细胞不能携带氧气，但其隐性基因却有相当高的频率，特别是在疟疾流行的地区。研究表明，纯显性基因型的人虽然生存能力很强，但却不能对抗疟疾。而杂合子对这两种情况都有一定的对抗作用，故造成现今的状况。当选择对纯合体的压力相等时，就会出现平衡性选择。

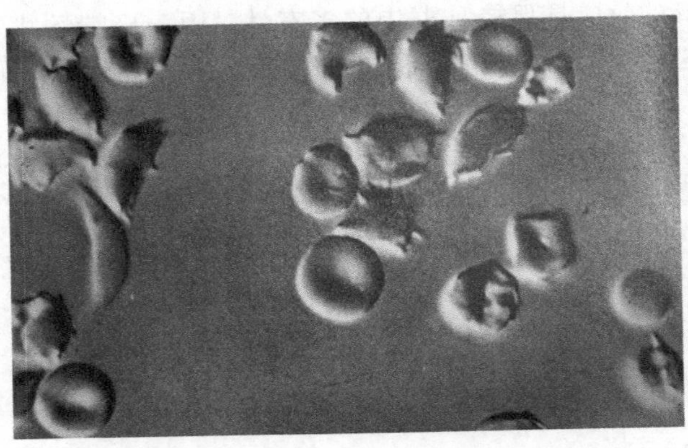

图 3.4　镰状细胞贫血病患者的血红细胞（引自 Dobzhansky et al. 1977）

第4章　性　选　择

自然选择是对表型的选择，往往是通过种群中不同适合度个体的生死存亡来体现的，即不适应环境和竞争的被淘汰，而适者生存。成功生存的个体才有可能繁殖，将自己携带的基因传承给后代，从而永续自己的血脉。

然而寻找配偶和繁殖是极其困难和耗能的过程。生物要想成功，一方面要使自己适应环境，先成功生存；第二步，还要通过严格的性选择过程，才能成功繁殖后代、传承基因。那些没有产生后代的个体对下一代基因库是没有贡献的。

性选择（sexual selection）就是与性别有关的选择，是进化过程中生物争夺交配权和繁殖权的产物，是自然选择的特别表现和形式。如果说自然选择是通过个体的存亡来影响后代的基因频率，性选择则是通过交配权的争夺而影响后代的基因频率。自然选择的实质是过度繁殖、适者生存，而性选择的实质是同性过剩、适者繁殖，是自然选择的一种特例。

4.1　性的意义

在自然界中，大多数的生物都是通过两性分异和配子融合的方式来繁殖后代的，或者说是有性繁殖的。

性的意义在于它增加了变异，提供了大量的遗传变异素材，从而能够提高适应能力，复杂环境下尤其如此。如草履虫在环境较好时进行分裂生殖，而环境较差时进行接合生殖（有性生殖）。蚜虫 *Drepanosiphum platanoides* 在春夏季进行孤雌生殖，而在冬天来临之前完成有性生殖过程，以卵越冬。

这就像参加抽奖，单性生殖只是买了一张彩票，然后把它复印了许多次，复印得再多也不能增加中奖概率，而有性生殖却是买了许多不同号码的彩票，显然最有可能中奖（图 4.1）。

有性繁殖之所以能够提供大量遗传变异，其主要原因是有性繁殖带来了基因重组，基因重组带来了无穷无尽的变异。

为什么要有遗传变异才能适应环境？因为环境是一直在改变的，尤其是环境中的生物都是在不断进化的，如果你不进化，就可能被淘汰。通过在每一代改变基因，有性物种能更好地躲避敌害（如寄生虫和捕食者）的追捕。也就是说，为了能够生存，必须不断地更新自己的表现型和基因型。当然，相应地，寄生虫和捕食者也必须不断地进化。如果像单性生殖那样一成不变，原地踏步，就会被敌人追上，最终导致灭亡。这种解释，被称为“红皇后”假说（van Valen 1973）或“赛跑”假说（Dawkins and Krebs 1979），源自于小说《镜子背后》（*Through the Looking Glass and What Alice Found There*）中象棋红皇后 Red Queen 对爱丽丝 Alice 说的话：“看，你拼命地奔跑也只能够停留在原地”（Now here，you see，it takes all the running you can do，to keep in the same place）。

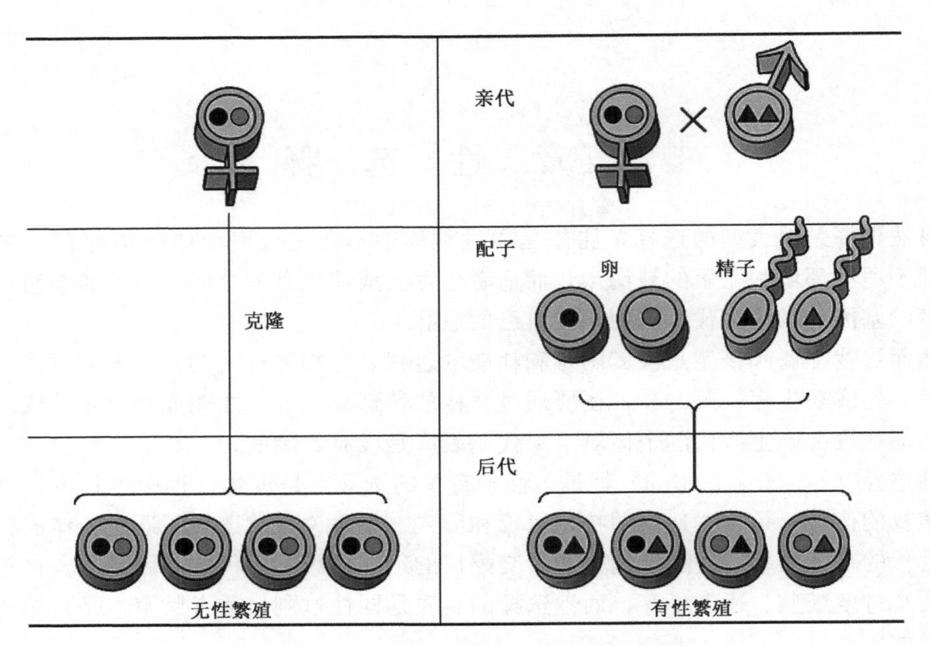

图 4.1 无性繁殖与有性繁殖的异同

无性繁殖只是无变化的复制，而有性繁殖可以产生更多的基因型

Hamilton 和 Orians（1965）用晚成鸟与巢内寄生虫之间的关系表明了它们之间的“赛跑”式进化。Lively 等（1990）以及 Moritz 等（1991）分别通过对有性和无性生殖的鱼类和蜥蜴的研究，一定程度上证实了这个假说。他们发现，有性生殖的后代要比无性生殖的后代更不容易感染寄生虫，而且变异越大，越不容易感染。但也有学者并不支持这样的结果，如 Tobler 等（2005）。

Kondrashov（1982，1988）提出另外一种假说，认为基因重组可以减少有性繁殖中有害突变的频率，无性、近亲繁殖或自交能够显著提高有害突变的积累，所以有性繁殖才能产生和保存。但也有人（Keightley and Eyre-Walker 2000）对此进行否定，基因频率的数学理论检测不支持这种说法。

Barton 和 Charlesworth（1998）详细分析了以上几种假说，认为可能是两方面的综合作用。基因重组可以减少有害突变的积累，也可以提供大量突变，这就提高了自然选择的效率。Wuethrich（1998）认为仔细区分这些作用是困难的。

当然，除了基因上的好处外，性的产生也带来了表型及生态上的优势，如异性个体可利用不同的生态位（如很多鸟类的雌雄个体可以生活在树木的不同高度，两种蝙蝠 *Myotis evotis* 和 *M. auriculus* 生活在不同地方时，各种的雌雄个体在食物上也有一定的分化），雌雄分工并演化出多种哺育后代的方法（如企鹅父母轮流孵卵），生活史复杂（如蜉蝣稚虫生活于水中而成虫到空中生活，从而减少了竞争；很多寄生虫的生活史中都有几个寄主），竞争增加有利于减少极弱个体而使有害基因淘汰等。

性别的产生也给生物的生存带来一定的坏处和挑战。例如，性器官大而明显易暴露（如孔雀的尾巴、蛙的叫声、鹿的长角等在性选择时有利，但也容易被天敌发现），求偶行为复杂耗能（如鸟类求偶炫耀中的舞蹈和欢叫、牛羊的打斗），同性竞争激烈（争斗过程中对个体往往有伤害)，雌雄配子含遗传物质之半（而在无性繁殖过程中，母代能将自己的遗传物质100%地传承给后代)，只有一半的个体能够产生后代等。

同时，性别之间也有冲突，即双方都会为了更多地传递自身的基因而互相竞争。在选择作用下，冲突的结果是双方的妥协。Partridge 和 Hurst（1998）详细分析了这些冲突及其结果：由于性选择和自然选择对雌雄不同的作用方向，它们的基因如果同时表达就可能有损于两性的分化，故在分子水平则会发生染色体结构的改变，如Y染色体缩小；两性细胞质基因的冲突迫使一方丢掉线粒体等细胞器；雄性个体为了自身基因的传承会防止雌性与其他的雄性交配，从而降低了雌性选择的机会等。

自然选择与性选择是共同作用的，对于这方面有很多研究，一般认为性选择的方向（如雌性孔雀倾向于选择长尾的雄孔雀）与自然选择的方向往往是相反的（具长尾巴的孔雀适应度小)。由于利大于弊，因而有性繁殖及性选择能够存在。有很多文献报道这方面的工作，其中以鳉鱼 *Poecilia reticulata* 研究较多，也较系统（Reznick et al. 1997；Millar et al. 2006)。生活在不同河流中，鳉鱼受到的自然选择压力是不同的，但其中以敌害的捕食最重要。在河流上游，尤其是瀑布以上河段，水流较急，大鱼很少，只有小型的捕食鱼类。而河流下游的情况正好相反，这里的水流速度较慢，大型捕食鱼类较多。无论是室内实验还是野外实验都发现，捕食的选择压力促使雄鱼朝体色暗淡的方向发展（因为明亮鲜艳的颜色容易暴露)，而性选择的压力却促使雄鱼朝具鲜亮体色的方向发展（雌鱼喜欢这种体色的雄鱼)。在捕食性鱼类较少的地方，成熟的雄鱼往往体色较亮，而在捕食压力大的地方，成熟雄鱼的个体较小且体色相对较暗。Brooks 和 Caithness（1995）还认为雌鱼对雄鱼是什么颜色并不在意，但有颜色是最重要的。

4.2 性别产生过程

为了生存必须改变，而改变的唯一出路就是改变自身的基因，改变基因的最好方法就是与别人交换（突变率太低)。生物个体之间不可能交换基因，唯一可能的就是通过生殖细胞的融合。而它们又不可能原封不动地融合，如果那样就形成了多倍体而改变了物种性质，故双方就都贡献出一半基因。当然，即使只有50%的基因得到传递，也要比什么都没能传下去的好。

两个减数分裂后只含单倍基因的细胞融合时，细胞核中的基因重新恢复到原来的状况，但细胞质中的线粒体却各自都有多个，它们也都有基因组，因此它们不可能完全融合。在长期选择的作用下，一方抛弃了线粒体，而只保留细胞核的基因，这就成为了雄性配子（精子)；而另一方保留了细胞核和线粒体，便成为了雌性配子（卵子)。两种性别由此诞生（Allen 1996)。

4.2.1 为什么大多数生物只有两性

生物界大多数生物都采取两性的繁殖方式，也有一些是孤雌生殖，也有多个性别的种类，如蘑菇有36 000种性别，黏菌大约有13种性别。在性别多样的情况下，简单地看，寻找配偶要容易得多，而为什么大多数生物却采取两性的方式呢？这个问题困扰了生物学家上百年（Rashevsky 1970)。Hurst（1996）提出，性别的产生是因为雌雄配子线粒体不能融合造成的，如果多个性别（如3个性别）的配子都可以融合，那么细胞质的母性遗传不可能进行，必然引起线粒体之间的相互干扰，这就抵消了寻找配偶的付出。采取两种性别系统，核内基因可以配对而细胞质基因采取母系遗传是最具效率的方式，因而只可能有两种性别。

4.2.2 性别产生需要多少个基因参与

Beye等（2003）、Charlesworth（2003）报道，蜜蜂的性别决定有多个基因参加，其中有一个决定性别的信号基因（*csd*），它有多个等位基因。双倍体的工蜂和蜂王体内具有一对等位基因，发育成雌蜂；而雄蜂是单倍体，只有一套来自母亲的*csd*，因而发育成雄蜂。当然蜜蜂的性别取决于多少基因并不清楚，但从信号基因的情况来看，它是起主要作用的。

4.3 性选择产生原因

没有竞争就没有选择。在资源充足的情况下，竞争也就小。当资源量少时，竞争加剧，并造成分配不均。

有性繁殖时，雌雄两性的投资是不同的，往往是雌性投资较大，如卵子体积远大于精子（图4.2）、养育后代需要的能量及时间也往往由雌性承担（90%的哺乳动物由雌性抚育后代，雄性几乎不参加），故雌性经受不起失误，所以雌的成功取决于她抚育后代的多少。雄则否，因为对雄性（精子）来说，相对较多易得，故获得性伴侣是雄的主要限制因素，雄性的成功取决于交配次数，所以对雄来说，性选择是重要力量，选择力量往往也较大。故多由雌性选择雄性，雄争夺雌，并由雄性任防卫、筑巢、领地建立等。当然也有例外的情况。总之，投资大的一方拥有较大的选择权。这个观点最早由Bateman（1948）提出，Wade和Shuster（2005）对此进行了澄清和细分，类似观点达尔文就已提出。当然也有人对此提出过疑问，证据主要有（Leonard 2006）：果蝇实验对此的拟合度并不高；在有些生物中精子或花粉数是有限的，雌性选择并不总取决于资源，有时性比反而能更好地解释繁殖率；雌雄同体的生物有时卵子很大但雌性部分的繁殖成功率变化极大，还有些雌雄同体的生物雌体部分较多。可能有多种因素参与性选择的强度和方向，包括雌雄繁殖成功率的不同和采用不同的婚配制度等。但总体来看，亲代投资理论接受度较高，因为其他观点中的一些理由可能是性选择的效果和结果，并不是原因。

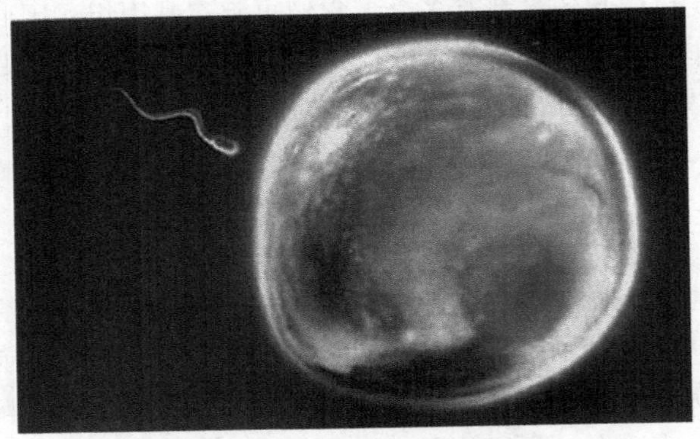

图4.2 精子与卵子大小的比较

（引自 http://news.xinhuanet.com/heath/2005-03/28/content_275186.htm）

Jones 等（2002）研究了蝾螈 *Taricha granulose* 雌选择雄的情况。蝾螈的雌性在繁殖季节访问有许多雄性的池塘，交配后就离开，独自产卵；雄性为争夺配偶争斗。统计后发现，大部分雄性不交配，少数交配多次，不同雄性的交配次数差异极大；雌性至少交配一次。多数雄性没有后代，少数几个产生大部分的后代；雌性都生育。在这个例子中，因雌性要产卵和短期照顾后代，投资较大。因而由雌选择雄。

如果雄性投资大（如雄性要孵卵、抚育后代）则相反，这种情况在一些鱼、鸟等出现（如海马）。Jones 等（2000）研究了一种尖嘴鱼 *Syngnathus typhle*（一种与海马亲缘关系较近的鱼），这种生物由雌性将受精卵放在雄性的育儿袋中孵化。研究发现，在这种鱼中，是由雌性争夺雄性，且雄性交配成功率明显高于雌性。

Gwynne 和 Simmons（1990）报道一种螽蟖在交配前，雄性需要向雌性献上由体内分泌的一大块精荚作为礼物，雌性产卵，可见双方对后代的投资都较大。当花较少时，即食物较少时，雄性的精荚较难获得，这时一般由雄性选择雌性；但当花粉较多，精荚相对较易形成时，就由雌性选择雄性，即选择压力随双方投资的不同而可以改变。

由上可知，投资越大，选择权越大，投资少的一方竞争强。

4.4 性选择方式

性选择主要分为性内选择（intrasexual selection，同性间的竞争）和性间选择（intersexual selection，异性间的喜好）两种情况。选择的结果往往是失败的个体生殖较少或不生殖。在动物界中的多数种类一般是由最强壮的雄性留下较多的后代。当然，这两方面有时是共同作用的，同时对多种不同的与性别有关的性状进行选择。Loyau 等（2005）通过对雄性孔雀 *Pavo cristatus* 行为的研究显示，具长尾巴和长趾的个体更容易在中心位置建立较大的领地，也有更强的攻击性和行为。同时，那些有更多炫耀行为和尾巴具更多装饰的雄性也拥有更多的与雌性交配的次数。

4.4.1 性内选择

性内选择的方式有多种（张建军和张知彬 2003a）。

1. 竞争（combat）

在交配前，选择压力大的同性个体之间往往要通过竞争和打斗的方式确定胜负，由胜者享有优先交配权（图 4.3）。这时候，不同个体在寻找配偶、领地和等级制度的建立与维护能力等方面会出现差异，从而造成选择过程。性内选择往往出现在雄性较大较强且能控制雌性的生物中。争斗在许多哺乳动物和鸟类中都存在，如鹿、羊、牛、鸡等。Le Boeuf（1974）研究了加利福尼亚象海豹的种群，发现只有不到 1/3 的雄性能够交配，其中的少数几只占据了绝对的统治地位。Fabiani 等（2004）报道在 Falkland 岛上的象海豹种群中，只有少数个体处于垄断地位，具有较多的交配次数。平均只有 28.2%的雄性象海豹能找到伴侣，而其中有 89.6%是拥有领地和妻妾的个体。可见雄性之间争夺的激烈程度。

2. 精子竞争（sperm competition）

在交配后，雄性之间也具有竞争关系。如果一个雌性与多个雄性交配，那么由谁的精子成功受精就显得十分重要。这种情况下就会出现精子竞争，即来自两个或两个以上

图 4.3　两只雄性独角仙在打斗

雄性个体的精子为争夺对卵的受精权而展开竞争。

一只雌性动物与两个或两个上以上的雄性进行交配在动物界是很常见的现象，从昆虫、蜘蛛到哺乳动物都可见到。Parker（1970）认为精子竞争对雄性来说，需要能够优先占有雌性储存精液器官，还要防止自己的精子以后被其他雄性个体的取代。因而，精子竞争的方式有多种（长有德和康乐 2002；滕兆乾和张青文 2006）。

雄蜻蜓的阳茎不与生殖器的主体关联，而是第 2 交配器官的一部分，其与雄性移除雌性先前储存的精子相适应。复杂的生殖器可以使交配雄性刺激雌性的生殖道释放已经存储的精子，并用自己的精子稀释或冲洗走先前的精子。雄蟋蟀 *Truljalia hibinonis* 在交配时用阳茎将雌性储精器官直接排空，并取食被排出的精液，这样不但提高了自身的父权偏向，而且得到了营养补充。

蝇类和蝗虫的精苞在雌性生殖道内起着交配栓的作用，一些雄蚊在交配前期传输自由活动的精子，随后则传输一些硬质的物质，相当于“交配栓”，延缓或减少雌性的再交配，以避免精子竞争。交配栓只是在相对较短的时间内起到阻塞作用，如果阻塞时间过长则雌性不能产下受精卵，因而对两性都是不利的。如飞蝗精苞只在雌性的一个产卵周期内起到阻塞作用，雌蝗在产卵前将精苞管排出体外，产卵后再行交配。

雄性昆虫精液成分对雌性繁殖的影响目前至少已在直翅目 Orthoptera、蟑螂目 Blattoidea、半翅目 Hemiptera、长翅目 Mecoptera、双翅目 Diptera、鞘翅目 Coleoptera 和鳞翅目 Lepidoptera 的许多种类中得到证实。目前，对果蝇精液成分和功能的研究较为详尽，通常精液成分的作用包括延长雌性的不应期、促进卵子的形成和发育、增加产卵、增加精子的存储量、促进精子传输、降低雌性寿命、提高精子竞争能力等。

为提高成功率，雄性之间的竞争结果还可以提高产精率。Gage（1991）将雄性地中海果蝇 *Ceratitis capitata* 单独或成双饲养后，发现有竞争情况下的雄性产精率是单独饲养果蝇的 2.5 倍。

有些动物可以通过延长交配时程与交配后对雌性进行看护的行为来确保自己的精子与卵子受精。交配时程在不同昆虫中变化很大，从蚊虫的仅几秒钟到蝶类的数天不等，少数种类在个体间也存在很大差异，如某种蝽类的不同个体从 10min 到 11d 不等。还有一些雄性昆虫在交配后会释放激素以降低雌的性吸引力。

君主斑蝶 *Danaus plexippus* 的雌性常在傍晚传输雄性精包以使卵子受精，次日早上产卵，雄性在雌性传输自身精包之前，仍保持交配状态长达好几小时，从而有效地阻止雌性与其他雄性再次交配，显著提高自身精子的受精率。雄性蜻蜓在交配后仍然用尾部的尾铗抓住雌性，直至雌性产卵，甚至在雌性产卵过程中，雄性还会在空中不断飞翔看护。一些蜘蛛也存在这种现象。

抱对行为在许多昆虫中能观察到，如直翅目的长额负蝗 *Atractomorpha lata*、半翅目的一种猎蝽 *Triatoma phyllosona*、鞘翅目的柳沙天牛 *Semanotus japonicus*、小翅稻蝗 *Oxya yezoensis* 等，以防止在一段时间内雌性多次交配（朱道弘 2004）。

Pizzari（2004）对昆虫和鸟类中的雌性个体如何在新一次交配后排出先前储存的精子情况有详细分析和描述，如一种篱雀 *Prunella modularis* 的雄性在交配前会啄咬雌性以使它将体内已接受的精子排出来（Davies 1983）。

3. 杀婴（infanticide）

对雌性来说，繁殖成功率才是最重要的，因此，如果雌性已经有子女，它们往往将全部精力用于抚育后代，不再对性感兴趣。然而，对于后来的雄性来说，更多的交配就意味着更加成功。在这种情况下，有时会出现杀婴行为，就是后来者将前任者已有的子女杀死，以便自己有更多的机会。Trumbo 等（2005）以一种埋葬甲 *Nicrophorus orbicollis* 为材料进行试验，发现后来者确实存在杀婴行为，并且能在其中得到繁殖上的好处。杀婴行为在许多鱼类、鸟类、哺乳动物中的啮齿类、犬科、猫科、野马、灵长类都有报道（陈金良等 2007）。

于晓东和房继明（2003）研究了布氏田鼠 *Microtus brandti* 的杀婴行为后发现，亲缘近的个体间杀婴行为较少，推测这种行为可能与不同个体间的熟悉程度有关。燕子 *Hirundo rustica* 中也存在杀婴行为（Banbura and Zielinski 1995）。

杀婴的典型事例在狮群中出现（Packer and Pusey 1983）。在新的雄狮加入狮群后，幼狮的死亡率明显上升，并且在随后的几个月中雌狮的受孕机会下降，但交配积极性和次数却明显上升。这可能与雌狮和幼狮需要雄狮近两年的保护需要有关。至于幼狮的死亡原因，有人说是雄狮杀死的（Packer and Pusey 1983；Packer 2000），也有人说是雌狮杀的更多（Dagg 1998，2000）。

距翅水雉 *Jacana spinosa* 的雌性较强壮，体重比雄性大 70%，由它看护领地，并且往往有几个雄性为它孵卵。当雌性不在（如死亡）的情况下，雄性就会变得很紧张。这种情况如果被其他的雌性个体发现，它们就会将雄性正在孵的卵毁掉，以使雄性与自己再次交配再次产生后代（Stephens 1982，1984）。

雄性的杀婴行为对雌性来说无疑是不利的，因为将来不确定的繁殖成功率比不上已经成功的繁殖事实和投资。这时，雌性可以采取两种方式保护自己的子女。一是直接与雄性搏斗保护幼崽，但这种方式往往不能成功，因为它们太弱小；第二种方式就是拒绝与后来的雄性繁殖后代，如拒绝交配或流产等。

4.4.2　性间选择

性间选择主要是异性相吸，往往发生在雌雄个体相差不大、彼此不能相互控制的种群中。这时繁殖成功率由异性间的吸引力决定，往往是由雌性根据雄性的外貌、表演、叫声或体型等来评价，考察过若干雄性个体之后选择最优者。

Møller（1988）以燕子 *Hirundo rustica* 为材料进行试验。将雄性燕子分成四组，一组燕子不作任何处理，另一组燕子的尾巴剪短，第三组燕子的尾巴也部分剪去但用胶将其粘合后与不作处理的差异不大，人为地将第四组燕子的尾巴加长。结果发现，尾巴加长后的雄性燕子明显比其他组的雄燕具有更多的交配次数，且它们的配偶发生配偶外交配的情况也少得多。

Klump 和 Gerhardt（1987）以及 Gerhardt 等（1996）研究了灰树蛙 *Hyla versicolor* 的叫声。这种蛙的雄性个体以叫声来吸引雌性，不同雄性个体之间的叫声长短有不同。将它们的叫声录下来后，让雌蛙在长叫声、中等长度叫声和短叫声中进行选择。结果发现，超过 75％的雌蛙都喜欢相对较长的叫声，72％的雌蛙甚至对短叫声置之不理。

Petrie 和 Halliday（1994）以孔雀 *Pavo cristatus* 为研究对象进行实验，发现尾巴上斑纹多的雄性个体对雌性有较强的吸引力。

以上例子说明，性间选择是确实存在的。雌性为什么要选择那些具有漂亮外表、高亢叫声、强壮身材、匀称结实、更大领地、精美巢穴或其他特征的雄性呢？一种情况下雌性是被动的，如在竞争中失败者出走只留下唯一雄性胜利者。更多的情况下是雌性主动的。那么雌性选择的标准是什么呢？有什么好处吗？

一种解释是，在竞争中胜利的雄性或拥有更加漂亮身体等特征的雄性个体肯定具有更加良好的体质状况，如健康、没有寄生虫、精力充沛等，而拥有这些特征的雄性代表它们拥有更好的基因。这可以从两方面考虑，一是“诚实表现论”（honest signal）：每个雄性都想拥有更多的后代，而这就需要讨得雌性的欢喜，必要时就必须伪装。但是，对称的身体、强健的体魄、漂亮的羽毛等特征是装不出来的，它们诚实地反应了雄性的状况。有外寄生虫（如鸟虱）的鸟，其外表肯定不会太漂亮，因为寄生虫会损害羽毛的。生病的猴子肯定无精打采的。Maan 等（2006）报道在非洲维多利亚湖中的雄性丽鱼 *Pundamilia nyererei* 和 *P. pundamilia* 如果体色越艳丽和领域越大，其感染的寄生虫越少，越讨雌性丽鱼喜欢。

另外一个是“障碍模型论”（handicap model）h：生存竞争是残酷的，生物个体要忍受生老病死伤等多种考验，经过这个过程能够存活下来且还拥有强健身体的雄性是跨越了多种障碍才幸存下来的，它们肯定拥有较好的基因。但这种假说的前提是，性选择的特征与优秀基因具有某种关联并被雌性选择，或者说好基因在前，选择在后。可有实验表明，这种说法不太可靠（Ryan 1998）。

Møller 和 de Lope（1994）以仓燕 *Hirundo rustica* 为实验材料，验证上述假说的可靠性。将一些雄燕的尾巴加长 20mm，另外一些剪短 20mm，将第三组燕子尾巴剪断后再用胶粘上，第四组为对照组，然而观察它们的存活率，发现具有加长尾巴的雄燕的存活率明显低于其他三组，而短尾巴燕的存活率高于其他的。可见长尾巴为自然选择所不容的，这可能会影响燕子的捕食，因为加长尾巴后，燕子所捕食的食物明显变小。而在自然种群中，长尾巴燕却具有较高的存活率。这表明，它们在实际中有较高的适应度，如受雌性欢迎。也就是说，优势大于劣势，故这一特征保存并进化到现今。

Matyjasiak 等（2000）采集一些雌性堤燕 *Riparia riparia*，将其中一些燕子的尾巴略加长 10mm，观测它们的捕食情况和身体指标。结果发现，人为加长尾巴的燕子，捕到的食物身体较小，捕食也较频繁。而天然具有长尾巴的燕子的身体指标和食物要明显大于人为加长尾巴的燕子。这显示，尾巴加长对燕子来说是一种负担，有很多不利之处。但在自然条件下，已经具有长尾巴的燕子已通过了这种选择或障碍，它们的身体状况也表明它们具有较好的基因。

Welch 等（1998）用灰树蛙 *Hyla versicolor* 做过如下的试验：收集一些雌性灰树蛙的卵，一半用来与来自长叫声雄蛙的精子受精，另一半与短叫声雄蛙的精子结合。将由这些受精卵孵化出来的蝌蚪和幼蛙再分别分成两组，分别供给它们充足的食物或少量的食物。经过一段时间的培养后，分别测定幼蛙的生长速度、变态的时间、变态时的大小、存活率及变态后的生长速度等指标。在两年多的时间中做了 18 组比较，结果发现长叫声雄蛙的后代的各项指标都明显超出短叫声的后代，而后者没有在任何一组比较中胜出。这些实验表明，雌性选择的雄性是拥有较好的基因的。

雌性如何知道这一点呢？Fisher（1915）提出一种假说，认为如果雄性用于生存的特征被雌性认为是“性感的”，这种特征就会在选择中具有优势而愈发突显，有时甚至达到畸形的程度。例如，尾巴较长的孔雀可能起飞时所需要的时间更短、飞得更快更稳，这对于雄孔雀肯定是有好处的。如果“长尾”这个特征也被雌孔雀当作选择配偶的依据，那么越性感的就会有更多的子女，这个特征就会越来越强化。问题是，雄性的特征为什么在雌性看来是“性感”的？

Loyau 等（2006）观察到，与具有较显著雄性特征和炫耀行为的雄孔雀 *Pavo cristatus* 交配后的雌性孔雀产较大的卵，且卵黄中具有较多的雄性激素。这个实验显示，亲代投资可以通过好的亲代表型及后代的品质得到提高，也显示如果更加吸引异性的雄性确实拥有好的基因并将其传给下一代，它的好基因就可以通过亲代投资的增加而得到强化。

还有一种假说认为雌性选择在前，优秀基因或突出特征是选择的结果（Ryan 1998）。有好几个实验和观察支持这种说法。如有些生物的雌性选择雄性也可能纯粹是感官的偏好或本能。Proctor（1991，1992）研究一种水螨的行为。这种微小的生物生活在水中，视觉很差，靠感觉和嗅觉来感知和捕捉桡足类动物为食。捕食时，雌螨静立着，将前面的 4 足伸开，来探知桡足类在水中的震动。一旦有震动，它就会立即抓捕。当雄螨觉察到雌螨后，就会取上精囊（内有精子），然后在雌性前面震动附肢和身体，且频率与桡足类的相似。这时，雌螨就会扑上前抓住雄螨，然后雄螨释放出性外激素，引诱雌性接受精囊。

Jones 和 Hunter（1998）报道，海雀（Alcidae 科 *Aethia* 属）有 5 种，其中有具冠的也有不具冠的。研究发现，自然不具冠的海雀对装上假冠的异性也具有明显的交配倾向性。这表明，选择是在特征出现之前就已存在的。其他在狼蛛 *Schizocosa ocreata*、侏儒鸟（Pipridae 科）、鱼 *Xiphophorus*、蛙 *Physalaemus pustulosus* 中也有类似报道（Ryan 1998）。

Maan等（2006）发现维多利亚湖中的雌性丽鱼 *Pundamilia nyererei* 和 *P. pundamilia* 喜欢体色艳丽的雄性丽鱼，但它们对红光和蓝光也很敏感，可能这些颜色对它们就是一种刺激。

雌性也可能为了资源而选择殷勤的雄性。Thornhill（1977）研究过昆虫纲长翅目Mecoptera蝎蛉 *Bittacus apicalis* 的行为。雄蝎蛉在捕获一只猎物后就释放性外激素吸引雌性，待雌性接受礼物后进食时，雄性就与之交配。献给雌性的当作礼物的昆虫如果越大，雌性进食的时间就会越长，雄性就会将更多的精子传递给雌性。平均在20min左右，雄性可以最大限度地传递精子。但当时间短于5min时，雄性就不能传递任何精子；短于20min时，雌性会中断交配。然而，当食物足够大，雌性进食多于20min时，雄性也会在20min左右时主动中断交配而抢回礼物去献给更多的雌性。雌性蝎蛉需要礼物的理由可能有两个，一是可以有更多的营养供给自身和下一代，二是减少寻找食物的危险。

Vahed（1998）对雌雄昆虫这种在交配时奉献礼物的现象有很好的综述。雄性贡献的礼物有捕获的猎物、雄性身体的一部分或整个身体、腺体分泌物（如唾液腺和体表腺体、精球）等，当然这些方面也可以混合使用。礼物的作用可能有两个，一是作为亲代投资的一部分（提高后代的适合度）；二是作为追求异性的一部分（吸引异性、方便交配、提高精子传输量等），可能这方面较明确。例如，长翅目的很多种类将食物用唾液腺分泌物包裹后献给雌性，双翅目果蝇 *Drosophila* 一些种类将食物反刍给雌性，直翅目Orthoptera的 *Cyphoderris* 用后翅、鞘翅目Coleoptera的 *Neopyrochroa* 用头部腺体分泌物、缺翅目Zoraptera的缺翅虫 *Zorotypus* 用整个身体献给雌性以诱惑雌性或方便与雌性交尾。长翅目的昆虫以及双翅目 *Empis* 的猎物、直翅目 *Oecanthus* 和 *Allonemobius* 的外部腺体分泌物、蟋蟀和螽蟖的精球都有提高精子传输量的作用。鳞翅目及鞘翅目的一些雄性昆虫所献给雌体的大精球也有增加射精量以提高精子竞争的胜率。

4.5 雌雄角色的多样性

性选择之所以出现和存在，是因为雌雄对繁殖和后代的投资不一样造成的。投资多的一方选择投资少的一方。在大多数生物，往往是由雌选择雄，因雌性要产卵、抚育和保护后代等。在这些情况下，往往是雄性个体相对较大、较强壮或更漂亮。

也有一些生物是由雄性来孵育后代的，相比之下，雄性的投资反而较多，这种情况下就是由雄性来选择雌性，雌性个体也会相对较大。这种情况在水雉、雷鸟、鹞、鹬、水黾、纺织娘中存在。Berglund等（1989）报道两种尖嘴鱼的雌雄角色调换的情况。在尖嘴鱼 *Nerophis ophidion* 中，雌鱼比雄鱼大且具有较大的皮褶。在实验中，雌鱼对配偶的身体大小并不在意，而雄鱼偏好身体较大和皮褶较多的雌鱼。另一种尖嘴鱼 *Siphonostoma typhle* 的雌雄差别不大，但雌体会改变身体的颜色而使表面看起来有“Z”字形斑纹，并以之来竞争和吸引雄性。与雄鱼相比，雌鱼主动性较强、交配更频繁。雄鱼具有选择权，它偏好斑纹较少的雌鱼，因为有寄生虫的个体往往斑纹较多。

由雄性来选择雌性也有额外的一些优点：雄性对后代的管护更好，拥有更大的领地等。

4.6 动物的婚配制度

婚配制度（mating system）指动物种群中个体为获得配偶而采取的一种普遍行为对策。它包括4方面含义：①获得配偶的数量；②得到配偶的方式；③是否存在配偶之间的联结和联结方式；④两性在双亲投资上的形式。婚配制度可分为单配制（monogamy）和多配制（polygamy），后者包括一雄多雌制（polygyny）、一雌多雄制（polyandry）和混交制（promiscuity）（张建军和张知彬 2003b）。

1. 单配制

雌雄结合成一种社会性配偶关系，并排除其他配偶。这种结合终身维持或维持一个或几个繁殖季节，或仅仅只在一次交配过程中维持。单配制一般需要雌雄共同参与双亲照顾。91.6%的鸟类和3%的兽类是这种婚配制度，如草原田鼠 *Microtus ochrogaster*、松田鼠 *M. pinetorum* 和棕色田鼠 *M. mandarinus*。北美鼠兔 *Ochotona princeps* 营独居，生活于裸岩环境，栖息条件贫瘠，种群数量又很低，这些因素限制了雄鼠独占多只雌鼠，只能行一夫一妻制。200种灵长类中37种（约18%）具有这种制度（如旧大陆中的长臂猿类和叶猴中的门岛叶猴以及新大陆猴中的伶猴类、夜猴类和绢毛猴类），灵长类存在单配制的原因可能与雌性的空间分布有关；鱼类单配制相对不常见。海马被认为是单配制鱼类，其分布于珊瑚礁周围或马尾藻类海草中，雄性密度很低，雌性寻找并保护雄性。大部分鸟类营单配制。

2. 一雄多雌制

这是动物界最常见的婚配制度，通常与雌性的育幼方式有关，雄性很少育幼，其大部分时间用于保护领域不受其他雄性的侵犯或者通过直接的争斗来获得雌性。2%的鸟类和94%的兽类具备这种婚配制度，如黑斑羚 *Aepyceros melampus*、树蜥 *Urosaurus ornatus*、黄腹旱獭 *Marmota flaviventus*、白须侏儒鸟 *Manacus manacus*、锤头果蝠 *Hypsignathus monstrosus*、多纹黄鼠 *Spermophilus tridecemlineatus* 等。

一雌多雄在动物界最稀少。通常是雄性育幼。鸟类中该制度比其他种类多，但也只有0.4%，而且主要集中在鹤形目和鹬形目，其中研究最多的是水雉类，如矶鹞 *Actitis macularia*、红颈瓣蹼鹬 *Phalaropus lobatus* 和产于南美洲的几种走禽具有该制度。灵长类中一些绢毛猴和柽柳猴兼具这种婚配制度，这可能与它们的繁殖生物学有关：因为后代往往是双胞胎且幼猴出生后个体较大，雌性无力照顾，所以需要交给雄性或以前的后代来照顾。美洲驼和鼹鼠 *Heterocephalus glaber* 也是一雌多雄制的。

3. 混交制

不加选择的性关系，雌性个体不形成固定的配对关系，即使形成，持续时间也很短，双亲抚育缺失或只有雌性提供双亲照顾，雄性很少具有双亲抚育特征。大约6%的鸟类是该婚配制度，兽类中如分布在苏格兰东北部的里氏田鼠 *Microtus richardsoni* 和一些灵长类如猩猩也营该婚配制度，对于雄性而言可能是为了减少彼此之间的进攻性，对于雌性而言则可能是为了保证繁殖成功或防止雄性杀婴。

鸟类的婚配制度研究得较透彻，可根据它们的生态细分为5种类型，即一雄一雌制、一雄多雌制、一雌多雄制、快速多窝型多配制和社群繁殖制。各种类型又有若干亚型。一雄一雌制包括合作型一雄一雌制、临界型一雄一雌制和保卫雌性型一雄一雌制；

一雄多雌制包括保卫资源型一雄多雌制、保卫雌群型一雄多雌制、雄性优势型一雄多雌制和多领域型一雄多雌制；一雌多雄制包括保卫资源型一雌多雄制、雌性控制型一雌多雄制和合作型一雌多雄制（倪喜军等 2001）。

在鸟类中有社群繁殖制（social breeding system），即有些鸟类在繁殖期结成小群体，一些个体帮助同一群体中其他个体抚育后代。现已知道约有 200 种鸟类有这种现象。在集成群体繁殖的鸟类中，只有一对繁殖个体产生后代的情况比较普遍，但也有繁殖个体为一雄多雌关系，如鹊鹅 *Anseranas semipalmata* 和一雌多雄关系的，如橡树啄木鸟 *Melanerpes formicivorus*、紫水鸡 *Porphyrio porphyrio*；有一些种类形成的群体由几个保持单配关系的繁殖对组成，如沟嘴犀鹃 *Crotophaga sulcirostris*、滑嘴犀鹃 *C. ani*；还有一些种类以上各种情况都有可能发生，如林岩鹨 *Prunella modularis*、绿骨顶 *Tribonyx mortierii*（倪喜军等 2001）。

4. 配偶外交配（extrapair copulation）

在单配制物种中，发现配对个体常常与其他配对外个体交配的现象，表明在动物行为表现上的婚配制度与其实际遗传上的繁殖制度不是完全一致。配偶外交配主要发现于单配制物种，但也存在于多配制物种中。配偶外交配的例子很多，尤其在鸟类中更为普遍，如阿德利企鹅 *Pygoscelis adeliae*、蓝喉歌鸲 *Luscinia svecica*、美洲红翼鸫 *Agelaius phoeniceus*、草原胡狼 *Canis simensis*。动物为什么选择配偶外交配？对雄性来说，配偶外交配可能带来以下好处：①增加本身适合度；②与之发生配偶外交配的雌性可能会在将来成为其配偶获得者；③防止自己配偶的不育。对雌性而言，配偶外交配可能带给它的好处是：①繁殖保证；②增加后代的遗传多样性；③提高后代的遗传质量；④获得资源。但是，配偶外交配同样需要发生交配的个体付出代价。对于雄性，需要付出的代价是：①精子的损耗和射精的投入；②被带“绿帽”（cuckoldry）的危险；③育幼的减少；④与配偶“离婚”的可能性增大。对于雌性，则有以下的代价：①来自雄性配偶的“报复”；②自己受害的危险；③来自配偶外雄性的干扰。

动物采取什么婚配制度取决于两个因素，资源和动物利用或控制资源的能力。在资源方面，包括资源的分布型和丰富度。如果资源集中分布，但又不是高度集中，那么一个雄性足够保护该资源获得多个配偶，即资源保卫型一雄多雌制；如果资源高度集中，则竞争强烈，动物就难以保护该资源；如果资源平均分布，一个雄性只能占有得到一个雌性的资源，即形成单配制；如果资源高度分散，则该资源同样难以被保护，形成雄性优势型一雄多雌制。如果食物丰富，则双亲中的一员（通常是雌性）就可能提供全部双亲照顾，雄性就可以从中解放出来，形成一雄多雌制；如果食物不丰富，或者食物难以获取和处理，则双亲必须（有时还需帮助者的存在）形成单配制。Verner 和 Willson（1996）对北美 278 种雀形目鸟类的研究发现只有 14 种为一雄多雌制，其中 13 种生活于沼泽和草地这种资源极为平均分散的环境中。在动物利用或控制资源的能力方面，如果两性个体一方可以从后代抚育中解脱出来，那么，它就可以在资源的利用或控制上投入更多的时间和精力，从而更容易形成多配制；如果两性个体都要积极参与后代的抚育工作，则很难再花费更多的时间去利用这些资源，也就更容易形成单配制，很多鸟类就是如此（倪喜军等 2001；张建军和张知彬 2003b）。

4.7 植物的性系统

与动物不同，植物的性系统相当复杂，至今没有统一的理论，可能与植物不能移动有关（寻找配偶的不易性）。

Cox（1982）曾做过一个经典实验。藤露兜树 *Freycinetia reineckei* 多数是雌雄异株的，只有含单性花的穗状花序，但偶然也出现雌雄同株的植株，具含雌雄两性花的花序。藤露兜树的传粉动物是沙蒙狐蝠 *Pteropus samoensis* 和铜绿辉椋鸟 *Aplonis atrifuscus*，它们在采食有甜味的肉质苞片时，对雄花和两性花的危害比雌花大（由于雌花结构上与雄花不同），雄花序、两性花序和雌花序受破坏的百分数分别为96%、69%和6%。当狐蝠在雌雄异体植株上采食时，雄花序虽然受破坏了，但花粉粘在狐蝠面部，当它再转到雌花序采食时就使后者授粉，同时对雌花序危害不大。相反，当狐蝠在雌雄同株的两性花序上采食时，通常破坏大部或所有雌小花。因为两性花序中的雌小花存活率不高，所以产生两性花序的雌雄同株个体在进化选择上处于劣势，而雌雄异株个体将成为适者而生存下来，藤露兜树沿雌雄异株方向而进化。

在被子植物中，两性花植物的比率约占72%，雌雄异花同株的比率为5%，而雌雄异株的比率为4%，雌花-两性花同株的比率为3%，雌花-两性花异株的比率为7%，其他的比率为9%。从以上数据可知，开两性花的植物是很普遍的，像拟南芥、金鱼草、矮牵牛等都属两性花的植物。尽管单性花所占比例较小，但它大跨度地分布于被子植物各个不同的类群中。以雌雄异花同株植物为例，单性花既存在于单子叶植物（如玉米）又存在于双子叶植物（如黄瓜）中，既存在于野慈姑等草本植物中又存在于白桦等木本植物中。科、属的分布也是如此，尤其是雌雄异株的植物，不仅少有而且也零散地分布于各个类群中。如英国有54种雌雄异株植物分布在18科26属中。雌雄异株现象在75%的科中都存在，但仅有5%的属具有雌雄异株的物种，可见雌雄异株是独立进化的。雌雄异株现象有时发生在种的水平，有时也发生在亚属或属的水平，但也有杨柳科这样为数极少的科，都是雌雄异株的物种。坛罐花科 Siparunaceae 有些物种的性别比较一致，其坛罐花属 *Siparuna* 在新热带地区（Neotropics）的65种都开单性花，其中15种为雌雄同株，50种为雌雄异株。在大戟属 *Euphorbia* 的大多数种中（88.2%）都存在一种功能性的雄性两性同株现象；而对于番木瓜属来说，其他种都是严格的雌雄异株，只有番木瓜在自然状态下是杂性的（polygamous）（李同华等 2004）。

裸子植物的雌雄异株种类较普遍，而且系统分类层次较高。如苏铁目 Cycadales、银杏目 Ginkgoales 都是雌雄异株的种类。松科、杉科的物种都是雌雄同株的种类，而在柏科中则有以侧柏为代表的雌雄同株物种和以圆柏为代表的雌雄异株物种（李同华等 2004）。

植物的性别也可改变。从个体和群体的角度来看，植物的性别尤其是被子植物各个物种之间的差别非常大，有一些是极为保守的，如有些属于严格的雌雄异株种类，而另一些则具有很大的弹性。虽然裸子植物的性别在每个层次都非常稳定，但也并非一成不变。据记载，日本有老银杏树叶子上结种子的现象。也有报道称，中国江苏无锡的银杏发生“性反转”的现象，雌雄异株的银杏竟然单株结果，并有一株萌发出幼苗（李同华等 2004）。

由于植物性系统的复杂性，对植物的性选择研究不深。Queller（1983）报道一种雌雄同株的植物中性选择原理与动物类似，也遵守 Bateman（1948）提出的亲代投资假说。性选择也是植物进化的主要力量之一（Skogsmyr and Lankinen 2002）。Vaughton 和 Ramsey（1998）对雌雄异体的香草 *Wurmbea dioica* 花和传粉动物之间的关系进行了研究，发现雄花较雌花大，雄树能吸引更多的蝴蝶和蜜蜂，但对蝇类好像没有区别。晴天时，较大的花更能吸引昆虫。雄花开放 3d 以内，较大雄花上的花粉移除更快。可见，较大的雄花有较快的花粉移除率，适合度也相应较高。

4.8 性选择的结果

性选择的结果在形态上最显著的表现是增加了雌雄之间的差异。我们人类男女之间的差异是十分明显的，如人类男性的体重、身高、骨骼明显比女性的大。对于雌雄性别的分化现象，在动物界数不胜数，如雄性蜉蝣的复眼较大、前足更长；雄鹿具长角，雄鸟具漂亮羽毛等，不一而足（图 4.4）。

图 4.4 公鸡与母鸡差别很大（示雌雄差异）

在海豹中，雄性个体妻妾的多少与雌雄个体差异密切相关。斑海豹 *Phoca vitulina* 的雌雄大小相差不大，相应的雄海豹的妻妾较少；象海豹 *Mirounga angustirostris* 雌雄差别很大，雄的妻妾也较多（Lindenfors et al. 2002）。

加拉帕戈斯群岛上的海鬣蜥 *Amblyrhynchus cristatus* 以吃海草为生，理论上中等体重的易活下来，因为身体太大会因食物不足而适应力低。而实际情况却是最大的雄性个体常超过预期，而雌性却不。仔细研究后发现，雌鬣蜥一年交配一次，产一窝卵，约占其体重的 20%，可见雌性亲代投资极大。因而雄性之间为争夺雌性的竞争是十分惨烈的。竞争的主要方式是雄性占有领地，以供给雌性晒太阳，而占有领地的雄性对雌性有强烈吸引力，雄性的繁殖成功取决于其占有及保护领地。性选择对雄海鬣蜥作用极大，因而使它们的体重明显加大（Wikelski and Trillmich 1997；Wikelski 2005）。

Berglund 等（1986）报道两种尖嘴鱼的雌雄角色调换的情况，它们都由雄性孵卵。在尖嘴鱼 *Nerophis ophidion* 中，雌鱼比雄鱼大且具有较大的皮褶，另一种尖嘴鱼

*Siphonostoma typhle*的雌雄差别不大。前者两性间的投资差异较大，但是雄鱼对后代的营养供给却相对较少。后一种鱼的两性对后代的投资差不多。从营养投资这点来看，雌雄差异越大的性别差异也大，分工也越明显：雌性投入更多的营养，雄性投入更多的精力。

人类的性选择中有很多文化成分，需要特别注意（Kanazawa and Novak 2005）。

第 5 章　自然选择的单位

总体上看，现代进化论认为，自然选择是在个体水平上进行的。在群体中（图 5.1），不同个体具有不同的表型，而这些表型又影响它们的生存和繁殖能力。在自然选择的作用下，只有适者才能生存和繁殖，成功地将自身携带的基因传承下去。长此以往，群体中的不同基因的频率就会发生改变，从而使群体总体上发生改变。或者说，生物个体的生死存亡会影响后代群体的表型。对于特定的个体来说，为了将自身的基因成功传承，就必须进行残酷的生存斗争，就像在性选择中所看到的那样进行争斗、驱逐、残杀等手段和方式，充分彻底地战胜对手、赢得胜利、有利自我。从这个角度来说，自私是必然的。从组织层次上看，每个分子、每个基因、每个细胞、每个个体都必须将自我的生存建立在别人死亡的基础之上。

图 5.1　一群蝽象（示群体）

种群是由个体组成的，个体与个体之间的关系有 4 种：自私、敌对、合作和利他。自私行为的结果是损人利己，就是对自己有利而对别人不利；敌对的结果是对双方不利；合作对双方都有利；利他是对自己不利，对别人有利。如果选择是在个体水平，在生物种群中，自私行为可以理解，敌对不利于大家也不易采取。合作是对双方有利，如果在资源有限的情况下，不允许种群极度膨胀，因此合作的最后结果也是对种群不利的，除非一个种群能够战胜别的种群，或者说在群体水平有利。利他行为最不好理解，当然与合作一样，如果对种群有利也可以发生。

然而，现实是，在各个水平上，我们都可以看到生物体之间的合作。基因组中不同基因的合作、细胞中染色体之间的合作、多细胞结构和组织中细胞的合作。利他行为也随处可见，如绅士般的争斗：为了争夺资源（如食物、配偶），一个物种的成员彼此之间要进行争斗。在这种争斗中，那些能凶狠地攻击、杀死对手的个体似乎更有生存优势，但是为什么同一物种的成员之间的争斗经常只是一种装模作样的仪式，靠虚张声势就决出了胜负，而不是你死我活的？

最不可思议的是生物个体之间的互惠作用行为，有时甚至完全是牺牲自我而利于他人的利他行为，如报警（猴、鸟）、分食（狗）、照顾别人的后代（猴）、哺育及抚养后代（鸟、人）、托儿及诱拐现象（驼鸟）。当冬天来临或食物减少时，苏格兰雷鸟就会把多余的鸟赶走，这些鸟不久就会死去。驱逐行为是“礼仪性的”，并没有激烈的斗争。离开群体的雷鸟与其说是被赶走的，不如说是接到“请走”的信号而自愿离开的（Veuille 1988）。在社会性昆虫蜜蜂、蚂蚁和白蚁中，工蜂或工蚁完全放弃了繁殖而全心照顾蜂王或蚁后（图 5.2）。这又如何解释？对利他行为和合作行为的解释，在历史上有过激烈的争论，也一度形成对进化论的否定和修正，更重要的是，有些观点已渗透到社会学层面，引起人类对自身和社会的深刻反思和审视。

图 5.2　蜂巢

5.1 群选择

达尔文（1859）发现，在自然状态下某些昆虫以及其他一些节肢动物偶尔也会变为不育；如果这些昆虫是社会性的，而且如果每年生下若干能工作，但不能生殖的个体对于这个群体是有利的话，那么就不难理解这种自然选择的作用。选择，为了达到有利的目的，不是作用于个体，而是作用于整个家族。因此，可以断言，与同群中某些成员的不育状态相关的构造或本能上的微小变异是有利的，结果能育的雄体和雌体得到了繁生，并把这种产生具有同样变异、不育的成员的倾向传递给能育的后代。这一过程多次重复，直到同一物种的能育的雌体和不育的雌体之间产生了巨大的差异量，就像我们在许多种社会性昆虫里所见到的那样。

Emerson（1960）和 Wynne-Edwards（1962）提出，生物的利他行为可以用群选择（group selection 或 multilevel selection）来解释。其基本思想是：选择的基本单位是群体，为了群体的利益并使其能够延续和发展，有些个体牺牲了自己的利益（如繁殖或部分繁殖能力）。据 Traulsen 和 Nowak（2006）报道，关于群选择的模型早在 1945 就由 Wright 提出，并经 Wynne-Edwards（1963）、Maynard-Smith（1964）改进。该模型认为：一定的空间内有多个离散的区域，每一区域只能容纳一个动物群体，个体在区域间的流动是受限制的。设有两个等位基因 A_0 和 A_1，具 A_1 的个体表现出“自我牺牲”，携带 A_0 的个体则“损人利己”。在混合群体中，A_0 基因必将彻底取代 A_1。但如存在一个清一色的 A_1 群体，由于个体间的配合，A_1 较 A_0 群体有下面几个优势：①能更好地避免绝灭；②可提高群体总后代数；③能更快占领新的空间。当然纯利他群体的形成是不太容易的，因为有自私基因和个体的存在。如果开始时个体较少，则可能性加大，因为如果数量较多时混入 A_0 的概率增大。社会昆虫中的繁殖分工、仪式化行为，甚至“老弱病残”被逐出繁殖圈等都可用群选择来解释。Wade 和 Goodnight（1991）用甲虫 *Tribolium castaneum* 做实验，验证了该模型。

群集及社会性的优点是显而易见的，如可防止敌害（非洲野牛集体对付狮和豹的捕食）、提高觅食效率（群鸟惊虫、相互学习）、提高繁殖效率（雌雄相遇的概率大，配偶较易寻觅）、提高生存概率（龟群、鱼群、鸟群的生存概率明显高于单个的生物）、主动改变环境（群蜂可以提高蜂巢内的温度、鼠冬眠时相互偎依、蝙蝠群集的洞内温度和温度易保持不变等）。缺点也十分明显：群体容易暴露、群体内个体间竞争加剧、易传染寄生虫等。

Foster（1987）发现，濑鱼 *Thalassoma lucasanum* 以银热带鱼 *Abudefduf troschelli* 的卵为食。银热带鱼有保护卵的行为。为取食成功，濑鱼往往要集群活动。研究发现，当群体中个体数小于 30 个时，往往不易成功；然而当群体大于 100 时，成功率极高。当银热带鱼不在巢时，濑鱼这种集群行为就不出现了。

Scheel 和 Packer（1991）对狮子 *Panthera leo* 的捕食行为有过详细研究。狮子的捕食行为有 3 种：独自捕食、松散的集群捕食和行动一致的集群捕食。结果表明，雌狮更容易参与集群捕食。在集群捕食时，如果猎物较小，它们多采用松散的集群方式；而当捕食斑马或水牛等较大猎物时，狮子们往往采取行动一致的围捕。

Kenward（1978）研究了鸽子与鹰的数量关系，发现在较大的鸽子群体中，鹰袭击的成功率明显下降。Caraco（1979）报道一种雀 *Junco phaeonotus* 用在打斗、取食和防备敌害上的时间分配在不同大小的群体中有所不同，在较大群体中，相对来说，防备敌害的时间就较少。可见群体生活是有益处的，当然也有害处，Wiklund 和 Andersson（1994）研究瑞典的画眉 *Turdus pilaris* 雏鸟的存活率时发现，如果窝大鸟多，它们因饥饿而死亡的比率就高，存活率就低。可见，竞争也是确实存在的。在这两种相反选择力量的作用下，当利大于弊时，群体生活就会出现。

但自然选择作用如何同时作用在个体和群体水平的呢？它们之间的关系如何？Goodnight（1985）用水芹 *Arabidopsis thaliana* 为实验材料进行实验。实验过程如下：将 16 株水芹培养在琼脂中形成一个小种群，分别测定它们的叶面积。每次处理 3 组，每组 9 个这样的种群。在第一实验组中，选出 3 个叶面积最大的种群，并弃掉其余 6 个；对第二组的做法相同，只不过选出的是叶面积最小的 3 个种群；从第 3 组中随机选出 3 个种群。这样的处理方法代表了群选择过程。在个体水平上，还是分别处理 3 组共 27 个种群，只不过从第 1 组中选出 8 株叶面积最大的水芹，第二组选出 8 株最小的，第 3 组中随机抽取 8 株。将它们作为母本，每株水芹产生两株后代，在子代基础上再重复处理。在处理过程中，还要改变各种试验条件。结果显示，群选择的作用明显大于个体选择。Goodnight（2005）列出了对群选择进行验证的所有实验，指出这些事例已经确证群选择是确实存在的且具有巨大选择作用。Traulsen 等（2005）、Traulsen 和 Nowak（2006）、Nowak（2006）设想一个群选择模型（图 5.3）。

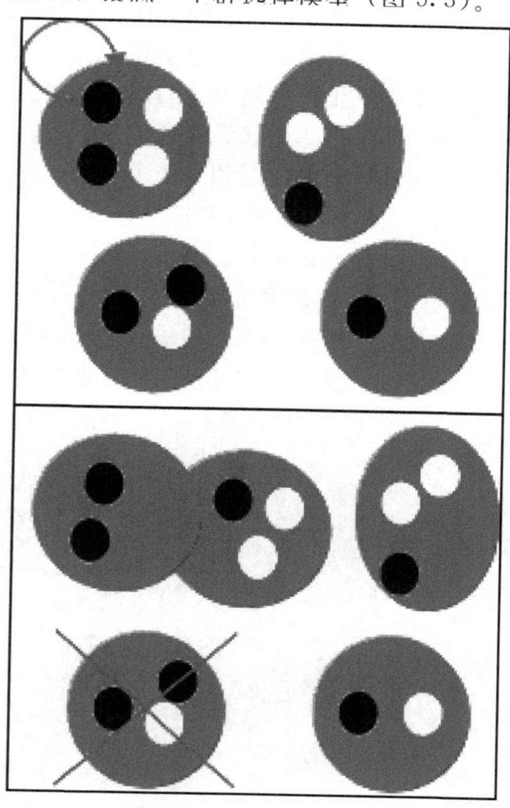

图 5.3 群选择模型（引自 Nowak 2006）

示意选择作用同时作用于个体和群水平上以及两者之间的关系

将一个较大的群体随机分成若干个小群体。假设不同个体的适合度（用繁殖能力代表）是不同的，那么适合度大的就会较快地增加个体数目。将它们的后代加入到本身的小群体中去。随着个体数的增加，小种群就会再分裂成小群体。这时假如保持小群体的总数目不变（如资源量和空间有限，只能有一定数目的小群体），增加小群体的同时，就会排挤掉另外一些个体。至于是谁会被排挤掉，取决于小群体的分裂能力、环境容量、适合度高的个体比例等若干因素。当生成的小种群在获利上大于其他种群的付出时，这种形式的群与群之间的竞争和选择就会产生。从这个假设可以看出，选择可以同时作用于个体水平和群体水平。

上述问题的实质是群体的适合度如何计算？它与个体适合度之间的关系如何？有人提出可以用个体适合度的总和或平均值来作代表（Okasha 2003）。

然而，自群选择提出之日起，对其的批评声就不绝于耳。Maynard-Smith（1964, 1974）提出一个进化稳定模型策略（evolutionarily stable strategy），它是指种群中大部分成员所采用的策略优于其他策略，个体的行为应该遵守群体的约定。一旦这种群体采取的策略稳定下来，任何偏离"主流"的行为将要受到自然选择的惩罚。我们假定有一种生物，它的种群只有鹰鸽两派，鹰派好斗且强壮，鸽派弱小且软懦。群体中的个体不是鹰派就是鸽派。如果鹰与鹰争斗，必须要决出胜负，那么肯定有一方死亡或重伤。假如鹰与鸽争斗，鸽派会主动逃跑。在这样的群体中，如果全是鹰派，那么它们就会不停争斗，直到全部死亡。如果经过突变产生一个鸽派，那么它就会最终占据整个群体。同样，如果在鸽派中出现一个鹰派，它每战必胜，就会消灭全部鸽派后自身又会不稳定。可见，在这两种极端状况中，都会产生不良结果。因此，要想稳定，就必须是有一定数量的鹰派和鸽派组成一个群体。如果把鸽派想像成利他主义者，鹰派为利己主义者，就可理解为什么在群体中总会有一定数量的鹰派和鸽派了。Parker（1970）研究了双翅目一种粪蝇 *Scatophaga stercoraria* 的产卵和交配策略（图 5.4）。雄蝇在新鲜牛粪上等待雌蝇并与之交配。因为牛粪干后，雌蝇产卵就会困难，粪存放的时间愈久，来产卵的雌蝇就愈少，因此雄蝇随着时间的推移，必然面临两种选择：或继续留下，或另找出路。一只雄蝇的选择是否恰当往往与它的对手——其他雄蝇的行为有关。如果大多数其他雄蝇立即离走，那么它应当留下。因为虽然来到这块粪堆的雌蝇为数很少，但它的竞争对

图 5.4　粪堆上的苍蝇

手也少。如多数雄蝇仍留原处，那么这只雄蝇最好以走为妙。也就是说，稳定策略是一种混合型的模式，即在雄蝇的相互争斗中，某些会先离去，而另一些则留下来。当这个系统达到平衡状态时，早飞走或晚飞走的雄蝇应有相同的交配机会。因此无论对雌蝇还是雄蝇来说，选择合适的时间和时机是十分重要的。而交配的最适时间依赖于其他雄蝇的等待时间。如果某一雄蝇总是在一处牛粪上等待固定时间，其他雄蝇就会取得竞争的胜利。因为如果固定等待时间较短，等待时间较长的雄蝇会获得与晚到的雌蝇交配的机会；若固定等待时间较长，那么提早离开的雄蝇便可到另一堆新鲜的牛粪上与来临的雌蝇交配。因此，雄蝇在对配偶的竞争中采取的等待时间的策略不是固定的而是随机的，有时长，有时短。简言之，群体中的个体之间是相互依存、相互合作、相互斗争、相互作用的，它们在博弈过程中求得平衡、共存和双赢。

从进化稳定策略可以看出，群选择并不是要选出最优，而是倾向于较优。这就与自然选择或性选择不同，它们选择倾向于适合度高的个体或基因，并且朝着这个方向不断进化直至最优。例如，在利他行为的作用下，群体中的个体应该都具有利他行为，因为这样才能使群体的适应度最大。进化稳定策略在宏观上解释了群体中不同行为存在的理由，但却没有给出适合度的具体解释，群体中的利他或利己基因是如何改变频率并保存下来的呢？特别是对群体有利但对自身不利的基因是如何保存的？如果利他行为的存在只是为了自身的安全和存在，那么利他行为到底是利他还是利己的呢？

5.2 亲选择

5.2.1 亲选择理论

综合进化论认为，自然选择的单位是个体。群选择认为自然选择的单位是群体，或在群体与个体水平上共同作用。还有人提出，自然选择的单位既不是群体也不是个体，本质上是基因。那些在个体水平看上去的利他和合作行为，在基因水平却都是利己行为。例如，动物的报警信号，表面上看起来是一种利他的行为，实际上报警者本身也可以趁乱跑得更快。这里面有一个付出和回报的问题。从基因水平来看，如果利他者的付出（主要是指它自身基因传承给下一代的概率和比率）小于它得到的回报（如别人替它将更多它自己的基因传承）时，利他行为就可以出现并被选择。Haldane（1955）曾说："要能救出两个亲兄弟或8个侄子我才会跳下河。"从概率上来说，被救起的人所传承给下一代的基因总和要大于救人者自己可能传承的基因。Hamilton（1963，1964）就提出过这样一个理念和公式：$r>c/b$。c代表付出，b代表回报，r等于亲缘系数。亲缘系数就是两个个体所携带的相同基因的比率，如父母与子女之间有一半的基因是相同的，它们的亲缘系数就是1/2，同样可算出：亲兄弟姐妹间为1/2、叔侄间为1/8等（图5.5）。

两个个体间如果有相同的基因，那么或亲或近它们都是亲戚，或者说是有血缘关系的。这种建立在亲缘关系上的以家族背景为前提的选择就是亲选择（kin selection）。因为这种假说认为基因是选择的单位，因此又叫基因选择（gene selection）或总适合度理论（inclusive fitness）。还可以这样认为，适合度（或获益）由两部分组成，一部分是

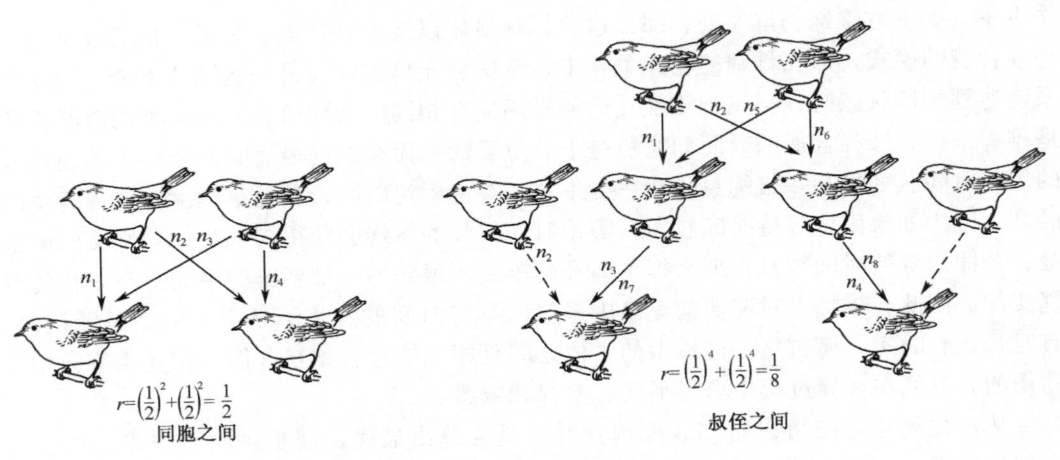

图 5.5　亲缘系数

亲兄弟姐妹间为 1/2、叔侄间为 1/8

直接的，如自身的繁殖；另一部分是间接的，如亲属繁殖。它们的总和就是总适合度。自然选择只强调了直接的适合度。

Sherman（1985）研究了北美地鼠 *Spermophilus beldingi* 的报警声。地鼠有两种警报声，一种是当捕食性哺乳动物到来时发出的惊叫，另一种是当捕食性猛禽来时发出的啸叫。地鼠发出警报声会有利于同伴但可能暴露自己，因此，就有两方面的考虑，是利己还是利他？调查发现，有鹰来袭时，只有 2%的叫地鼠被杀，而有 28%不叫个体被杀，可见叫声可以降低被捕食概率。当哺乳动物来袭时，8%的会叫个体被杀，而只有 4%不叫个体被吃，也可见叫声提高遇险概率。比较而言，惊叫是利他，啸叫是利己。地鼠生活在高山草原中，雄性个体离开群体，有亲缘关系的雌性群居，采用标记法进行家谱等研究发现，雌性较雄性会叫；当亲属距离较近时，雄性更易叫；亲属间更加合作，雌性更会加入到驱逐远亲或非亲入侵者的活动中。观察证明，利他行为并非随机发生的，它只发生在亲属之间并有利于间接获益。

Kurland（1977）、Singh 等（1992）对日本猕猴 *Macaca fuscata* 社群中的相互帮助行为有过研究。它们会花很长时间在一起，而且亲缘关系近的更容易集群。年轻雌性猴会帮助母亲照料其他个体。集群且相互帮助是自私行为，帮父母看护幼仔是利他行为。那些年轻的雌猴为什么要这样做？它们这样做是为了学习当母亲的经验。可见，这些行为都是自私的。

Emlen 等对肯尼亚的食蜂鸟 *Merops bullockoides* 进行了系列研究（Wrege and Emlen 1994）。这种鸟是群居性的，40～450 个体生活在一个巢中，家族成员（clan）共同维护领域，有相当数量性成熟的个体留在巢中帮父母照顾兄弟姐妹，主要是筑巢、防卫、采食等。帮助行为常发生在繁殖机会有限时，如领域及巢很难获得，这时青年鸟选择了最坏中的最好的帮助父母。研究表明，青年鸟在首次选择时，会选择亲缘多的巢进行帮助，可见血亲系统决定了食蜂鸟的帮助对象。进一步调查发现，青年鸟往往帮助最亲的家属，而非亲属的个体（如女婿，从别的巢中来的）极少帮忙。青年鸟对巢的贡献很大，它们中有超过 50% 在离开巢穴前就已饿死。平均来看，一只青年鸟能帮助 0.47 个亲属长到换羽，可见总适合度是相当高的。

Reyer 对非洲翠鸟 *Ceryle rudis* 的种群结构有长期研究（Reyer 1986）。这种鸟在洞中筑巢，一岁的成年雄鸟（一级帮助者）很难找到配偶，故留在巢中帮助父母看管幼鸟和防卫。一级帮助者可以成为迟育者（来年繁殖），也可以成为不帮助或帮助其他巢中的鸟的二级帮助者。一级帮助者因工作努力而只有 54%成活到第二年，低于二级帮助者的 74%或迟育者的 70%。由此可见，似乎一级帮助者没有得到应有的回报。深入研究发现，66%的一级帮助者吸引异性，二级帮助者为 91%，迟育者只有 33% 。

计算时要计算两年的回报：回报＝第一年存活概率×后代数目×第二年存活概率×交配概率×与帮助者的亲缘系数

这样一算，一级帮助者回报为 0.99，大于二级帮助者的 0.84 或迟育者的 0.29。一级帮助者的存活率似乎略低，但直接获利却要多得多。

Pfennig（1999）验证两种食肉性蝌蚪 *Spea bombifrons* 和 *S. multiplicata* 取食时是否对亲属有偏好。蝌蚪分杂食的和食同类肉的两种。将 28 只食同类肉的蝌蚪分别放在培养皿中，然后在每个培养皿中再放入两只杂食性的蝌蚪，一只为食同类肉的兄弟姐妹，另一只不是（这些蝌蚪以前未曾见过）。当放进去的一只被吃后，马上查看活着的另一只。结果发现，亲戚较少被吃（28 只被吃蝌蚪中只有 6 只亲戚，而却有 22 只非亲戚）。Pfennig 还进行了形态-获利系数研究：向两个网箱中各放入 18 只蝌蚪，然后再各放入 6 只近亲（兄弟姐妹）和 18 只非亲个体。结果显示，亲属的存活率是非亲属的 2 倍；而进食后蝌蚪的生长速度没有区别。因此可以说，获利（b）是 2，付出（c）是 0。由于付出除以获利为 0，小于亲缘系数（r)1/2，因此，利他行为存在是有道理的。

有些美国黑鸭 *Fulica americana* 将卵产于别的同类巢中，让别人替自己孵。Lyon（2003）研究它们对付这种行为的反应。产卵和孵蛋投入极大，因为存活率只有一半而且每次孵蛋的数目是一定的，替别人孵就意味着自己少生。可见付出很大，而回报几乎没有。按照亲选择理论，这种情况应该不容易发生。调查结果发现，鸭平均产 8 只蛋，但不是一下子就产这么多，它会先产一些。当有蛋寄生进来后，大部分的黑鸭会将其扔掉后再产剩余的蛋。在扔掉的蛋中，大部分是与在外表上与自己的蛋不太相似的那些。

Moore 和 Taggart（1995）发现负鼠 *Monodelphis domestica* 精子也会合作。这种动物的精子单独行动时，只会打圈；而头部连在一起时，就会向前行进。研究发现，80%的精子都会配对行进，而到达卵子时只有一个精子进行受精。Hayashi（1998）发现鱼蛉 *Parachauliodes japonicus* 的精子不是单独行动的，而是成百个精子头部紧挨在一起成束状。雄性每次产的一个精球中平均有 500 个精子束。比较后发现，这种精子束越大，游动的速度越快，越容易穿行在黏稠的液体中。Moore 等（2002）研究了木鼠 *Apodemus sylvaticus* 精子的利他行为（图 5.6）。这种鼠的精子头部有勾，可以相互牵引着共同前进，而这种情况下的前进速度是独立行动时的 2 倍。受精时，精子必须分开，少数精子要牺牲自己以释放酶来溶解卵膜。这种行为只能用亲选择解释，用群选择解释不通，因为这不是在群体或个体水平上。

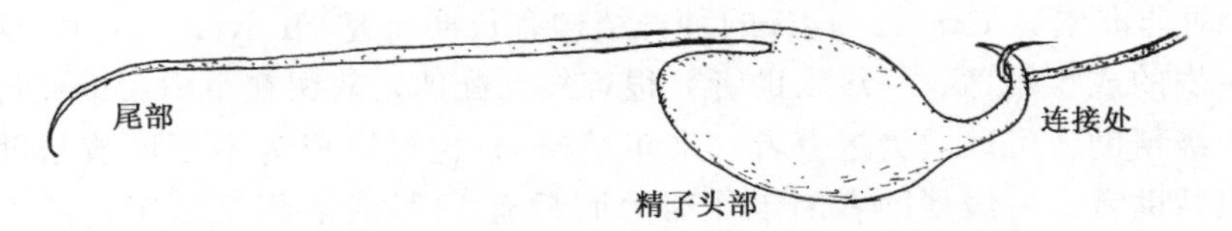

图 5.6　木鼠 *Apodemus sylvaticus* 精子的形状（引自 Moore et al. 2002）
（精子头部有勾，可以相互牵引形成链状结构）

5.2.2　绿胡须效应

从小就长期生活在一起的亲属之间具有利他行为，可以用亲选择来解释，也容易理解。在关系较远的个体之间是否也具有利他行为呢？是否也存在亲选择？这些基因是如何识别的呢？

毋庸置疑，在关系较远、不太熟悉的个体之间也存在利他行为。如上述的蝌蚪对兄弟就不太下得了口的试验中，蝌蚪互相之间并不认识。Dawkins（1976）提出"绿胡须效应"（the greenbeard effect）来解释这种情况。这种假说认为，如果利他基因能够识别拥有同样基因的个体，利他行为就会出现；就如同一个人长出了绿胡须，会容易识别；其他拥有同样胡须的人就可能帮助他，相当于"同病相怜"，但这个假说一直未能证明。按照 Gadagkar（1998）的说法，"绿胡须效应"要成立需具备三个要素：一个外在的可识别标志、能够识别这样的标志以及对这种标志做出应有的反应和行为。

Keller 和 Ross（1998）首先报道了红火蚁 *Solenopsis invicta* 中的绿胡须效应。红火蚁 DNA 中有个位点为 *Gp*-9，在雌蚁中有三种基因型（它们都是双倍体），分别为 BB、Bb、bb。检查发现，这三种基因型在雌蚁中的分布是不平均的：繁殖蚁王中绝大部分为 Bb，不繁殖蚁王中绝大多数为 BB 和 Bb，工蚁中绝大多数为 Bb 和 BB。bb 型的雌蚁因长不大而在蚁群中极少。如果不繁殖蚁王中的 BB 要繁殖时，就会被工蚁中 Bb 型处死。识别主要靠气味。可见，在这样的现象中，气味是识别标记，工蚁能够识别并且做出反应，Bb 型蚁将唯一不带 b 型等位基因的繁殖蚁杀死，可见对自身所携带的基因是有好处的，符合亲选择的要求。

Crespi 和 Springer（2003）、Quellar 等（2003）描述了黏菌 *Dictyostelium discoideum* 中的绿胡须效应。这种黏菌生活在土壤中，从孢子体萌发后，以单细胞的阿米巴虫形式生活大部分时间。当食物少时，它们就相互识别并聚集在一起形成一个像黏黏虫的物体。它移动一段后，就会长出细长的菌丝体并在顶部形成繁殖体。孢子从繁殖体中形成，就可以进行下一个生活史。在形成菌丝体时，有 20%的细胞要成为支持结构而不能繁殖。*csA* 位点能编码阿米巴表面的蛋白质并能识别与之结合的蛋白质（编码性状及识别系统）。Quellar 等将野生型的阿米巴和将 *csA* 基因敲除后的阿米巴混合后，放在琼脂板上培养。结果发现，野生型多在茎部，而变异型多在繁殖部，这是因为野生型细胞具表面蛋白易黏合。而在野生条件下营养不足时，情况则相反：野生型多在繁殖部，而变异型多在茎部。可见在野生条件下，野生型的阿米巴能够相互识别并做出利他行为从而有利于自身的基因传承（图 5.7）。

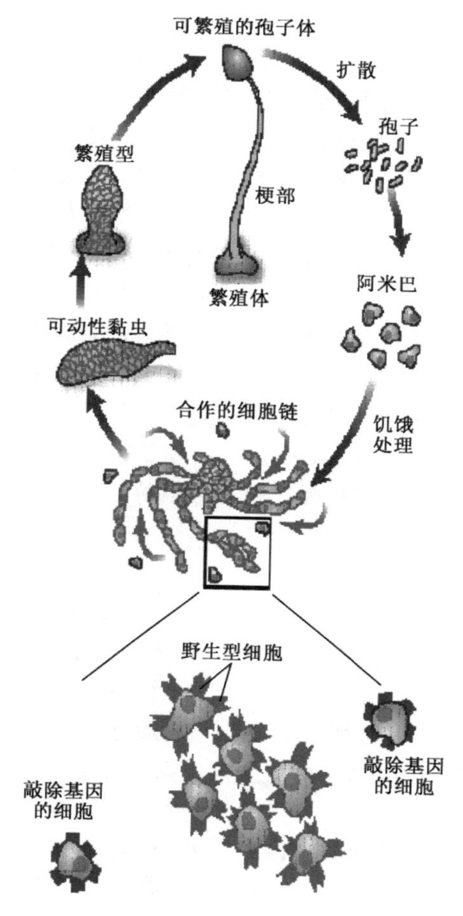

图 5.7　绿胡须效应（引自 Quellar et al. 2003）

5.2.3　亲子冲突

Trivers（1974）看到，在鸟类及哺乳动物中普遍存在着的育婴行为是一种形式的利他行为。但在多数情况下，投资极大。起初，育婴行为是值得的，因为提高了后代的存活率及繁殖率。然而，亲子间只有 50% 的基因相同，而且任何子女对父母来说都是一样的，但对某一个具体的子女都意义重大。因此，在有些情况下，父母可能更倾向于未来投资或平均分配投入，而子代却想在牺牲其他同胞的情况下当前获利，所以亲子冲突（parent-offspring conflict）产生。只有育婴的获利对投入的比例少于 1/2 时，亲子才会一致“同意”进行未来投资。可见，育婴和亲子冲突是付出与获利之间的平衡选择。Maestripieril（2002）详细分析了灵长类中的亲子冲突。

Pugesek（1990）分析了加利福尼亚海鸥 *Larus californicus* 的育婴行为。结果发现，随着幼雏长大，父母花在为孩子寻找食物上的时间及付出明显增加；在育婴期间，年长的父母比年轻的父母更不会与孩子争夺食物（因为年轻的可以将来再生育）；年长的父母花在育婴上的时间更长，但它们子女的存活率却较年轻父母养育的孩子低。从而从三个方面证实了亲子冲突是确实存在的。

5.2.4 同胞相残

在许多情况下，兄弟姐妹之间也会因争夺资源而战，即同胞相残（siblicide），结果往往是最年轻的个体失败，在有些种类，往往是最年长的个体杀死其弟妹，如先出壳的个体会杀死后出壳的个体。Kitowski（2005）对波兰 13 巢乌灰鹞 *Circus pygargus* 进行过研究，发现早出鸟比晚出鸟明显占优势。如果一对父母只能养活一个子女的话，那么残杀可以说是一种义务（Gargget 1977）。那为什么它们每次还要产两个蛋呢？可以这样解释：后出壳的子女只是一种保险备份，只有在其他个体没有成功出壳的情况下才有可能存活。在牛背鹭 *Bubulcus ibis* 种群中有严格的等级系统，按等级分配食物，年幼的个体往往要挨饿，但当食物充足时它们也能长大，年景好时，兄弟相残在牛背鹭并不一定发生，但在黑鹰一定发生，因为两只或更多共同成长的机会不存在，年长的个体只有在杀死弟妹的前提下才能存活（Creighton and Schnell 1996）。兄弟相残显示血亲关系并不一定产生利他行为。在鹭和鹰，自私才更好，因为利他的代价太大。

5.2.5 互惠利他

在动物中，个别情况下，利他行为发生在非亲个体之间，即互惠利他（reciprocal altruism）。这种现象常发生在集群动物中，个体间关系密切，这种利他可以解释为是一种对未来的投资或回报。Wilkinson（1984，1990）研究了吸血蝙蝠 *Desmodus rotundus* 分享食物的行为。这种动物群居栖息，那些吃到食物的个体往往反刍给饥饿个体。分享食物的代价很小，但获益很大，在有血亲关系及无血亲关系个体间都可以发生，多发生在关系密切的个体间。

因此，亲属关系愈近，利他现象得以发生的最小得利个体数愈少（如一个人牺牲只要救活两个兄弟就够本了，但要救活 8 个侄子才能够本），故多发生在亲缘关系密切的群体中。

5.3 动物社会性的起源和进化

所谓社会性动物，是指世代重叠、群体共同抚育后代、群体中有特化的非生殖个体的动物。目前已发现在昆虫纲膜翅目、等翅目、同翅目、鞘翅目、甲壳纲中的虾以及哺乳纲鼹鼠中有社会性的种类（Thorne 1997；表 5.1），其典型代表是昆虫纲膜翅目中的蜂和蚁以及等翅目中的白蚁。社会性动物中的非繁殖个体体现了利他行为的极端。

表 5.1 社会性动物主要门类及社会性起源发生的次数

社会性动物门类	社会性起源次数	社会性动物门类	社会性起源次数
膜翅目 Hymenoptera	11	缨翅目 Thysanoptera	1
等翅目 Isoptera	1	虾 Snapping shrimp	1
同翅目 Homoptera	1	鼹鼠 Naked mole rat	1
鞘翅目 Coleoptera	1	合计	17

5.3.1 社会性起源

蜂和蚁的社会性起源可以用亲选择部分地解释。蚂蚁和蜜蜂等社会性的昆虫有一套独特的遗传系统：受精卵发育成雌蚁（新蚁后和工蚁，双倍体），未受精卵则发育成雄蚁（单倍体）；雌蚁的基因组一半来自蚁后，一半来自雄蚁，而雄蚁只有来自蚁后的那一半，基因组是雌蚁的一半；雄蚁是把全部的基因都传给了雌蚁。因此，姐妹们彼此之间的遗传关系不是像人那样只有1/2，而是3/4。如果工蚁生儿育女，它们与儿女的遗传关系不过1/2，还不如与母亲生下的姐妹们亲（Trivers and Hare 1976）。另外，在蚁巢中，蚁后产雌雄比例相同的卵，但雄蚁的数目往往较少，为什么呢？原来工蚁偏好雌性的卵，会有选择地杀死雄卵。

膜翅目社会性昆虫中不同品系的决定因素有好几个。在诸如蜜蜂的群体中，双倍体的卵发育为雌性，而单倍体的卵发育为雄性。至于雌蜂是发育为蜂王或工蜂，取决于营养状况、孵化温度、卵的大小和蜂王的影响及年龄。也有报道称工蜂在基因上也保留有发育为蜂王的潜能。Volny 和 Gordon（2002）回顾了这些文献，也报道红天堂蚁 *Pogonomyrmex barbatus* 基因组中一个微卫星位点对品系也有决定作用。其中工蜂在这一位点的两个等位基因是杂合的，而纯合子的雌性蚁发育为蚁王。

单双倍体系可以部分解释膜翅目、缨翅目、蚜虫等社会性昆虫的行为和起源，但问题仍然存在。原因有以下几个方面：蚁巢中的这种单双倍染色体体系和亲缘关系的计算是建立在工蚁都是同胞姐妹的前提下，而实际上，有些种类的蚁和蜂巢中有不止一个蚁后或雄蚁。在蜂群中，平均每个巢中有17个雄蜂。在这种情况下，工蜂之间的亲缘系数要少于1/3。再者，许多社会性生物并非是单双倍染色体体系，如白蚁；许多具有染色体单双倍体系的生物非社会性。Hunt（1999）通过重建膜翅目的系统发育关系，发现只有4科中有真正社会性昆虫，而它们是多次起源的。他还发现，真正的社会性的蜂蚁是那些要建立复杂巢穴、长时间抚育幼虫的生物。这似乎暗示，生态因素而不是遗传因素在社会性起源中具有重要作用，因为蜂王不可能单独筑巢，而且当被捕食压力较大时，独自生活的危险性就更大，因为它们不可能长时间地照顾幼虫。Boomsma 和 Franks（2006）还认为智能生物的自我组织（self-organisation）在社会性形成中有重要作用。

Nonacs 和 Reeve（1995）发现黄蜂 *Polistes dominulus* 与其他真正社会性蜂类不同，它的雌体一般都可生育。新长成的雌蜂可有三种选择：自己建巢、作为帮助者共同建巢、寻找空巢。独自建巢几乎不可能成功，因为死亡率非常高，因而大多数情况下它们选择集体建巢。但在合作过程中，彼此之间往往又要争斗。因此，只有在群体中有一只雌体特别大而无对手的情况下，共同建巢较易成功。通常，蜂王产最大量的卵，占到总量的95%，并吃掉其他雌蜂产的卵。共同建设者之所以存在，可以用亲选择来解释，因为蜂王是它们的姐妹，但蜂巢中还有无血亲关系的参与者，它们的获利在哪儿呢？原来，它们可以在蜂王死后取代它的地位。在28个研究群体中，有13个换了蜂王，其中的10个为共同建设者。在黄蜂 *P. dominulus* 种群，有些个体选择不参加建巢，等待失去蜂王的巢出现，然后取而代之。在有些群体中，蜂王会让那些无亲缘关系的个体产一些孵，以便它们留在巢内作为共同建设者。在黄蜂 *P. fuscatus* 种群中，亲缘关系与产卵比例有一定的相关性。可见，决定共同生活还是单独生活、是社会性还是松散性生活的不仅仅是基因因素，它们的身体大小、亲缘关系、空巢的有无等生态因素也起作用。

鼹鼠 *Heterocephalus glaber* 是一类独特的哺乳动物，它们几乎无毛，而且变温，肠道内具有细菌帮助消化纤维素，与蚁蜂一样具有社会性，行为也与社会性昆虫类似。在巢中，一般是1只鼠后加1～3只繁殖雄鼠，其余都是工鼠，负责挖地道、护卫和看管幼体。研究发现，它们社会性的产生在一定程度上可以用亲选择来解释。在这种生物群体中，85%的交配发生在母子之间或兄弟姐妹之间，因此，鼠群的不同个体的亲缘系数达到0.81。尽管如此，仍有冲突，因为繁殖个体与非繁殖个体对后代的基因投资不同。但鼠后因身体强壮，控制整个群体，必要时会用力撞那些不太认真工作的工鼠，且这种冲撞往往针对亲缘关系较远的个体，遭惩罚的个体会加倍努力工作。在鼹鼠的例子中可以见到，除了近亲繁殖，生态因素（如极端有限的喂食机会以及集体防卫）可能对社会性的起源也起作用（Jarvis and Sherman 2002）。

白蚁中不存在染色体单双倍体系，它们的社会性起源更加复杂和难以解释。笼统地可以这样说，是亲选择或基因选择在起作用，但要研究具体的回报和付出就相当难。Thorne 等（2003）、Roux 和 Korb（2004）报道一种白蚁 *Zootermopsis nevadensis* 在木头中筑巢，工蚁（帮助者）保留着转化为繁殖蚁的潜能。不同的家族之间会争斗，在争斗中，繁殖蚁及工蚁的死亡率都很高。当繁殖蚁死亡后，工蚁可以继承巢穴及种群。在争斗过程中，有一种能繁殖的兵蚁产生，可能是兵蚁起源的原始形态。

Thorne（1997）分析了白蚁社会性的形成。这类昆虫是双倍体的，其社会性的形成原因与膜翅目昆虫单双倍体有所不同，可能取决于生态因素，如生活于隐蔽、食物充足的环境中、发育迟缓、世代重叠、一雄一雌制、长期繁殖、扩散的危险性极大、共用巢穴、集体防卫等。可这些特征是社会化生活的起因还是结果呢？

5.3.2 社会性起源：多少基因

de Bono 和 Bargmann（1998）报道，线虫 *Caenorhabditis elegans* 有两种类型，一种为“孤独者”，进食时各吃各的；另外一类为“社交者”，有食物时，它们却很快地一堆一堆地聚集在一起会餐。这两种类型的线虫的 *npr-1* 基因决定了它们的行为。如果将“孤独者”的 *npr-1* 基因转入“社交者”体内取代其原有的 *npr-1* 基因，“社交者”也会变成“孤独者”。*npr-1* 基因编码的蛋白质叫做神经肽 Y 受体的蛋白质，在“社交者”和“孤独者”中，这个蛋白质序列只有一个氨基酸不同，导致了它们有不同的功能。神经肽 Y 是一种神经递质，它与其受体结合后，可传递神经信号。线虫也产生一种与神经肽 Y 类似的分子，可以跟 *npr-1* 编码的受体相互作用。“社交者”线虫显然就是利用这一套系统在进食时相互交流的。

美国的红火蚁 *Solenopsis invicta* 社会存在两种形态。一是单后型：一巢一蚁后，蚁后体态臃肿，产卵迅速。蚁后完全靠自己建立新巢，用体内存储的脂肪养育卵，直到卵发育出工蚁，以后才获得工蚁的帮助，因此对它来说，体内脂肪存储得越多，产卵速度越快，越有生存优势；外来蚁后不能生存。多后型：蚁后体态较为苗条，产卵速度较慢。蚁后不能自己创建新巢，而是从蚁口密度过大的旧巢分家，带了一部分工蚁出去自谋生路。如此复杂社会行为的差异，是由一个叫 *Gp-9* 的基因决定的。单后型的巢中，蚁后和工蚁的基因型都是BB；在多后型的巢中，至少有10%的工蚁的基因型是Bb，其他为纯合体BB型（另一种纯合体基因型bb的蚁后和工蚁都不能活到成年）。如果基因型为BB的蚁后进入多后型的巢中，将会被杀死，但基因型为Bb的蚁后却会被接纳，其原因是因为Bb型工蚁能很好地辨认Bb型蚁后，从而“说服”其他工蚁接受它们。工蚁对蚁后的辨认，看来并不是根据蚁后的体型，因为实验表明，即使把BB型蚁后饿瘦，或把Bb型蚁后养胖，也不能改变它们的命运。工蚁可能是通过外激素来分辨蚁后的（Ross and Keller 1998；方舟子 2005）。

亲选择可以解释具有亲缘关系个体间的利他行为，却不能解释完全意义上的利他行为。叶航（2005）认为，亲选择就不能解释汤姆逊瞪羚 *Gazella thomsoni* 的英雄主义行为。当狮子或猎豹接近时，往往会有一只汤姆逊瞪羚在原地不停地跳跃，且发生在最早发现危险的汤姆逊瞪羚身上。按照一般的行为原则，最早发现危险应该最早逃跑才是最佳生存策略。但汤姆逊瞪羚却使自己暴露在捕食者面前，并以此为代价向同伴们发出警报。汤姆逊瞪羚所保护的并非是它的子女或亲属，是完全意义上的利他行为，与互惠合作等完全不同。那么如何解释这种现象呢？群选择能够部分解释这种现象和行为，但却不能给出基因适合度的解释。因此，叶航（2005）提出可以修正进化平衡模型，在合作过程中，人类还会有愉悦等情感，即合作过程中不仅是付出和获益的问题，还有自激励机制。将这些因素考虑在内，就可以解释完全意义上的利他行为。这种观点有点类似 Nowak（2006）提出的直接或间接互惠，但是遭到齐良书（2006）的强烈质疑。

Mayr（1997）提到：如果基因是选择的单位，那么“单个基因”在自然界是如何存在的？它们是独立存在的单元吗？如果单个的基因在自然界无法存在，它们如何被选择？实际上是基因的载体——个体被选择吧！另外单个基因的适合度在不同环境中变化很大（如镰状红细胞贫血症在疟疾流行区有优势而在其他地区却有劣势），它们如何被选择？基因之间的相互作用客观存在，因此选择的单位肯定是针对所有基因（基因组及其拥有者），个体才是自然选择的真正单元。

Wilson 和 Hölldobler（2005）提出，群选择是一种使个体聚合的力量，个体选择是一种分解的力量，而亲选择有时是聚合的力量，有时是分解的力量，要依情况而定。真正的社会性动物较少的原因，是由于自然条件下倾向于群选择的环境压力较少。蚂蚁和白蚁等形成社会性的关键是由于生态上优势和本身系统发育关系的延续和保持，而这种社会性组织存在的基础是由于利他行为和通讯能力的发展。

Nowak（2006）根据利他行为或合作行为获益对象的不同，将其分成5种，并分别适用不同的选择规律。亲选择中，获益对象为亲属，适用亲选择中的“自私基因”原则；直接共利互惠（direct reciprocity）中，要考虑个体与个体的直接相互作用以及将来的可能回报；间接互惠（indirect reciprocity）适用于人类社会，要将道德、声望和尊严等考虑在内；网状互惠（network reciprocity）要考虑利他行为实施者与周围邻居的关系；而在群选择中，则要考虑大群体中小群体的数目、分裂速率和个体的适合度或繁殖能力。由此可见，利他行为是一种合作行为，这些不同层次的合作行为完全可以用简单的模型来表述，但必须考虑不同的参数。

5.4　配子选择

自然选择可以作用在群体、家族、个体、基因水平上，它在细胞水平上有没有作用？自然选择的作用是影响群体中的基因频率，如果自然选择在细胞水平上起作用，那么也只能对生殖细胞起作用。这种选择就是配子选择。

Stadler（1945a，b）提出用配子选择（gamete selection）的方法来提高育种的效率，即选用好的花粉来为农作物如玉米等进行杂交，以选出好的品种。El-Hifny 等（1969）报道，这种方式确实很有效，已在畜牧业中广泛应用。那么在自然条件下，配子选择是否存在呢？不同基因型的配子（精子或花粉）其活力有区别吗？

Andronikov 等（1998）报道，软体动物和两栖动物配子的抗热能力相差很大，不同个体间有时能相差 6～8 倍，而不同种群间能达到 8～10 倍。在这种情况下，对配子的选择在不同个体或不同群体之间都可进行。在一定条件之下，不是所有配子都能受精，而只是部分精子能够忍受温度的选择而最终受精。在这种选择作用下，种群的基因型肯定会发生改变。

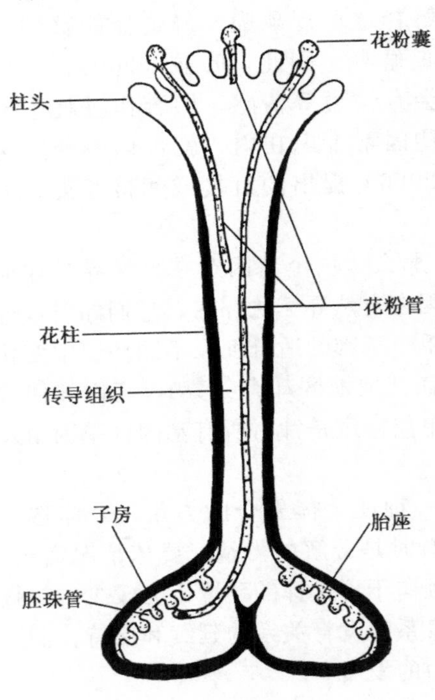

图 5.8　配子选择的一种情况

示花粉在柱头生长的过程中，几乎在每个阶段都存在识别和选择过程

Hill 和 Lord（1986）研究萝卜 *Raphanus raphanistrum* 胚珠的受精情况，发现它们的受精状况不是随机的而是有选择的，与胚珠的位置有关。这表明，花柱能诱导花粉管朝特定的胚珠生长（图 5.8）。

关于配子选择的存在与否有许多争论，如 Snow（1990）对花粉的研究就表明，配子选择的作用并不明确。Mayr（1997）指出，配子选择中所提出的有关雄性配子游泳能力的高低、对无效卵的识别以及穿透卵膜能力的不同可能与产生配子的雄性个体有关，而不是与单倍体的配子本身有关。另外，受精过程很多情况下有随机性和偶然性，机会可能比适合度更重要。

从生命起源和生物进化的角度看，生命有机体是从有机小分子进化到生物大分子、从生物大分子进化到分子聚合体、再到单细胞生物、多细胞生物以及复杂生命体。在这些不同的进化阶段，自然选择是一直在起作用的，那么在如单细胞生物阶段，选择的单位肯定是像配子一样的细胞，因此说，配子选择以及其他层次的选择也并非不存在（Wilson 2006；Okasha 2003，2006）。

5.5　物种及其他水平的选择

Lewontin（1970）提出，自然选择可以作用在任何水平，从基因、分子、染色体、细胞、器官、生物个体、家族、种群甚至物种或更高层次，它甚至是同时作用于这些不同层次上（Wilson 2006）。个体选择有三个条件：①种群中的不同个体具有不同的表型；②这些不同表型的个体具有不同的适合度；③表型特征可以在世代间遗传。如果符合这三个条件，所有的单元都可以被选择，如分子、基因、细胞、种群、物种或更高分类单元。例如，在物种水平，如果不同的种群具有不同的表型，这些不同表型的种群在适合度上有差异，而它们又能够被遗传，那么在物种水平选择的单元就是种群而不是生物个体。Stanley（1975）通过分析化石生物进化的间断平衡现象，提出在进化的历史长河中，进化是以物种为单位的，而不是以个体为单位，即与个体和个体之间有竞争现象一样，物种与物种之间也有类似于个体那样的竞争过程，在竞争中获胜的物种就会取得优势，产生更多的物种。这种选择叫物种选择（species selection）。

既然选择可以作用于物种，那么在物种以上的分类单元呢？也有人提出过支系选择（clade selection）的概念，但批评颇多，主要反对意见是：支系的适合度如何计算？它们是如何遗传给下一代的？一个支系如何繁殖另一个支系？（详见第11章。）

在以上所介绍的各种选择单元中，个体最容易理解；古生物领域内因研究对象往往都是不同的物种而非个体，因此比较强调物种选择。比个体更小的单元（如细胞、基因、染色体）适合度上的差异是如何遗传给下一代的有待说明，因为它们不单独存在于自然界。况且除生殖细胞以外的其他器官和细胞是不可能被遗传的，它们的性状如何传递给生殖细胞？这是不是又回到了获得性遗传？比物种更高单元的整体性有待确认，即如果它们确实是作为选择的单元的话，它们共同的适合度是如何传递给各自不同的后代的？它们能不能用物种选择来解释？

第 6 章 影响进化的其他力量

自然选择是生物进化决定性的、持久性的、时刻存在的力量。无论作用在基因、细胞、个体或群体水平，它的存在都是必然的、客观的、挥之不去的，这是因为生物的生存要依赖环境。但自然选择也不是进化的唯一因素，突变、基因流动、近亲繁殖等因素也可以对种群中的基因或基因型频率的改变起作用。在此之外，还有偶然因素——遗传漂变对进化也有一定的作用，在极端情况下，它的作用还不可小视。自然选择是有方向性的，即迫使生物群体内基因的频率朝适应环境的方向改变，而突变、基因流动是无方向性的，是随机的。近亲繁殖可提高群体中纯合子的比率而降低杂合子的比率，但由于纯合子往往因衰退而被淘汰，它对群体中基因频率的影响也不可忽视。

6.1 突变

在理想种群中，配子的基因频率是不变的。然而在自然条件下，总有突变发生（表 6.1）。假设有一对等位基因 A 和 a，突变时只能两者之间互换，即只能由 A 变为 a 或由 a 变为 A。我们取前一种情况，由于在每一代中都有一数量的 A 突变为 a，如果这个过程一直持续，A 的频率就会逐渐下降而 a 的频率会逐渐上升，如果有足够的时间，A 最终将变成 0，但这种改变是非常慢的。如果假定每代十万个个体中有一个突变，A 的初始频率为 1.00，需要 1000 代才能将频率变为 0.99。A 的初始频率越小，要达到一定改变所需要的时间越长。如果 A 的初始频率是 0.50，改变 0.01 的基因频率（即从 0.50 变成 0.49）需要 2000 代，如果从 0.10 开始则需要 10 000 代。

表 6.1 不同生物体特定基因的突变率（引自李难 1990）

生物体和性状	突变/基因组/世代（$\times 10^{10}$）
细菌噬菌体 T_2（病毒）bacteriophage T_2（virus）	
宿主范围（host range）	30
溶菌抵制作用（lysis inhibition）	100
大肠杆菌（细菌）*Escherichia coli*（bacterium）	
链霉素抗性（streptomycin resistance）	4
链霉素依赖（streptomycin dependence）	10
对 T_1 噬菌体抗性（sensitivity to phage T_1）	30
乳糖发酵（lactose fermentation）	2000
鼠伤寒沙门氏菌（细菌）*Salmonella typhimurium*（bacterium）	
色氨酸不依赖（Tryptophan independence）	500
衣藻（藻类）*Chlamydomonas reinhardi*（alga）	
链霉素抗性（streptomycin resistance）	10 000
粗糙脉孢菌（真菌）*Neurospora crassa*（fungus）	
腺嘌呤不依赖（Adenine independence）	400
肌醇不依赖（inositol independence）	800
玉米（谷类）*Zea mays*（corn）	
皱皮种子（shrunken seeds）	10 000
紫色种子（purple seeds）	100 000
黑腹果蝇 *Drosophila melanogaster*（fruit fly）	
电泳变异（electrophoretic variants）	40 000
白眼（white eye）	400 000
黄体（yellow body）	1 000 000
小鼠 *Mus musculus*（mouse）	
棕色（crown coat）	80 000
杂色（prebald coat）	300 000
人 *Homo sapiens*（man）	
亨廷顿氏舞蹈病（Huntington's chorea）	10 000
无虹膜（aniridia，absence of iris）	50 000
视网膜瘤（retinoblastoma，tumor of retina）	100 000
血友病 A（hemophilia A）	300 000
四肢短缩症（achondroplasia，dwarfness）	400 000～800 000
神经纤维瘤（neurofibromatosis，tumor of nervous tissue）	2 000 000

当然，在 A 改变的同时，a 也会改变。设一对等位基因 A 和 a，A 的频率为 p，a 的频率为 q，A 突变为 a 的突变率为 u，a 突变为 A 的突变率为 v。因此每代中由 A 突变为 a 的数量$=pu=(1-q)u$，由 a 突变为 A 的数量$=qv$。

当 $pu=qv$ 时，A 和 a 的基因频率保持不变，群体处于遗传平衡；当 $pu>qv$ 时，a 的基因频率增加；当 $pu<qv$ 时，A 的基因频率增加。

6.2　基因流动

如果群体中有个体的迁出或迁入，由于它们的流动会带来或带走不同的基因，这就会影响基因频率。如果 AA 的个体迁出，那么基因型为 A 的配子数量就会减少。假设在一个种群中一对等位基因 A 和 a 的频率分别为 p 和 q，在一个世代期间从外部迁移来少量个体。迁移进来的群体中 A 和 a 的频率分别为 p_m 和 q_m，迁移进来的个体数所占比例为 m，则下一代中 a 的频率就是 $q(1-m)+q_m m=q-m(q-q_m)$，a 的基因频率变化量为 $m(q-q_m)$。同理也可以算出 A 的频率变化量为：$m(p-p_m)$。

不同人群中 ABO 血型的比例是不同的（表 6.2）。分析其中的数字变化，可以看出它们各自的起源地点及扩散路径，如 B 型血就由亚洲向欧洲扩散。

表 6.2　世界主要种族中各种血型的比例（引自 http://www.bloodbook.com/world-abo.html）

人群	O	A	B	AB
阿拉伯人 Arabs	34	31	29	6
美国的亚裔 Asian (in USA-General)	40	28	27	5
奥地利人 Austrians	36	44	13	6
北美黑足印第安人 Blackfoot (N. Am. Indian)	17	82	0	1
中国广东人 Chinese-Canton	46	23	25	6
埃及人 Egyptians	33	36	24	8
英格兰人 English	47	42	9	3
美国阿拉斯加爱斯基摩人 Eskimos (Alaska)	38	44	13	5
格林兰爱斯基摩人 Eskimos (Greenland)	54	36	23	8
法国人 French	43	47	7	3
德国人 Germans	41	43	11	5
希腊人 Greeks	40	42	14	5
匈牙利吉普赛人 Gypsies (Hungary)	29	27	35	10
匈牙利人 Hungarians	36	43	16	5
冰岛人 Icelanders	56	32	10	3
印度人 Indians (India-General)	37	22	33	7
美国印度裔 Indians (USA-General)	79	16	4	1
爱尔兰人 Irish	52	35	10	3
意大利人 Italians (Milan)	46	41	11	3
日本人 Japanese	30	38	22	10
德国犹太人 Jews (Germany)	42	41	12	5
波兰犹太人 Jews (Poland)	33	41	18	8
肯尼亚基库尤人 Kikuyu (Kenya)	60	19	20	1
朝鲜人 Koreans	28	32	31	10
挪威人 Norwegians	39	50	8	4

续表

人群	O	A	B	AB
新几内亚巴布亚人 Papuas (New Guinea)	41	27	23	9
菲律宾人 Philippinos	45	22	27	6
波兰人 Poles	33	39	20	9
葡萄牙人 Portuguese	35	53	8	4
罗马尼亚人 Rumanians	34	41	19	6
俄罗斯人 Russians	33	36	23	8
南非人 South Africans	45	40	11	4
西班牙人 Spanish	38	47	10	5
苏丹人 Sudanese	62	16	21	0
瑞典人 Swedes	38	47	10	5
瑞士人 Swiss	40	50	7	3
鞑靼人 Tartars	28	30	29	13
泰国人 Thais	37	22	33	8
土耳其人 Turks	43	34	18	6
乌克兰人 Ukranians	37	40	18	6
英国人 United Kingdom (GB)	47	42	8	3
美国黑人 USA (blacks)	49	27	20	4
美国白人 USA (whites)	45	40	11	4
越南人 Vietnamese	42	22	30	5

Garratty 等（2004）统计美国 5 个血液中心的资料后发现，在美国，O 型血的比例最高，其中拉丁裔中高达 56.5%，印第安人为 54.6%，非拉丁裔黑人中为 50.2%。拉丁裔和非拉丁裔黑人中的 Rh 基因分别为 7.3%和 7.1%，低于非拉丁裔白人的 17.3%。O Rh- 和 B Rh-血型在非拉丁裔白人中的比例（分别为 8.0% 和 1.8%）要高于拉丁裔的 3.9%和 0.7%、非拉丁裔黑人的 3.6%和 1.3%以及亚裔人士的 0.7%和 0.4%。美国是移民国家，不同种群血型的不同代表了他们各自所属种族中的基因状况，而因为民族的融合，各个种族中或多或少都带彼此的基因。

King 和 Lawson（1995）研究了位于美国和加拿大之间的依利湖（Eerie）中小岛上水蛇 *Nerodia sipedon* 的形态。这种蛇从纯色的至具有花纹的共有 4 种形态。大陆上主要是花蛇，湖中的岛上有两种蛇：纯色和花色的。而蛇是变温动物，每天要在石头上晒太阳的，按理说纯色的蛇更不易被发现，花蛇不应该出现。为什么在岛上有两种蛇呢？分析后的结论是：每年都有一些花蛇从大陆迁徙到岛上，基因流动部分抵消了选择。

Grant 和 Grant（2002）分析了加拉帕戈斯群岛中的达芙尼岛的两种地雀——中喙地雀 *Geospiza fortis* 与仙人掌地雀 *Geospiza scandens* 的杂交情况，发现部分中喙地雀的雌性能与仙人掌地雀的雄性交配，而使后者的喙逐渐变钝。

6.3 近亲繁殖

理想种群是一个无限大的种群，在这样的群体中，个体间可以随机交配产生后代，且各代间基因频率和基因型频率保持不变。而在自然种群中，由于各种因素的存在，如天然隔障（山脉、河流等，水生生物则因有水的限制）的分隔，种群不可能无限大，交配也不可能是完全随机的，或多或少地存在着近亲繁殖的情况（表6.3）。近亲繁殖在植物中极为常见，如自花授粉等。在这样的种群中，基因型频率会改变。

表6.3　日本几个城市中近亲结婚的频率（%）（引自大羽滋 1978）

城市	表亲结婚	半表亲结婚	1/4表亲结婚	合计
名古屋市	2.1	0.1	0.2	2.4
广岛市	3.4	1.1	1.4	5.9
熊本市	3.4	1.7	1.3	6.4
福冈市	3.9	1.1	1.4	6.4
吴市	3.9	1.4	1.7	7.0
长崎市	4.8	1.2	2.0	8.0

存在近亲繁殖的种群中不同基因型频率的改变与近交系数有关。所谓近交系数，就是衡量繁殖双亲之间近缘关系远近的一个指标，或定义为“某一个体所具有的两个等位基因来自同一祖先的概率”。如一对表兄妹结婚后，他们各自体内一对等位基因中的一条来自于共同祖父（或祖母）的概率为1/4，那么他们将这同一基因传给子女的概率为1/2×1/2=1/4，因而他们子女在同一座位上的基因为纯合的概念为1/16。这个1/16就是他们后代的近交系数。亲缘关系不同的亲代结婚后，其子代的近交系数是不同的（表6.4）。

表6.4　不同亲缘关系的亲代交配后其子代的近交系数（引自大羽滋 1978）

双亲的关系	子代近交系数
兄弟姐妹、亲子	1/4
半同胞、叔侄或舅甥、姑侄或姨甥、双重表亲	1/8
表（堂）亲	1/16
表叔侄或舅甥、姑侄或姨甥	1/32
从表（堂）亲	1/64

近亲繁殖的效应是纯合体的增加和杂合子的减少，这种情况影响基因型频率。如果近交系数是 F，一对等位基因A和a的频率是 p 和 q 的情况下，两个纯合体AA或aa的频率与 $F=0$（即随机交配）相比各自增加了 Fpq，而杂合体Aa的频率相应地减少了 $2Fpq$。近交系数越大，杂合子的频率改变也越大（表6.5）。

表6.5　近亲交配中纯合体的增加与基因频率的关系（引自大羽滋 1978）

隐性基因频率 q	0.1	0.01	0.005	0.002
随机交配下的纯合体频率	0.01	0.0001	0.000 025	0.000 004
近亲交配后子代杂合体增加倍数	—	—	—	—
表亲（$F=1/16$）	1.56	7.19	13.44	32.18
半表亲（$F=1/32$）	1.28	4.09	6.22	15.58
从表亲（$F=1/64$）	1.14	2.55	4.11	7.78

人群中有害基因频率一般在1%以下，由此可见，后代中出现具有先天性缺陷有害基因纯合体的危险性，表亲结婚大约比一般人群的高7倍。关于人类近亲结婚结果的详细描述见苛中兰（1997）。

6.4 遗传漂变

所谓遗传漂变（genetic drift），就是由小群体引起的基因频率增减甚至丢失的现象。在自然条件下，如果小群体足够小，它所拥有的基因及基因型可以偏离原始种群很多。遗传漂变的结果是遗传多样性的丧失、纯合子增加、杂合子减少或消失、种群适合度降低（图6.1）。

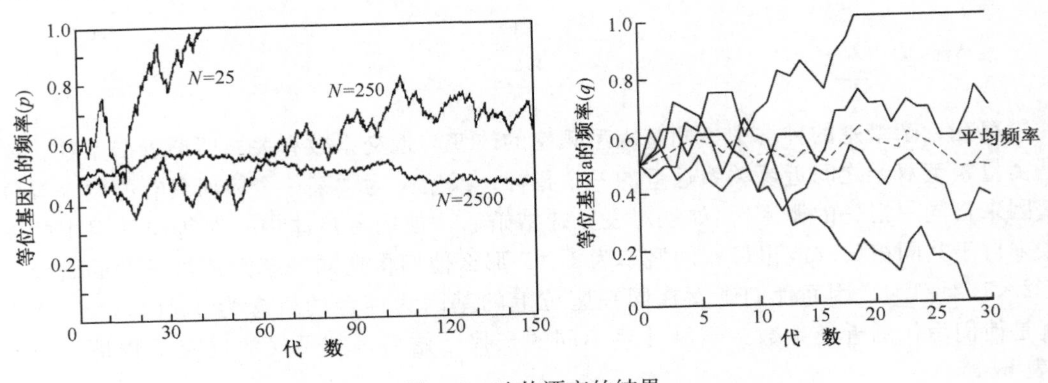

图6.1　遗传漂变的结果

决定果蝇眼色的座位上有两个等位基因 *bw75* 和 *bw*。Buri（1956）建立了107个实验黑腹果蝇 *Drosophila melanogaster* 群体，*bw75* 基因在所有种群中开始时的频率都为0.5。让各群体中果蝇随机互交，每代随机地选出8雌8雄作为下一代的亲体。这样有效种群的大小为16只果蝇。19代后，在28个种群中 *bw75* 的频率变为0，30个种群变成1。可见，小种群的基因频率是可以改变的，而改变的结果是随机和偶然的。

在自然种群中也存在遗传漂变现象。Templeton等（1990，2001）对美国密苏里州沙漠中的蜥蜴 *Crotaphytus collaris* 进行了长期观察。在过去的4000～8000年中，密苏里变得湿润而使沙漠破碎化成一个个小绿洲。时不时的火灾加剧了这一过程，并且阻隔了它们的相互迁徙。从线粒体基因来看，不同种群中在遗传上是高度一致的，如果一种病菌能够杀死一只蜥蜴，那么就有可能杀死一块沙地中的所有蜥蜴，可见它们对环境改变的适应能力极低。事实上，在2/3的林地上已没有蜥蜴。

Westemeier等（1998）对美国伊利诺伊州大牧场鸡 *Tympanuchus cupido* 的遗传多样性进行了研究，比较1994年与1962年的标本，发现遗传多样性及适合度（如生殖力和孵化率）都明显下降。Bellinger等（2003）对威斯康星州等地区的同种鸡进行了研究，发现遗传多样性也明显下降，但适合度却没有明显下降。

Escobar-Paramo等（2005）分析了采自太平洋及地中海的36个古细菌 *Pyrococcus* 样本，分析它们的插入序列后发现，多样性较高，这也证明它们或多或少地经历过遗传漂变的过程。

Ackermann和Cheverud（2004）通过对人类头部化石的研究，认为人类在进化过程中也经历过遗传漂变。

遗传漂变有两种形式：奠基者效应和瓶颈效应。

6.4.1　奠基者效应

奠基者效应（founder effect）是遗传漂变的极端情况之一，如果从大群体中隔离出少数个体，迁移到另一个生物地理区（如岛屿）。在这种情况下，小群体中的基因频率就可能与原来种群有很大的差异（图 6.2）。

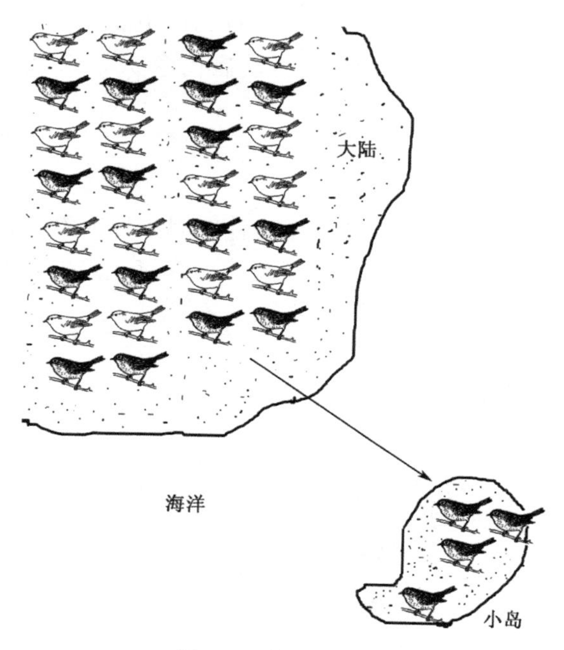

图 6.2　奠基者效应

Clegg 等（2002）对塔斯马尼亚岛上的一种鸟 *Zosterops lateralis* 的遗传多样性进行了研究，在 6 个微卫星位点中，澳大利亚大陆上种群的多样性最大，而距离越远的小岛上的鸟的多样性就越小。可见，在自然状况下，奠基者效应十分明显。

Planes 和 Lecaillon（1998）报道，美国的夏威夷州钓鱼与游戏局在 1955～1964 年间，从法属波斯尼亚引入了 11 种海洋珊瑚礁鱼类到夏威夷，结果只有 3 种成功建立了种群。他们分析这可能是因为引入的种群数量较小，外加游回大海去的，再加上奠基者效应等，能够存活的并不多。而且引入后种群留存的数量至少要达到引入种群的1%～5%，否则很难成功。但从两种存活的鱼群基因情况来看，它们的遗传多样性变化并不大。

人类中的奠基者效应也很多。如 Nebel 等（2004）报道，北欧的犹太人 Y 染色体与中东地区的犹太人有相似性，而与欧洲其他地区的差别相对较大。美国宾夕法尼亚州的阿米什人（Amish）是 30 个瑞士移民的后代。而在奠基者中有一个人得有一种怪病，患者身材及四肢均较小、心脏也有缺陷。阿米什人大部分与本族的人通婚，因而目前平均每 200 个人中就有一人得这种综合征，而在美国其他种族中，这个比率要小得多。这是近亲结婚与奠基者效应的典型案例之一（Kelley et al. 2002）。O'Brien 等（1994）分析了北美 Hutterite 人、Sottunga 人（Aland 群岛）和犹他摩门族人的起源和演化，发现他们或多或少都经历过奠基者效应。在委内瑞拉 Maracaibo 湖区有很多人得亨廷顿病（一种神经错乱病），约 10%患者在 20 岁之前就会得这种病。调查发现，在 19 世纪有一个得这种病的妇女迁移到该地区，她的子女很多。这一地区的亨廷顿病很可能就是由她这个奠基者传下来的（Wexler et al. 2004）。

在中南美洲的土著印第安人的血型几乎都是 O 型，推测他们很可能是由少数个体传承下来的。Tipping 等（2001）分析了南非欧洲移民中的卟啉病（porphyria）和贫血病，发现它们均来自于 17 世纪的欧洲移民，其后代中 95%的家族具有这种病的突变体。这明显是奠基者效应的结果。

6.4.2　瓶颈效应

瓶颈效应（bottleneck effect）是指原先的种群因某种因素急剧减少，只剩下少量个体后引起的基因漂变（图 6.3）。导致因素可能是灾难、过度开发等。瓶颈效应与奠基者效应的根本区别在于原先的种群存在与否。

图 6.3　瓶颈效应

Hoelzel 等（1993，2002）对加利福尼亚的象海豹 *Mirounga angustirostris* 进行过研究。到 19 世纪末期，由于人类的影响和狩猎，它们的种群下降至 20 头左右。目前种群数上升到约 3 万头，但它们的基因多样性极差。现存约 2 万只猎豹 *Acinonyx jubatus* 的遗传多样性极差，分子系统学研究显示，它们在 1 万年以前经历过瓶颈效应（Menotti-Raymond and O'Brien 1993）。麋鹿 *Elaphurus davidianus* 在 1898 年时，只有 18 只。现在的种群都是由它们繁殖而来的。Meffert、Bryant（1991）和 Regan 等（2003）用家蝇 *Musca domestica* 为材料也证实瓶颈效应确实存在。

Sundin 等（2000）分析了密克罗尼西亚 Pingelap Atoll 岛上人群中色盲的比例为 4%～10%，比其他地区的人要高得多。原来，1780 年时，台风袭击了这个岛，只留下

30个人，男人9个，其中有一个是色盲。

瓶颈效应和奠基者效应有时是共同起作用的。发生瓶颈效应后剩下的小种群可以作为奠基者继续繁殖。张茜等（2005）用分子系统学手段对祁连圆柏 *Juniperus przewalskii* 进行了分析，结果表明在进化过程中，青藏高原台面东部间断分布的种群可能经历了冰期后共同的回迁过程和由此产生的奠基者效应，祁连圆柏在冰期可能存在多个避难所，瓶颈效应和奠基者效应造成了这些种群现在的遗传多样性分布式样。

第7章 进化的结果——适应

在自然选择及多种因素的作用下，生物群体不断进化。而进化的结果和方向就是适应。所谓适应，就是如果生物的某一个特征有助于增加其适应度的话，也就是说这个特征有助于一个生物或者一个社会群体的生存及生殖成功，那么这个特征就是适应的。或者定义为：适应是某种生物的一种特性，这种特性可能是一种结构、一种生理特性、一种行为或者其他特征：拥有这种特征会有利于生物在生存斗争中取胜（Mayr 2003）。简单讲，适应就是生物体及它所具有的器官在功能和形态上与环境协调一致，也就是有利于特定生物体的生存和繁殖。对于特定的生物物种来说，形态与功能往往表现出特化和专一，但生物界总体上表现出复杂、多样、无方向。

适应是普遍存在的，例子不胜枚举。昆虫的口器多种多样，各有各的功能和用途。蝗虫口器适合于切吃植物，蛾与蝶的口器适合用于吸食花蜜（图7.1），蜜蜂的口器既可用于吸食花蜜又可用于嚼食花粉，苍蝇的口器专门用于舔吸流质食物等。

图7.1 马达加斯加的长喙天蛾 *Xanthopan morganii* Praedicta 及其长喙

（引自 www.orchidspecies.com/angsesesquipe.htm）

鸟类的爪千差万别：有专门用于捕捉的（如鹰、隼）、游泳的（鹅、鸭）、行走的（鸡、鸽）、奔跑的（驼鸟）、攀爬的（啄木鸟）等。喙也千奇百怪，如有专门用于撕咬的（猛禽）、过滤的（鸭、火烈鸟）、啄食的（鸡、麻雀）、咬锯的（鹦鹉）、开凿的（啄木鸟）等。生活在炎热干旱地区的植物叶子缩小，根和茎有储水功能。

生理上的适应也很多，如动物的冬眠和夏眠、表层血管在夏天开放而在冬天收缩、缺水地区的动物排泄尿酸、寒冷时的颤抖、季节性的换羽或换毛等。一些植物代谢过程中采用 C_4 循环、气孔白天关闭以减少水分蒸腾等。

动物行为上的适应就更多，如打洞逃避敌害、躲藏不良环境和气候、条件好时多吃多喝以备将来之需等。

适应的最典型代表有保护色、警戒色、拟态、特化等，其他还有协同进化、同源异形器官、趋同、辐射等（见第2章）。

7.1 保护色

7.1.1 隐身色

保护色（camouflage）可以分为好几种。一种可以称之为隐身色（background-matching，color resemblance，crypsis），是指某种生物的体色与环境完全一致而隐身其中（图7.2）。最典型的例子是变色龙、会变色的鲆鱼 *Paraliehthys lethosligma*、乌贼等，它们的体色会随着环境的不同而不同。在工业黑化的例子中，桦尺蠖的体色也与环境一致。有时候，这种与环境一致的体色需要动作上的配合，如生活在沼泽地中的美国麻鸦 *Botaurus lentiginosus* 脖子和胸部具有与芦苇相似的条纹，如果它将头昂起并轻轻摇动身体，看起来与芦苇无异。Heiling 等（2005）发现，无论是在自然条件下还是实验室内，澳大利亚的蟹蛛 *Thomisus spectabilis* 总是躲藏在与自己体色最接近的花中。

图7.2 草丛中的蜥蜴（示保护色）

7.1.2 反阴影色

自然条件下，一般是表面和高的地方颜色较浅而背面和低处颜色较深。正因为如此，我们才可能在大脑中形成三维图像，也可以根据经验知道物体的远近高低。有些生物，如生活于水中的鱼或空中的鸟，它们的背面往往颜色较深而腹部颜色较浅，这在一定程度上可影响或混淆捕食者对它们位置的判断，从而有利于自身这称之为反阴影色（counter-shading，obliterative shading）。而在捕食威胁不大的地方（如海岛上）或移动性很强的动物，有时可以看到背面浅而腹面颜色深的生物，如美洲的食米鸟 *Dolichonyx oryzivorus*。有些鸟类还会尽可能地蹲着或压低身体，以减少阴影（Bortolotti 2006）。

7.1.3 迷彩色

生物的体色不是纯色一片，而是有很多的斑块和条纹（一般是较醒目的粗黑条纹或斑纹），从而将身体的轮廓和线条打乱和破碎，从而使自身隐于环境中，这种情况就叫迷彩色（disruptive coloration），就如同人类军队穿的迷彩服。保护色一般只与特定的环境相一致，一旦环境颜色改变，它的作用就有限了。而迷彩色在任何环境中都有作用。Merilaita 和 Lind（2005）分析了这两种作用对大山雀 *Parus major* 保护效果，认为迷彩色的作用更大。Cuthill 等（2005）用假昆虫来吸引鸟类，验证了迷彩色确实有效果。Schaefer 和 Stobbe（2006）也做过类似的试验，得出相似的结果，并认为迷彩色与隐身色会共同起作用，也可能随环境的不同，分别起作用。Merilaita（1998）认为，一种海洋等足目动物 *Idotea baltica* 身体上的色斑大小和模式与环境不太一致，因此，可以认为它的迷彩效果在隐身中起的作用更大。Barbosa 等（2007）用乌贼 *Sepia officinalis* 为实验材料，研究它们在生长发育过程中不同身体大小情况下身体表面的图案大小变化。用两种大小不同的黑白格作为背景，将不同发育阶段的乌贼放在其中，观察它们体表颜色的变化，发现无论身体大小如何，它们所呈现出的图案斑块大小是相似的。但 Silberglied 等（1980）报道，迷彩色在蝴蝶 *Anartia fatima* 起不到保护作用。

植物因要光合作用，大多数为绿色，保护色不明显。真菌类等生物也具有保护色，不同的动物或多或少都具有一定的保护色。关于保护色的起源，很容易理解，因具这种体色的生物容易在生存竞争中生存下来而具有更大的适合度。然而，也有两个约束因素会影响保护色的起源及作用，一是环境的异质性，二是运动。在这两种情况下，保护色的作用有限（Merilaita and Tullberg 2005）。也许正是在有利与不利的权衡中，保护色才可以起源及演化至今。

7.2 警戒色

如果说生物具有保护色是为了隐藏自己的话，那么警戒色则完全是为了突出显示自身，使自己看上去明显区别于环境。警戒色（aposematic coloration，warning coloration，warning signal，aposematism）是生物具有的一般是十分醒目的红黄橙黑等条纹或斑块，用以警示敌害，从而保护自己。警戒色在真菌、昆虫、节肢动物、软体动物、两栖类、爬行类、鸟类、哺乳类等都具有，尤以两栖类为甚，在植物中也有相关的报道（李俊等 2006）。但有时也不一定是明亮的颜色，这要看具体的环境而定。如 Wuster 等（2004）发现，用假的漆成明亮颜色塑料模型做成有毒蛇 *Vipera berus* 的模型，发现它反而更容易受到鸟类的攻击。原因是，在自然界中，这种蛇体色较淡，没有明亮斑纹。

根据 Härlin 和 Härlin（2003）的综述，警戒色要具备以下 4 个条件：具这种体色的生物要有足够毒性，以使捕食者不能食用；颜色明显而醒目；一些捕食者因这种颜色而放弃捕食；具这种体色的生物比具其他体色（如保护色）更能保护自己，更有利于基因传承。

Vences 等（2003）对新热带区箭毒蛙科 Dendrobatidae 的系统发育进行过研究，发现保护色及警戒色是多次起源的。Kuchta（2005）用两种不同的蝾螈 *Ensatina eschscholtzii xanthoptica* 假模型来做实验。一种漆成真蝾螈的样子，另一种是纯灰色的。结果发现，纯灰色的模型被攻击的次数明显比有色彩的多得多，且大多数攻击的是头部。可见，模型做得还是较成功的，也验证了警戒色确实是有作用的。这种蝾螈并没有毒，但是它模仿的另一属的蝾螈 *Taricha* 是有剧毒的。

昆虫中的警戒色也有很多例子（彩万志等 2002；图 7.3），主要是一些鞘翅目、半翅目、双翅目、鳞翅目昆虫等模拟具有蜇刺能力的胡蜂的色斑。另外在鳞翅目昆虫大蚕蛾科、夜蛾科、水蜡蛾科、天蛾科等类群部分种类的后翅上有 2 个明显的类似鸟兽类眼睛的斑纹，在停息时以前翅覆盖腹部和后翅，当受到袭击时，突然张开前翅，展现出颜色鲜明的眼状斑的后翅，以吓跑捕食者。

图 7.3　树叶上的叶甲（示警戒色）

李俊等（2006）对植物中的警戒色进行过综述（图 7.4）。植物警戒色的研究是最近几年的事，主要集中在秋季植物叶子变成红橙色、幼叶颜色、刺的彩色、花果的鲜艳色彩等。这种颜色的作用可能是一种信号，也可能结合植物发出的气味，给取食者如昆虫等一定警示。当然对它们的研究存在诸多争议。

关于警戒色的起源，可能分三种情况：①明亮体色早于毒性或不可食用性；②两者共同起源；③不可食性早于明亮体色。对它们的研究颇多，1990～2001 年在顶级期刊上就发表了 154 篇相关论文，结果争论颇大。Merilaita 和 Tullberg（2005）用模拟及比较鳞翅目 Lepidoptera 昆虫习性的方法进行实验，结果显示影响保护色效果的两个因素（生境异质性及生物的运动）对警戒色的起源具有重要作用，保护色与警戒色是选择作用下的两种结果和反应。

图 7.4 桑椹的颜色变化（示警戒色：未成熟时为鲜艳的红色，成熟时为诱人的紫色）

7.3 拟态

保护色或警戒色一般只是指一种生物对另一种生物颜色上的相似和模仿，拟态（mimicry；图 7.5）则还要包含行为、体态、动作、外形甚至气味及体色上的模仿，其主要效果和目的是为了获利，如躲避敌害和捕食，或有利于自身的捕食等。与警戒色类似，拟态也要求有三部分组成：拟态者（mimic）、模拟对象（model）和受骗者（dupe）。三者应有一定程度的同域性和同时性，但并非绝对在同一时间和同一地点出现。Brower 等（1957）曾做过多个实验来检验拟态的效果，结果表明，无论是蝴蝶、食蚜蝇等的拟态在保护生物被捕食方面有显著效果。

图 7.5 枯叶蝶（形态及斑纹极像树叶，示拟态）

拟态主要可以分为 5 种（彩万志等 2002）。

7.3.1 贝氏拟态

贝氏拟态（Batesian mimicry）：无毒害的物种因模拟有害物种而获利的现象。由

Bates（1862）首次提出，现已在多种生物中找到例证。Merrill 和 Elgar（2000）报道澳大利亚的蚂蚁 *Camponotus bendigensis* 拟态另一种蚂蚁 *Myrmecia fulvipes*，它们具有相似的红色的足和金黄色的腹部。Golding 等（2001）发现，食蚜蝇 *Eristalis tenax* 的飞行动作与意大利蜜蜂 *Apis mellifera* 很像而与其他双翅目昆虫不太相似，可见这是一种拟态。另外，在蛇和鱼等脊椎动物中也发现过这种类型的拟态（Solomon et al. 1996）。

7.3.2　缪氏拟态

缪氏拟态（Müllerian mimicry）：两种有毒的不同物种相互之间的拟态。由 Müller（1879）首次提出。Ritland 和 Brower（1991）证实原先所认为的贝氏拟态的蝴蝶 *Limenitis archippus* 对鸟类来说具有明显的不可食性，因此它与另两种蝴蝶 *Danaus plexippus*、*D. gilippus* 之间是缪氏拟态关系。Kapan 等（2006）报道两种有毒蝴蝶 *Heliconius erato* 和 *H. himera* 的翅上斑纹极为相似，是典型的缪氏拟态，并定位了编码色斑的基因。在一些蜜蜂和胡蜂之间也存在这种拟态现象。

7.3.3　波氏拟态

波氏拟态（Poultonian mimicry，也称攻击性拟态 aggressive mimicry）：有毒的种类模拟无毒的种类，以提升其伪装效果，增加掠食成功率。这种情况最早由 Poulton（1898）识别。波氏拟态在螳螂中很常见，它们往往与叶子或花长得极像并潜伏期间，等待猎物上钩。Sazima（2002）介绍了好几种鱼的波氏拟态现象，如锯盖鱼科 Centropomidae 的一种捕食性鱼类 *Centropomus mexicanus* 长得很像钻嘴鱼科 Gerreidae 不捕食的鱼 *Eucinostomus melanopterus*。Lloyd（1965）发现，萤火虫（*Photuris* 属）的雌性发出的光与其他种的很相似，以此来引诱别种雄虫前来交配从而捕食。Jackson 等（1998）报道跳蛛 *Portia labiata* 拟态另一种山蜘蛛 *Scytodes* sp.。

7.3.4　瓦氏拟态

瓦氏拟态（Wasmannian mimicry）：指寄生者模拟宿主的现象。由 Wasmann（1925）最早识别，并由 Matthews 和 Matthews（1978）最早提出。一种产于非洲的隐翅甲 *Coatonachthodes ovambolandius* 生活在白蚁 *Fulleritermes contractus* 的巢穴里，其成虫腹部膨大且强烈向背面弯曲，在腹部中后部两侧有 4 对手指状的假附肢，从背面看非常像白蚁的工蚁，假附肢分别像工蚁的触角和 3 对足（彩万志等 2002）。黑隐翅虫 *Atemeles pubicollis* 的幼虫有拟似蚂蚁幼虫的动作，并且会分泌出化学物质，使蚂蚁接纳并照顾它们（Hölldobler and Wilson 1990）。寄育性的杜鹃鸟会将卵产在柳莺等多种鸟的巢中，由于杜鹃鸟的卵和寄主的卵颜色很相似，且小杜鹃鸟孵出后也拟似寄主的雏鸟，使寄主无法分辨，进而抚养这些冒牌的幼鸟。

另外，一些鳞翅目幼虫（如尺蠖）停在树枝上时一动不动，很像一节小树枝；竹节虫像树枝、枯叶蝶和枯叶蛾像树叶等，也可以看作是广义的瓦氏拟态。

7.3.5 集体拟态

集体拟态（collective mimicry）是一种特殊的拟态，它不是指单个个体的形态和行为拟态，而是指一种集体的行为拟态。一种短角蝗的若虫聚集在一起，看上去像寄主植物上的 9 cm 长的带刺的毛虫。新加坡有一种拟灯蛾 *Hypsa monycha* 的幼虫十几只聚在一起，颇似一个张开的果实（彩万志等 2002)。Saul-Gershenz 和 Millar（2006）发现，斑蝥 *Meloe franciscanus*（鞘翅目）会释放一种类似于毛蜂 *Habropoda pallida* 雌性外激素的物质来吸引雄性毛蜂，待雄蜂来后，它们就一起爬到蜂身上从而被带到蜂巢中寄生。

植物中的拟态行为也多种多样，其中以兰花为甚（Schiestl 2005)。兰花主要采用两种方法，一种是食物欺骗，一种是性欺骗。食物欺骗是指一些兰花模仿其他花卉的形状、气味和颜色以吸引传粉昆虫但并不提供可用的花蜜或花粉，如兰花 *Anacamptis morio* 与熊蜂 *Bombus pascuorum* 之间的关系。性欺骗是指兰花模仿雌性昆虫的气味和形态以吸引雄性昆虫来帮其传粉，如兰花 *Ophrys sphegodes* 与毛蜂 *Andrena nigroaenea* 之间。

有些兰花（*Ada*、*Brassia*、*Encyclia* 属）甚至拟态一些猎物以吸引它们的捕食者来为自己传粉。还有两属（*Epipactis* 和 *Paphiopedilum*）的兰花产生类似于蚜虫的物质以吸引食蚜蝇来为自己传粉。一种兰花 *Oberonia thwaitesii* 散发类似蚜虫的气味以吸引蚂蚁（Faegri and van der Pijl 1979)。

Lev-Yadun 和 Inbar（2002）描述了几种植物的防御性拟态。苍耳 *Xanthium trumarium* 的茎上、皮上、叶柄等处有类似于蚂蚁的斑点，鼠尾南星 *Arisarum vulgare* 在叶柄及花上也有类似的斑点。雀稗 *Paspalum paspaloides* 的花药与蚜虫极为相似，蜀葵 *Alcea setosa* 的茎上也有黑色的与蚜虫很像的斑点。三种豆类植物 *Lathyrus ochrus*、*Pisum fulvum*、*Vicia peregrina* 的豆荚上有类似于鳞翅目昆虫幼虫的红色斑点。这些斑点可能具有防止被吃的效果。

植物之间也会相互模仿。亚麻荠 *Camelina sativa*（十字花科 Brassicaceae）与本属的其他种秋天开花不同，而春天开花，且种子极像亚麻（亚麻科 Linaceae）的种子。小麦和黑麦之间也有类似的现象。

7.4 特化

进化迫使生物适应环境，而要适应特别的环境就必须具有特别的形态、生理、行为和生态，这样就出现了某种生物只适应它自己很小的生态位，与自身的生态位形成一一对应的关系，即特别化和专门化，这就是特化（specialization)。宏观上看，正是生物朝不同的方向特化，才形成了丰富多彩的生物界。如热带地区的蜂鸟科 Trochilidae 就是一个高度特化的类群，它们各自食性单一，有 103 属 329 种。热带和亚热带的雉科 Phasianidae 也有 38 属 159 种（张昀 1998)。另外在兰花中，不同的种类需要不同的传粉者为其传粉，也形成了多个物种（Schiestl 2005)。

传统上大熊猫属于食肉目熊科。顾名思义，食肉目的动物都是肉食性的。然而，现在的大熊猫却是植食性的，且以竹子为主。由于要攀爬和抓握，在长期进化过程中，大熊猫掌上的一块腕骨延长，形成“伪拇指”或“第六指”以牢固抓握竹子。

蝙蝠有食虫型的、食肉型的、吸血型、食果型和食鱼型的。其中食鱼型的蝙蝠如大足鼠耳蝠 *Myotis ricketti* 因适应捕鱼行为，形态结构发生了一些特化，主要表现在后足异常发达，爪尖利，而且具有寻找和捕捉猎物的过程，在行为上也与食虫蝙蝠差异较大（马杰等 2004）。指猴 *Daubentonia madagascariensis* 是生活于马达加斯加岛上的一种狐猴，它前肢的中指和无名指细长，指有弯钩，可以用来抠取树皮中的昆虫。指猴没有犬齿，门齿则像老鼠等啮齿类一样可以持续生长，以适应啃咬树皮等功能（Quinn and Wilson 2004）。

生理上的特化也很常见。如反刍动物吃草时直接咽下而不消化，休息时再咀嚼并再次送进胃里消化；胃中有多种细菌帮助消化纤维素等。另外，很多食草动物的幼仔出生时已发育良好，不要几分钟就会奔跑等，以适应平原草场上竞争压力很大的环境。

生态上的特化也令人惊讶。一种 Laboulbeniaceae 科真菌，它只长在甲虫 *Aphenops cronei* 鞘翅的后端，而这种甲虫又只在法国南部石灰石岩洞中才被发现。蝇类 *Psilopa petrolei* 的幼虫只在加利福尼亚油田的渗流中发育。这是唯一的一种能够在石油中生存和以石油为食的昆虫，它的成虫能够在油面上行走，行走时除了跗节之外的身体其他部分不与油接触。果蝇 *Drosophila carcinophila* 的幼虫只在陆地蟹 *Geocarcinus ruricola* 第三颚足下面的肾状沟中发育，而这种蟹又只生活在加勒比海的某些岛上（Dobzhansky 1973）。

7.5 适应的相对性

从特化现象来看，自然选择的力量似乎是无限的，可以创造出各种不同的生物，而它们与生活的环境又如此完美地适应，似乎自然选择是无所不能的。然而，实际上，自然界并没有出现万能的生物，历史上灭绝的生物多得是。而且，就某一种特定生物来说，它对环境的适应是相对的，它一般只能适应特定的环境，如果环境发生改变或异常，它们就很难做出较大的改变，有的甚至因无法改变而濒临灭绝，如大熊猫在竹子开花时生活就十分困难。自然选择是受到限制的，其主要原因有（Mayr 2003）：

（1）基因的潜力有限：生物究竟是生物，它要受到物理化学规律的制约，基因潜力也无法突破这些制约，如创造出不符合飞行要求的鸟类、无比庞大的生物、无限高度的树木等。

（2）遗传变异的有限性：虽然有基因重组、突变等变异力量存在，但它们的规模和速度是有限的，无法及时提供应对环境剧烈变化的素材。

（3）随机过程：有了有利突变不一定能够积累，这其中有多种机遇和巧合以及随机过程，在自然选择有机会照顾有利的特定基因型之前，一些偶然因素如灾难等通常就会淘汰那些潜在的有利基因组合和突变。

（4）种系历史的限制：上了贼船就很难回头。生物进化也是一样，有了外骨骼的螃蟹就不可能再发育出像人那样的内骨骼；一旦确定了特定的身体结构，就不可能再改变，如陆生动物要想再次发育出鳃到水中生活几乎是不可能的。

（5）非遗传性的修饰能力：生物的表型在一定程度上是可以改变的，在此范围之内，不需要得到基因型的应对。例如，一个来自低海拔地区的人上了高原之后，生理上会发生一些变化，经过几天或几周以后，他就可能适应了新的环境而不会被淘汰。

（6）生殖年龄后无反应：生殖完成之后的个体无论发生什么样的改变或突变，理论上讲是不可能影响群体中的基因频率的。例如，在人类中，帕金森病等要在生殖年龄之后表现出来，这些病症一般不受选择的影响。

（7）发育过程中的相互作用和器官的相关性：组成形态的不同器官之间并非彼此独立，而是形成有机的整体。某一部分发生改变必然要引起其他部分发生相应的调整，这就牵扯到较大的发育机制和调控基因的改变，而这些需要时间和机遇。

（8）基因的结构：不同基因之间是相互作用的，它们是作为一个整体发挥作用的，并不是串在一起的珠子。因而某一部分的改变有时并不能产生确定性的效应。

另外，自然选择是综合作用，并不是单一因素的胁迫机制。如长颈鹿的脖子在吃树叶和打斗中会占优势，但在喝水时就存在劣势。正是这些不同选择方向上的相互作用和权衡，才有可能产生特定的生物。人有发达的语言功能。为适应这一需要，人类的咽部很低，会厌软骨只有在吞咽时才会盖住气管，如果在咀嚼时气道与口腔、鼻腔是通着的，会使我们非常容易呛着。而大猩猩的喉部较高，咀嚼时会厌软骨可以完全封闭口腔后部，气道只与鼻腔相通。

7.6　进化的方向

概括地说，特定生物的进化是朝着适应环境、与环境协调一致的方向进行的。但由于环境的易变性，生物进化并没有特定的方向，如冷血到温血、简单到复杂、水生到陆生等所谓的进化过程并不存在。总体上看，生物的适应是多样的，发散式的。

对加拉帕戈斯群岛上达尔文地雀的研究深入且详细，时间跨度也较长。从短期来看，生物对自然选择的反应是迅速及时的，或者说自然选择的作用是相当大的。20世纪70年代末期，达芙尼岛（Daphne Major）经历了干旱，岛上产小种子的植物死亡较多，食物匮乏，大部分中喙地雀 *Geospiza fortis* 被饿死。幸存下来的个体喙较大较钝，是因为它们能够打开坚硬的种子。它们的喙因此平均增大了4%。1983年的厄尔尼诺现象又让加拉帕戈斯群岛的降雨量充沛，各种植物都能生长，这时命运的天平向喙较小的个体倾斜，因为喙比较大的中喙地雀吃小种子反而不如喙较小的中喙地雀有效率。这时自然选择又使中喙地雀的喙平均缩小了2.5%。2003年的干旱以前，这种地雀喙的平均长度是11.2mm，而在干旱之后的2005年，长度变为10.6mm，平均下降了5%。喙的高度也从9.4mm下降到8.6mm（Grant and Grant 2002；Pennisi 2006）。

在相对较长的时间内，自然选择作用的方向也是不可预期的。例如，加拉帕戈斯群岛达芙尼岛上中喙地雀 *Geospiza fortis* 与仙人掌地雀 *G. scandens* 在30年中体重、喙的大小等特征几乎没有变化，尤其是前者。在此过程中，气候的波动虽对它们有显著影响，但在长期范围内，不同方向上的自然选择作用在一定程度上相互抵消了（Grant and Grant 2002）。

7.7　进化的速度

概括地讲，进化的速度取决于环境变化的速度。从上述地雀的例子来看，进化的速度是很快的，它们的喙在几年之间就可变化5%左右。

美国的果蝇 *Drosophila subobscura* 约在1978年时由欧洲引入。在欧洲地区，它们的翅在从南到北的不同种群中是逐渐加长的。而在美国，1989年时还未曾发现这一现象，然而10年后，这一现象就已非常明显。可见果蝇翅的变化是10年间的事（Huey et al. 2000）。

但也有进化较慢的生物，如水杉 *Metasequoia glyptostroboides*，在几亿年中似乎没有变化。

Gingerich（1983）认为人工选择下的进化速度为12 000～200 000达尔文（1达尔文约为100万年变化2.7倍），平均为58 000达尔文。化石的进化速率为平均0.7～3.7达尔文。Reznick等（1997）用孔雀鱼 *Poecilia reticulata* 为实验对象进行研究，发现室内条件下与自然条件下它们进化的速率差不多，也在Gingerich估计的范围之内。

7.8 当前仍在进化吗？

是的，当前仍在进化，诸多物种灭绝事件就是明证。加拉帕戈斯群岛上达尔文雀的进化也是明显的例子。

现在仍有生命起源吗？可能有，但不太可能继续，因为已没有大分子生存的生态位。

第8章 物种概念

生物系统学甚至整个生物学研究的对象都是生物物种。因而，面临的首要的而且不可回避的问题是：什么是物种？或者说，物种的定义或概念是什么？说来有些不可思议，到目前为止，我们还没有提出一个普世接受的物种概念或定义，相信在短期内，这个问题也还解决不了。

需要说明的是，本章讨论的物种，是指种级分类阶元（species category），不是指具体的生物物种（taxon，如人、老虎、狮子等）。因此，物种概念或定义问题就是指如何定义种级分类阶元。由于种级分类阶元是无维度的客观存在，就如同“物质”这个概念一样，因此可以定义。具体的生物物种（如熊猫）是存在于时空中的具体的生物实体，它们不能定义，只能相互区分或区别。

如果问“家鸡与孔雀是同一物种吗？”你十有八九都会说不。理由呢？你可能会说，它们的身体大小也相差太大了（图 8.1）。

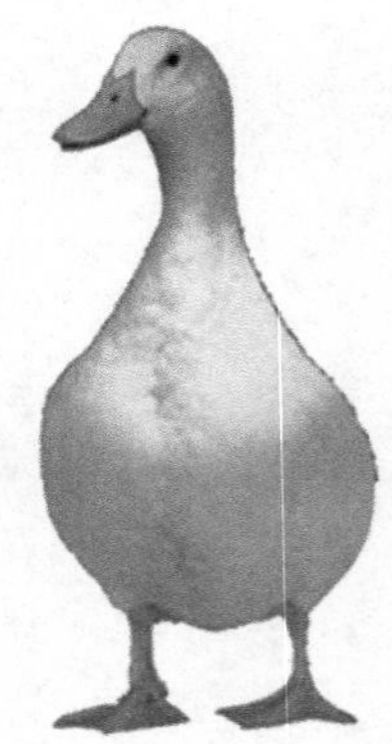

图 8.1 公鸡、母鸡与鸭的外形差别

如果问“家鸡与家鸭是同一物种吗？”你肯定也会说不。理由呢？你可能会说，它们长得也太不像了。

如果问“家鸡与野鸡是同一物种吗？”你可能就会有点挠头地说：“不是吧？没有看见它们一起繁殖后代啊！”

如果问“公鸡与母鸡是同一物种吗？”你可能会十分肯定地说：“是的！因为它们能共同繁殖后代！”可它们长得也不是很像啊！公鸡是那么漂亮，而母鸡就有点普通。

如果问“始祖鸟与家鸡是同一物种吗？”你可能会恼羞成怒地说：“这是什么问题吗？无法回答！”

而在实际工作中，古生物学家每天都在比较不同化石之间以及化石与现存生物之间的异同，以确定它们是否是同一物种。

从以上的例子可以看出，给出一个物种概念或者定义是多么重要和必要！而这个定义必须既严格科学又实用。历史上，很多人都试图给出这样的定义。据 Mayden

(1997，2002)统计，历史上至少出现过24个科学意义上的物种定义（表8.1)。

表8.1 24个物种概念（引自 Mayden 2002)

1. agamospecies concept（无性繁殖物种概念）
2. biological species concept（生物学物种概念）
3. cladistic species concept（支序物种概念）
4. cohesion species concept（内聚物种概念）
5. composite species concept（组成物种概念）
6. ecological species concept（生态学物种概念）
7. evolutionary significant unit（进化单元物种概念）
8. evolutionary species concept（进化物种概念）
9. genealogical concordance concept（亲缘物种概念）
10. genetic species concept（遗传学物种概念）
11. genotypic cluster concept（基因簇物种概念）
12. Hennigian species concept（亨氏物种概念）
13. internodal species concept（内节点物种概念）
14. morphological species concept（形态物种概念）
15. non-dimensional species concept（无度量物种概念）
16. phenetic species concept（表型物种概念）
17. phylogenetic species concept (diagnosable and monophyly version)（系统发育物种概念，形态识别-单系版）
18. phylogenetic species concept (diagnosable version)（系统发育物种概念，识别版）
19. phylogenetic species concept (monophyly version)（系统发育物种概念，单系版）
20. polythetic species concept（综合物种概念）
21. recognition species concept（识别物种概念）
22. reproductive competition concept（生殖竞争物种概念）
23. successional species concept（连续物种概念）
24. taxonomic species concept（分类学物种概念）

在所有物种定义中，引起广泛关注的有以下几个概念（Mayr 1982；同号文 1995)。

8.1 模式物种概念

模式物种概念（或本质论物种概念或形态学物种概念）(typological species concept/essentials species concept/morphological species concept)。在神创论流行的时期，人们持有的是静止的、机械的、稳定的、不变的物种概念，即模式物种概念。该概念认为：物种是表型上相似的生物群体，或者物种是与模式一致的生物群体。可以将其分解为4个方面：物种是由具有同一本质的相似个体组成；每个物种都凭借分明的不连续性同所有其他物种分开；物种不变；任何一个物种的可能的变异都有严格的限制。持这种观点的代表人物有林奈（Linnaeus）等。

> 物种是由共同祖先繁衍而来的不同个体的聚合 [Ray (1686)：a species is an assemblage of all variants that are potentially the offspring of the same parents]

> 种的多样性自创造以来未曾改变［Linnaeus（1736）：There are as many species as the infinite being produced diverse forms in the beginning］

> 物种就是不断繁殖的相似个体的永恒聚合体［Buffon（1749）：a species is a constant succession of similar individuals that can reproduce together］

> 物种：用普通方法可以鉴别的具有持续、固定、明确特征的最小生物群体［Cronquist（1988）：the smallest groups that are consistently and persistently distinct and distinguishable by ordinary means］

然而，这个物种定义面临以下几个困难：

个体差异：世界上一模一样的两个生物个体是几乎找不到的，它们或多或少都有一点差异。如一块地里同时播种的庄稼都会有高低肥瘦的差别，一棵树上开的花也有大小色泽方面的差异，人的肤色由白到黑变化很大等。如果说，物种是形态上相似的生物群体，那么相似到何种程度为相似？

雌雄差异：在很多生物中，雌雄之间的差别是很大的（见第4章）。就人来说，男女之间在体重、身高、体态、性征、心理甚至解剖结构上（如骨盆和肩膀的宽度之比）等方面都有差异。鸟类雌雄之间的差别有时极大，如雄孔雀的长尾巴等。如何确定模式？如果确定的模式是雄性具长尾巴的个体，与之有显著差别的雌性到底与模式是否为同一物种？

形态的可塑性：同一种生物或同一生物个体，其特征也会发生改变的。同一株植物如果种植在酸碱性不同的土壤中，其花会有红蓝的区别；生活在水下的水毛茛 *Ranunculus flabellaris* 的叶子与生活在水上的宽叶相比有很大的不同，要轻软得多；在不同的光照强度下，植株高度会有明显不同；一个人连续晒几天太阳其皮肤会变得黑一些。在这种情况下，如何确定模式？

相似不等于相同：长得很像的两个生物不一定就是相同的生物。如美国的两种草地鹨 *Sturnella magna* 和 *S. neglecta* 长得极像，在外部特征上极为相似，但叫声却有明显区别（Cody 1969）。生长在沙漠中的仙人掌科与大戟科植物极为相似，但花的结构等却又不同。因此，如何定义相似或相同？可见，用形态相似性来定义物种显然是有缺陷的。它希望抓住生物的本质却没有明了生物的本质。

8.2 唯名论的物种概念

随着研究的深入细致，人们越来越认识到生物群体内变异性的存在。另外，随着进化论的提出，人们意识到，无论是在历史的长河中还是时间的横断面上，生物都是不断变化的。而变化往往都是缓慢、逐步、渐进的。因此，生物之间肯定是连续的，而不具有完整性和间断性。这与不连续的、界限分明的本质论物种概念相矛盾。因而，唯名论物种概念（nominalistic species concept）应运而生。其主要观点是：只有个体是真实的，物种或其他等级都是人为的；不存在真实的物种，物种只是人为的名称。大自然中不存在物种，物种被发明出来是为了我们可以总起来称呼大量的个体。持本观点的主要代表人物是达尔文。数值分类学派物种概念基本上属于唯名论的见解。

> 种就像属一样，就是为了方便而人为设定的［Darwin（1859）：in short，we shall have to treat species in the same manner as those naturalists treat genera，who admit that genera are merely artificial combinations made for convenience］

> 自然界只创造出个体，种在自然界并不存在，它们只是人为想像的概念；物种被发明出来是为了我们可以总起来称呼的大量个体［Bessey（1908）：Nature produces individuals and nothing more ... species have no actual existence in nature. They are mental concepts and nothing more ... species have been invented in order that we may refer to great numbers of individuals collectively］

> 种与种之间的界线是人为设定的，也是由人来排列的［Locke（Mayr 1982）：I think it nevertheless true that the boundaries of species，whereby men sort them，are made by men］

> 物种就是由一群可以被分类学家识别其变异程度的个体的集合［Gilmour（1940）：The species is a group of individuals which，in the sum total of their attributes，resemble one another to a degree usually accepted as specific，the exact degree being ultimately determined by the more or less arbitrary judgment of taxonomists］

> 物种与其他分类单元一样，可以在数值分类中定义为具有多重数量形态特征的结合［Sokal and Crovello（1970）：Species，like other taxa，would be defined in numerical taxonomy on the basis of multivariate statistics，as clusters in phenotypic space］

唯名论物种概念的主要缺点是：在同域的自然群体之间确实保持着内在的不连续性。明显的例子有：蟋蟀 *Gryllus veletis* 在春天交尾产卵，而蟋蟀 *G. pennsylvanicus* 在秋天交尾产卵，它们几乎遇不到。瓢虫 *Epilachna* spp. 的一种寄生在荨麻上，另一种寄生在大蓟上，它们的雌雄之间一般遇不到，更不能杂交产生后代。两种蝴蝶 *Colias eurytheme*、*C. philodice* 的雄性长得差不多，但前者具有特殊的性外激素。它们的雌雄之间用性外激素和紫外光相互吸引。由于长得很像，因此两种的雄性都追逐两种的雌性，但 *C. eurytheme* 的雌性只对同种的雄性特殊的性外激素和紫外光有反应，*C. philodice* 的雌性与 *C. eurytheme* 的雄性之间不会交尾（Hovanitz 1949）。美国的草地鹨

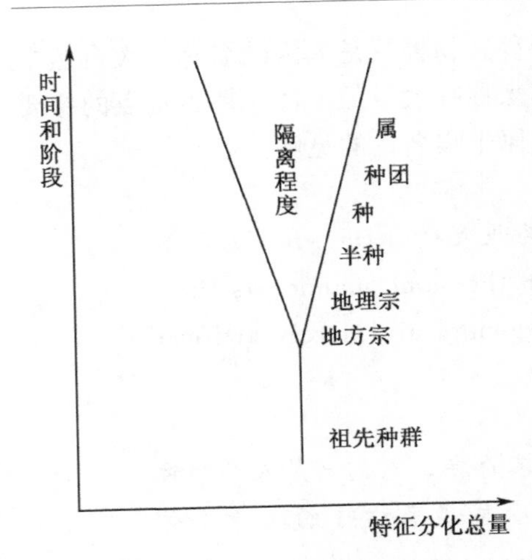

图 8.2 进化过程中的分歧度

Sfurnella magna 和 *S. neglecta* 长得极像，但叫声不同，不同种的雌雄之间用叫声相互区别和吸引（Cody 1969）。另外，从进化的角度来看，随着演化，同一物种的不同种群会在形态及基因上发生改变。如果这种改变积累到一定程度，就会跨过一个门槛，使不同物种之间产生形态或生理上的隔离而使基因不能交流。Ayala 和 Tracey（1974）对此作过研究，发现亲缘关系较远的不同种群之间基因交流极少或没有。可见，在生物之间，确实存在内在的不连续性（图 8.2）。

通过以上的分析以及物种概念的发展可以看出，物种是客观存在的，物种是一个群体，它具有基因上的内聚力。

8.3 生物学物种概念

很多学者看到上述同域生物之间遗传和生物学上的间断性，希望从这方面提出物种定义，如 Wallace（1895）将生态因素和生殖观念引入到物种概念中。

> 物种是一群这样的个体，它们在限定的范围内繁殖其变异同类，而且通过难以察觉的变异不与最接近的类似种群共享同一生活环境，参见 Kutschera 2003［Wallace（1895）：A species is a group of living organisms，separated from all other such groups by a set of distinctive character（istic）s，having relations to the environment not identical with those of any other group of organisms，and having the power of continuously reproducing its like］

> 在（遗传）本质上与其他类似种群具有明显区分的最小自然种群［Du Rietz（1930）：the smallest natural populations permanently separated from each other by a distinct discontinuity in the series of biotypes］

> Dobzhansky（1937）的物种概念强调生殖隔离：种是进化进程中的一个阶段。在此阶段中，原来具有实际或潜在交配繁殖能力的形组合变成两个或更多这样的组合，它们在生理上不能交配繁殖（The species is that stage of the evolutionary process at which the once actually or potentially interbreeding array of forms becomes separated into two or more arrays which are physiologically incapable of interbreeding）

Huxley (1940) 提出4项识别物种的标准：地理分布、长久存在的种群、可识别和生殖隔离 [Species may be regarded as natural units in that they: ①have a geographical distribution; ②are self-perpetuation as groups; ③are morphologically (or in some cases only physiologically); distinguishable from related groups; ④ normally do not interbreed with related groups]。

以上几个物种概念从不同侧面引出以下三方面的共识：物种应该是繁殖单元、生态单元和遗传单元。这些内容为生物学物种概念的提出奠定了基础。

Mayr (1942) 提出了影响深远的生物学物种概念 (biological species concept)，其定义为：物种是具有实际或潜在（交配）繁殖的自然群体，它们（同其他这样的群体）在生殖上是隔离的。

"Species are groups of actually or potentially interbreeding natural populations that are reproductively isolated from other such group."

从演化角度看，如果祖种不发生改变，而隔离的子种经历足够多的变异后而与祖种形成生殖隔离，那么它们就可以看作是不同的物种（图 8.3）。

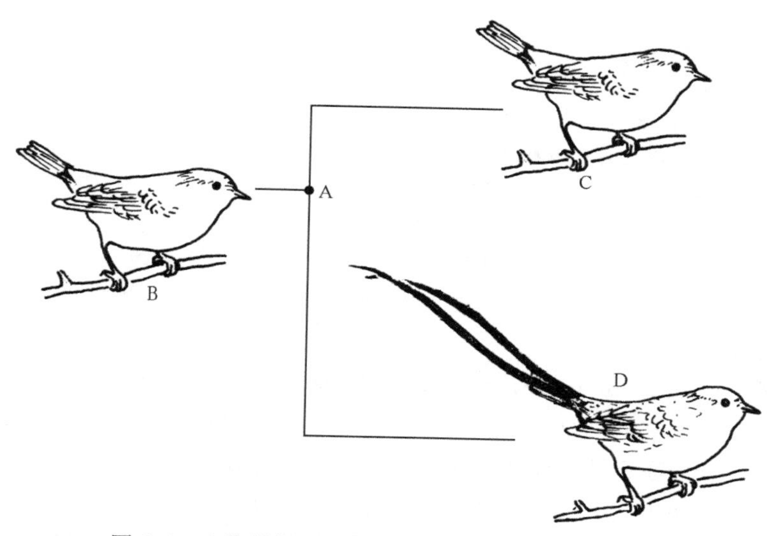

图 8.3 生物学物种概念与系统发育物种概念的区别

如果由B到C，前后两个种群间没有生殖隔离，那么它们仍是一个物种（生物学物种概念）；由于在A处发生一次种化事件，因此，这时就有三个物种，分别为：B到A、A至C和A至D（系统发育物种概念）

生物学物种概念强调了种内基因交流和个体生殖上的连续性和相通性，而不是指形态学上的相似性；另外又强调种间生殖的间断性和不连续性（如杂种不育）。即使两个种在形态上相似，如有生殖隔离则成为不同的种。这一概念使物种作为一个客观实体存在于自然界中的事实变得较为清晰。

生物学物种概念强调物种是一个客观实体，是一自然单元。它将生殖隔离作为唯一客观标准，而不是其他人为识别标准，因此可以这样理解物种：杂交后是否可育是确定其分类地位的标准，如不同群体之间交配产生可育的后代，它们必定属于同种；若后代不育，则其双亲属于不同物种。另外，生物学物种概念还强调“自然状况”，人工饲养异域分布的两个群体成员也可产生杂交可育后代，这还不是它们属于同种的凭据。真正的检验是它们在自然状态下的行为，即是否保持各自独立性。如果在自然条件下某些群体间基因交换很少（如由于地理隔离的影响），它们就可保持其独立特性，并可遵循其独立的进化途径。按照生物学物种定义，尽管它们杂交可育，但由于基因交换很少，必然被认为是独立的种（如地理隔离群体）。

可见，生物学物种概念有三个方面采用了新的观念：不把物种看作模式，而是把它作为一个群体或群体的组合（由本质论转到群体论）；不是根据差异的程度，而是根据生殖的间断给物种下定义；不是根据内在特性（或自身特点），而是要根据物种与其他共存物种的关系，既表现在行为上（如杂种不育）以及生态上（如不进行毁灭性竞争）的关系给物种下定义。

生殖隔离是生物学物种概念的核心。那么不同生物物种之间是如何隔离的呢？根据Dobzhansky（1953）、Dobzhansky 等（1977）以及 Mayr（1996，2003），生殖隔离机制主要有以下几种，见下表：

一、配合前隔离（指雌雄生殖细胞不能接触）

　　雌雄不遇：包括地理和生境隔离、季节或时间隔离

　　雌雄相遇但不交配：行为隔离

　　雌雄能交配但不能成功传输生殖细胞：机械隔离

　　雌雄能传输生殖细胞但它们不能结合：配子隔离

二、配合后隔离（指雌雄生殖细胞能够接触但不能永续产生正常后代）

　　受精卵不能正常发育或孵化：合子不活或流产

　　受精卵能发育成生物体但它们不能繁殖后代：杂种不育或杂种退化

　　第一代能繁殖但第二代不能繁殖：F_2后代崩溃

1. 地理隔离

地理隔离（geographic isolation，spatial isolation）是指不同的生物生活在不同地域中，在自然条件下它们无法相遇，尤其在海岛等独立封闭环境中较易发生。如老虎 *Panthera tigris* 分布在亚洲，而狮子 *Panthera leo* 分布在非洲，自然状况下它们根本无法相遇，但在动物园中，人类可以对它们进行强行杂交以培养狮虎兽。

Moore（1954）报道，澳大利亚东部海岸及西南部海岸相对较湿润，两者被中间广大的酸性土地区分隔。两栖类中的树蟾 *Hyla aurea* 在东西两岸的湿润地区都有发现，在形态上两个种群区别不大，但杂交实验显示它们之间存在明显的生殖隔离。相同的情况也发生在索蟾 *Crinia signifera* 的两个种群之间。而在塔斯马尼亚岛上有两种索蟾 *C. signifera*、*C. tasmaniensis*。杂交实验表明，前者与大陆东部的同种种群之间没有生殖隔离，而后者与其之间却有严格的隔离存在，可见它们的来源不同。

淡水鲑鱼 *Salvelinus* spp. 生活于瑞士、北欧以及英国的淡水湖泊中，它们之间无法交流（Carter 1954）。

2. 生境隔离

生境隔离（habitat isolation，ecological isolation）是指不同的生物生活在不同生境

中（如不同的寄主或空间），在自然条件下它们无法遇到。日本瓢虫 *Epilachna nipponica* 生活于大蓟上，而另一种瓢虫 *E. yasutomii* 以荨麻为食，自然条件下不交配，但在室内却发现它们之间没有生殖隔离（Futuyma，1998）。加利福尼亚的灌木 *Ceanothus jepsonii* 生活区狭窄，而另一种 *C. ramulosus* 对土壤要求不高，分布较广，但两种在野外鲜有杂种，而室内却能正常杂交。

传播疟疾的按蚊 *Anopheles maculipennis* 复合体和 *Anopheles gambiae* 复合体都有好几种，它们生活在不同的水体中，有些在污水、有些在流水、有些在静水等。

3. 季节或时间隔离（temporal isolation）

不同物种的繁殖季节或时间不同，因而不可能产生杂交个体。如加利福尼亚的辐射松 *Pinus radiata* 和加州沼松 *P. muricata* 分布区重叠，但前者在每年的 2 月开花，而后者在 4 月。它们的杂交种有时会发现，但有退化现象，结实不多。宾州蟋蟀 *Gryllus pennsylvanicus* 在秋天交配，而与之同域的另一种蟋蟀 *G. veletis* 在春天交配。臭鼬 *Spilogale gracilis* 在秋天繁殖，而 *S. putorius* 在冬天发情交配。

4. 行为隔离

行为隔离（behavioral isolation，sexual isolation）主要是指雌雄个体不能相互吸引而不能杂交。这在昆虫（如上述的蝴蝶）、蜘蛛、鱼类和鸟类（如园丁鸟）最为常见，例如，蟋蟀用叫声、鸟类用叫声和舞蹈、蜘蛛用舞蹈、鱼类用颜色和动作等来相互吸引，而不同种之间舞蹈或叫声有差异，故不能杂交。

李恺和郑哲民（1999）发现 6 种蟋蟀的叫声都不相同。非洲丽鱼雌雄之间用体色来相互识别（Seehausen et al. 1997）。

当然，以上这些隔离机制可以共同起作用。Hillis（1981）调查过 3 种生活区重叠的蛙 *Rana berlandieri*、*R. blairi*、*R. sphenocephala*、的生殖隔离机制，发现时间隔离是主要的，另外生境和行为隔离（如叫声）也有重要作用。

5. 机械隔离（mechanical isolation）

指不同物种的生殖器结构不同，因而它们的不同性别个体就是想交配也不能成功（图 8.4）。这在昆虫和植物中较常见，如昆虫的雌雄生殖器有时极复杂，形成匙锁结构，不同种间不能杂交。雌性果蝇 *Drosophila pseudoobscura* 与雄性黑腹果蝇 *D. melanogaster* 交配会受伤或死亡。瑞典的兰花 *Platanthera bifolia* 主要靠天蛾传粉，花粉粘

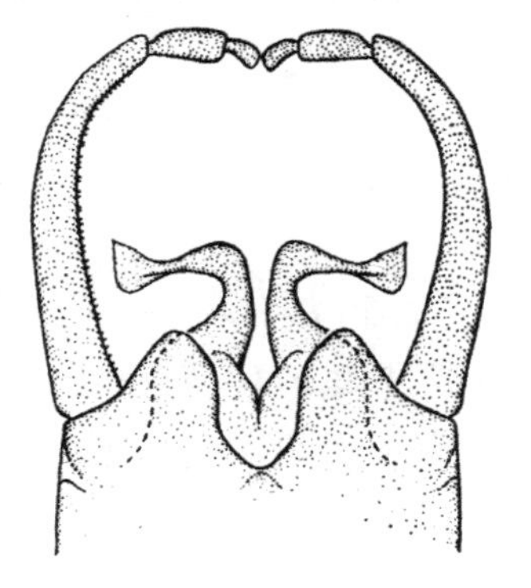
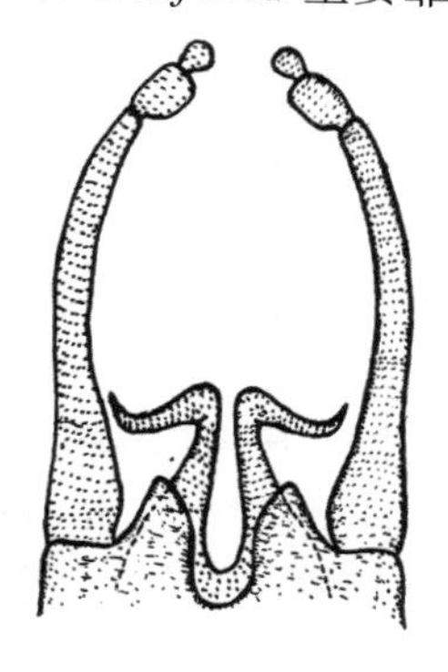

图 8.4 机械隔离示例

蜉蝣目细裳蜉科 Leptophlebiidae 吉氏蜉属 *Gilliesia* 的两种成虫雄性外生殖器有细微的区别

在蛾子喙的底部；而另一种兰花 *P. chlorantha* 主要由身体较小的夜蛾传粉，它们的花管较宽，花粉粘在蛾子的眼部；传粉动物被它们散发的不同的气味所吸引（Futuyma，1998）。类似的情况在鼠尾草 *Salvia apiana* 和 *S. mellifera* 中也发现。前者由身体较大的木蜂等传粉，而后者由身体较小的蜜蜂等十几种蜂类传粉。如果身体大小相差太大也会造成生殖隔离，如狼狗与袖珍哈巴狗之间。Schluter 和 Nagel（1995）列出了好几个在鱼、蝾螈、达尔文雀中身体大小造成生殖隔离的事例。

6. 配子隔离（gametic isolation）

营体内受精的生物，雄性配子在不同种的雌性体内会失去活性而不能交配。有些仍保有活力，但由于不能与卵表面的蛋白质识别或不具相应的溶解酶而不能受精。在体外受精的生物，雌雄配子往往不能识别。在植物，花粉在不同种的柱头上不能萌发等。这在海星、软体动物如鲍鱼等很常见（Swanson and Vacquier 2002；Clark et al. 2006）。

Higashiyama 等（2001）研究了三种向日葵 *Helianthus annuus*（生活在沙土）、*Helianthus petiolaris*（生活于黏土）和 *Helianthus paradoxus*（生活于盐碱地）雌雄配子的受精情况及其中涉及的因素。从中可以看出，无论是柱头表面、柱头内部以及配子融合过程都有一系列识别机制和信号向导。如果其中某一方面不配套，就有可能造成受精失败（图 5.8）。

7. 合子不活（zygotic mortality）

水牛 *Bubalus bubalis* 与家牛 *Bos taurus* 的受精卵在 8 细胞期就会死亡（Patil and Totey 2003）。挪威鼠 *Rattus norveigicus* 与檐鼠 *Rattus rattus* 不能交配，在极少数情况交配后会产下死胎或在很短时间内就会死亡。老虎与豹杂交后往往只会流产或死胎（Gray 1972）。

8. 杂种退化（hybrid inviability）

山羊与绵羊一般不能杂交，极少数情况下生产出的杂交个体极孱弱。加利福尼亚的辐射松 *Pinus radiata* 和加州沼松 *P. muricata* 杂交种有时会发现，但有退化现象，结实不多。

9. 杂种不育（hybrid sterility）

雄驴和雌马杂交后产生的骡是不育的。鹦鹉 *Agapornis personata fischeri* 与另一种鹦鹉 *Agapornis roseicollis* 的后代也是不育的（Dilger 1962）。狮与豹的杂交后代也是不育的（Doi and Reynolds 1967）。

在有些生物，它们的杂交后代一般是不育的，只有极少数情况下会出现能育个体。如蓝鲸 *Balaenoptera musculus* 与须鲸 *Balaenoptera physalus*，马属 *Equus* 不同种之间，如斑马、马、驴等以及狮虎兽等。

有些生物之间的杂交个体只有雌性能育，如牛 *Bos taurus* 与美洲野牛 *Bison bison*（Steklenev 1995）之间、家猫 *Felis catus* 与野猫如 *Felis bengalensis* 之间、瓶鼻海豚 *Tursiops truncates* 与逆戟鲸 *Pseudorca crassidens* 之间等。而在一些鸟类和昆虫只有雄性能育，因为这些生物雌性染色体是异配的。

10. F_2 代崩溃

棉花 *Gossypium barbadense*、*G. hirsutum* 以及 *G. tomentosum* 的杂交后代能育，但杂交后代的后代是不育的或生活力极差。加州的果蝇 *Drosophila psuedoobscura* 与犹

他州的果蝇的 F_2 的存活率远低于它们本地的同类（Futuyma，1998）。

生殖隔离的主要原因是等位基因不配合、细胞质因素和染色体数不正常（Dobzhansky 1953；Dobzhansky et al. 1977）。如马和驴的染色体数量分别为64条和62条，且染色体形态存在很大差别，雄驴和雌马杂交后产生的骡染色体数量为63条，在减数分裂时不能平均分配。

由生殖隔离机制可以看出，物种是客观存在的。

生物学物种概念客观且具可操作性，因而受到广泛关注和接受，但也有许多不足，遭到不同领域许多学者的批评（Merrell 1981；Donoghue 1985；Mayr 1996）。

批评一：生殖隔离只适用于有性繁殖生物，而对于无性繁殖生物来说，它们的后代只是它本身的克隆，且在繁殖过程中，没有两性个体或两性细胞的交流和融合，因此其无法适用，故这一概念遭到微生物学家、植物学家和对象为孤雌生殖的分类学家反对。对于这一点，Mayr本人也是承认的（Mayr 1982，2003）。如何给这些生物也提出一个物种定义，至今仍是难题。

批评二：生殖隔离指标不易用于古生物，因而也遭到古生物学家反对。对于古生物研究领域来说，大多数材料都是印模化石，至多也只是琥珀化石。对于这些死亡了数以万年计的生物来说，生殖隔离指标显然不太适用。

批评三：生殖隔离指标无法在分类实践工作中运用。由于生殖隔离最远要牵涉 F_2 代，因此将这一指标用在生物学分类实践中显得几乎不可能，也相当费时。尤其是对于生活周期相当长的生物（如海龟和竹子）、种群相当少的生物（如老虎）、生境极为隐蔽的生物（如蛇）或根本无法进行调查的生物（如鲸及其他深海鱼类）等，生殖隔离指标应用起来极为困难。因此，这一指标也在一定程度上遭到分类学家的反对。一般的生物分类过程即是这样的流程：采集标本→比较标本和文献→鉴定→命名物种。如果要逐一配对一百个池塘中的鱼是否为同一物种，其工作量是极为繁重的，几乎是不可能完成的任务。

批评四：从实用角度看，生物学物种概念没有引用形态学标准，在实践中应用有一定困难，因为形态特征与生殖隔离之间有时不是关联的。如果蝇 *Drosophila willistoni* 与另一种 *D. equinoxialis* 不能杂交，但在形态上极像，被认为是不同的姊妹种。再如马里兰栎 *Quercus marilandica* 和冬青栎 *Q. ilicifolia* 之间以及二色栎 *Q. bicolor* 和大果栎 *Q. macrocarpa* 之间，形态上虽只有细微不同，似同一种的不同地理种群，但因它们各自保持自己的特性而被作为不同的种对待。

批评五：自然状况与人工实验下生殖隔离常有一定的差距。分布于美国东部的一球悬铃木 *Platanus occidentalis* 与分布于东地中海地区的三球悬铃木（法国梧桐 *P. orientalis*），尽管其人工杂交种（二球悬铃木 *P. hispanica*）健壮且高度可育，但三球悬铃木和一球悬铃木除有地理隔离外，生态需求也不同，在自然条件下，基因交流极难进行，一般被认为是不同的种。中国的梓树 *Catalpa ovata* 与美国的梓树 *C. bignonioides* 生态要求差不多，长得极像也高度可育，但因生长在不同地区而在自然条件下无法杂交。如果要验证两个不同的生物是否为同一物种，我们如何建立或模拟自然条件？

批评六：在植物中大量异源多倍体（47%的高等植物）的存在给生物学物种概念的应用造成了困难。如萝卜甘蓝 *Raphanobrassica* sp.（$2n=36$）是由萝卜 *Raphanus sativus*（$2n=18$）与甘蓝 *Brassica oleraceae*（$2n=18$）杂交并染色体加倍后形成的。另外如小麦也是有名的多倍体植物。这种情况无法用生殖隔离来限定或解释。

批评七：生殖隔离不易掌握。前文所举的生殖隔离例子中，有很多生物在大多数情况下是不可能杂交的，但在少数情况下也产生杂交后代。那么，生殖隔离的程度是多少？还有，有些生物之间的杂交后代中有一个性别是可育的，而另一性别的个体却是不育的。在这些情况下，它们到底是生殖隔离的还是可育的？

批评八：生物是不断进化的，在某一时间横断面上，正在进化过程中的不同种群之间可能存在程度不同的可育性。Hickman（1993）报道加州的蝾螈 *Ensatina eschscholtzii* 由于受加州中部山脉隔离而分为东西两个种群，并存在生殖隔离现象，但在南北两端是同域的，可以杂交。杜松子 *Juniperus virginiana* 与其他三种 *J. orizontalis*、*J. scopulorum*、*J. barbadense* 之间都有不同程度的杂交现象存在。

批评九：生殖隔离也会崩溃。墨西哥的红眼雀 *Pipilo erythrophthalmus* 与 *P. ocaci* 过去是存在生殖隔离的，但在近几个世纪中却不断杂交现已变成一个种（Sibley 1950）。Burger（1975）报道美国的橡树属 *Quercus* 内不同种之间都可以杂交。麻雀 *Passer* spp. 中也存在这种现象（Mayr 1982）。

批评十：生物学物种概念没有引用"进化"理论或概念。生物是不断进化的，它们也是进化的产物。在时间维度上，生物是存在于特定时间段内的生物实体。而生物学物种概念只强调时间横截面上的生殖隔离状况，似乎有所欠缺，这在古生物研究领域内显得尤其突出。

批评十一：没有引入生态因素。生物是受环境制约的，也是生活于特定生境中有特定生态位的实体。而生物学物种概念只强调物种的生物学特性而忽略环境因素，这对生态学家来说有点不太适用。

批评十二：雌雄生殖相融可能是祖征。例如，鸟类起源于爬行类，它们与爬行类之间（至少在进化的早期）有可能是生殖相融的，因为这一特征是祖征。因此，运用生殖隔离作为识别指标有时可能不能定义单系群（Donoghue 1985）。

面对多方批评，也有很多人提出过改进型的生物学物种概念。例如，

> Dobzhansky（1951）：物种是由一种或几种生殖隔离机制所限定的有性生物种群。简言之，物种就是一个最小的孟德尔种群（Species are groups of populations the gene exchange between which is limited or prevented in nature by one, or by a combination of several, reproductive isolating mechanisms. In short, a species is the most inclusive Mendelian population）（强调多种隔离机制）

> Dobzhansky（1970）：物种是群体的系统，由于一种生殖隔离机制或几种类似机制的结合，使这些系统间的基因交流受到限制或阻止。（Systems of populations, the gene exchange between these systems is limited or prevented in nature by a reproduction isolating mechanism or by a combination of such mechanisms）（这里他提出不

仅要考虑生殖隔离）

Mayr（1970）：物种是具有实际（交配）繁殖的自然群体，它们（同其他这样的群体）在生殖上是隔离的（Species are groups of actually interbreeding natural populations that are reproductively isolated from other such group）（取消“潜在的”一词，使其更客观）

White（1978）：物种是享有同一基因库的生殖群体（a species was a collection of individual organisms that could be considered to have an interchanging gene pool）（不提生殖隔离）

Mayr（1982）：物种是在自然界中占有独特的生态位且与其他群体在生殖上隔离的自然群体［a reproductive community of populations（reproductively isolated from others）that occupies a specific niche in nature］

在这个定义中，Mayr取消了“潜在的生殖隔离”，因为他认为判断潜在的生殖隔离是主观的，不好掌握。另外，他引入了生态位，考虑到环境因素。更重要的是，他将“interbreeding”一词换成了“reproductive”，试图将其应用到无性繁殖的生物。

Bock（2004）提出，严格来说，Mayr所讲的生殖隔离应该是指的“基因隔离”，因为有些生物是可以交配繁殖的（interbreeding），但却不能交换基因，如马与驴可以杂交产生骡子，但各自的基因库却保持独立。因此，他提出了一个新生物学物种概念：

物种是具有实际或潜在交配繁殖的自然种群，它们（同其他这样的群体）在基因上是隔离的（A species is a group of actually or potentially *interbreeding* populations which are *genetically* isolated in nature from other such groups）

笔者认为，Mayr（1942，1982）的定义十分简练精确，含义也很明确。如果一定要引入遗传因素，可将它们以及Bock（2004）的定义改成如下的用语：

物种：具有实际或潜在繁殖的自然群体，它们（同其他这样的群体）在基因上是隔离的（Species are groups of actually or potentially reproducing natural populations that are genetically isolated from other such group）

物种是在自然界中占有独特的生态位且与其他群体在基因上隔离的自然群体［a reproductive community of populations（genetically isolated from others）that occupies a specific niche in nature］

> 物种是具有实际或潜在繁殖传承的自然种群，它们（同其他这样的群体）在基因上是隔离（A species is a group of actually or potentially reproducing organic populations which are genetically isolated in nature from other such groups）

虽然生物学物种概念有一定的不足，但它已尽可能表现出生物类群之间的自然关系，比所有定义都更前进了一步。

8.4 识别物种概念

Paterson 认为生殖隔离是物种形成过程的产物而不是过程，不能混淆。生殖隔离是种与种之间的，而认识或定义物种要根据物种自身的特征，而生物学物种概念似乎就有这方面的不足。因此提出识别物种概念（recognition species concept），作为对生物学物种生殖隔离概念的深化。其定义为：

> Paterson（1985）：物种是拥有共同交配识别系统的雌雄两性个体组成的最小集合（the most inclusive population of biparental organisms which share a common fertilization system）

他注意到，在有性生物雌雄之间往往都有复杂的相互识别机制，如颜色、舞蹈、气味、亮光等，这些识别系统在不同生物是不同的。因此根据各自不同的识别系统就可以识别出不同的物种，即用物种间各自识别同种与非同种的特点来区别物种，而不是用人为规定的特点来识别物种间的不同。特殊交配识别系统可由形态或完全非形态的特征所构成，如听觉的、行为的等。识别物种概念也仅可用于营有性生殖的生物体，这一点与生物学物种概念相同。Paterson 的这一物种概念实用性很强，受到以生物标本为研究材料的生物学家的赞同，但其不能有效地应用于古生物种和无性繁殖的生物。另外，有些生物雌雄之间的相互识别系统极为复杂，不同种间差别极细微，有时不易识别。还有，既然是识别系统，也就是特征，那么在判断上也有主观性的问题。

8.5 进化物种概念

由于生物学物种概念不适合于古生物学，古生物学家 Simpson（1961）提出进化物种概念（evolutionary species concept）。

> Simpson（1961）：种是一个具有祖裔关系的世系群体，有自己独特的位置和进化趋势，并与其他群体相分离［An evolutionary species is a lineage（an ancestral-descendant sequences of populations）evolving separately from others and with its own unitary evolutionary role and tendencies］

Wiley (1978)：进化物种是与其他世系保持独立并具独特的进化趋势和历史命运的祖裔系列 (An evolutionary species is a single lineage of ancestral-descendant populations of organisms that maintains its identity from other such lineages and which has its own evolutionary tendencies and historical fate)

Wiley 和 Mayden (2000)：在时空中与其他世系保持独立并具独特的进化命运和历史趋势的生物种群实体 (An entity composed of organisms that maintains its identity from other such entities through time and over space and that has its own independent evolutionary fate and historical tendencies)

从以上的三个定义可以看出，进化物种概念认为物种是一个具有下列特征的群体系统：①种是一个世系 (lineage)，一个生存于空间和时间中的群体的祖裔系列；②这一世系与别的世系相分离而进化；③在群体中有自己独特的生态位；④它有自己的进化趋势，在历史过程中受进化作用的影响而改变。

进化物种概念适用于各种繁殖系统，包括无性和有性繁殖，也结合了进化内容。但是，如果把物种看作是一个进化中的系统，那么在时间尺度上要限定一个物种从理论上讲是不可能的。在祖裔系列中，在任何一点沿时间追索不可能找到一个自然的分界点将一个进化世系与另一个进化世系分开。这是把物种看作一个世系带来的问题。而为了分类的目的，必须人为地将这一世系切成段落。切割的准则是不同段落形态上的差异要像同类现存生物间那么大。这实际上又回到了形态学物种的概念，显得不客观和不适用。是不是每个标本都因代表了其独特的命运和进化世系而被认为是一个种？

再者，如果将物种认为是一个祖裔系列，具有时间向度，而生物系统学所做的工作都是在时间断面上来认识物种的，那么两者如何协调？物种定义 (不是物种) 应该是没有向度的。

物种与物种之间是有间断的，每个物种都有自己独特的基因库。进化物种概念强调物种时间上的延续和命运却忽视了种与种之间的区别和间断。

进化过程分为生物在形态上随时间发生的变化以及物种分裂为更多物种的分支进化。进化物种概念只看到了前者而明显忽视后者，或者是有意无意地混淆分支进化与前进进化。

8.6 系统发育物种概念

生物物种是由共同的祖先不断进化产生的。由于进化过程已无法再现，因此进化物种概念不可能实用。而我们能够做的，是重建物种之间的亲缘关系，因此，物种概念必须包含系统发育内容。有许多学者提出个这方面的物种概念，称为系统发育物种概念 (phylogenetic species concept)，例如，

Hennig（1950）：通过密切网状关系联系到一起的具繁殖能力的群体［Individuals connected through tokogenetic relationships constitute a（potential）reproductive community and that such communities should be called species］

Hennig（1966）：具有特定空间分布的繁殖群体（A complex of spatially distributed reproductive communities）

Meier和Willmann（2000）：种是在生殖上隔离的自然种群或种群集合。它们起源于一次物种形成事件，最终灭绝或消失于下一次物种形成事件（Species are reproductively isolated natural populations or groups of natural populations. They originate via the dissolution of the stem species in a speciation event and cease to exist either through extinction or speciation）（图8.3）

Nixon和Wheeler（1990）：可用某种特定性状组合鉴别的最小种群或无性支系的个体集合［The smallest aggregation of populations（sexual）or lineages（asexual）diagnosable by a unique combination of character states in comparable in individuals（semaphoronts）］

Nelson和Platnick（1981）：物种是具有独特可鉴别特征能自我传承的最小生物集合（Species are the smallest diagnosable cluster of self-perpetuating organisms that have unique sets of characters）

Wheeler和Platnick（2000）：任何具独特性状组合的可鉴别的最小种群（有性生物）或支系（无性生物）［Smallest aggregation of（sexual）populations of（asexual）lineages diagnosable by a unique combination of character states］

Cracraft（1983）：最小可以鉴别的、具有祖-裔关系的一群个体（A species is the largest diagnosable cluster of individual organisms within which there is a parental pattern of ancestry and descent）

Cracraft（1989）：任何具定性鉴别特征的最小分类单元（A species is the least inclusive taxon recognized in a formal phylogenetic classification）

系统发育物种概念强调物种之间的系统发育关系。由于系统发育是历史过程，因此，在早期的概念中也包含生殖隔离和分支过程。但生殖隔离不好操作，因此后来就逐渐强调先确定分支过程再分辨物种的形式。在以上的所有定义中，以 Cracraft（1989）的定义最具包容性。

在实际操作中，系统发育学派的学者重视共有衍征，以共有衍征来推导分支过程，再来确定系统发育关系。因此，代表系统发育关系的衍征就具有重要作用。也正因为此，系统发育物种概念与形态学物种概念有明显区别，后者仅强调相似性。

系统发育物种概念以共有衍征为区分物种的标准，虽承认物种之间有生殖隔离，但在一定程度上不要求应用，故这一概念比较实用，也可应用于单性、无性生殖类群。

当然，强调分支过程和共有衍征也带来一些问题。如共有衍征的确立就有可能掺杂很多主观判断；由于不强调生殖隔离，那么在形态上有区分的许多亚种就有可能识别为单独的物种；同样，形态上相似的隐种和姐妹种也可能共有衍征的缺乏也识别为同一种。

以上每个物种概念都有优点，也都有缺陷。因此，也有学者希望提出新的物种概念来综合它们的长处。

8.7　内聚物种概念

内聚物种概念（cohesion species concept）由 Templeton 提出。

> Templeton（1989）：物种是由内聚机制（基因交换能力和个体交换能力）而表现出表型内聚的所有个体（A species is the most inclusive group of organisms having the potential for genetic and/or demographic exchangeability）

可以这样理解：所谓基因交换能力，就是在种内，基因库是独特的，不会因为与其他种的基因流动或遗传漂变而改变其本质；个体交换能力，就是由个体组成的生物种群因生态因素和自然选择的作用而不会改变其组成，即使有部分个体在种群间交流。Maan 等（2006）发现，在维多利亚湖中的两种丽鱼 *Pundamilia nyererei* 和 *P. pundamilia* 的雌雄之间用色彩和视觉相互识别，适应于不同的水生小环境。它们之间也有部分基因交流，但由于生态因素和自然选择对视觉和色彩的强烈作用，它们仍保存有自身的本质和基因库，即使视觉和色彩方面的突变也不会对其有影响。

生物学物种概念只强调种内基因的聚合力和种间的隔离性，没有考虑其他因素。而内聚物种概念不仅强调这个方面，而且将生态因素（即个体交换能力）考虑在内，比生物学物种概念包含了较多的内容。然而，它试图综合生物学物种概念、进化物种概念和识别物种概念的长处，但却流于形式而没有提出具体的标准，在实际操作中最终可能仍与形态学物种概念或识别物种概念有类似的弊端。

同样，这一概念因强调基因独特性和基因流动而只适用于有性繁殖的生物。

8.8　调和物种概念

陈世骧（1978，1987）：物种是生物的繁殖单元，由又连续又间断的居群组成；物种是进化单元，是生物系统线上的基本环节；是分类的基本单元（三单元论）。

这一定义（或概念）综合了多家观点和多种定义，也考虑到了多种用途，因此这里暂称为调和物种概念（synthesis species concept）。

这一物种概念综合了多个物种概念，突出了物种之间既间断又连续、变又不变的实际状态，但似乎描述多于定义，实际是一种调和，也没有提出区分或判断物种的标准，更不太实用。更重要的是，如果将物种看作是分类单元，实际在一定程度上混淆了“物种定义”与“物种”以及具体的生物物种之间的区别。

8.9 基因簇物种定义

遗传学和分子系统学兴起后，也有人想从分子水平来区分或定义物种。假如知道了不同物种之间遗传的差异度，并定下一个标准，用这个标准就可以来区分和衡量不同的物种。例如，假定哺乳动物不同物种之间的遗传差异度是5%，那么再遇到不太容易判别的情况时，就可用这个数值去衡量待定物种与其他相近种的关系，而不必去做生殖隔离实验。或者比较不同样本之间的基因型或分子差异度，来查看它们是否为同一物种。Bradley和Baker（2001）根据4属啮齿类和7属蝙蝠等哺乳动物细胞色素b基因序列的统计分析，认为种间的遗传间隔平均为11%，在此数字之下不太明确。Ball等（2005）根据蜉蝣（昆虫）细胞色素b基因序列的研究，指出种间间隔平均为18.1%。

这一方面具代表性的有基因簇物种定义（the genotypic cluster definition）或基因物种定义（genetic species concept）。

> Mallet（1995）：物种就是拥有独特基因型的簇，不同簇间因有一个或多个座位的不配合而有明显间断［Two species are two identifiable genotypic clusters. These clusters are recognized by a deficit of intermediates，both at single loci（heterozygote deficits）and at multiple loci（strong correlations or disequilibria between loci）that are divergent between clusters. We use the patterns of the discrete genetic differences，rather than the discreteness itself，to reveal genotypic clusters］

> Wu（2001）：物种就是具有不同适应性的种群，即使在相互接触、直接交换或杂交的情况下也不会共享它们各自所拥有的控制这些适应性特征的基因，而基因组中的其他基因可以相同或不同（Species are groups that are differentially adapted and，upon contact，are not able to share genes controlling these adaptive characters，by direct exchanges or through intermediate hybrid populations. These groups may or may not be differentiated elsewhere in the genome）

> Baker和Bradley（2006）：基因物种就是在基因上（遗传上）能够交配繁殖的自然种群，它们与其他这样的种群在基因上是隔离的（A genetic species as a group of genetically compatible interbreeding

natural populations that is genetically isolated from other such groups)

Wu（2001）的观点显然混淆了基因库和基因组的概念。正如 Mayr（2001）指出的那样，种群间的不同是基因型或基因库的不同，而不是基因组的不同。基因组是个体的，一个个体所具有的所有基因就是基因组；基因库却是指群体的，种群所有个体所包含的基因型就是基因库。不同群体的个体相互杂交交换基因后影响的是基因库而不是单个个体的基因组。另外，物种是种群，不是基因更不是基因组。

如果要从分子水平来比较不同的物种，具体做法是选择性查看不同标本不同位点的相似性，分别赋值（如相似点赋值为 0，而不相似处一个赋值为正数，一个赋值为负数），然后看它们的得分高低。如果差异大，就是不同物种，差异很小就是同一物种。

这种测定基因或分子变异的方法做起来十分昂贵和困难，也免不了主观的判断。另外，由于形态进化速度与分子进化速度的不同，以及不同分子的进化速率也不相同，这一想法在实际运用中也有许多困难。例如，绒螯蟹属 *Eriocheir* 内先后报道过 6 种，分别为中华绒螯蟹 *E. sinensis*、日本绒螯蟹 *E. japonica*、合浦绒螯蟹 *E. hepuensis*、直额绒螯蟹 *E. recta*、台湾绒螯蟹 *E. formosa* 和狭颚绒螯蟹 *E. leptognatha*。戴爱云（1988）根据支序分析及杂交情况，提出中华绒螯蟹、日本绒螯蟹、合浦绒螯蟹为同一种的不同亚种；Chan 等（1995）又认为直额绒螯蟹为台湾绒螯蟹的同物异名；Sakai（1983）将狭颚绒螯蟹从本属移出，另建狭颚新绒螯蟹。那么它们在分子水平的差异如何呢？

Tang 等（2003）测定了核基因 ITS 和线粒体 CO1 基因序列，发现两个基因在狭颚新绒螯蟹 *Neoeriocheir leptognatha* 与绒螯蟹属的歧义度平均为 11.5％和 15.6％，是绒螯蟹属各种歧义度的 3～5 倍（分别为 2.5％和 5.5％），而与属间歧义度类似（在 CO1 基因平均为 18.4％）。这一结果也进一步证实了狭颚新绒螯蟹的地位。

孙红英等（2003）又测定线粒体 16S rDNA 部分片段，分析不同种间的差异度，发现直额绒螯蟹与绒螯蟹属其他分类单元之间的差异度（平均为 5.5％ ±0.005％）远不及同科的厚蟹属或新绒螯蟹与绒螯蟹属其他分类单元之间的差异度［分别为（8.5％ ±0.002％）和（11.8％ ±0.002％）］；狭颚新绒螯蟹 *N. leptognatha* 与绒螯蟹属各物种 *Eriocheir* spp. 间的序列差异（11.8％ ±0.002％）远大于后者相互间的序列差异（在 6.0％ 以下）。

从中可以看出，不同的基因之间的差异度是不同的，如 ITS 和 CO1 基因在属间平均是 11.5％和 15.6％，而在种间是 2.5％和 5.5％。16S rDNA 在属间的差异度分别为（8.5％ ±0.002％）和（11.8％ ±0.002％），在种间为 6.0％ 以下。以哪个为准？另外，从基因差异度来看，与形态结论是吻合的，即狭颚新绒螯蟹 *N. leptognatha* 与绒螯蟹属的区别较其他种为大。

为什么会有这么多的物种概念？一个原因是由于生物类群的多样复杂，遗传及分子分化程度与表型分化程度不尽同步，再者人们对统一合理的物种概念的强烈愿望，以及不同的学派关注不同的研究领域。在当前，一般是理论上承认生物学物种概念，而在实际工作中主要采用系统发育物种概念或形态学物种概念，如 Kutschera（2004）所提倡的。进化物种概念在古生物研究领域内有一定的市场。

Mayr（2001）指出，在众多物种定义中，只有两个是真正的物种定义，即生物学物种定义和本质论的物种定义，其他的定义都是在定义具体的作为分类单元的种（taxon）而不是作为分类阶元的种（category）。生物学物种概念是用物种的生物学特征来定义，而本质论物种概念是根据物种的相似性来定义。

Merrell（1981）认为很难有完全令人满意的物种定义。由无性繁殖、杂交、基因渗入、多倍性和地理变异等目前已发现的因素以及这些因素的种种组合引起的复杂情况，使得要想定义一个“彼此各具特色和界限分明的不连续实体”概念是非常困难的。

第9章　物种形成

按照生物学物种定义，物种是具有实际或潜在繁殖的自然群体，它们在生殖上是隔离的。有多种隔离机制存在于不同的物种之间，使物种作为一个客观实体存在于自然界。

根据进化论，多种多样的物种是由共同祖先进化而来的。那么它们到底是如何形成的呢？进化包含两方面的含义，一是指物种形态上的改变。在这种情况下，物种无论如何改变，它始终是一个物种。另外是分支进化，就是由祖种分裂为两个或更多的子种，它们再进行分裂，最终形成丰富多彩的生物界。

9.1　物种形成过程

物种形成包含三个步骤：谱系（或世系 lineage）分裂；不同谱系间获得了生殖隔离机制，使群体间产生间断；当间断足够大而使生殖隔离机制完善时，新物种就形成。

自然选择真能形成物种吗？Dodd（1989）用果蝇 *Drosophila pseudoobscura* 为材料进行如下的实验：将同一培养基中长大的果蝇分成两个种群，一个放在装有麦芽糖的培养瓶中培养，另一个饲养在仅装有淀粉的培养瓶中。经过8代以后，取两个种群中不同性别的果蝇进行交配试验，发现对照瓶中的果蝇在选择配偶上没有区分，不同瓶中的雌雄配对数分别为18、15、15、12；而实验瓶中的果蝇在选择交配对象时却有明显的倾向性：淀粉培养瓶中的雌果蝇与本瓶中的雄性以及麦芽糖瓶中的雄性交配比例为22∶8，而麦芽糖培养瓶中的雌果蝇与本瓶中的雄性以及淀粉瓶中的雄性交配比例为20∶9。可见在实验条件下，自然选择可以造成生殖隔离，而且这种选择不一定非要对造成生殖隔离本身的性状进行选择（图9.1）。Funk（1998）对一种叶甲 *Neochlamisus bebbianae* 的研究结果就证实了这一点。他发现，取食不同寄主的种群在产卵、对寄主的喜好程度、取食反应和幼虫的行为表现上，均比取食同一寄主的种群具有更强的分化程度。因此可以看出寄主植物对新种形成具有催化作用，能够导致群体间生殖隔离程度加剧。Rice 和 Hostert（1993）、Florin 和 Oedeen（2002）列出了很多这样的研究实验。本书的第3章中也曾提到过多个实验和事例。

既然实验条件下不同种群在选择作用下确实可以产生生殖隔离，那么自然种群呢？内华达鳉鱼 *Cyprinodon* spp. 生活在美国内华达州死谷（Death Valley）中的小湖泊、池塘和泉口中。一万年以前，内华达州比现在要湿润得多，有很多溪流等将这些小水体联结起来，而现在由于气候干燥，它们都成了独立的小水体。现在，该地有10余种（或亚种）鳉鱼，每一种都只生活在相当有限的几个水体中，相信它们都是由共同祖先进化而来的。可见是干旱将原先联结在一起的鳉鱼种群分割成许多小种群，它们在很多方面朝不同方向进化（包括生殖隔离）而形成现今不同的种群，它们之间有生殖隔离，可以看作是不同的种（Miller 1950；Echelle and Dowling 1992），生活在美国和墨西哥的现存近20种鳉鱼估计也都是这种因素形成的（Echelle et al. 2005）。

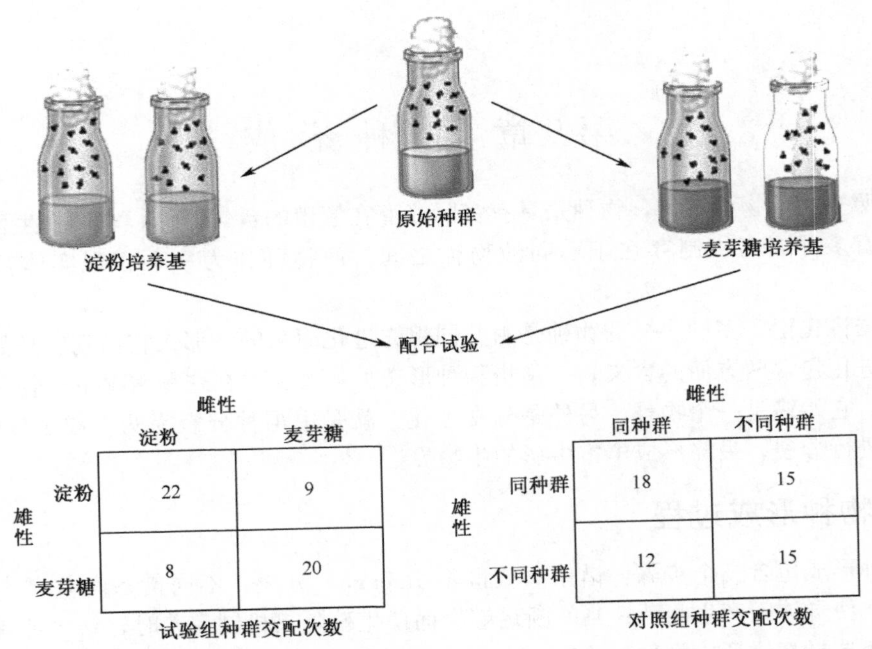

图 9.1　实验条件下果蝇 *Drosophila pseudoobscura* 的不同种群在隔离足够代数后会有一定的生殖隔离，即使选择不直接作用于有关生殖隔离的性状（引自 Dodd 1989）

McKinnon 等（2004）用刺鱼 *Gasterosteus aculeatus* 作为实验材料来验证生殖隔离是自然选择的副产品。这种鱼生活在同一湖泊中，有两种类型：生活于开阔水域的小型个体与生活于岸边的大型个体，这是自然选择的结果，因为有捕食性鱼类存在，大型个体在开阔水平不易存活。而在这两个类型之间，雌雄在选择交配对象上有明显的选择性：大型个体只选择大型个体，而小型个体只选择小型个体。可见，自然选择可以产生生殖隔离。

多久可以产生生殖隔离？Coyne 和 Orr（1989，1997）对此进行过研究，他们发现，随着时间推移，无论是配合前隔离还是配合后隔离机制都会得到强化，并估计隔离机制形成平均需要 1.5 百万～3.5 百万年，但可以更快。隔离后又同域种群的种化速度可能要快 10 倍。隔离机制的产生需要多少个基因参加？Boake 等（1997）研究了夏威夷的果蝇 *Drosophila silvestris* 和 *D. heteroneura* 的攻击行为和交配行为，发现两者截然不同，在自然条件下它们也不杂交，但在实验室内杂交产生的 F_1 代的攻击行为只与父母中一方相似，绝不出现中间过渡类型，显示它由一个基因控制。而交配行为等却出现中间过渡类型，显示它们有多个基因控制。由此可见，有时只要一个位点的突变，如果有基因上位效应存在的话，就有可能产生隔离机制而形成不同的物种。Wu（2001）对种化过程中的一些具有重要作用的基因有详细讨论和强调。

纯合体果蝇 *Drosophila simulans* 和果蝇 *D. mauritiana* 杂交的例子可以帮助我们了解基因数量在生殖隔离中的作用（Coyne 1984）。将雌性果蝇 *D. simulans* 性染色体上的一个基因与另外两条常染色体上的两个基因（分别在两条臂上）进行隐性突变。将这种果蝇的纯合子与纯合体 *D. mauritiana* 的雄性杂交，它们的后代中只有雌性是可育的。将这些能育的雌性果蝇再与隐性纯合的 *D. simulans* 的雄性回交，由于前者在减数分裂时有染色体的交换，因此它们的部分生殖细胞内突变隐性基因就会消失而变成果蝇 *D. mauritiana* 的显性基因。这些配子与 *D. simulans* 的雄性配子结合以后就会发育成雄性果蝇，测定这些雄性果蝇不同生殖力精子的比例和它们中所含隐性基因的数目就可以获知基因数目对不育性的影响。结果发现，只要 X 染色体上有一个基因改变就可以导致不育，而常染色体上至少要有 4 个基因参与。这也表明 X 染色体上的基因具有强烈的决定作用，常染色体上的基因具有累加作用。

从以上的实验可以看出，无论是在实验生物还是自然种群中，种化是实际存在的；隔离可以造成种化，只要有足够的时间和基因参加。

9.2 物种形成方式

多种资料都认为，物种形成的模式主要有三种，分别为异域物种形成事件（allopatric speciation）、同域物种形成事件（sympatric speciation）和领域物种形成事件（parapatric speciation）。

9.2.1 异域种化

如果原先的祖种分布区足够大，那么它的种群就很有可能被一些后来形成的自然隔障（如改道的河流、隆起的山峰、涨起的洪水、强刮的劲风等）分隔成两个或更多的小种群，这些小种群之间不能进行基因交流。如果它们被分隔的时间足够长，各自适应自己的生活环境而不断进化后，就有可能形成生殖隔离机制。当这些隔离机制足够强大时，就是以后隔障解除，这些小种群也会因为已成为不同的物种而不会再次融合。这就是异域物种形成（图 9.2）。它要求有两个要素，一个是地理隔障，另一个是时间。但是，由于种群的分布区往往较大，隔障的形成及特征的演化都是十分缓慢的过程，因此，异域物种形成事件在历史上发生过很多次，但真正能被观察到的十分稀少。

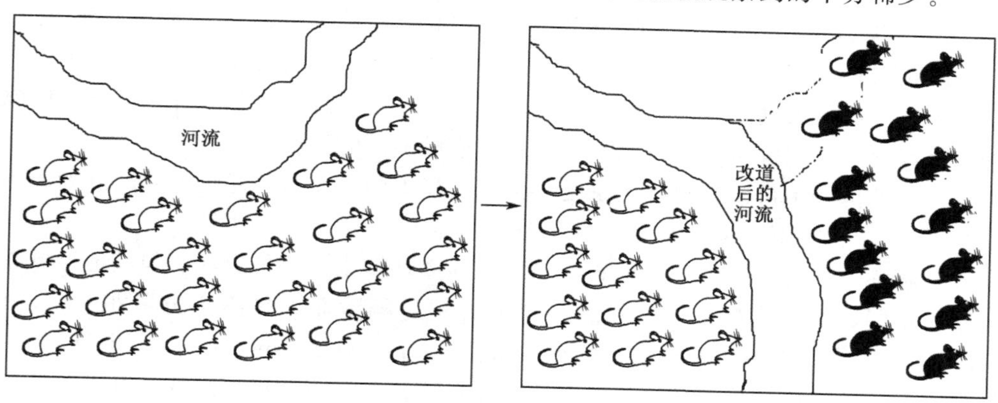

图 9.2 异域种化模式（不同种群在隔离状态下演化成不同的物种）

由于异域种化事件中有隔障的存在，阻断了不同种群间基因和个体的交流，迫使它们在不同的空间和地域中同时演化，最后各自形成不同的物种。这在理论上较明确，也最有说服力，因此也是最早提出的物种形成模式（Mayr 1942，1963，1970）。

有大量的事例可以确证异域物种形成事件的存在。Schmitt 等（2006）分析了欧洲蝴蝶 *Erebia epiphron* 种群的分布格局，发现它们都有自己的领域（仅在湿润的地区），且在基因方面已有不同，显示它们已形成不同的地理亚群，而这一结果是冰川隔离所造成。

Lovette 和 Bermingham（1999）对北美地区的 27 种鸣禽 *Dendroica* spp. 的线粒体基因序列进行了研究，发现它们都起源于较古老的祖先，可能是由于冰川分隔后各自独立演化的结果。

北美洲的火鸡 *Meleagris gallopavo* 有好几个亚种，分布在不同的地区，它们之间有时会有杂交出现。但分布在较远的墨西哥与危地马拉的另一种火鸡 *Meleagris occeleta* 与它有生殖隔离机制，显示它们是在有隔障的情况下进化而成不同的物种的（Mock et al. 2002）。Wiley 和 Mayden（1985）对北美地区的鱼类区系做过分析，发现 *Notropis* 属 5 种鱼的分布区是不重叠的，表明它们是在不同的水域中形成的。

Liebers 等（2001）分析了山雀 *Larus argentatus* 复合种的线粒体基因序列，重建系统发育关系后发现它们并不是真正的“环形种”（ring species），即邻近种并不是最近缘的。另外，他们还分析了过去所认为的环形种的典型代表如蝾螈（*Ensatina* 属）、大山雀（*Parus* 属）以及鸣禽 *Phylloscopus trochiloides*，认为它们并不是严格意义上的环形种，实际上或多或少都带有异域物种形成的味道。

Knowlton 等（1993）以蛋白质、线粒体 DNA（mtDNA）序列和行为差异研究 7 对跨巴拿马地峡的枪虾 *Alpheus* 种对（两种分别分布在地峡的两侧），由 Nei 遗传距离和 mtDNA 序列变异的程度显示，7 对中有 6 对是在巴拿马地峡关闭之后形成的，有 1 对在此之前就已开始分化。Knowlton 和 Weigt（1998）又对 15 种枪虾进行分析，结果证实了上述结论。巴拿马地峡两侧生物相似的情况在很多类群中都有发现，如海星、虾、鱼等。

南半球的山毛榉属 *Nothofagus* 有 30 多种，分布在不同的地区和大陆上。Swenson 等（2001）认为它们是随着大陆裂开后在不同的地方逐渐演化形成的。但也有人（Linder and Crisp 1995）认为从分子系统学的角度来看，它们的演化历程与地质史不太符合。另外，像澳大利亚的生物区系与其他大陆上有显著区别，北极有北极熊而环境相似的南极却没有熊类等事实也证明，异域物种形成事件的真实存在。

从以上的例子中可以看出，无论是小范围（如美国的鱼类）还是大空间（如南半球的植物），异域物种形成事件是客观存在的。

异域物种形成的另一种特殊形式是岛屿或孤立环境中的物种形成。与其他异域物种形成事件不同，这种情况下是祖种的部分种群越过隔障而不是隔障分隔祖种。因此，Mayr（1963）将其称为“出芽式物种形成事件”（peripatric speciation）（图 9.3）。由于被孤立起来的种群一般都较小，可能就会存在奠基者效应和遗传漂变，其进化速度往往较快（详见第 6 章），典型例子是岛屿上的物种形成事件。

Mayr（1942，参见 Haffer 2004）分析了新几内亚群岛翠鸟 *Tanysiptera* spp. 的分布和种化情况，发现在大岛上各种群的分化不强，一般只达到亚种层次，而在远离大岛的小岛上，分化较强，已达到种的水平。巴布亚的燕子 *Rhipidura rufifrons* 种团以及其他南太平洋群岛的鸟类也有类似情况。

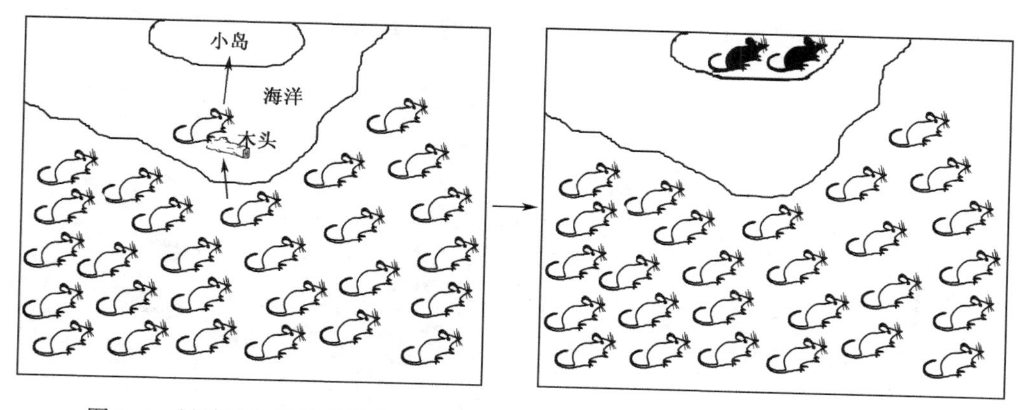

图 9.3　异域种化的特殊形式——岛屿上的种化（小种群在隔离状态下发生种化）

Lachaise 等（2000）仔细检查了西非 Sao Tome 岛上的果蝇，发现了果蝇 *Drosophila yakuba* 的一个姐妹种 *D. santomea*。它们在体色、形态上有明显区别，杂交后代中雄性不育。分布范围也不一致，一个在相对高海拔，另一个分布于低地，但两者之间有狭窄的杂交区。从线粒体序列分析结果来看，很可能是后者先扩散到该岛上，前者是后迁入进来的。

Seddon 和 Tobias（2007）分析了巴西与玻利维亚边境地区的栗色蚁鸟 *Myrmeciza hemimelaena* 叫声。标本采自 3 个地点，一个是高山地区的孤立森林，另两个分别是在山下两边的大树林中。结果发现，孤立树林中的鸟叫声变异最大，且它们对大树林中同类的叫声敏感性明显小于两个大树林种群相互之间的敏感性。这表明，在孤立环境中的生物种群确实变异较大。

Green 等（1996）对美国西北部的黑斑蛙 *Rana pretiosa* 进行过研究。由于冰期的影响，它们在南方幸存下来后逐渐向北延伸。从同工酶的变化来看，南方的种群由于限制于高海拔和沙漠泉水中，变异度较高，而北方的种群是后来建立的，分子变异度很小。

DeSalle 和 Giddings（1986）用线粒体序列重建了夏威夷群岛上的几种果蝇 *Drosophila* spp. 的演化历史，发现离较大的夏威夷岛越远的小岛上，果蝇的变异越大。

有时在这种既有地理分割又有遗传漂变的情况下，种化情况极为明显。Britton-Davidian（2000）检查了一个地中海小岛上的 143 只家鼠 *Mus musculus domesticus* 的核型，他发现，它们可以分为 6 组，每一组内不同个体之间的核型是极其一致的，但不同组间都有变化，而它们的染色体数都少于大陆上的老鼠 $2n=40$ 条，这可能是由于染色体上的着丝粒愈合所造成的。由于小岛很小，崖壁又很陡峭，这些不同组的鼠群被限制在不同的狭小地点，彼此之间没有交流，可以认为是不同的种。

9.2.2　同域种化

在同一地区内，由共同的祖种分裂为两个或更多的子种情况就是同域物种形成（图 9.4）。它不要求有明显的地理隔障。这就面临一个问题，就是在同一分布区内没有地理隔障的情况下，基因交流如何阻断？生殖隔离如何产生？目前大多数学者都同意同域种化事件可以发生在两种情况之下，一是不同种群间生态位异化，二是通过多倍体的方式形成新物种。

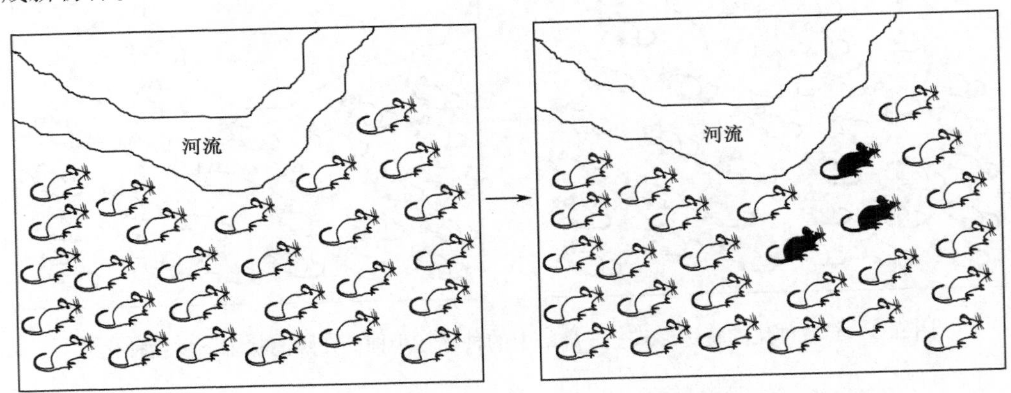

图 9.4　同域种化模式图（在同一地域内没有隔障条件下的种化事件）

1. 生态位异化

蝇科 Tephritidae 实蝇属 *Rhagoletis* 的 *R. pomomella* 有 4 个姐妹种，形态上相似，同域分布，但生殖上隔离，生物学上亦不同，分别危害不同科植物的果实。*Rana pomonella* 危害蔷薇科，*R. mendox* 危害杜鹃花科，*R. cornivora* 危害山茱萸科，*R. zephyria* 危害忍冬科。这些昆虫的求偶和交配都发生在寄主的果实上，雌虫也在果实上产卵。因此，一旦发生向新寄主的转移，被新寄主吸引的这些昆虫同取食原寄主的昆虫在生殖上隔离。在同域分布的 *R. pomonella* 中还有苹果宗和山楂宗的不同。表现在个体大小、眼眶后刚毛数和产卵器上稍有不同，在羽化时间上也有明显的差别。苹果宗的羽化期在 6 月 15 日至 8 月末，高峰在 7 月 25 日；山楂宗的羽化期在 8 月 15 日至 10 月 15 日，高峰在 9 月 12 日。羽化时间与寄主果实适宜羽化的时间是一致的，约在果实成熟前一个月。因发现 *R. pomonella* 原先仅危害山楂，由此，苹果上的 *R. pomonella* 宗起源于山楂宗。1960 年以后，在樱桃上也发现有这种实蝇寄生，相信是由苹果宗演化而来的（Merrell 1981）。

Nosil 等（2002）、Nosil（2007）报道，无飞行能力的竹节虫 *Timema cristinae* 寄生在两种植物上，分别为鼠李 *Ceanothus spinosus*（鼠李科 Rhamnaceae）和田下蓟 *Adenostoma fasciculatum*（蔷薇科 Rosaceae）。前种植物是乔木状，叶子较大；后一种植物是灌木，针状叶。调查发现，寄生在鼠李上的竹节虫相对较大，体色较单一且明亮，而寄生在另一种植物上的个体相对较小，身体上斑纹较多。它们能杂交，但在选择配偶时有一定的选择性。Sandoval 和 Nosil（2005）进一步分析了也寄生于这两种植物的两种竹节虫 *T. cristinae* 和 *T. podura* 以及它们不同的生态型在形态、交配、寄生习性、天敌等的不同，认为它们是在选择作用下寄生于不同的植物所造成的。Berlocher 和 Feder（2002）对植食性昆虫及同域种化问题有过深入讨论和分析，并举出了若干事例。戴华国和孙丽娟（2002）对寄主植物对植食性同域昆虫种下分化与新种形成的影响有过综述，其作用主要有：影响寄主的通讯、生长发育和产卵场地等各方面。

既然寄生于植物的动物可以同域种化，那么寄生动物的寄生虫情况如何呢？有人报道，在社会性昆虫中有一类是寄生性的，它们只有雄虫和产卵雌虫，类似于工蜂或工蚁的品系都没有。它们寄生于其他社会性昆虫的巢中，靠别种的工蜂或工蚁饲养。如果能够证明这种寄生性的昆虫与寄主是姐妹群关系，也就可确证它们是同域种化的。然而这并不容易，但偶尔也有人报道这样的现象（Berlocher 2003）。Savolainen 和 Vepsäläinen（2003）通过构建分子系统树认为在蚂蚁 *Myrmica* 中有这样的现象。

Sorenson 等（2003）研究了一些窝寄生鸟类 *Vidua* spp. 的种化现象。与布谷鸟 *Cuculus canorus* 只有雌性欺骗寄主不同，这些鸟类的雌雄都寄生在别的鸟巢中，小鸟的嘴形和颜色与寄主的很相似，而雄性成鸟的叫声也模仿寄主的叫声，雌鸟利用叫声来识别雄鸟。分子标记表明寄生鸟与寄主在核基因上非常一致，而线粒体基因有所不同，表明它们分化的时间不长。

Seehausen 等（1997）报道，东非维多利亚湖（Lake Victoria）中的丽鱼 *Pundamilia pundamilia* 和 *P. nyererei* 在自然光照射下，体色明亮，而如果在单色橘红光照射下，体色灰暗且不同种的雄性体色相近，给雌性选择配偶造成混乱。可见性选择在同域种化中有重要作用。

Verheyen 等（2003）报道维多利亚湖有 500 多种的丽鱼 Cichlidae，而它们的祖先是从 Kivu 湖迁移过来的。它们是在性选择、自然选择和生态位分化的共同作用下逐渐演化而成现今的状况。

但也有人提出（Savolainen et al. 2006），如果要说明某个现象为同域种化必须提出几项证据：证实两个种是同域、是姐妹关系、生殖上要隔离，在种化初期几乎不可能是异域的。而要证明以上几项十分困难（如以上的例子中，不同物种之间的姐妹群关系就不能确证），真正观察到的同域种化事件并不多。

Barluenga 等（2006）提出，他们的发现是第一个真正的令人信服的同域种化事件。在尼加拉瓜的 Apoyo 火山湖泊中有两种丽鱼 *Amphilophus zaliosus* 和 *A. citrinellus*，后者是该地区常见种类，个体较大，而前者是在距今约一万年左右的时间内由后者演化而来的。分子证据表明，它们的关系最近，且该湖中的丽鱼只起源过一次。生态学和生物学研究表明，它们在各方面都有不同，是明白无误的两个物种。但这一结果遭到 Schliewen 等（2006）的质疑，认为他们的理论中并不能排除基因多次入侵的可能性。

Savolainen 等（2006）报道了植物同域种化的例子。澳洲附近的 Lord Howe 岛上有两种特有的棕榈树（*Howea* 属），它们是姊妹种，而小岛是在距今 690 万年左右才形成的，那么它们肯定就是在这期间分化成两个种的。野外调查显示这两种植物在开花时间上是分开的，这与它们的土壤偏好有关。此外，基因组分析显示：少数几个基因的种间差异大于在中性状况下的预期值。这样的结果符合在分裂性选择压力下同域种化的理论模型。Stuessy（2006）对此有疑问，认为这种情况可能只是异域物种形成，因为环境有多次改变。Jiggins（2006）认为同域种化的可能性不高。

2. 多倍体生物

现在已经知道多倍化是促进植物进化的重要力量。在蕨类植物中多倍体种类可能占 97% 左右。在被子植物中，估计多倍体频率为 30%～35% ，也可能为 47% ，而现在则认为大约有 70% 的种类在其进化过程中经历过一次或多次多倍化（孙静贤等 2005）。

Otto 和 Whitton（2000）估计植物中有 2%～4%是通过这种方式形成的。多倍体动物较少见，但在昆虫、鱼类、两栖类、爬行动物和哺乳动物中也有发现（Gallardo et al. 1999）。

在生物中，多倍体的形成有两种方式，即同源多倍体 autopolyploid 和异源多倍体 allopolyploid，前者指多倍体的染色体来自于同一物种，而后者指不同生物的染色体融合到一个物种中。

美国的虎耳草 *Heuchera grossulariifolia* 有两个品种，一个为两倍体，另一个为四倍体。后者是前者通过染色体加倍形成的，但两者对土壤的要求有区别，外部形态也有不同，四倍体较高大强壮。

亚婆罗门参属内有好几个双倍体植物，如 *Tragopogon dubius*，也有异源四倍体植物 *Tragopogon mirus*，而它可能是在不到 100 年的时间内演化而成的（Cook and Soltis 1999）。

萝卜甘蓝 *Raphanobrassica* sp.（$2n=36$）是由萝卜 *Raphanus sativus*（$2n=18$）与甘蓝 *Brassica oleraceae*（$2n=18$）杂交并染色体加倍后形成的。这种情况就是异源多倍体形成方式。在某些情况下，不同二倍体植物杂交并经多倍化形成的杂种四倍体可以与第 3 个二倍体种杂交，产生的三倍体再经加倍就形成了六倍体，其中包含了 3 个二倍体种的染色体组，普通小麦 *Triticum aestivum* 就是一例。玉米 *Zea mays* 也是多倍体植物。

3. 动物中的多倍体成种现象

美国的灰树蛙 *H. chrysoscelis*（$2n=24$）是双倍体，与之同域的另一种树蛙 *H. versicolor*（$4n=48$）据信是由前者通过染色体加倍形成的（Hillis et al. 1987）。

大熊猫 *Ailuropoda melanoleuca* 有 $2n=42$ 条染色体，但其中有 3 条染色体是单臂的。而据认为是熊科中最原始的马来熊 *Helarctos malayanus*（$2n=74$）染色体可能是从食肉目动物 $2n=42$ 的基础上通过染色体裂开和倒位而产生的，在熊科动物如大熊猫中染色体又发生了愈合形成了现在的情况（Tian et al. 2004）。

9.2.3　邻域物种形成

此模式由 Bush（1975）提出，指在没有地理隔障的情况下，祖种的两个子种在相邻的地区各自形成新种的现象和方式。与同域物种形成事件一样，这种模式要回答基因如何隔离的问题。也有学者认为这种模式与同域物种形成无异（Mayr 1982）。Gavrilets 等（1998）用电脑模拟领域种化，结果表明邻域物种形成在理论上是可行的（图 9.5）。

一般认为，典型的邻域物种形成可以发生在如下两种情况下，一是在强烈的分裂性选择作用下，二是在环境因子呈梯度变化、而生物的适应能力有阈值的情况下。

1. 分裂性选择作用下的物种形成

所谓分裂性选择（详见第 3 章），是指选择作用于中间态的表型，而有利于极端的表型。这种现象的典型例子是矿区杂草的演化。威尔士地区的矿渣上生长有好几种杂草，例如，*Agrostis tenuis*、*Anthoxanthum odoratum* 以及 *Plantago lanceolata*，在附近没受污染的正常土壤上生长有不耐重金属的生态型，它们在形态及生理方面都有不同（Cook et al. 1972）。

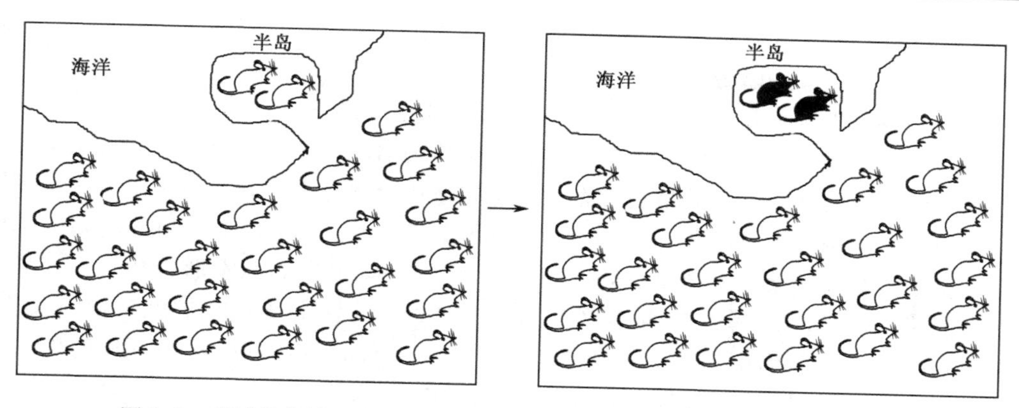

图 9.5 邻域种化模式图（在相邻地域内没有隔障情况下的物种形成事件）

Rundle 等（2000）发现，不同湖泊中的刺鱼 *Gasterosteus aculeatus* 都是两种类型：生活于开阔水域的小型个体与生活于岸边的大型个体，这是自然选择的结果，因为有捕食性鱼类存在，大型个体在开阔水平不易存活。

2. 环境因子梯度改变下的物种形成

想像这么一个情景：在山坡上，由低到高，温度是逐渐变低的。如果有一鸟类种群的卵只适合在某一温度之上才能孵化，而另一种群的卵只在这一温度之下孵化，这样就可以分隔为相邻的两个种群，就有可能演化为不同的物种或生态型。

Korol 等（2000）报道，在以色列有一山谷。其朝阳一面干燥温暖，而背阴的一面湿润阴冷。将从这两个山坡采集到的黑腹果蝇 *Drosophila melanogaster* 进行杂交试验，发现它们在选择配偶时有明显偏向性，即只找自己种群中的异性交配而忽略另一种群的异性。基因中的中性位点显示，在自然状况下它们有相当规模的基因交流，但即使是在这种情况下，分化仍在进行。

以上所述的 3 种物种形成模式只是理论上的说明，实际在现实中有时很难确定某一物种形成事件到底属于哪一类。例如，那些活动能力极弱（如穴居、土栖、不能飞翔等）的生物进化过程，它们的分布范围极为有限，往往是一个家族或几个家族生活在一定的区域内，与邻近的其他种群之间很难有基因交流，有时确实很难区分它们是同域、邻域或异域分布的。再例如，人身上的虱子有几种类型：人虱 *Pediculus humanus* 和耻阴虱 *Pthirus pubis*，前者又分为两个亚种，即生长于身体上的人体虱 *P. humanus corporis* 和生长于头发上的人头虱 *P. humanus capitis*，请问它们是同域、邻域还是异域分布的或形成的？

9.3 再次同域

隔离分化到一定程度的不同种群，在隔障消除后它们会再次相遇，这时它们是再度融合还是更加分化而成为不同的物种呢？实际上，这两种情况都有可能发生。

Grant 和 Grant（2002）报道，加拉帕戈斯群岛达芙尼岛上的地雀 *Geospiza fortis* 与仙人掌地雀 *Geospiza scandens* 一般不杂交，但在大旱后食物匮乏，尤其是小种子很少，因此仙人掌地雀种群中性比严重失衡，雄多雌少。因此，就有部分雌性中喙地雀与雄性仙人掌地雀交配，因而它们的基因就有了部分交流。然而，它们的杂交后代因与仙人掌地雀一起长大，学会它们叫声，只与仙人掌地雀交配，因此使得仙人掌地雀的形态持续发生改变，如喙逐渐变大。

Taylor 等（2006）报道，哥伦比亚西南部有 6 个小湖泊，每个湖泊中都有一种刺鱼 *Gasterosteus aculeatus* 的两种生态型，底栖型和湖沼型。其中 4 个湖中的刺鱼这种演化是独立的。这两种生态型的鱼在形态、生态和遗传上都有不同，有时可以认为是不同的种，但在人工条件下可以杂交。然而，近几年发现，Vancouver 岛上 Enos 湖中的两种生态型的鱼杂交现象越来越多。通过在 1977～2002 年采集的标本形态和分子变异分析，它们正在融合，其中 1997 年、2000 年和 2002 年的标本显示它们就是同一类型。这种融合的原因目前仍不清楚，但可能与一种螯虾 *Pascifasticus leniscululus* 的引入有关。Seehausen 等（1997）认为，营养富集化影响东非维多利亚湖丽鱼 *Pundamilia pundamilia* 和 *P. nyererei* 选择配偶，不知道螯虾的存在是不是打破了性选择的界限和隔障。

更多的是同域后竞争加剧，出现特征取代而使生殖隔离得到加强。Coyne 和 Orr（1989）通过比较 119 对果蝇的配偶选择倾向后发现，同域种群间的配合前隔离机制要比配合后隔离机制进化得快，同域的种群也比异域种群在生殖隔离上进化得快，显示在有生殖隔离的情况下，如果同域后确实会加快种化。隔离后的不同种群如果生殖隔离已到一定程度，它们往往会在竞争加剧的情况下使原来可能存在的细微差别得到强化，从而快速进化成截然不同的物种。Servedio 和 Noor（2003）、Servedio（2004）对此问题做过回顾和展望。

朱道弘和 Ando（2004）报道，分布不重叠的中华稻蝗台湾亚种 *Oxya chinensis formosana* 与小翅稻蝗 *Oxya yezoensis* 生殖隔离的进化速度慢于分布重叠的日本稻蝗 *O. japonica* 与中华稻蝗台湾亚种以及日本稻蝗与小翅稻蝗。这种现象在果蝇属 *Drosophila*、燕子属 *Ficedula*、刺鱼属 *Gasterosteus*、蟾蜍和竹节虫中都有报道（Servedio 2004）。当它们在不同的地方时，形态差别不大，而当同域时，差别逐渐变大。

在外部形态上，也有特征替换的现象（详见第 3 章），如加拉帕戈斯群岛上的不同达尔文雀单独发生时，它们具有相似的喙，而当它们共同发生时，不同种的喙在大小宽窄上面就会发生分化（Grant and Grant 2006）。

Lukhtanov 等（2005）报道了灰蝶属 *Agrodiaetus* 中不同种的色斑及常染色体数量都有差异。分析表明，当亲缘关系密切的物种生活在一起时，它们翅的颜色几乎总是不同。而翅的颜色在性选择中有关键作用，颜色的差异主要发生在年轻的和密切相关的物种之间，说明强化作为产生多样性的一个机制是有道理的。另外，核型也有同样的趋势。

不同分化的种群同域后，如果生殖隔离不完全，就有可能产生杂交后代，或形成杂交区。当然，较大的种群被分割成几个较小的种群后，如果隔障不完全，它们之间也有可能形成杂交区。Zheng 等（2003）对杂交区及其保护价值有过综述。我们关心的是杂交区的命运。

理论上讲，杂交区的命运有三个，一是消失，已分化的两个种群融合成一个物种或彻底分化成两个物种；二是杂交区的杂交种群成为新物种；三是长期存在。这取决于杂交种群自身的适合度和分化种群间基因的交流规模和程度。如果杂交种适合度小（如杂种不育或雄性不育、只有部分个体生殖、退化等，参见第8章），则很可能分化成为不同的物种。

上述的特征替换现象及竞争加剧后加速分化的情况代表了物种形成的例子，而隔障消除后两种刺鱼演变成一种的例子代表了物种融合的情况。

Rohwer等（2001）测定美国西北部两种小鸟 *Dendroica occidentalis* 和 *Dendroica townsendi* 线粒体序列，分析后发现它们分布区有重叠，在重叠区有部分个体的基因中包含这两种的片段，可见它们之间有杂交区。

Abbott（2003）、Baack等（2005）认为三种向日葵 *Helianthus anomalus*、*H. deserticola* 和 *H. paradoxus* 都是由另外两种向日葵 *H. annuus* 和 *H. petiolaris* 杂交产生的，它们的染色体数目相同，分布区也有重叠，但适应不同的土壤。这是杂交形成新种的例子。

Schwarz等（2005）发现两种实蝇 *Rhagoletis mendax* 和 *Rana zephyria* 分别寄生于忍冬属 *Lonicera* 的越橘和雪果上，而它们的杂交种却寄生在忍冬上。它们的染色体数目也是相同的，只是寄生的植物不一样。

9.4 种化的速度

地球上的物种有500万～1000万种（详见第1章）。在地球约45亿年的时间中，它们都是在10亿～15亿年中形成的，可见种的形成是很快的，物种形成事件频率是很高的。

那么物种形成的速度大概是多少呢？Coyne和Orr（1989，1997）认为物种形成平均需要1.5百万～3.5百万年，但可以更快。隔离后又同域的种群种化速度可能要快10倍。植物多倍体的形成可能需要的时间很短，异源四倍体亚婆罗门参 *Tragopogon mirus* 可能是在不到100年的时间内演化而成的（Cook and Soltis 1999）。

不同的生物种化速度不同。陈银瑞等（1983）提出，我国云南程海中不存在典型的湖泊鱼类，它们与河流中的鱼类更接近。该湖泊是1690年与金沙江隔绝的，由此推论该湖中的新物种及亚种是最近300年来形成的。美国内华达州的10余种（或亚种）鳉鱼 *Cyprinodon* spp. 可能是在近一万年左右形成的。东非维多利亚火山湖中有超过500种的丽鱼 Cichlidae，根据地质资料，它在约12 000年以前曾经干涸过，说明它们都是在这段较短的时间内演化而来的。在只有10 000年历史的菲律宾拉瑙（Lanao）湖，居然出现了18个地方性鲤科鱼种（另一说是29种，Reid 1980）。Lister（1993）提出在116百万年以来，驼鹿在欧亚大陆先后演化出4个种，即 *Alces gallicus*、*A. latifrons*、*A. alces*、*A. scotti*。蜜旋木雀（雀科 Fringillidae：Drepanidinae亚科）在夏威夷群岛上约有50种，可能是由640万年前扩散到该岛的祖先演化而成的。5种画眉可能是经过420万年分化而成的，3种鸭（Moa-Nalos）经过430万年、4种乌鸦经过520万年才演化而成的（Grant and Grant 2002）。

一些植物和鸟类的种化速度较慢，前文提到过的分布于美国东部的一球悬铃木 *Platanus occidentalis* 与分布于东地中海地区的三球悬铃木（法国梧桐 *P. orientalis*）到目前在人工杂交下仍高度可育；东亚与美国的植物区系中也有很多类似的植物，例如，中国的梓树 *Catalpa ovata* 与美国的梓树 *Catalpa bignonioides*，虽生长在不同地区但高度可育，而它们已分离了至少几百万年至千万年（Dobzhansky et al. 1977）。

9.4.1 影响种化速度的因素

人们很早就发现，在生物各门类中，物种数目是不平衡的。例如，鸟类比两栖类或爬行动物要多，而节肢动物更是占了动物界近80%的物种，其中又以昆虫为盛。在植物中，有花植物也比其他植物要多。为什么呢？为什么在不同门类种化的速度和规模不同呢？是什么因素影响种化的速度？

从种化的模式来看，影响种化的因素主要有以下几方面（Owens et al. 1999）。

1. 气候

Wright 等（2006）提出，热带地区生物较多，而离热带越远的地方物种数目越少的原因，可以用气候因子来解释。过去一般认为，热带地区的气候更加温暖、更加舒适，更适宜更多物种生存。另外，热带地区光照资源更丰富，更有利于光合作用，可以产生更多的生物量以供生物所用。但它们是如何分割的呢？还有人认为热带地区气候更加稳定，少了物种随机灭绝的过程，从而使物种多样性不断积累。Wright 等认为，还有另外一个原因，就是在热带地区，进化发生的速度更快。因为在热带地区的气候条件下，突变率会增加，这样能够被自然选择作用的遗传多样性也会增加。科研小组研究了几对植物的DNA，每一对均由亲缘关系很近的两种植物组成。而且，其中的一种植物属于热带植物，另一种则属于靠近极地生长的寒带植物。针对每一组植物，他们计算出分子进化的速率，发现热带植物的核苷酸变化速率比温带地区植物中核苷酸的变化速率高出两倍多。这一发现充分说明：更快的突变速率至少在一定程度上可以加速生物种化。而为什么在热带地区突变率会高呢？他们认为热带地区的较高温度意味着化学反应发生的速度更快，因此生物代谢的速率也更快。代谢速率的增加反过来会产生更多的自由基。后者是一种诱发突变的蛋白质。由此得到如下结论：由于代谢速度的提升，热带地区的热量引起更多的突变，也因此形成更多的物种。

2. 世代周期

世代周期短的生物因为更容易发生和积累基因突变也可能更易种化（Marzlu and Dial 1991）。但 Owens 等（1999）在鸟类中并没有发现这样的规律性现象。

3. 个体大小

个体小的生物因代谢率相对较高，也可能更容易发生突变，因而种化可能较快（Dial and Marzlu 1988；van Valen 1973）。但同样 Owens 等（1999）对鸟类研究并不支持这种说法。

4. 物种数目

Emerson 和 Kolm（2005a，b）通过对加那利（Canary）和夏威夷群岛上的节肢动物群落和有花植物群落所做的分析，认为在一个给定地区物种数量越多，这些物种内发生种化的概率越高。

但 Cadena 等（2005）通过对西印度群岛鸟类的研究，指出这不一定是与物种数目有关，也许与物种的寿命有关。从植物来看，亲缘关系较近的物种数目越多，形成多倍体的概率就越高，因而更易种化。这似乎表明，一旦进入新的进化级，生物类群可以作为一个整体向前进化（Guyer and Slowinski 1993）。

5. 种群大小

种群越大，就越有可能分割成更多的小种群；不同的小种群就可能朝不同的方向演化形成不同的物种。另外，种群越大，就越不容易随机性地灭绝，因而更容易积累物种数目。种群越大，其基因库的变异就大，就越容易应答环境的选择（Rosenzweig 2001）。

6. 分布范围

一个种群的分布范围越大，就越有可能被山脉、河流等天然屏障分割成小种群，同时也更有可能被分割成更多的小种群。这在鸟类的研究中得到了证明（Owens et al. 1999）。在海岛等相对孤立封闭、生态因子较恶劣的环境中，生物种群往往被限定在很小的范围内，因而也易种化，如岛上的老鼠（Britton-Davidian 2000）。

7. 扩散能力

这可能有两方面的效应。一方面，在鸟类等扩散能力很强的生物，在短时间内小种群就可能扩散出去几百上千公里，因而更容易形成不同的小种群（Owens et al. 1999）。另一方面，对鼹鼠等扩散能力极弱的生物来说，它们也容易被很小的隔障所分隔，因而也易朝不同的方向分化。

8. 生态位特化

高度特化的生物往往是间断分布的，如食性狭窄的昆虫、生态环境要求特别的寄生虫等，它们很容易分隔成小种群朝不同的方向发展。在半翅目 Hemiptera 昆虫中，食花果的种类明显要多于捕食性和食叶性种类。但 Owens 等（1999）指出，食性比较广的鸟类种类更多。

9. 性选择

West-Eberhard（1983）指出，性选择压力大的生物更容易分化。Mendelson 和 Shaw（2005）对夏威夷群岛上的蟋蟀（*Laupala* 属）的研究表明，这些以鸣声和动作来吸引异性的生物比其他节肢动物种化的速度要快。Owens 等（1999）也指出，雌雄两性形态不同的鸟类更易种化。

10. 环境改变

改变了的环境对生物具有新的选择压力，迫使它们要发生改变。同时，环境改变也会减少或扩大生态小环境，为物种形成或消失提供了可能和条件。如火山爆发后，会摧毁原先的环境而形成新的生境，适合新物种分化和形成。

11. 随机事件

这与环境改变有关。如果自然灾害等随机事件频繁发生，就有可能造成遗传漂变，因而更容易形成新物种。

12. 集群生活

Rosenzweig（1996）提出集群生活的鸟类更易种化，但有人提出过质疑。

9.5 种化的极端方式

以上所说的物种形成方式是从空间或地理角度来分析物种形成现象。我们还可以从时间量度来分析。如果种化过程是长期的和逐渐的，我们就可以说这种物种形成是渐进式的物种形成（gradual speciation），而如果是在短期内形成大量物种，一般称之为跳跃式物种形成（saltational speciation）或量子物种形成（quantum speciation）；如果这两种情况交替出现，我们还可以称之为间断平衡式（punctuation model）。

有物种形成就有物种灭绝。从化石、历史记录和现实情况来看，物种灭绝也是常见的进化现象。历史上，曾发生过多次大量物种集中在相对较短的时间内集体灭绝的现象，一般称之为物种大灭绝事件（mass extinction）。

9.5.1 物种灭绝

当我们看到像大熊猫、白鱀豚、朱鹮、老虎、麋鹿这些动物的时候，紧接着往往还会想到它们是如何珍稀。这说明它们都是十分濒危的动物，也可以说，是正在走向灭绝的生物。有记载以来，已确认灭绝的生物有很多。生物灭绝最可能的原因是竞争失败，或者说生物已不适应环境的变化而被淘汰。直接原因主要有生境片断化、种群数目太小、本身太特化等（张昀 1998）。

大灭绝

地质历史上曾发生若干次大灭绝事件，最大型的有 5 次（表 9.1）。其中以晚二叠纪的灭绝事件最宏大，差不多有一半的海洋生物科消失了，如以属或种来计，则更为严重，占总数 83%的属和 96%的种灭绝了。关于大灭绝的原因，有多种假说，主要有星球碰撞说、周期性灾变说、突发性灾变说以及环境改变说。晚二叠纪的灭绝据认为很有可能是由小行星撞击地球形成的，撞击地点可能就是今天墨西哥尤卡坦半岛附近，而环境改变（如空气中氧气含量上升、二氧化碳含量下降）可能是长期性、决定性的因素。

表 9.1 地质历史记载的 5 次大灭绝事件（引自张昀 1998）

大灭绝事件	距今年代/百万年	绝灭的海洋动物科的比例%
晚奥陶纪	439～440	22
晚泥盆纪	360～380	21
晚二叠纪	220～230	50
晚三叠纪	175～190	20
晚白垩纪	60～65	15

9.5.2 适应辐射

在相对较短的时间内，由共同祖先形成多个物种的现象在自然界有很多例子，其中研究得较好的是岛屿、湖泊、山峰等孤立环境中的物种形成事件。

Grant 和 Grant（2002）、Grant（2004）对他们 30 余年的研究作了回顾和总结。加拉帕戈斯群岛离南美大陆有 1000km 以上的距离，最近的 Cocos 小岛离大陆也有 600km。群岛上现有达尔文雀 14 种，属于 3 属，分别为 *Geospiza*、*Camarhynchus*、*Certhidea*（也有人分为 3 支 6 属，Sato et al. 1999）。Cocos 岛上有一种，其他靠得较近的岛上有 13 种。根据分子生物学资料，它们都是在最近 200 万～300 万年中形成的。但有些种之间有时会有杂交（图 9.6）。

夏威夷群岛总面积仅有 16 600 km^2，包括 7 个主要岛屿及若干小岛，离大陆有 3500km，这里有非常典型的辐射分化现象。钩蛾亚科 Drepaninae 原来只有 1 种，但

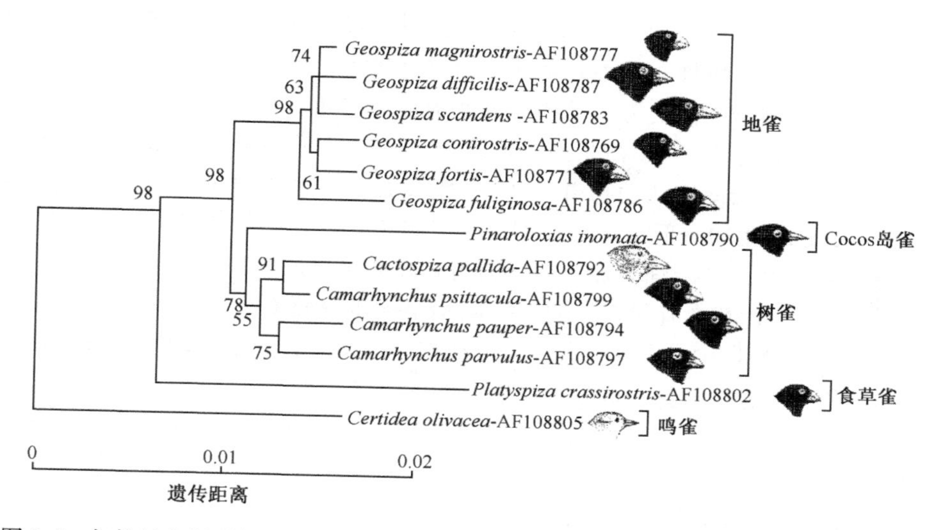

图 9.6 加拉帕戈斯群岛上 13 种达尔文雀的分子系统发育关系图（引自 Sato et al. 1999）

1000 多年前已经发展到 43 种了。陆生蜗牛的 2 属也显示了极度的多样性：*Partulina* 属有 44 种，*Achatinella* 属有 42 种。很多种昆虫也是这样：小蛾类 *Hyposnocoma* 属有 350 种；肿腿蜂 *Sierola* 属有 182 种；蜾蠃 *Odynerus* 属有 105 种；方胸甲 *Proterrhinus* 属有 181 种；天牛 *Plagithmysus* 属有 144 种。

果蝇属 *Drosophila* 至少有 800 种，占所有已知种类的 25%以上，其中有 500 种是该地特有的（周红章 2000）。另外步行甲有 130 种，蜘蛛中的肖蛸科肖蛸属 *Tetragnatha* 已描记的至少有 25 种（Gillespie et al. 1994）、蟋蟀 *Laupala* 属至少也有 25 种（Ritchie and Garcia 2005；Mendelson and Shaw 2005）。

蜜旋木雀（雀科 Fringillidae：Drepanidinae 亚科）在夏威夷群岛上约有 50 种，该岛还有 5 种画眉、3 种类似鹅的鸭、4 种乌鸦等（Grant and Grant 2002）。

在夏威夷群岛的约 1000 种植物中，有 89%是该地特有的，其中海桐花属 *Pittosporum* 有 11 种（Gemmill et al. 2002）。其他如天竺葵、堇菜科堇菜、银剑树、浆果苣苔等植物也都有类似现象，有一种植物复合种也发展到 28 种（周红章 2000；Gillespie et al. 1994）。

东非的维多利亚湖（Lake Victoria）与马拉维湖（Lake Malawi ）一共有约 800 种丽鱼 Cichlidae，线粒体序列分析表明前者只有 15 000～250 000 历史，后者最多有 5 百万年的历史。各湖中的丽鱼都是由共同祖先进化而来的。

海桐花属 *Pittosporum* 在所有岛屿上都容易分化，除在夏威夷群岛上有 11 种外，在新西兰有 26 种、南太平洋上的新喀里多尼亚岛有 50 种（Gemmill et al. 2002）。另外马达加斯加的狐猴（Martin 1972）、南美热带雨林中的箭毒蛙等也有类似的进化辐射现象（Vences et al. 2003）。

哺乳动物的起源和演化是在侏罗纪末到白垩纪初 2000 万年中完成的（Luo and Wible 2005）。

寒武大暴发

在距今 5.5 亿～5.0 亿年前的寒武纪，现存生物的 37 种体制中，有 36 种已出现，且集中在 6500 万～4000 万年中。这意味着它们是地球 38 亿年演化史上规模最宏大、影响最深远的生物种化事件，在不到地球生命发展史 1%的“瞬间”创生出了 99%的动物门类。其主要证据有中国的澄江动物群和北美地区的布尔吉斯动物群。

布尔吉斯动物群是 1910 年在北美发现的距今约 5.3 亿年中寒武纪的生物化石，种类较全，研究较好。云南澄江动物群是 1984 年在我国云南发现的生物化石，距今 5.4 亿～5.2 亿年。这些生物一般都保存在细腻的泥岩中，动物的软体部分、附肢构造保存精美，且呈立体保存。构造细节能比较容易地在显微镜下用针尖揭露出来。目前已命名了 60 多属 100 余种，其中有代表性的是寒武纪早期水母化石的发现，另外还有海绵动物、腔肠动物、鳃曳动物、叶足动物、腕足动物、软体动物、节肢动物、棘皮动物和脊索动物等 10 多个动物门以及一些分类位置不明的奇异类群。

为什么在有些地方会有进化辐射呢？原因是什么？除了上述影响种化的因素外，另外还有以下几个原因。

1. 没有竞争者，有资源和生态位

进化辐射大多发生在岛屿上，就是因为这些岛屿往往都是火山岛，刚形成时岛上还没有生物或生物极少，对于刚迁移而来的生物来讲，它们没有竞争对手，因而能迅速种化。如夏威夷群岛、加拉帕戈斯群岛上的生物、东非高山湖泊中的丽鱼都是这种情况。在新环境刚形成时，生态位是空的，在这种环境中，除没有竞争者之外，生存竞争弱、无天敌、资源多，因而有利于生物迅速扩张和种化。另外，像鸟类等在获得飞行能力之后，就会进入到空中这样的新领域，因而也容易种化。

Losos 等（1998）分析了加勒比海中 4 个小岛上的 *Anolis* 属蜥蜴的种类和形态，发现每个小岛上的蜥蜴都有 4 个生态型：嫩叶型、近树冠型、树干型、近地面型。可见，它们是在没有竞争的情况下，自由演化而成的。

2. 大灭绝之后

二叠纪发生生物大灭绝之后，恐龙繁盛；侏罗纪晚期，恐龙灭绝，释放出很多的生态位，因而有利于哺乳动物的繁盛。

3. 取代竞争者

在竞争中取得胜利的一方，因为往往具有压倒性的优势，故也能朝不同方向迅速地占领生态位。如南美大陆与北美大陆之间在有巴拿马地峡将两者联系后，有胎盘动物迅速向南迁移，而南美洲本身所具有的有袋类在竞争中不是有胎盘类的对手而被淘汰，而有胎盘动物在南美地区又演化出很多新的物种。

4. 适应突破或创新

夏威夷群岛上的蜜旋木雀可以吃种子、昆虫、蜜露，因而造成喙的多样性和食性的多样性。有人做过统计，它们的取食对象包括 960 种开花植物、5500 种昆虫、310 种蜘蛛和 750 种陆生蜗牛。加拉帕戈斯群岛的达尔文雀可以取食植物种子、昆虫、仙人掌等。Liem（1973）、Hulsey（2006）报道东非高山湖泊中的丽鱼 Cichlid 之所以能够分化出这么多的不同物种，其主要原因是它们的咽颚骨与其他鱼类不同：在丽鱼，两块咽颚骨与头部形成关节，而其他鱼类的同样结构是由肌肉悬挂着的。正因为这样，丽鱼的咽颚骨可以有很多的变形，可以适应不同的食性。

与其他动物相比，节肢动物繁盛的主要原因有 3 个：外骨骼的形成，它既可以防水又可为肌肉提供固着点；分节的附肢，有利于迅速移动；变态发育，解决了身体生长和具有外骨骼的矛盾。

脊椎动物的创新主要有：脊索提供支持和保护躯体最重要的神经系统；上下颚的形成和分化有利于捕食及进食；附肢有利于运动；羊膜卵解决了在陆地上的繁殖问题。

鸟类比较多的原因是由于它们具有翅和飞行能力。

9.6 种化模式

传统的观点认为种化过程是缓慢的，需要经历长期的历史时间。这主要是基于异域种化形成模型，此现象在植物、一些鸟类中表现得十分明显。即使在有遗传漂变的情况下，进化速度相对较快，但如果用地质时间来看，几千年至上万年只不过是一瞬，其变化仍然是逐渐的、缓慢的。另外，从进化的角度来说，物种是逐渐变化的。有人做过这样的比喻，种化就像河流里的水遇到石头后分开流淌一样，没有截然断开的现象。也有人说物种与物种之间的差别就像区分人的青年与少年期一样，是人为的分割。但生物学物种概念从生物的本质出发，提出种与种之间是有本质区别的，种与种之间是间断的。问题是这些间断是逐渐产生还是暴发式进化出来的呢？

Eldredge 和 Gould（1972）考察了各种化石种的变化，发现大多数的物种在地质历史的几百万年间变化都不大，有些几乎没有变化。在这种长期的进化停滞之后，往往紧接着的是短时期内快速的、暴发的、突然的、大规模的种化现象。即生物进化和种化的模式是间断平衡的（punctuated equilibrium）。Stanley（1975）分析了多种生物的进化模式，确认了间断平衡确实存在，并提出物种选择的概念（详见第 5 章；图 9.7）。这种现象发生在大多数的生物类群，只是微小的原生生物的进化似乎不是间断平衡的，也可能它们内部的进化改变不能保存下来（Prothero 1992）。难道种化过程受到某种除环

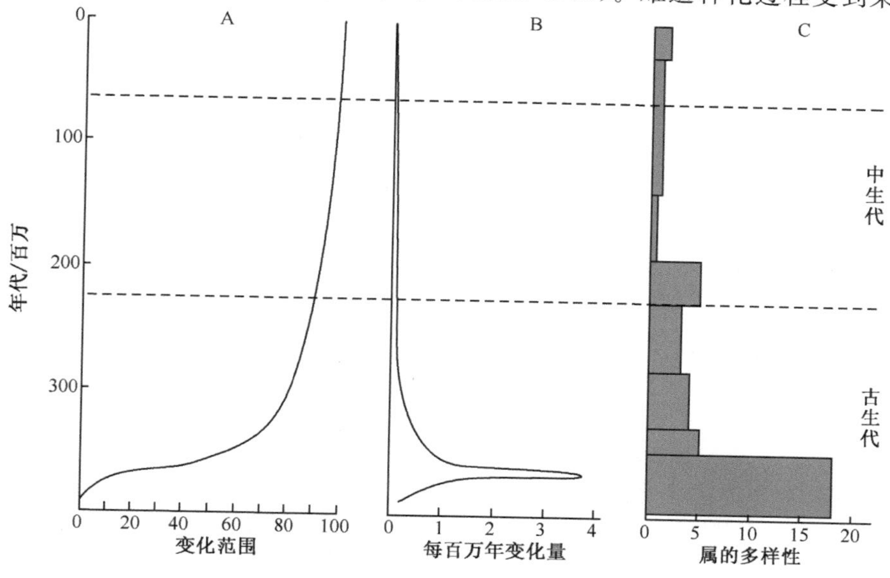

图 9.7　肺鱼 Dipnoi 的进化速度（引自 Stanley 1975）

A. 化石形态随时间变化；B. 形态随时间改变的百分比；

C. 属的多样性随时间改变

境变化之外的生物学内因控制？如上文中提到的物种数目等。再者，从C值悖论来看，生物大分子的进化似乎也有一定的自主性。但间断平衡假说也遭到多方的批评（参见第2章），另外从遗传漂变、多倍体物种形成、同域种化过程、适应辐射来看，短时期内形成很多物种不是不可能的，因此间断平衡假说与综合进化论并不矛盾。另外，过渡型化石也比比皆是，如始祖鸟（鸟与爬行动物的过渡）、总鳍鱼（水生到陆生的过渡）、鱼石螈（鱼类与两栖类之间的过渡）、两栖类到爬行类的过渡型（蜥螈）、十几种从爬行类到哺乳类的过渡型（似哺乳动物的爬行类）、陆地哺乳类到原始鲸类的过渡型（巴基斯坦古鲸）。在种与种的过渡型中，最著名的有从始祖马到现代马的一系列非常完美的过渡型，以及从古猿到人的过渡型。还有学者认为，中间过渡类型（有点类似于杂交种）适应性处于中间形态，在竞争中比不过两端的生物，一般较少，因此在化石中也就不可能看到较多的中间过渡类型。还有，能够保存在化石中并被人类发现的生物实在是太少了，现在发现的只不过是已灭绝生物的很小一部分，不一定能够反映生物进化的全貌。

第10章　物种分类

按照物种的生物学定义，不同物种之间具有基因和繁殖上的隔离性，因此，物种的存在是客观的，是不以人的意志为改变的。生物学物种概念强调了种内基因交流和个体生殖上的连续性和相通性以及种间生殖的间断性和不连续性（如杂种不育）。即使两个种在形态上相似，如有生殖隔离则成为不同的种。这一概念使物种作为一个客观实体存在于自然界中的事实变得较为清晰，因而也可以被分类和识别。

10.1　分类特征

如果说定义物种的标准就是生物学特性，那么在识别具体的生物物种时当然首先要用生物的生物学本质了。因此，杂交实验成为识别物种的重要手段，因为它是生殖隔离标准的直接利用。在生产实践中，人类很早就认识到不同生物之间杂交的不育性，最典型的例子是骡子。而不同品种的狗都高度可育，因而都是属于同一物种，人类利用这一方法培育出了很多杂交品种。在农作物上，例子就更多，如杂交水稻和小麦。

杂交实验在经济意义较大、引起广泛兴趣的、易采集饲养、好控制的物种中应用很广。旋毛虫是一类重要寄生虫，很多家畜及宠物都会感染。路义鑫等（2001）对它们进行过杂交试验，材料分别为猪旋毛虫 *Trichinella swine*、犬旋毛虫 *Trichinella* sp.、旋毛虫 *T. spiralis*、本地旋毛虫 *T. nativa*。结果表明，猪旋毛虫与犬旋毛虫及本地旋毛虫不杂交，而犬旋毛虫与猪旋毛虫或旋毛虫 *T. spiralis* 不杂交，猪旋毛虫和旋毛虫、犬旋毛虫和本地旋毛虫没有生殖隔离，可见猪旋毛虫相当于旋毛虫，犬旋毛虫相当于本地旋毛虫。

孙绪艮等（2000）采集并饲养了针叶小爪螨 *Oligonychus ununguis* 的4个种群，分别来自针叶树和阔叶树。结果显示，针叶树（杉木 *Cunninghamia lanceolata*）种群不能在板栗 *Castanea mollissima*、麻栎 *Quercus acutissima* 等阔叶树上存活；阔叶树（板栗、麻栎）种群也不能在杉木、黑松 *Pinus thunbergii*、赤松 *P. densiflora* 等针叶树上存活。交配试验证明，针叶树种群和阔叶树种群虽有交配行为，但不能正常繁衍后代，两种群间存在着明显的生殖隔离，有可能为两个不同种。

刘怀等（2004）也对螨虫做过试验，发现裂爪螨 *Schizotetranychus bambusae* 在毛竹 *Phyllostachys pubescens* 和慈竹 *Neosinocalamus affinis* 上的两个种群能互相正常交配，同一种群交配产生的后代，其性比均在2∶1左右，而不同种群杂交产生的后代全部为雄性。表明两种群在长期的寄主植物选择压力下已形成一定的生殖隔现象。

然而，对于大多数生物来说，杂交实验并不好做。一种情况是种群数目较少、不易采集的生物。1944年，中国科学院动物研究所的李传隆教授在陕西秦岭采到了一只个儿略大、色泽较深的虎凤蝶 *Luehdorfia* sp.，经确认为交配过的雌蝶。从它的腹端向后衍生着的1根长刀状的交配衍生物判断它显然与其他三种虎凤蝶不同，可以肯定为一个新种。可惜它后翅的两根尾突都断了，无法知道它们是粗、细、长还是短。1981年，他又到原产地采集，在多方协助下，经过20多天捉到了一只左后翅保存有一根完好尾突的雌蝶。在几十年中，总共才采集到两只雌蝶，如果要做杂交试验，如何进行？

还有，一些生物的世代周期很长，如海龟、竹子等，几十年才繁殖一次，对它们进行生殖隔离实验非常困难。再者，在分类实践中有些生物就不可能用生物隔离的方法。例如，生活于大海中的鲸鱼和乌贼、生活于空中的猛禽、生活于清澈水中的鱼类和昆虫、生活于山洞中很多奇特生物等，要人工模拟自然状况十分困难。在古生物研究领域，由于研究的是化石，根本不可能进行杂交试验。

更重要的是，根据配合前隔离中的生境隔离、时间隔离、行为隔离、机械隔离等机制，可以推导出如果可以发现不同的种群在某些方面有所不同，特别是与生殖有关的特征上有重大不同时，就可以认为它们是不同的物种。这已被分类学实践所证明。因此，在大多数情况下，分类学都不是做生殖隔离实验，而是做形态学研究。例如，如果知道蟋蟀是用鸣叫声来相互识别的，因此在发现不同种群的鸣叫声不同的情况下，就可以认为它们的雌雄之间无法识别彼此的信号而存在生殖隔离机制，就可以认为它们是不同的物种。再例如，很多昆虫的雌性生殖道复杂，有多种结构，只有与之相配的同种雄性外生殖器才能与之交配。因此，如果发现不同种群昆虫的雄性外生殖器有显著区别的情况下，就可以暂定它们是不同的物种。在条件允许和必要的情况下，再用生物学特性来验证。所以分类学研究的流程也基本上是：前期准备（钻研理论、文献收集和阅读、采集技能训练和掌握）、采集标本、观察标本、研究标本的特征和特征状态、与近缘种进行比较分析、确定物种、研究分类地位。因此，标本对于分类学研究极为重要（郑乐怡 1987）。我国人民很早就认识白鱀豚，《尔雅》（公元前200年左右）中对其就有记载，但没有用科学的方法进行命名。1916年，美国传教士之子Hoy在洞庭湖的城陵矶射杀到一头活白鱀豚，并将其头做成标本送到美国国家自然博物馆。Miller（1918）根据这头标本命名并报道了白鱀豚 *Lipotes vexillifer*（周开亚 2002）。

1865年，法国神甫David在北京进行植物考察时，偶然眺望到南海子皇家猎苑内奔跑着一群陌生的鹿，他极为好奇兴奋。后来，他用行贿手法从苑内盗出三只麋鹿（骨骼及皮张），并运回巴黎自然历史博物馆，并由其馆长Milne-Edwards在同年命名为 *Elaphurus davidianus*（意为大卫鹿）。

1869年，David在我国的四川穆坪收买了两只熊猫（一死一活），运回法国自然历史博物馆，那只活熊猫在运输途中也死了。他并将其命名为 *Ursus melanoleuca*（意为黑白熊），描述报告发表在当年巴黎自然历史博物馆的新闻公报上。

Milne-Edwards（1870）根据David在四川采集的川金丝猴标本将其命名为 *Rhinopithecus roxellana*（种本名 *roxellana* 取自欧洲十字军总司令Suleiman翘鼻金发的夫人Roxellana的名字）。

在分类实践中既然要用到特征，那么哪些特征可以用呢？理论上，所有的特征都可以用（表10.1）。

表10.1　可用于分类的生物特征

形态特征	外形、内部形态及体内外器官的超微结构
幼期特征	胚胎期、卵期、幼虫期、蛹期的各种特征
行为特征	各种行为性状，如鸣声、气味信息物质等
生态特征	生境、生态位、食性、取食、寄生物等
地理分布特征	地理形态差异、同域或异域分布
生物学特征	生殖隔离、生活史
细胞学特征	组织生殖细胞结构、核型、染色体条带等
生物化学特征	各类初级、次级代谢，蛋白质，核酸等
遗传特征	遗传距离

蜉蝣目 Ephemeroptera 细裳蜉科 Leptophlebiidae 吉氏蜉属 *Gilliesia* 以前只报道过一种，分布在印度。2004年，Zhou发现在我国贵州和重庆采集到的一种与之极像，只是在个体大小和外生殖器上有细微区别（图8.4）。例如，印度种的雄性外生殖器末端是明显膨大的，而我国的雄性吉氏蜉相同部位却是尖锐状的。再结合分布、体色、大小等特征，认为它与印度的种不同，应该是一独立种，并根据其翅上漂亮的斑纹将之命名为丽翅吉氏蜉 *Gilliesia pulchra*。

以前不同的学者对中国虎凤蝶的确切分类地位有争议，有些人认为它们可能是不同的亚种。李传隆（1978）研究过三种虎凤蝶的生活史。它们分别为：虎凤蝶 *Luehdorfia puziloi*、中华虎凤蝶 *Luehdorfia chinensis*、日本虎凤蝶 *Luehdorfia japonica*。发现它们在幼虫、蛹、成虫等各虫期都有一定的差异，因此认为它们是3个物种而不是亚种。

太白虎凤蝶 *Luehdorfia taibai* 极似中华虎凤蝶，外部形态上只是前翅上如虎斑的粗黑条纹比中华虎凤蝶更宽，后翅尾突长达10 mm。洪健等（1999）利用扫描电子显微镜，对中华虎凤蝶 、长尾虎凤蝶 *L. longicaudata*、乌苏里虎凤蝶 *L. puziloi* 和日本虎凤蝶雄性外生殖器进行了扫描，从超微结构来看，它们的一般形态结构相似，但抱器、钩状突、阳茎、阳茎轭片的超微结构存在着差异，这些特征可作为分类鉴定的依据。

谢令德和郑哲民（2005）在扫描电子显微镜下观察瘤突片蟋 *Truljalia tylacantha*、梨片蟋 *T. hibinonis*、霍氏片蟋 *T. hofmanni* 雄性声锉和声齿的超微结构，发现声锉和声齿超微结构在属、种间差异显著，在种内差异不显著，且特征稳定。结果显示，它们可以用于分类。

马杰等（2004）研究过4种共栖蝙蝠的回声定位信号和食性，发现大足鼠耳蝠 *Myotis ricketti* 主要以三种鱼为食，回声定位超声波的主频为（41.187±1.07)kHz；马铁菊头蝠 *Rhinolophus ferrumequinum* 的主食是鳞翅目昆虫（占所有食物的73%），回声定位波的主频为（74.70±0.13)kHz；中华鼠耳蝠 *Myotis chinensis* 主要以鞘翅目步甲类和埋葬甲类为主要食物（占到65.4%），声脉冲主频较低为（35.73±0.92)kHz；白腹管鼻蝠 *Murina leucogaster* 捕食花萤总科和瓢虫科等鞘翅目昆虫（占90%），回声定位信号主频为（59.47±1.50)kHz。可见同地共栖4种蝙蝠种属特异的回声定位叫声和形态结构存在明显差异，它们采用不同的捕食策略，导致取食生态位分离是四种蝙蝠同地共栖的原因。

李恺和郑哲民（1999）分析了直翅目蟋蟀科 Grylidae 棺头蟋属 *Loxoblemmus* 6 种常见种类的鸣声特征，发现它们的叫声强度和节律明显有种间差异，并将其鸣声特征用于分类。

张颖等（2006）取 3 龄中华鲟 *Acipenser sinensis*、2 龄施氏鲟 *A. schrenckii* 和 3 龄达氏鳇 *Huso dauricus* 的血清蛋白及其组成成分进行研究。结果表明，3 种鲟的血清电泳图谱具有各自的特有条带，3 种鲟血清蛋白的总浓度分别为 18 170mg/ml、21 125 mg/ml、24 160mg/ml。

伍德明（1982）用性外激素分别刺激马尾松毛虫 *Dendrolimus punctatus*、油松松毛虫 *D. tabulaeformis*、落叶松毛虫 *D. laricis* 和赤松松毛虫 *D. spectabilis* 的触角，结果表明它们对不同的性外激素组分的反应不同。

熊治廷和陈心启（1998）检查了 10 种萱草的染色体数目（核型）来验证它们的种级分类地位，分析结果支持形态学证据，即 *Hemerocallis citrina* 和 *H. minor* 作为 *H. lilioasphodelus* 的亚种，*H. esculenta* 作为 *H. dumortieri* 的变种，不支持将 *H. middendorffii* 作为 *H. dumortieri* 的变种，也没有发现 *H. multiflora* 与 *H. plicata* 密切相关的证据。

中国的甲壳纲绒螯蟹属 *Eriocheir* 历史上报道过 6 种，分别为中华绒螯蟹 *E. sinensis*、日本绒螯蟹 *E. japonica*、合浦绒螯蟹 *E. hepuensis*、直额绒螯蟹 *E. recta*、台湾绒螯蟹 *E. formosa* 和狭颚绒螯蟹 *E. leptognatha*。戴爱云（1988）提出中华绒螯蟹、日本绒螯蟹、合浦绒螯蟹为同一种的不同亚种；Chan 等（1995）又认为直额绒螯蟹为台湾绒螯蟹的同物异名；Sakai（1983）将狭颚绒螯蟹从本属移出。那么它们在分子水平的差异如何呢？Tang 等（2003）和孙红英等（2003）分别测定了核基因 ITS、线粒体 CO1 基因、线粒体 16S rDNA 部分片段，结果支持最新的分类变动。

夏绍湄（2001）统计发现贵州茶园内异色瓢虫变型有 50 多种，但生殖隔离实验发现，这些不同色型间均可自然配对，并繁殖后代，可以认定无生殖隔离现象，属同种异型。

露尾甲 *Acanthoscelides obvelatus* 生活在豆科植物 *Phaseolus vulgaris* 上，以前根据体色和触角形态，认为它们只有一种。后来根据外生殖器形态，认为有两种形态，并将另一种命名为 *A. obtectus*。Alvarez 等（2006）根据基因研究及系统发育关系分析，证实它们的基因库有不同，一年后，他又分析了它们的生态位，表明它们分布上是重叠的，但分别寄生在野生和栽培豆上，且生活史也不同。

数量性状也可以应用于分类。罗礼溥和郭宪国（2007）用 60 项形态特征对云南省 57 种医学革螨进行数值分类分析，并运用统计软件进行系统聚类分析和主要成分分析，得出它们可以分为 5 个大类。

从上述实例可以看出，很多特征都可以用来分类。当然，生殖隔离标准往往用作最后的标准，对用其他特征得出的分类进行检视和验证。

10.2　基本分类阶元层次及分类单元

当物种鉴定准确后，还要对它们进行归类，以便更好地认识和检索，也符合人类认知的规律。那么，依据什么对物种进行归类呢？一般依据相似性和重要特征（详见第13章和第14章）。

种是最基本的分类阶元（category）。现在通用7级基本分类阶元，级别由低到高分别为种（species）、属（genus）、科（family）、目（order）、纲（class）、门（phylum）和界（kingdom）。每个基本阶元还可以衍生出几个，它们都属于同一层次的阶元（图10.1）。

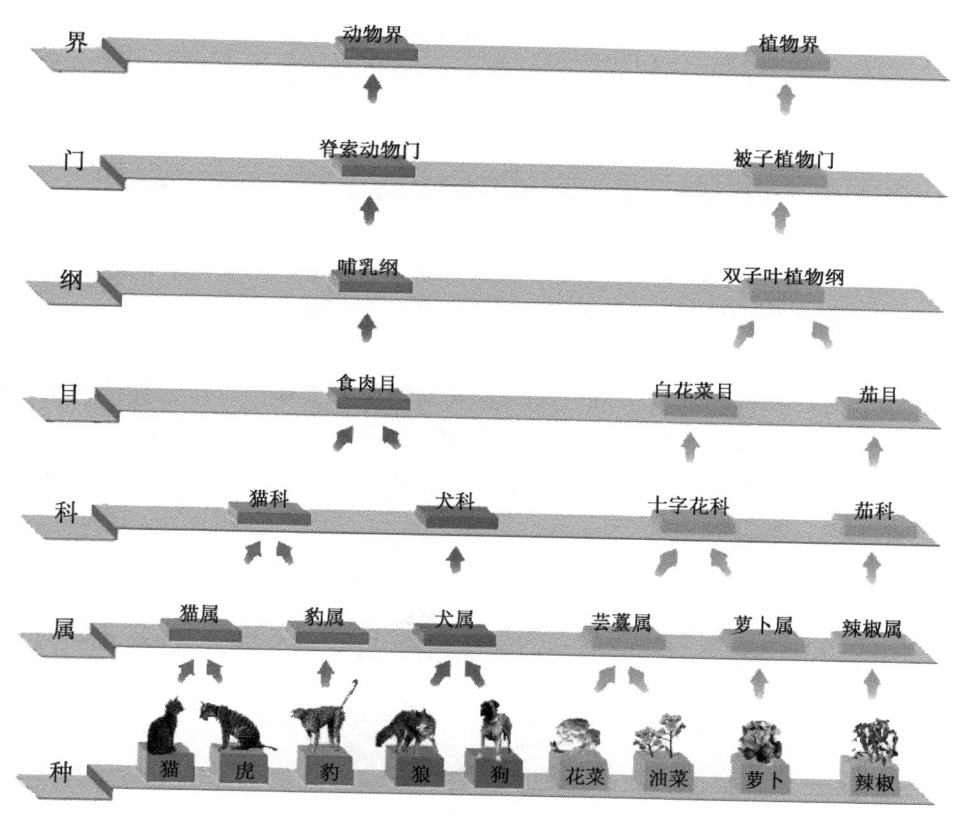

图10.1　分类阶元、分类单元、阶元层次之间的关系

生物系统学分类阶元及其级别关系

界 kingdom

　门 phylum

　　亚门 subphylum

　　　总纲 superclass

　　　　纲 class

　　　　　亚纲 subclass

总目 superorder
目 order
亚目 suborder
总科 superfamily
科 family
亚科 subfamily
属 genus
亚属 subgenus
种 species
亚种 subspecies

1. 属

属（genus）是比种高的阶元，它一般由形态和生态位上的差异来限定。

2. 科

科（family）是属的集合，作为一个分类阶元，它包含一个属或一群具有在系统发育上共同起源的属。不同科之间应有明确的形态和生态间断。

3. 目、纲、门

目、纲、门（order、class、phylum）这些高级阶元大体上可以根据结构基型和体制而加以确定。在多数情况下，每一高级阶元都显示出一系列的适应性状。

为方便识别，动植物命名法规还规定了一些阶元层次上的分类单元（taxon）必须使用统一的词尾（表 10.2）。

表 10.2　动物与植物分类单元规定的词尾

	植物	动物
门 phylum	-phyta，-mycota	无
亚门 subphylum	-phytina，-mycotina	无
纲 class	-opsita（高等植物） -phyceae（藻） -mycetes（菌）	无
亚纲 subclass	-opsita（高等植物） -phycidae（藻） -mycetidae（菌）	无
目 order	-ales	无
亚目 suborder	-ineae	无
总科 superfamily	无	-oidea
科 family	-aceae	-idae
亚科 subfamily	-oideae	-inae
族 tribe	-aae	-ini
亚族 subtribe	-inae	无

每一个具体的物种都可以也必须安排到这样的阶元层次中去。如下表

界 kingdom	动物界 Animalia	植物界 Plantae
门 phylum	节肢动物门 Arthropoda	种子植物门 Spermatophyta
纲 class	昆虫纲 Insecta	双子叶纲 Dicotyledoneae
目 order	膜翅目 Hymenoptera	蔷薇目 Rosales
科 family	蜜蜂科 Apidae	蔷薇科 Rosaceae
属 genus	蜜蜂属 *Apis*	苹果属 *Malus*
种 species	意大利蜂 *Apis mellifera*	苹果 *Malus pumila*

这里提到的阶元（category）、分类单元和分类层次（或级别 rank）的关系是这样的：阶元是法定的级别名称，分类层次表明分类阶元的级别高低或相对位置，而分类单元是指某个阶元层次上具体的生物类群（图 10.2）。如果用干部来作比喻，其关系为："王校长"相当于分类单元，"校级"相当于阶元，他的级别是"厅局级"，即比处级高但比省级低。如果用单位作比方，其关系为："人事处"相当于分类单元，"处级单位"相当于阶元，它的级别是"县处级"，即比科级高但比校级低。在很多情况下，由于大家都知道不同阶元的级别层次，因此，有时就用阶元名称来代替级别了，如说"节肢动物"是"门级分类单元"、"昆虫纲"是"纲级分类单元"等，而不用说"*Apis*（蜜蜂属）这个分类单元属于比种级高但比科级低的属级分类阶元"，也不必说"*Apis*（蜜蜂属）这个分类单元是属于由低到高第二层次的属级分类阶元"。

在现代，科级以上的分类单元一般都是比较固定的，很少改变，较常见的变动是将一般在系统发育上具有独特地位的分类单元的级别提升，或将一个较大的分类单元分成若干个较高级别的分类单元。例如，大熊猫过去一般认为属于熊科，而现在常将其作为大熊猫科对待。昆虫纲鞘翅目传统意义上的叶甲科和金龟子科现在一般分为若干科，蜉蝣目短丝蜉科 Siphlonuridae 现在都将其当作总科对待，其下面包含十几个科。

对于生物的分界，因涉及生物的进化和起源，讨论比较热烈，从将生物分成两界至十几界的都有（Cavalier-Smith 1981，1998）。其中五界和六界系统被比较多的学者所接受。

两界法：植物界和动物界

三界法：原生生物界、植物界和动物界

四界说：原核生物界、植物界、真菌界、动物界

五界法：原核生物界、原生生物界、真菌界、植物界和动物界

六界说：病毒界、细菌界、蓝藻界、植物界、真菌界和动物界

八界系统：古细菌界、真细菌界、古真核生物界、原生动物界、藻界、植物界、真菌界、动物界

Woese 等（1990）提出上述的分界系统不能反映生物的演化过程，进而认为应将所有生物分为古细菌、真细菌和真核生物三超界，每个超界下又分为若干个界。后来又

有人将真核生物内一类无线粒体的简单生物单独提升为第四个超界 Archezoa，但有人提出过质疑，认为它们可能是由其他真核细胞演化来的（Cavalier-Smith 1989；何德等 2005）。

10.3 检索表

为便于他人使用，对研究较成熟的物种和其他分类单元，最好编成检索表，以备查寻。检索表有多种形式。

1. 双项式检索表

1. 无翅 …… 2
   有翅 …… 3
2. 腹末有弹器 …… 弹尾目
   腹末有1条中层丝和1对尾须 …… 缨尾目
3. 口器咀嚼式 …… 4
   口器刺吸式 …… 5
4. 前翅革质，后翅膜质；后足跳跃式，或前足开掘式 …… 直翅目
   前翅鞘质，后翅膜质 …… 鞘翅目
5. 前翅为半革质，后翅膜质；喙着生于头部前端 …… 半翅目
   前后翅均膜质，或前翅略加厚；喙着生于头部腹面后端 …… 同翅目

2. 单项式检索表

1（4） 无翅
2（3） 腹末有弹器 …… 弹尾目
3（2） 腹末有1条中层丝和1对尾须 …… 缨尾目
4（1） 有翅
5（8） 口器咀嚼式
6（7） 前翅革质，后翅膜质；后足跳跃式，或前足开掘式 …… 直翅目
7（6） 前翅鞘质，后翅膜质 …… 鞘翅目
8（5） 口器刺吸式
9（10） 前翅为半革质，后翅膜质；喙着生于头部前端 …… 半翅目
10（9） 前后翅均膜质，或前翅略加厚；喙着生于头部腹面后端 …… 同翅目

3. 包含式检索表

A. 无翅
  B. 腹末有弹器 …… 弹尾目
  BB. 腹末有1条中层丝和1对尾须 …… 缨尾目
AA. 有翅
  B. 口器咀嚼式
    C. 前翅革质，后翅膜质；后足跳跃式，或前足开掘 …… 直翅目
    CC. 前翅鞘质，后翅膜质 …… 鞘翅目
  BB. 口器刺吸式
    C. 前翅为半革质，后翅膜质；喙着生于头部前端 …… 半翅目
    CC. 前后翅均膜质，或前翅略加厚；喙着生于头部腹面后端 …… 同翅目

4. 图画式检索表

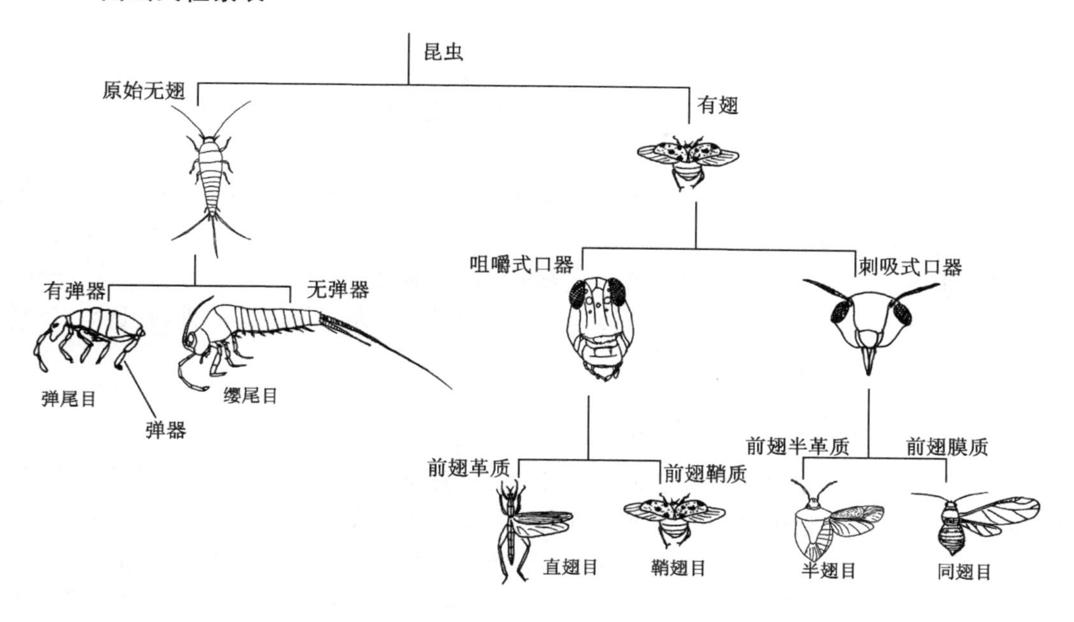
昆虫
原始无翅
有翅
有弹器
无弹器
弹尾目
弹器
缨尾目
咀嚼式口器
刺吸式口器
前翅革质
前翅鞘质
前翅半革质
前翅膜质
直翅目
鞘翅目
半翅目
同翅目

第 11 章　高级分类单元的性质和进化

属和属以上的分类单元都称为高级分类单元。关于它们的性质和进化，有诸多争论。我们知道，生物是以物种为单元存在于自然界的，物种与物种之间有明显的间隔。若干物种组成一个属。那么属与属之间的关系如何？属是否与种一样有自己独特唯一的进化历史和命运？它们是作为一个整体存在于自然界的还是只是人为的种的组合？比属更高的分类单元呢？比如由若干属组成的科呢？

11.1　高级分类单元的起源

高级分类单元是通过两个标准进行定义的。一是重要特征。例如，“脊椎动物亚门” Vertebrata 就是因为它所包含的生物都具有脊椎这一特征，“哺乳纲” Mammalia 的动物都哺乳，“鸟纲” Aves 就是通过“被羽、有翼”等特征定义的，“被子植物门” Magnoliophyta 由“胚珠完全包裹在子房内”这一特征定义等。另外一个标准是相似性，即它们所包含的生物在特征或体制上的相似程度。如“两栖纲” Amphibia 的动物都具有不完全的肺呼吸、幼期水生等共同特征；“爬行纲” Reptilia 的动物躯体都具鳞片、陆生、完全的肺呼吸等。无论如何，高级分类单元是由特征定义的。因此，关于它们的起源问题大多在于探讨这些特征的起源。

在生物的体制形成之后，一般来说，真正全新的器官几乎是没有的，大多通过原有器官的改造来适应新的生态环境，形成新的用途。哺乳动物听骨的由来是这样的：鳃囊（无颚类）→鳃弓（硬骨鱼）→颚（爬行类）→耳骨（哺乳动物）；有些植物刺的进化：叶子→卷须→刺；陆生脊椎动物的肺据认为是由类似于鱼类的鳔演化而成的；鸟类的翼是由前肢演化而来的。节肢动物各节的附肢在躯体的各部分演化出不同的功能和形态：头部的附肢变成感觉和取食器官（触角和口器）、胸部的运动器官（足）、腹部的生殖器官和运动器官（雄性外生殖器、鳃）、尾部的平衡器官（尾须或尾鳃等）。

器官改造主要通过以下几种途径。

（1）组成数目改变：蛇的脊椎骨比其他爬行动物多，马陆的体节比同类中的蜈蚣多。另外有花植物的花瓣、动物的牙齿、手指等在不同的门类数目变化很大。

（2）形状、大小、位置改变：鱼类的鳍是这方面的典型代表。如胸鳍有咽位、胸位、背位等，形态也有很大的不同（图 11.1）。昆虫的翅是另外一个典型，它们在对数、质地、大小、形状等各方面在不同目间往往有很大的变化。

（3）与其他部分的结合方式发生改变：如鱼类的附肢与脊柱之间是游离的，靠肌肉连接成一起。而在其他脊椎动物尤其是鸟类，附肢与脊柱之间由关节进行连接。

（4）分化：如哺乳动物的前肢形成多种类型，有适合飞行的（蝙蝠）、游泳的（鲸、豚）、攀爬抓握的（猴）、捕食的（虎）、奔跑的（牛、马）等。

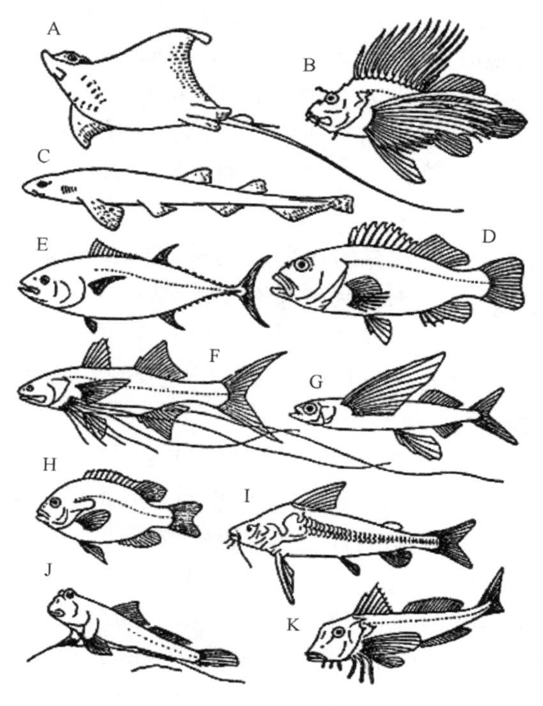

图 11.1　鱼类胸鳍的不同代表

A. *Myliobatis freminvilii*；B. 蓑鲉 *Pterois volitans*；C. 星猫鲨 *Scyliorhinus caniculus*；D. 副鲻 *Paracirrhites forsteri*；E. 金枪鱼 *Thunnus thynnus*；F. 马鲅 *Polynemus paradiseus*；G. 飞鱼 *Exocoetus volitans*；H. 太阳鱼 *Lepomis megalotis*；I. 南美鲶 *Doras* sp.；J. 弹涂鱼 *Periophthalmus koelreuteri*；K. 鲂 *Trigla pini*
引自：http：//fishdb. sinica. edu. tw/～fishdmp/fhNormal/page02-a3j/f02a3j2htm.

11.2　决定体制和形态的因素

根据目前的认知，决定生物体制和形态的因素主要是调控基因和调控因子。在胚胎发育的早期，决定胚胎极性的基因主要有母体效应基因（maternal effect gene）、分节基因（segmentation gene）[包括裂隙基因（gap gene）、成对规则基因（pair-rule gene）、体节极性基因（segment polarity gene）]和同源异形基因（homoeotic gene）。母性效应基因决定体轴（前后轴、背腹轴）的形成；分节基因决定体节形成，其中裂隙基因决定胚胎分成 4 个大区，成对规则基因决定体节的对数，而体节极性基因决定体节数。

胚胎体节划分确定后，同源异形基因负责确定每个体节的特征结构。同源异形基因有 180 个核苷酸的保守序列，是编码 60 个氨基酸残基蛋白质的同源异形域（homeodomain），它编码的蛋白质与 DNA 结合，起转录调控作用。不同生物的同源异形域叫做同源异形盒（homeobox）。

果蝇的基因组中同源异形基因簇有 9 个同源异形基因，海绵动物只有 1～3 个，而脊椎动物如老鼠就有 4 套（一套相当于果蝇中的 9 个基因），斑马鱼有 6 套。

同源异形基因的调控作用是有极向性的。它的作用规律有 4 个（Gellon and McGinnis 1998）。

（1）调控不同基因：指同源异形基因可以通过调控不同基因的表达来影响发育，如双翅目 Diptera 昆虫的后翅演变成平衡棒就是这样，这一特征主要是由同源异形基因簇中的 *Ubx* 基因调控的，它在蝴蝶与苍蝇中影响不同的基因，从而使表型不同。

（2）同源异形基因在不同部位的表达模式不同：在昆虫中，附肢的形成由 *distal-less* 基因（*dll*）控制。在蝴蝶 *Precis* 胚胎发育的早期，*dll* 基因在头胸部表达，而到原肠胚以后，它在头胸部以及腹部的 3～6 节表达，从而使这些体节生长出附肢。在果蝇 *Drosophila* 中，*dll* 基因在胚胎发育的早期表达模式与在蝴蝶中一样，但在原肠胚以后，该基因在腹部不再表达，从而使其腹部不具有附肢。

（3）影响体节的分化：同源异形基因可以影响体节的发育，这可能是通过它们在不同体节表达与否来实现的。Averof 和 Akam（1995）发现，昆虫与甲壳动物胸部体节的不同就是由这种方式调控的。

（4）同源异形基因数目的改变能够改变体制模式：研究发现，无脊椎动物只有一套同源异形基因，脊椎动物有若干套。海绵动物的同源异形基因最简单，只有 1～3 个，昆虫中就有若干个。可见，它们数目改变可以极大改变动物躯体的体制模式。

转录调控基因（如同源异形基因）只在细胞内作用，器官发育还受到来自细胞外的调控因子（蛋白质）的作用，它们负责启动或关闭同源异形基因。研究比较多的调控因子有：刺猬因子簇（hedgehog family，如 sonic hedgehog homolog，SHH）、成纤维细胞生长因子（fibroblast growth factor，FGF）、成骨蛋白（bone morphogenetic protein，BMP）等。SHH 可以影响肢体末端下部的发育，从而使器官对称；FGF 可以影响肢体末端顶部的发育，从而使器官发育完善；而 BMP 影响骨骼的形成和分化（如鸡与鸭喙的大小不同、蹼的有无就受它的影响）。

在基因和调控因子的作用之下，个体发育在表型上的表现主要有异速生长、幼态持续、加速生长、体制改变等。

11.3　高级分类单元的进化

综合进化论认为，种群是进化的单元。最大的生物种群就是物种，因此，可以说物种是进化的单元。那么种的集合如属、科等，它们是作为一个整体进行演变的还是作为种的人为组合呢？

进化论认为，所有生物都有共同祖先，由这个单一共同祖先分化出若干后代，再由后代分化出更多的后代，由此形成丰富多彩的生物界。还可推知，来自于某一共同祖先的所有后代如果组成一个高级分类单元，它应该是有自己独特的起源和历史，所有这些物种是作为一个有机组合而不是人为组合存在的。例如，鸟纲或哺乳纲的动物如果都来自于同一祖先，它们就是一个整体，有其自然属性，而不是像超市的货物或书店的书籍一样完全是人为地堆放在一起的。那么它们是不是作为一个整体参加自然选择呢？它们有自己的起源和发展，它们也有自己的命运和终点吗？

Lewontin（1970）提出，进化的单元可以是任何层次的有机体或其组合（详见第 5 章）。由此出发，有人提出支系选择的概念（clade selection，Okasha 2003）。所谓支系选择，就是指在属及属以上的分类单元之间也存在竞争关系，就像生物界种群内的不同个体之间具有竞争关系或不同物种之间具有竞争关系一样。高级分类单元是作为一个整体存在于自然界而不仅仅是作为物种存在。例如，哺乳纲、爬行纲、鸟纲三个高级分类单元之间也具有竞争关系，而不仅仅是它们各自所包含的物种之间有竞争。或者说，这些高级分类单元是可以作为选择的单位的，选择单位不仅仅是生物种群中的个体。

Okasha（2003，2006）指出，Lewontin（1970）提出的进化单元三项标准（不同单元具有不同的表型；不同表型的单元具有不同的适合度，它可以在不同世代间遗传）对高级分类单元不适用，因为支系并不繁殖，繁殖后代的只是支系中的一个个物种。还有，理论上讲，一个高级分类单元消失后，其所包含的所有下级分类单元也就消失了，它们之间不存在传承关系。当然，如果站在某一特定的历史时刻来观察，一个分类单元所包含的所有分类单元与所有物种是共存的，因此，在不考虑传承关系只考虑所包含内容的时候，我们也还可以根据归群的关系，来推演高级分类单元之间的传承关系的。在这一瞬间，如果不考虑分类单元之间的包含关系而只观察那些处于并列关系的高级分类单元时，我们也可以承认高级分类单元之间有竞争关系。例如，“哺乳纲”和“鸟纲”都是由“爬行纲”进化而来的，如果说鸟纲与爬行纲之间存在竞争关系当然有点不妥，因为鸟纲只是爬行纲的一个亚类。但我们可以承认哺乳纲与鸟纲之间的竞争关系（如果有的话）。

然而，支系竞争的最大困难是关于支系的适合度的问题。我们知道，一个高级分类单元可以包含很多的物种和亚类。它们可能因为适应不同的生境而朝多方面发展。如哺乳纲动物就有水生和陆生、吃草与食肉、飞行和奔跑等各种类型。如果要考虑哺乳纲的适合度，如何计算和衡量，依什么为准？如果单独考察某个特定群落或生态系统中的高级分类单元之间的竞争，这实质是在研究物种竞争（详见第 5 章）。

11.4　高级分类单元的性质

我们知道，种是客观的，它实际存在于自然界，不以人的意志为转移。它们因有内在的遗传统一性、独特的基因库和生物学上的生殖隔离，而使其不会因人类的认识发生改变而改变。那么高级分类单元呢？

高级分类单元分别是下一级分类单元的集合。如果这种集合是根据进化历史做出的，即某一分类单元的所有成员都来自于同一共同祖先，那么这个高级分类单元也是自然的分类单元。可以说，它也是作为一个实体存在于自然界的，也有其内在的自然属性。然而，至于将其安排在何等级别的分类阶元上，则是人为主观的。这主要有以下方面的表现。

同一物种可能被不同的学者安排在不同的阶元层次上，或者说，不同学者对它应属的阶元有不同看法。如白鱀豚 *Lipotes vexillifer* 过去安排在亚河豚科中，周开亚等（1978）根据骨骼和分子证据，认为其应为单独的白鱀豚科 Lipotidae。蜉蝣目中的中国拟短丝蜉 *Siphluriscus chinensis* 曾被不同的学者安排在不同的科中，Zhou 和 Peters（2003）根据其稚虫的祖征和独征，以及其姐妹群的特征，建立拟短丝蜉科 Siphluriscidae 来包含它及其他几个类群。真菌以前一直被安排在植物界中，后来单独成立真菌界。在一般的著作中，昆虫纲的同翅目 Homoptera 与半翅目 Hemiptera 是两个单独的目，而现在都将后者当作同翅目中的异翅亚目对待。另外，同翅目、半翅目以及鳞翅目内，高级分类单元的变化也是很大的，如传统的鳞翅目中的蛾亚目与蝶亚目现在已很少有人提及（郑乐怡和归鸿 1999）。

同一高级分类单元可能包含的物种及其数目不同。如昆虫纲鞘翅目中的原金龟子科现已分为 20 多个科，半翅目中的原蝽科现已分为 6 个或 7 个科。

在不同的类群中，不同高级分类单元间的区别和间断特征可能相差很大。而决定这些区别特征往往都是约定俗成的，如鸟纲中目间差异比昆虫纲中目间差异小得多。

如果高级分类单元不是根据进化历史进行区分和归类的，而是通过其他特征（如相似性、重要特征）等，由于不同学者对相似程度和特征重要程度的认识不同，其主观性往往更强（详见第 15 章和第 16 章）。

现代观点认为，高级分类单元应具有共同起源。属是种的集合，应明确属内的一个物种为属的模式种。一个具体的属应该具有一定的生态位特征和形态特征。

科是属的集合，应该有一个特定的属作为它的模式属，是科的固着点。科与科之间应该有明确的生态和特征间断。

科水平以上的分类单元并不依据模式属和模式种。越是高级的分类单元之间，特征分歧越大、进化分歧越早、生态位差异越大、适应各自环境能力差异越大。

第 12 章　物种命名概要

在研究生物多样性的过程中，必须要给所研究的物种及其他分类单元命名。这就如同社会管理中，每个人都必须有一个名称一样，都是为了使用和管理上的方便。无法想像没有姓名的情况下，我们如何来指代某个人，用特征？比如“高个子、大胖子、短头发”，或者出生地，如“北京人、老外”，或者用像超市商品那样的条形码或车牌号那样的数字或字母组合。显然这些都没有名称来得简单、方便、明确、好认。

12.1　命名的必要性

名称就是一个独一无二的代码，用起来方便。有了名称，就可以很容易很清楚地区分不同的物种，也便于交流。万年青在英文中有两个俗名：Mother-in-laws-tongue 和 Snake plant。对于一般人尤其是外国人来说，很难想像它们是指的同一种生物，如果规定万年青的种名为 *Sanseveria trifasciata*，所有人都用它来指代，那么以后无论是什么人在看到这个名称时就会知道它就是万年青了。再例如，车前草 *Plantago major* 在英语中有 45 种不同的叫法、法语中有 11 种、荷兰语中有 75 种、德语中有 106 种。苍蝇在英国叫 Fly，荷兰叫 Vliegen，德国叫 Fliegen，法国叫 Dipteres，泰国叫 Malang Won。蜉蝣在英文中叫 Mayfly，希腊文中叫 εφημεροs，法文叫 Ephemè res，德文叫 Eintagsfliegen，俄文中叫 Поденки，日文中叫カゲロウ或蜉蝣，韩文中叫꼬마하루살이。如果不统一，根本无法交流。

在规定物种名称必须是唯一的情况下，也迫使研究人员对所研究的物种及种名进行认真的检查和区别，以免重名等问题的出现。

既然是起名字，免不了会有重名等很多问题。为使物种名称具有效性及唯一性，国际组织很早以前就想到要用法规的形式来规范命名过程和物种名称。现在，国际上有《国际植物命名法规》(*International Code of Botanical Nomenclature*)、《国际动物命名法规》(*International Code of Zoological Nomenclature*)、《国际细菌命名法规》(*International Code of Nomenclature of Bacteria*)，来分别统一全球范围内相应生物物种的命名。它们在细节上有些不同，但在主要方面有相当的一致性。朱卫兵等（2006）提到有些学者想建立统一的生物命名法规或生物谱系命名法规，但目前仍在探索过程中。另外，国际上也有关于栽培植物和病毒的命名法规，但它们所采用的系统及命名方法与生物学物种的命名方法不同。

12.2　生物命名法规要点

以下介绍的生物命名法规的内容主要依据《国际动物命名法规》(卜文俊、郑乐怡译 2007；也可参见郑乐怡 1987；张永辂 1983)。

12.2.1 拉丁文字

国际法规规定，一个物种的名称必须是拉丁文字或拉丁化了的文字组成。为什么要用拉丁语呢？一个重要原因是在法规出现以前，很多生物名称都是由欧洲的研究人员命名的，而在古代他们都是用拉丁语来写作的。还有一个原因是，拉丁文字是一种古代文字，现在除了梵蒂冈外，没有其他任何国家使用，它变化极小。因此，可以使研究人员在命名时不必非要学习和了解另一种语言或文字。第三，因为拉丁文字是一种死文字，没有人再使用，因此也就避免了因民族情绪和感情而产生抵触。

12.2.2 双名

物种的种名（nomen specificum）必须是双名（binomen）。所谓双名，就是种名只能是由两个拉丁词组成。前一个词是属名（generic name），后一个词为种本名（nomen triviale specificum，nomen specificum）。其中，属名的首字母必须大写。种名需要与其他文字有明显区别，因此一般要求必须是斜体。在条件不允许时，也可以用下画线标注。

双名法是由林奈（Carl von Linné 或 Carolus Linnaeus）首先全面使用的。在他以前，研究人员一般用很多词语来描述或指代一个物种，而林奈在 1758 年出版的《自然系统》（*Systema Naturae*）第 10 版中通篇只用两个词来指代物种。例如，在林奈以前，薄荷（spearmint）被描述为：*Mentha floribus spicatus foliis oblongis serratis*（意思为：具边缘锯齿状长椭圆形叶、穗状花序的薄荷）。在林奈的双名法下，它变为简单明确的 *Mentha spicata*。

为表示尊敬或指明责任人，在第一次引用种名时最好将命名人姓氏和命名年代一并写出，这时，一个完整的动物学种名就有 5 部分组成：属名、种本名、命名人姓氏、逗号、命名年代。例如，*Gilliesia pulchra* Zhou，2004（表明物种 *Gilliesia pulchra* 是由 Zhou 于 2004 年命名的）。

如果命名人是两个，那么要将他们的姓氏全部写出，两者之间用 and 或 et 连接，如

Neoephemera projecta Zhou et Zheng，2001

如果命名人是 3 个或 3 个以上，可以将他们的姓氏全部写出，也可只写出第一作者。如

Thraulus femoratus Li，Liu and Zhou，2006 可写成 *Thraulus femoratus* Li et al.，2006

为了节省篇幅，在不引起歧义的情况下，属名可以用大写首字母代替。如

Thraulus femoratus（一种蜉蝣）可以写成 *T. femoratus*

Homo sapiens（智人）可以缩写为 *H. sapiens*

Escherichia coli（大肠杆菌）可以缩写成 *E. coli*

命名者的姓氏也可缩写，但一般只限于少数著名人士，且它们有固定拼写，如

家蝇的种名 *Musca domestica* Linnaeus，1758 可以缩写成 *Musca domestica* L.，1758

在双名中，任何一个词不同就代表了不同的物种，如

Homarus americanus 美国龙虾

Ursus americanus 美国黑熊

Bufo americanus 美洲蟾蜍

黑翅蜉 *Ephemera nigroptera*
黑茎蜉 *Ephemera pictipennis*
腹色斑 *Ephemera pictiventris*
紫蜉 *Ephemera purpurata*
[以上4种全部为昆虫纲蜉蝣目蜉蝣科（Ephemeridae）中的蜉蝣]

如果属下再分亚属，可以将亚属的名称放在双名之间，并用括号将亚属名包含在内，但是括号中的亚属名并不是动物学名的一个组成部分。如

Ephemerella（*Serratella*）*rufa*（蜉蝣目小蜉科中的红锯形蜉）

12.2.3　三名

如果种下再分亚种，那么亚种的名称就必须用三名（trinomen），即属名＋种本名＋亚种本名。如

菜粉蝶东方亚种：*Pieris rapae crucivora*
直立人北京亚种：*Homo erectus pekinensis*

命名物种时，鼓励用有含义的拉丁词或拉丁化了的词为物种命名。如

家蝇 *Musca domestica*：“*musca*”意为苍蝇，“*domestica*”意为“家的，室内的”。

大熊猫 *Ailuropoda melanoleuca*：“*Ailuro*”意为“猫”（*Ailurus* 为小熊猫属），“*poda*”为“足”（指熊猫具有特殊的前爪，它由桡侧腕骨突出形成籽骨，形成一个假拇指，可抓拿竹竿；图12.1），“*melano*”是“黑色的”意思，“*leuca*”为“白色的”的意思。因此，大熊猫种名可以翻译为：黑白相间的、具特殊爪的熊。

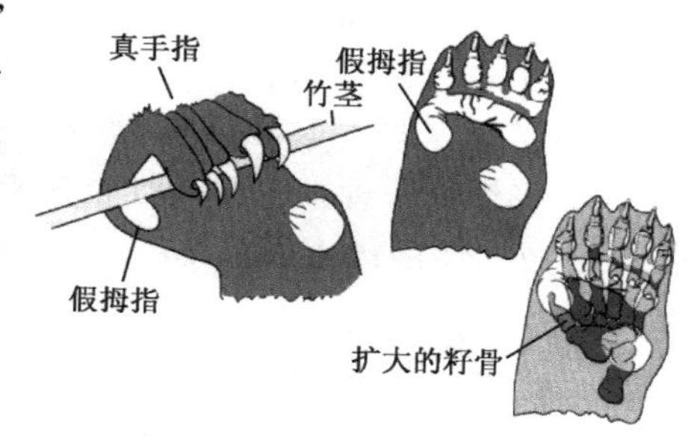

图12.1　大熊猫的前爪形态
（引自 http://www.fiu.edu）

白鱀豚 *Lipotes vexillifer*：“*Lip-*”意为“少的，缺乏的”，“*-otes*”是词尾，“*vexillifer*”意为“旗帜”，因此，它的意义为“白鳍豚”。

麋鹿 *Elaphurus davidianus*：“*Elaphos*”意为“鹿”，“*oura*”意为“尾巴”，*david* 指代发现人。因此，它可以翻译为：由David发现的具有独特尾巴的鹿（麋鹿的尾巴比其他鹿的长）。

川金丝猴 *Rhinopithecus roxellana*：*Rhino* 是鼻子的意思，*pithecus* 是猴子的意思，*roxellana* 取自欧洲十字军总司令苏雷曼（Suleiman）的翘鼻金发夫人洛克安娜（Roxellana）的名字。因此，它可以翻译为：金发翘鼻的猴子。

鸭嘴兽 *Ornithorhynchus anatinus*：“*ornitho*”意为“鸟”，“*rhynchus*”意为“嘴”，*anatinus* 意为“鸭”。

大袋鼠 *Macropus giganteus*：“*Macro*”为“大，大的”，“*pus*”意为“足”，“*giganteus*”意为“巨大的”。

12.2.4　种名的变动

北美红杉 *Sequoia sempervirens* 首先由 David Don 于1824年命名为 *Taxodium sempervirens*，但1847年 Endlicher 认为它应该属于 *Sequoia* 属，因此它的名称变成

Sequoia sempervirens。在引用时书写完整的话，应该为：

Sequoia sempervirens（Don，1824）Endlicher，1847

大熊猫首先由 David（1869）命名为 *Ursus melanoleuca*，后来，Milne-Edwards 发现 David 在判定上出现了错误，便将其放入另外一属中，现在大熊猫的种名可以写成：

Ailuropoda melanoleuca（David，1869）Milne-Edwards，1870

川金丝猴首先由 Milne-Edwards（1870）定名为 *Rhinopithecus roxellana*，1812 年时 Geoffroy 将其归入另外一个属，因此，现在它的种名为：

Pygathrix roxellana（Milne-Edwards，1870）Geoffroy，1812

"北京人"首先由 Black（1927）命名为 *Sinanthropus pekinensis*，后来发现它可能是直立人 *Homo erectus* 的一个亚种。现在它一般写成：*Homo erectus pekinensis*（Black，1927）。

12.2.5 语法

物种名称除了要符合双名法、拉丁文字或拉丁化了的文字外，它还必须符合拉丁语法。按照规定，属名为单数主格，形容词作种本名时其性别需与属名一致。

Zhou（2004）命名了 *Gilliesia pulchra*。其中属名 *Gilliesia* 源自于一位蜉蝣研究者的姓氏 Gillies。它作属名，词尾要加上"ia"表示该属名为阴性。种本名"*pulchra*"源自于拉丁形容词"*pulcher*"，意为"美丽的"，指该种翅上具漂亮的斑纹。由于属名为阴性，形容词作种本名时词性也要求与其一致，因此要将形容词的阳性格式"*pulcher*"变成阴性格式"*pulchra*"。

12.2.6 发表与模式

另外，正式发表了的名称才能被承认。在现代，发表的物种名称还必须附有相应的描述、鉴别特征（或特征图或鉴别图或定义），并说明模式标本的情况及存放地点才算符合要求。因为名称必须以标本代表的物种为基础，如果没有了标本的支撑，名称就仅仅是一个文字名称，失去了生物学依据。有了标本，就可以对种名及物种进行验证和重复研究。

标本有多种，如模式标本（type specimen）：建立新种时所依据的标本；正模（holotype）：记载新种时所根据的单一模式标本，是物种种名的唯一最终可靠依据；副模（paratype）：正模以外的其他原始模式标本；统模（syntype）：未区分正模的所有模式标本；选模（lectotype）：从统模中选出的作为正模的标本；新模（neotype）：原始模式不存在后重新指定的模式；地模（topotype）：由正模产地采得，不属原始模式系列之内的标本。

例 1　1865 年，法国传教士 David 盗得三只麋鹿（骨骼及皮张），并运回法国，并由巴黎自然历史博物馆馆长 Milne-Edwards 于 1865 年命名。这三只麋鹿的骨骼和皮张就是模式标本，其中一只麋鹿标本为正模，其余两只为副模。

例 2　水杉 *Metasequoia glyptostroboides* 由胡先骕和郑万钧（1948）根据在湖北发现的活体植物命名，其正模现在仍生长在原地。

例 3　北京人 *Homo erectus pekinensis* 标本发掘概况及其性质（图 12.2）

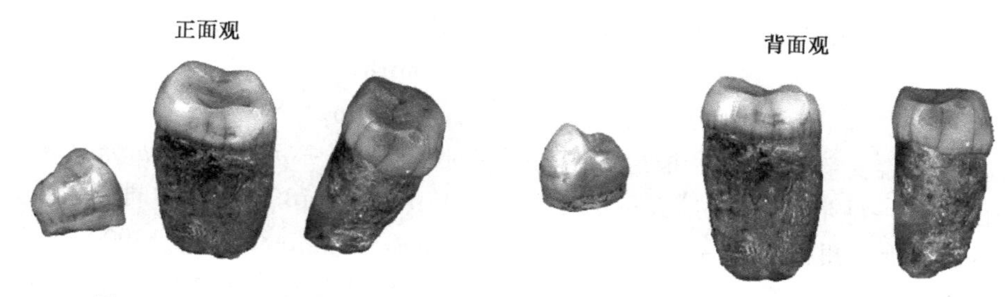

图 12.2　北京人的模式标本（引自 http://www.evolutionsmuseet.uu.se）

（1）据 Black（步达生）1926 年的报道，Schlosser 1903 年根据在北京药店买到的一颗人类左上第三臼齿，认为其可能代表了一种化石人种。

（2）1921 年，Andersson 和 Zdansky 在周口店发掘出一批化石，并于 1923 年由 Zdansky 发掘出两颗人类牙齿化石（吴汝康 1994）。Andersson 1926 年作了宣布，对这两颗牙齿的完整描述由 Zdansky 完成，发表于 1928 年的《中国地质学会志》（Black 1926，1928）。

（3）第三颗牙齿化石由李捷和 Bohlin 发现于 1927 年 10 月 16 日。Black（1927a，b）分别作了报道和描述，并结合先前的两颗牙齿，命名了北京中国猿人 *Sinanthropus pekinensis*（俗称的“北京人”）（这三颗牙齿化石现都保存于瑞典 Uppsala 大学的进化博物馆）。

（4）在随后的系统发掘中，陆续又出土了很多化石。从 1927～1937 年，共挖出北京猿人 5 个头盖骨、多块头骨破片、14 块下颌骨、100 多个牙齿和一些破碎股骨（吴汝康 1994）。这些化石在 1941 年全部丢失。

（5）1966 年，由裴文中主持，在周口店重新挖掘，先后发掘出两块头盖骨残片、下颌骨和一些牙齿化石（吴汝康 1994；庾莉萍和田利平 2005）。这些化石现保存于北京的中国科学院古脊椎动物及古人类研究所。

从科学的角度看，1903 年 Schlosser 购买的化石因为缺乏详细的采集地点等信息几乎没有任何科学价值，至多能说明生物演化史上出现过类似于人类的动物。

Black（1926，1927a，b，1928）报道及描述的三颗牙齿化石标本是“北京人”的模式标本，其中的一颗为正模，另外两颗是副模。

北京人头盖骨及其他人类化石标本是地模。

12.2.7　优先律

符合以上条件的种名就是一个可用名，但它不一定是有效名。种名要成为有效名，它还必须是唯一的，或是优先发表的名称，即符合优先律的名称。所谓优先是指出版上的优先。如果一个物种同时具有两个以上符合条件的名称（可用名），则只有在出版物上出现时间较早的名称才能成立（即成为有效名）。如两名或数名同时出现在一本书中，则应取页数靠前者。如在同一页上，则应以行次靠前者为有效名。

如果同一生物具有不同的可用名，则取最先发表的种名，其他的种名就成了它的异名（synonymy）。如果不同生物具有同一种名，叫同名关系（homonymy），则最先发表的那个物种享有这一名称，其他的物种必须重立新名。

银杏 *Ginkgo biloba* 最早由林奈于1771年定名，后来又出现几个种名，如

Salisburia adiantifolia Smith，1797

Pterophyllus salisburiensis Nelson，1866

陈建秀和孟文新（1990）报道，我国的钩肢带马陆 *Polydesmus hamatus* Loksa，1960与欧洲的一种带马陆 *Polydesmus hamatus* Verheoff，1897为异物同名关系，为此将其重新命名为贵州带马陆 *Polydesmus guizhouensis* Chen et Meng，1990。

上述的种名（有效名）、正模及命名时所提供的特征是三位一体的，缺一不可。标本是物种种群的代表，是最根本的物质基础；种名是物种的代码，用它来指代物种；物种往往是由特征来区分和限定的，因此一个物种必须具有区别其他物种的特征。

12.2.8 高级分类单元的名称

种以上的分类单元名称用单名（uninomen），就是指一个属或属以上分类单元的名称只能是一个词，不能用更多的词。

1. 属名

属名是属级分类单元的名称。属名是由一个单数主格（第一格）名词、简单词或复合词，或作这样处理的名词构成，但词性不限（拉丁词有阳性、中性、阴性的区别）。种本名如果是形容词时，它的性必须与属性一致。在建立新属时，必须指明该属内的一个物种作为它的模式和固着点。

属名有重名时，必须按照优先律进行修改和确认。Ideker和阎德发（1980）报道，哺乳动物的属名 *Lestes* Yan et Tang，1976（食肉目Carnivora中兽科Mesonychidae）是丝蟌属 *Lestes* Leach，1815（昆虫纲蜻蜓目Odonata束翅亚目Zygoptera丝蟌科Lestidae）的同名，并建议将其改为 *Yantanglestes*。

2. 科名

科级分类单元的名称通常是在模式属名的词干后，加上固定的结尾构成（详见第10章）。所谓模式属是指该科中最具代表性的一个属，在建立科级分类单元时必须明确指定。蜉蝣目细蜉科Caenidae的名称来源于模式属名 *Caenis*，蜉蝣科Ephemeridae的名称来源于模式属名 *Ephemera*。

如果发现科名有重名时，也要按照优先律修改。昆虫纲半翅目Hemiptera龟蝽科曾出现过3个名称：Plataspididae、Plataspidae、Coptosomatidae，现在一般用Plataspidae。蜉蝣目细蜉科Caenidae的一个次同名为Brachycercidae，四节蜉科Baetidae的一个次同名为Cloeonidae。Hubbard（2002）指出McCafferty和Wang（2000）建立的澳洲小蜉科Austremerellidae（昆虫纲蜉蝣目）是不符合科级名称命名的相关规定，因为先前已经有人建立越南蜉亚科Vietnamellinae，按照《国际动物命名法规》（ICZN 1999：Article 36.1）中的相关规定，亚科已经是科级分类单元名称，应该享有优先权，因此将本科的名称改成越南蜉科Vietnamellidae。

科以上层次的分类单元——界、门、纲、目级名称与科、属、种名不同，可不与模式相联系，也可不受优先律的约束，但也要力求用大家共知共识的名称，同时尽量保持稳定一致。动物科以上分类单元词尾也不要求统一。

昆虫纲蜉蝣目曾有好几个名称，如Ephemeroptera、Plectoptera、Ephemerida，现

在已统一使用第一个，因为第二个与襀翅目 Plecoptera 太相像，而第三个的词尾与其他昆虫的目名不一致。

12.2.9　确立新分类单元

在确立新的分类单元时，必须在其名称首次出现时明确标明是新分类单元。如果确立的是一新种，要注明“sp. n.”或“sp. nov.”或“n. sp.”，意为“新种 species nova”。每年有大量新种报道，尤其是无脊椎动物。

建立新属时，也必须标明“g. n.”或“gen. nov.”或“n. g.”，意为“新属”（genus novum）。现在每年仍有大量新属报道。

科级分类单元相对较稳定，但随着历史发展也在不断变化，一般相对较少见。现在的变动有两种趋向：一是将较大的科分为几个较小的科（如昆虫纲鞘翅目原先的金龟子科和叶甲科）；二是给予一些孑遗生物科级分类地位。如白鱀豚 *Lipotes vexillifer* 原先放在亚河豚科 Iniidae 中。周开亚等（1978）根据白鱀豚的骨骼和分子特征，将其提升到科级分类单元，建立白鱀豚科 Lipotidae。中国拟短丝蜉 *Siphluriscus chinensis* 曾被不同的学者放在不同的科中，Zhou 和 Peters（2003）根据它的稚虫形态，结合其他化石种类，建立拟短丝蜉科 Siphluriscidae 来包含该种及其他几属。建立新科时，也必须标明“fam. nov.”或“f. n.”或“n. f.”，意为“新科”（familia novum）。

目、纲、门级分类单元更加稳定，极少有变动。但 Klass 等（2002）根据在非洲采到的一类昆虫标本，觉得它既像竹节虫又像螳螂和蝗虫，因而建立螳䗛目 Mantophasmatodea。

以上所述都仅涉及学名（指拉丁语名称）。在实际应用中，一般还需要将学名翻译为中文名称。这里可能也会产生一个分类单元有几个中文名称或者不同的分类单元拥有一个中文名称的现象。如《中国植物志》中禾本科的 *Brylkinia* 与莎草科的 *Blysmus* 均称为“扁穗草属”；甚至同一属内，一个名称指两种植物，如“大果杜鹃”既指“*Rhododendron sinonuttalii*”又指“*Rhododendron glanduliferum*”；而“*Abies sibirica*”在《中国植物志》中被称为“新疆冷杉”，在 *Flora of China* 中则又称为“鲜卑冷杉”。在处理中文名称的问题时，可以参照国际法规对学名的规定，如要尊重优先律和传统用法等。曾有人建议建立法规来规范这方面的行为和名称，但至今没有定论（王锦秀和汤彦承 2006）。动物中有名的例子是大熊猫另外还有“猫熊”、“熊猫”等名称，麋鹿也叫“四不像”等。周长发和郑乐怡（2003）、李鹏等（2005）曾对中文“蜉蝣”、“蜻蜓”做过统计和考证，发现在我国古代它们都有多个俗名。

第 13 章 支序系统学简介

根据进化理论，生物是进化的产物。从时间纵向上来看，它们都是由共同祖先由远及近依次种化而来。如果哪天长生不老的如来佛祖现身，他会向我们娓娓道来生物进化过程、生物进化历史以及不同物种之间亲缘关系的远近，如果他对此也关心的话。在此之前，我们还必须自己努力寻找和重建。

然而，人类的科学研究却是在时间横断面上进行的。有记载以来的历史最长也不过几千年，因此，在自然条件下，我们往往观察不到自然选择和生物进化的历史过程，在实验内也只能对极少数生物的进化过程进行简单模拟和试验。而人类的探究心是如此强烈，总想了解人类以及所有生物的过去、现在和将来，从而能够更好地把握自己的命运。

生物系统学就是研究这些问题的一门学科，它的研究内容主要有三方面：第一方面，世界上有多少种生物？它们都长得什么样？生活习性或其他特征如何？它们之间是如何区分的？即生物分类。第二方面内容主要探讨不同物种或不同生物分类单元之间的系统发育关系，就是重建它们的进化过程，即系统发育关系的重建或归群问题（group 或 order）。第三方面，我们还试图将不同物种或分类单元按规律安排到不同阶元层次中去，建立不同的分类单元，以便更好地交流和方便查询，最好也可以简单明了地反映它们的系统发育关系，即形式分类（formal classification）。

对以上三方面内容的不同侧重或不同见解导致主要有三种生物系统学派或生物分类学派：支序分类学派、进化分类学派和数值分类学派。本章介绍支序分类学派的主要观点和方法，主要参考《分支系统学译文集》、《隔离分化生物地理学译文集》（周明镇等译 1983，1996）、《动物分类原理与方法》（郑乐怡 1987）和《支序系统学概论》（黄大卫 1996）。

13.1 缘起

支序系统学（Cladistics）是由德国人 Willi Hennig（1913～1976）提出的。他在研究昆虫纲双翅目 Diptera 分类时发现，建立在幼虫或成虫特征上的分类系统差别很大（图 13.1）。而同一种的进化历程应该只有一个，不同种间的系统发育也只能是一种，而现在出现的不同的系统发育假设显然有缺点，其中肯定有某些部分是不正确的。再例如，在只有老虎、鳄鱼和鸳鸯三种动物的情况下，是根据“恒温和完整的四心室”这些特征将老虎与鸳鸯归为一群呢，还是根据“卵生和骨骼特征”将鳄鱼与鸳鸯归为一群呢？这些不同的特征到底谁更重要呢？或者说到底它们中的哪些才能反应系统发育关系呢？显然，只有依据进化历程或反映进化历程的特征建立起来的分类系统和系统发育关系才是通用的、合理的、最终的。

Hennig 还注意到，传统的分类系统不一定能准确反映系统发育关系。例如，现有老虎、鳄鱼和鸳鸯三种动物，它们的系统发育关系如图 13.2 所示。而在分类时，它们属于同一阶元层次的三纲：哺乳纲、鸟纲和爬行纲。在不出现系统发育关系图的情况

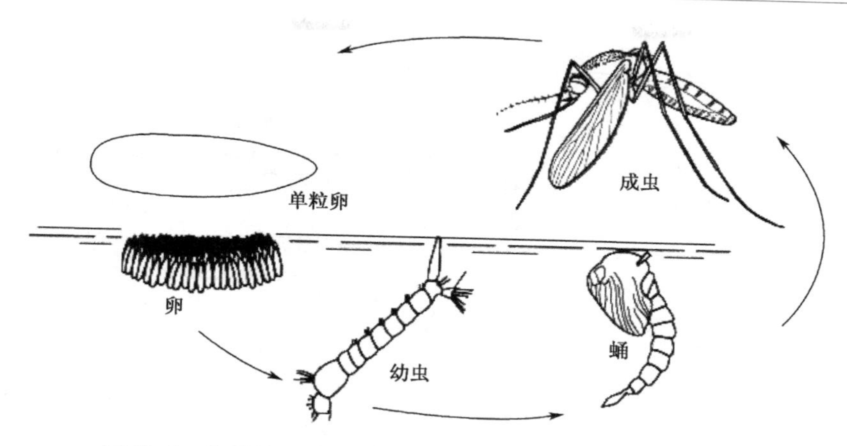

图 13.1　蚊子的生活史（示成虫、蛹以及幼虫之间差别极大）

下，根本不可能知道它们之间的确切关系。换言之，在传统分类系统中，系统发育关系图与分类系统不是对应的关系。在分类系统之外，还必须有其他的说明才能反应分类单元之间的系统发育关系。

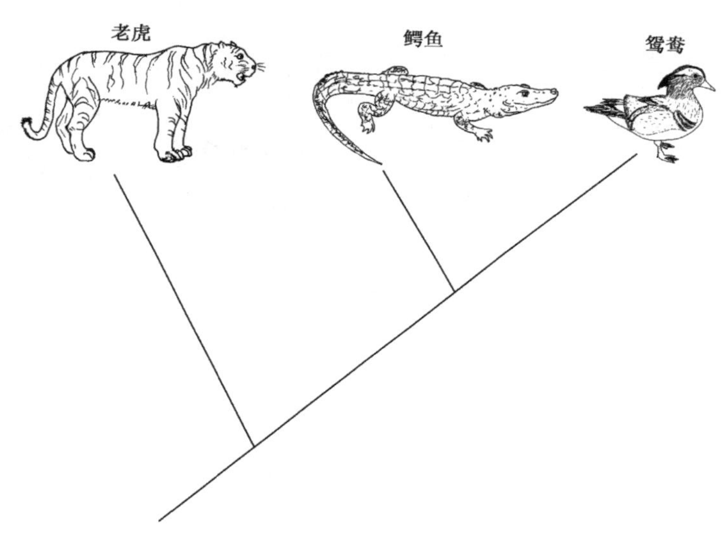

图 13.2　三种动物的分支图

传统的分类系统极不稳定。如果有蛇、鳄鱼、鸳鸯和麻雀 4 种动物，按照传统分类方法，它们可以组成两纲：爬行纲（蛇＋鳄鱼）和鸟纲（鸳鸯＋麻雀）。如果现在将蛇换成老虎，同样是 4 种动物，而关于它们的分类系统却要变成：哺乳纲（老虎）、爬行纲（鳄鱼）和鸟纲（鸳鸯＋麻雀）（图 13.3）。在更换一种分类单元的情况下，分类系统就由两纲变成三纲，可见这种分类系统的不稳定性。

有鉴于以上所述，Hennig 设想要建立能切实反应系统发育关系的稳定的分类系统，必须按照进化关系进行。

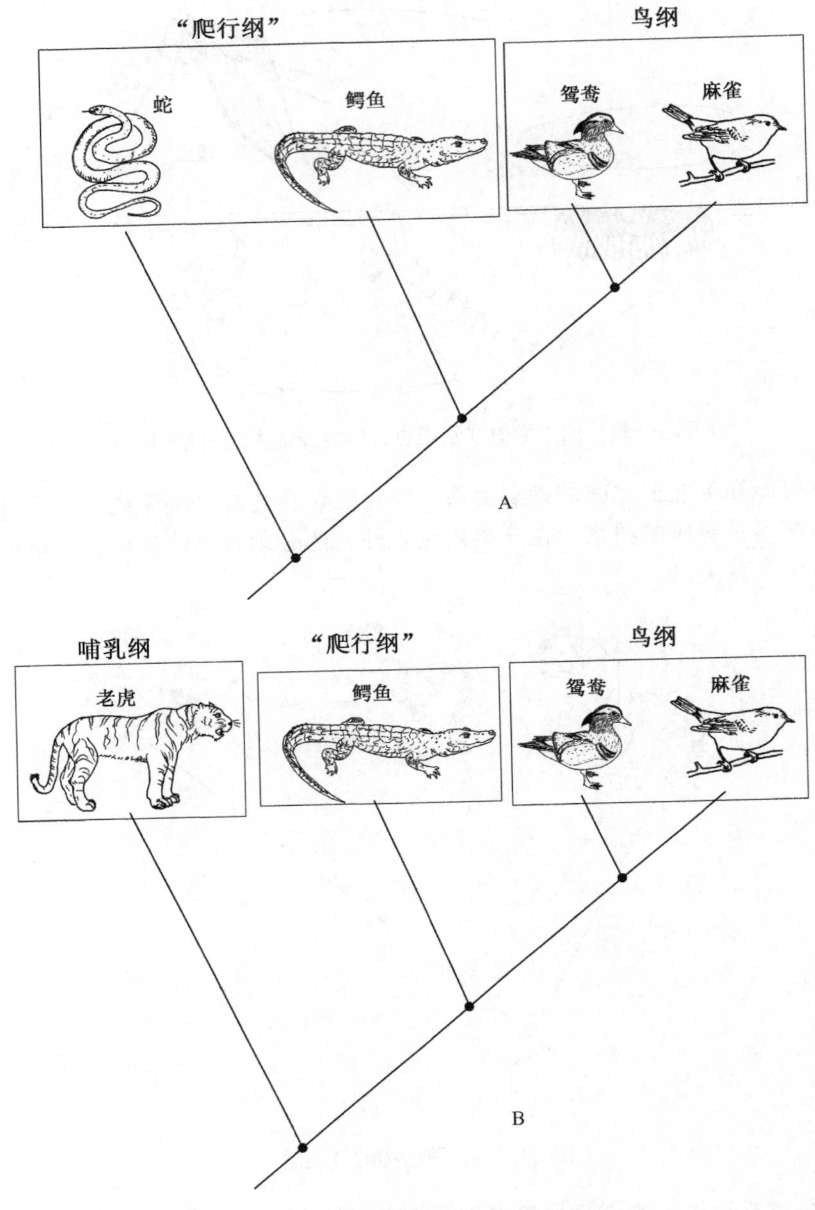

图 13.3　传统分类系统的不稳定性

在更换一种生物的情况下，分类系统就可能由两纲系统（A）变成三纲系统（B）

13.2　分支过程的推导

13.2.1　共祖近度

支序系统学认为，最能或唯一反映系统发育关系的依据是分类单元之间的血缘关系（geneological relationship），或者说是进化关系，反映不同分类单元之间确切血缘关系的本质为它们与共同祖先的相对近度（relative recency of common ancestor）。当两个分类单元共有一个不为第三者所有的祖先时，它们互为姐妹群（sister group），关系最近。假定老虎、鳄鱼、鸳鸯和麻雀的系统发育关系如图 13.4 所示，那么首先，鸳鸯与麻雀的关系最近，它们是姐妹群关系。因为它们的共同祖先是 A，它们当中的任何一个与鳄鱼的共同的祖先为 B，或与老虎的共同祖先为 C，而 A 仅为它们所共有，不为其他分类单元所共有，且 A 为它们的最近共同祖先。这就好比《红楼梦》中的人物关系（图 13.5），贾宝玉与贾元春（假设是两个物种）是亲姐弟，他们的父亲（共同祖先）是贾政。而贾宝玉与林黛玉只是表亲关系，因为他们的父亲或母亲都是由贾母所生，是亲兄妹关系。贾宝玉与贾元春的血缘关系当然要比贾宝玉与林黛玉的血缘关系近，因为他们的共同祖先不是后者的直系亲属，他们三人的共同直系亲属是贾母，她比贾政要长一辈。

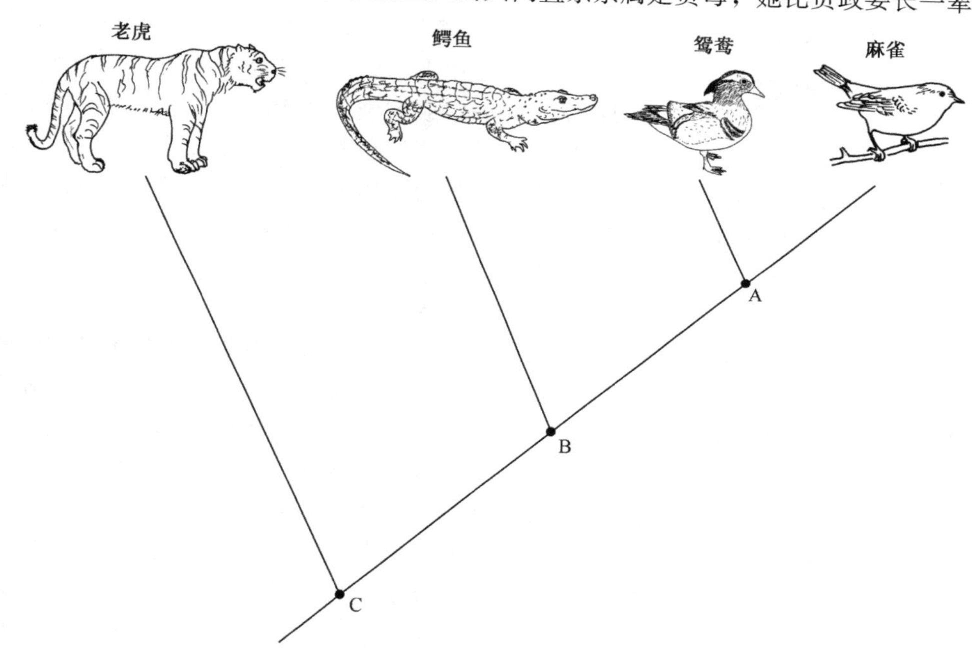

图 13.4　4 种动物的亲缘关系图解

在给定系统发育关系的情况下，分析各分类单元之间的亲远关系当然容易做到。而我们的任务却恰恰相反，即我们的目的是要重建系统发育关系或进化历程。《红楼梦》中人物的关系可以通过书中的交代和人物之间的对话进行重建和了解，历史人物的亲缘关系可以通过史书和传说进行了解，而我们面对不会人类语言、已历经几十亿年进化历程、没有留下任何有形的系统发育关系记录的生物分类单元时，如何重建它们的系统发育关系？让一个没有看过有关《红楼梦》的人，在没有任何其他

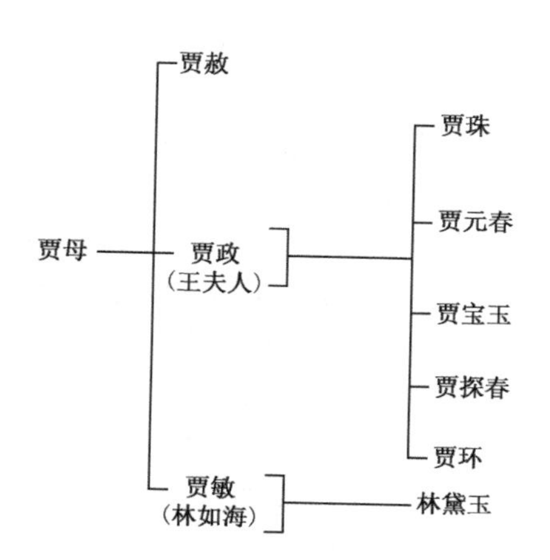

图 13.5　《红楼梦》中部分人物关系示意

记录、只允许面对贾宝玉、林黛玉和贾元春三人的照片或仿真蜡像时，他该如何推导出他们的亲缘关系？

13.2.2　同源特征与异源同形

生物学家们相信，生物进化历程都记录在生物体当中，从外部特征到基因序列都有体现。因此，在血亲关系无法再现的情况下，我们必须利用这些特征来推导生物的系统发育关系。支序分类学派认为，当两个分类单元共有一个不为第三者所有的祖先时，它们互为姐妹群，关系最近。在血亲关系和祖先不明的情况下，将其转变为：当两个（或以上）分类单元共有一个不为第三者所有的同源特征时，它们的关系最近。

同源特征（homology）指后代所具有的起源于共同祖先同一特征的特征。由于它们起源于同一祖先，反映了进化历程，因此可用来推导系统发育关系。也正因为它们起源于同一祖先，因此，总会有相似的地方，如组成部分、结构形态等。因此，同源特征也叫同源相似特征（本章中所提到的特征与特征状态是同义词，可以互换）。

但相似的特征不一定都是同源的。在选择压力作用下，起源于不同祖先的特征也可能很相似。这种情况和现象叫异源同形（homoplasy）。典型的异源同形现象有两种，一种是趋同进化（convergence），另一种是平行进化（parallelism）。所谓趋同，就是不同的祖先所具有的不同特征演化成相似的特征。例如，鸟的翼与昆虫的翅，它们都是飞行器官，但来源不同，前者是由脊椎动物的前肢演化而成，后者是由无脊椎动物的胸部突起（一种说法是胸部附肢的一部分）演变而成。再如都在水中生活的鱼、海豚和企鹅身体都呈流线型，但它们分别属于鱼类、哺乳类和鸟类，流线型的身体是从不同的身体形态演变而成的。植物的刺有些是由叶子演变而来的，有些是由茎演化而成的，有些是表皮衍生物。平行进化与趋同相似，都是由不同的祖先演变而成的，但与趋同不同的地方就是这些不同祖先所具有的特征是相同的。例如，如果在不同的祖先中分别是由三角形和四方形演变成圆形，这就是趋同；如果不同祖先的特征都是三角形，它们也分别演变成圆形，这就是平行。换言之，就是由不同祖先的相似或相同特征演变而成的特征和现象，就是平行进化（图 13.6）。大洋洲的很多有袋类与其他大陆上的真兽类长有极为相似的体态和生活方式，这些就是平行进化而成的，因为可以设想真兽类是由有袋类的一支演变而来，开始时它们的体态及体制是基本一致的，在进化过程中，一些类群因适应相似的生活环境而演变成相似的形态和生活方式。最具代表性的是鼯鼠和袋貂，它们都会滑翔，身体侧面的皮肤都扩张成翼状。不同科中的蝴蝶因相互拟态在形态上可能极为相似（详见第 6 章），假定它们祖先的体色和体态都相似，那么这种现象就是平行。澳大利亚的蜻蜓 *Rhyothemis graphiptera*（蜻科 Libellulidae）与美国的蜻蜓 *Celithemis eponina*（春蜓科 Gomphidae）极为相似，犀鸟（犀鸟科 Bucerotidae）与巨嘴鸟（鵎鵼科 Ramphastidae）的喙也很相似，可能都是平行演化的结果。但是，区分平行和趋同有时极为困难，因为无法知道原始祖先的特征及其状态。由于异源同形的存在，推定姐妹群时要特别小心，尤其要排除非同源相似。

可以用以下几个标准来判别特征的同源性（郑乐怡 1987）。

（1）位置相同（position）：生物体的器官不是独立存在的，而是与周围其他部分有着密切联系。同源特征在位置上往往也是相同的。例如，哺乳动物的前肢在不同动物中

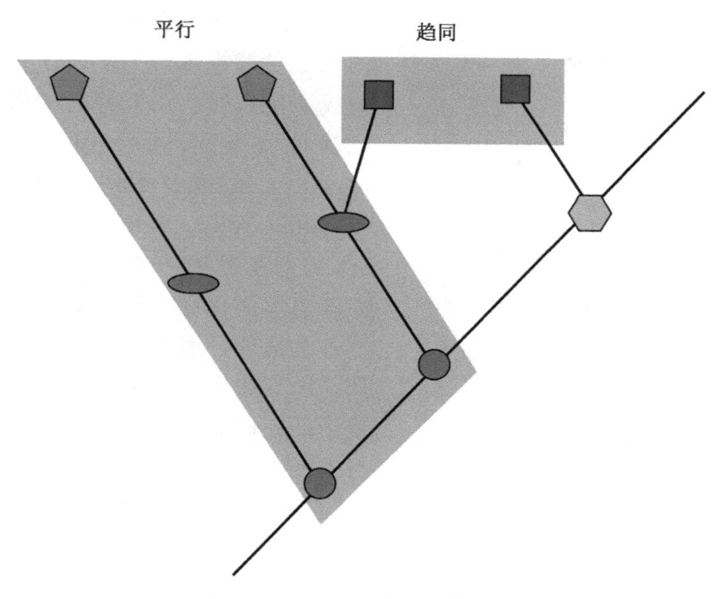

图 13.6　异源同形的两种情况

有时形态相差极大，但它们内部的各种骨骼（包括肱骨、桡骨、尺骨、指骨、腕骨、掌骨等）的位置是基本相同的，仔细比较就会找出它们之间的同源性。大熊猫的前掌看上去有六个手指。对照各种骨头后就会发现，它的第六指实际是由腕骨的一根延长形成的，并不是真正的手指。再如哺乳动物和人类的听小骨位于头骨内部，解剖显示它与爬行动物上下颚之间的关节骨位置相同，它们应该具有同源性。

（2）特别相似的复杂结构（special similarity）：结构复杂的器官在进化中多次重复出现的机会很小，因为它们的改变需要众多基因的参与，如昆虫的复眼和人类的眼睛。

（3）中间过渡类型完整（continuation through intermediate form）：在这种情况下，可以较容易地发现器官和特征演变的过程，从而容易找出同源特征。例如，鲸的祖先是陆生哺乳动物，从化石记录可以看出明显的演变系列。高等动物的上下颚是由原始脊椎动物支撑鳃的骨骼演化而来，矛尾鱼的鳍由小到大的演变系列在现生矛尾鱼中也可见端倪。

（4）受选择压力最小（under lest selection pressure），或与环境选择作用关系最小的特征，同源性的可能大。内部器官一般比外部特征更不容易受选择压力作用，尤其是那些功能很小或不明或改变不大的器官，如昆虫的内骨骼、生殖器官等。体色、体表毛长等这些受环境影响较大的特征重复演变的概率较大。

（5）缺失性状（lost structure）最好不要选择，因为无法判断其原始状态，如昆虫中的无翅、无单眼、无足，它们是原始没有还是后来缺失的特征一般不太好判断。还有很多深海生物和洞穴生物体色较浅，一般无眼。

13.2.3　特征衍化

确定了同源特征以后，还要确定它们的演化系列或过程，要清楚它们是怎样变化的，因为拥有同源特征的分类单元可能很多，确定了同源特征的演化过程之后，就可以

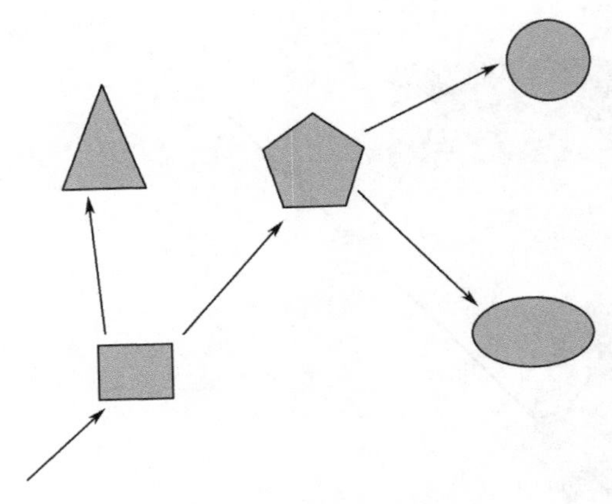

图 13.7　祖征与衍征

根据它的变化过程来逐步推断分类单元之间的系统发育关系。为此，还要将同源特征排列成演化系列。一个特征如果是由另一个特征演化而来的，那么前者就是衍征（apomorphy，derived character），后者就是祖征（plesiomorphy，primitive 或 ancestral character）。在图 13.7 中，三角形与五边形都是由四边形演化而来的，因此，三角形和五边形都是衍征，而四边形是祖征。圆形和椭圆都是由五边形演化成的，这时圆形和椭圆都是衍征，而五边形变成了祖征。可见，衍征与祖征都是相对而言的。

如果两个或以上的分类单元具有的某特征起源于比最近的共同祖先更早的祖先，则称为“共有祖征”（symplesiomorphy）；如果某一特征起源于最近的共同祖先本身，则称为“共有衍征”（synapomorphy）；凡是为某一支系独有的特征称为“独征”或“自有新征”（autapomorphy）。在图 13.8 中，“具有脊柱”这一特征对鸭嘴兽、袋鼠和老虎来说是共有祖征，因为这一特征起源于比它们的最近共同祖先更早的祖先；“身体被毛、哺乳”这两项特征是它们的共有衍征，因为起源于它们的最近共同祖先；同样，“胎生”这一特征对袋鼠和老虎来说，也是共有衍征。“长孕期”对老虎来说是独征，因为只有它独自享有这一特征。当然，共有衍征、共有祖征和独征也是相对而言的，如“身体被毛、哺乳”这两项特征对鸭嘴兽、袋鼠和老虎来说是共有衍征，但对袋鼠和老虎来说就是共有祖征了。同样地，如果把它们看作一个支系（clade），那么这两项特对这一支系来说就是独征了。

根据什么来判断祖征与衍征呢？一般根据以下几方面的信息（Forey 1983；郑乐怡 1987）。

（1）化石顺序标准（或称地质顺序标准）：较早地层中的化石所具有的特征一般比较晚地层中的化石所具有特征更为祖征态，但需要仔细分辨。

（2）外群比较（out-group comparison）：所谓外群就是与所研究的类群（内群）关系较近但一般是相对较古老的生物类群。它们往往具有更多祖征，因此，将某一特征与它们的相应特征比较后，往往可以得出演化极向。

（3）类群系列对比（comparison of transformation series）：可以将极向不明的特征演化系列与其他已知的特征演化系列进行对比。如想知道 A、B、C 的演化极向但不能肯定，但知道它们分别为另一演化系列中的 1→2→3 所拥有，那么大体可以推知它们的演化方向为：A→B→C。还有一种情况是，如果知道了寄主的系统发育关系，可以大体推断出它们寄生虫的特征演化及系统发育关系。还有，访花的昆虫可能要比食叶昆虫出现得晚。

（4）类群趋势（group trend）：生物演化在不同的类群往往表现出一定的演化趋势。例如，在昆虫和蜉蝣中，身体往往呈现出由大到小、翅由多到少、翅脉由繁及简、结构由分离到愈合的演化极向。再如蜘蛛的网，一般认为是由简单到复杂、由平面到立体的

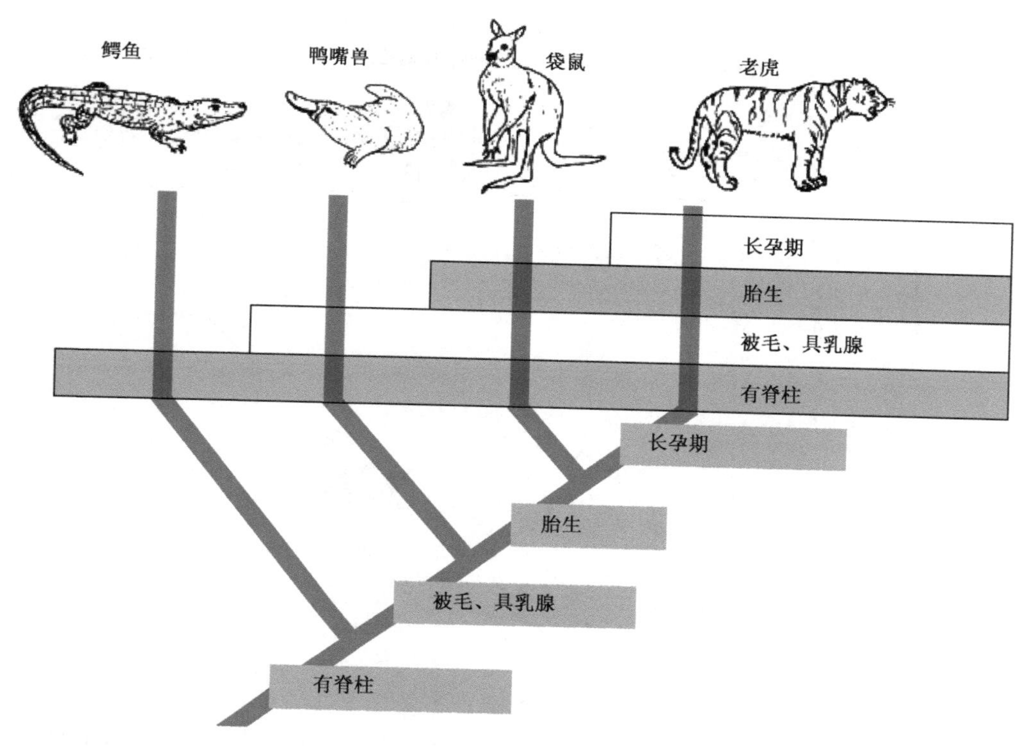

图 13.8　共有祖征、共有衍征、独征的关系

方向发展的。园丁鸟的巢也具有类似的演化倾向。这些可以为判断特征的极性提供一定的参考。

（5）个体发育信息：虽然不能说个体发育史形象、生动且快速地反映了生物进化史，但在一定程度上来看，在个体发育的早期出现的特征往往是祖征态的。

（6）生物地理学上分布递进标准：生物的扩散往往是由近到远的，如岛屿上的生物。因此，大体可以看出，离大陆较远的岛屿上的生物所具有的特征一般要比离大陆近的生物具有的同一特征要来得晚。另外，岛屿的形成年代也可以帮助我们了解生物的演变。如夏威夷群岛中的各座小岛都是由火山爆发形成的，根据地质调查，可以知道它们的形成年代，由它们形成时间的晚近可以推断它们所拥有生物特征的演变早晚。

13.2.4　使用共有衍征推导分支过程

当确定了要研究的分类单元、同源特征以及同源特征的祖征与衍征以后，就可以来推导分类单元之间的系统发育关系了。即通过“共有衍征”来寻找和确立姐妹群，在某些分类单元之间建立起分支关系，约定如下：当两个（或以上）分类单元共有一个或多个不为第三者所有的同源共有衍征时，它们的关系最近。为什么要用共有衍征呢？因为只有用它才能正确推导出系统发育关系。在图 13.9 中，有三个分类单元：鲨鱼、矛尾鱼和老虎，想要推导出它们的系统发育关系，可以用三种不同特征推导出三种不同结果。

用“具有内鼻孔”这特征推导出三者之间的关系为：鲨鱼＋（老虎＋矛尾鱼）（图 13.9A）。

用“水生生活”这一特征推导出的关系为：老虎＋（鲨鱼＋矛尾鱼）（图 13.9B）。

用“胎生”这一特征推导出的关系为：（老虎＋鲨鱼）＋矛尾鱼（图 13.9C）。

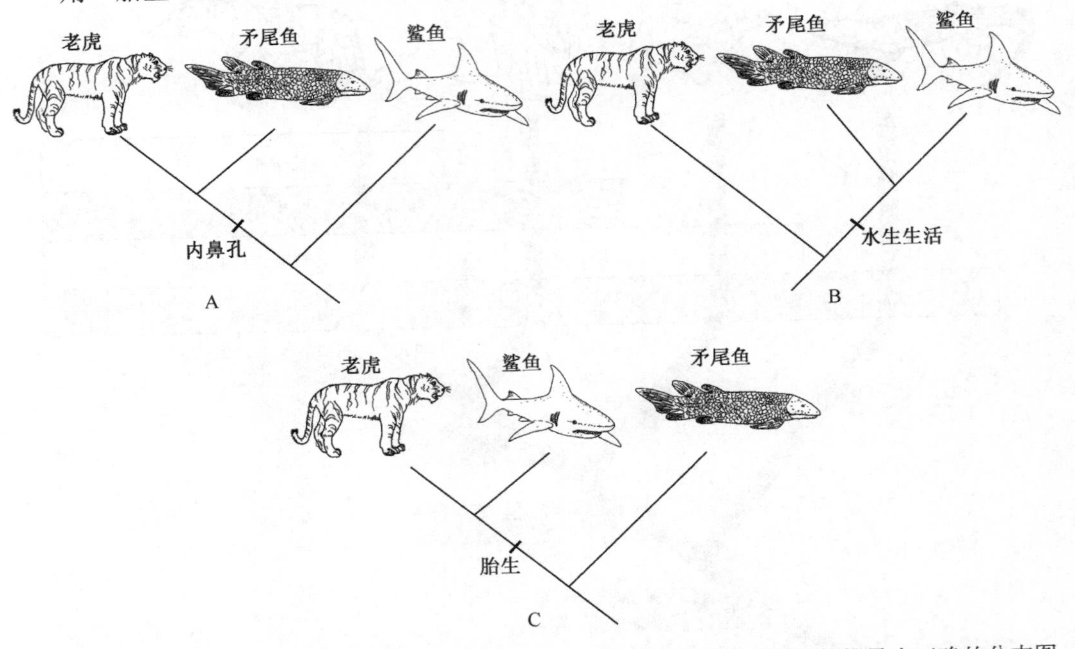

图 13.9 使用不同的特征推导出不同的分支过程，但只有使用共有衍征才能推导出正确的分支图

A. 使用共有衍征；B. 使用共有祖征；C. 使用异源同形

三者中哪个对呢？仔细研究后发现，老虎的祖先也可能是水生动物，因此“水生生活”是鲨鱼＋矛尾鱼的共有祖征；老虎与鲨鱼虽都为胎生，但基本模式完全不同。老虎的胎儿靠胎盘和脐带与母体连接，从母亲那儿取得氧气和营养，而鲨鱼只是把卵存放在体内孵化，没有真正的胎盘。“胎生”这一特征在老虎与鲨鱼是不同起源的，是趋同进化的结果，是异源同形。只有利用老虎与矛尾鱼都具有“内鼻孔”这一共有衍征推导出的系统发育关系才最接近进化实际。可见，推导系统发育关系必须利用共有衍征，其他所有特征都不能用，即使用了也不能推导出正确的结果。

例 1 假定有如下表中的 5 个分类单元和 4 个特征，现在要用它们来推导分类单元间的系统发育关系。其中祖征用 0 表示，而衍征用 1 表示。分析特征的祖征与衍征可以看出，分类单元 A 的 4 个特征都为祖征。分类单元 B、C、D、E 在特征 4 上都是衍征，那么特征 4 就成为它们的共有衍征。同样的道理，可以看出，特征 3 是分类单元 C、D、E 的共有衍征，特征 2 是 D、E 的共有衍征，而特征 1 是分类单元 E 的独征。根据上述，在推导系统发育关系时，只能用共有衍征，因此，在这里只有特征 2、3、4 可用。

分类单元	1	2	3	4
A	0	0	0	0
B	0	0	0	1
C	0	0	1	1
D	0	1	1	1
E	1	1	1	1

第一步，可以用特征 4 将 B、C、D、E 归为一类；

第二步，可以用特征 3 将 C、D、E 归为一类，这时可以看出这一结果与上一步结果之间并无冲突；

第三步，可以用特征 2 将 D、E 聚成一支，这一结果与上述两步的结果也无冲突；

最后一步，用独征 1 将 D 与 E 区别开来。

通过上面的分析，可以建立如下的分支图（图 13.10）。

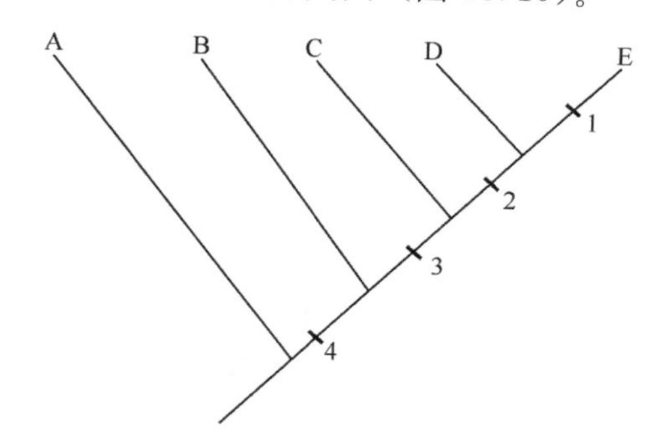

图 13.10　利用 4 个特征推导出的 5 个分类单元的分支过程

例 2　假设有如下表中的 X、A、B、C、D 5 个分类单元，选用 11 个特征来推导它们的系统发育关系。

特征	祖征态的分类单元	衍征态的分类单元
1，7	X	A、B、C、D
2，3	X、A、B	C、D
4，5	X、C、D	A、B
6	X、D	A、B、C
8	X、A、B、D	C
9	X、A、B、C	D
10	X、B、C、D	A
11	X、A、C、D	B

从上表中可以看出，8、9、10、11 特征分别为 C、D 、A、B 的独征，在推导系统发育关系时不能使用，它们只能用于区别和限定这 4 个分类单元。特征 1 和 7 的衍征为 4 个分类单元 A、B、C、D 所共有，分类单元 X（外群）没有一项衍征，因此对推导 A、B、C、D 之间的关系也没有实质帮助。因此，可以用的特征只有 2、3、4、5、6。

第一步：利用特征 1、7、8、9、10、11 可以建立如下的分支图（图 13.11）。

第二步：因 A、B 拥有共有衍征 4 和 5 以及 C 和 D 拥有共有衍征 2 与 3 将它们分别归群。但这时出现一个矛盾，就是 A、B、C

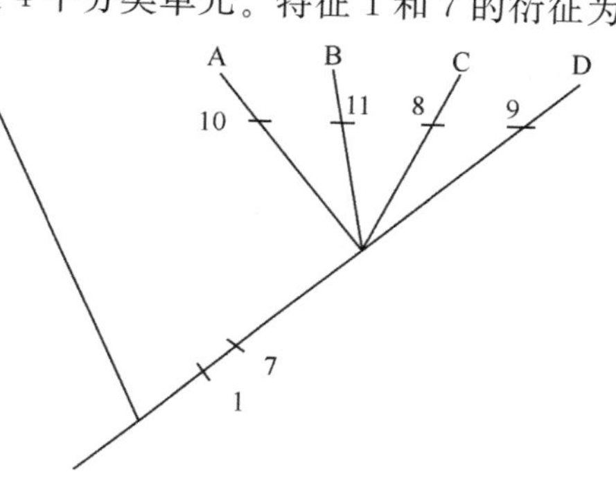

图 13.11　推导分支过程第一步

还有一个共有衍征 6。在这一步中，是利用共有衍征 6 将 A、B、C 首先归为一群，还是将 A 与 B、C 与 D 首先归群呢？我们可以将所有可能全部列出（图 13.12）。

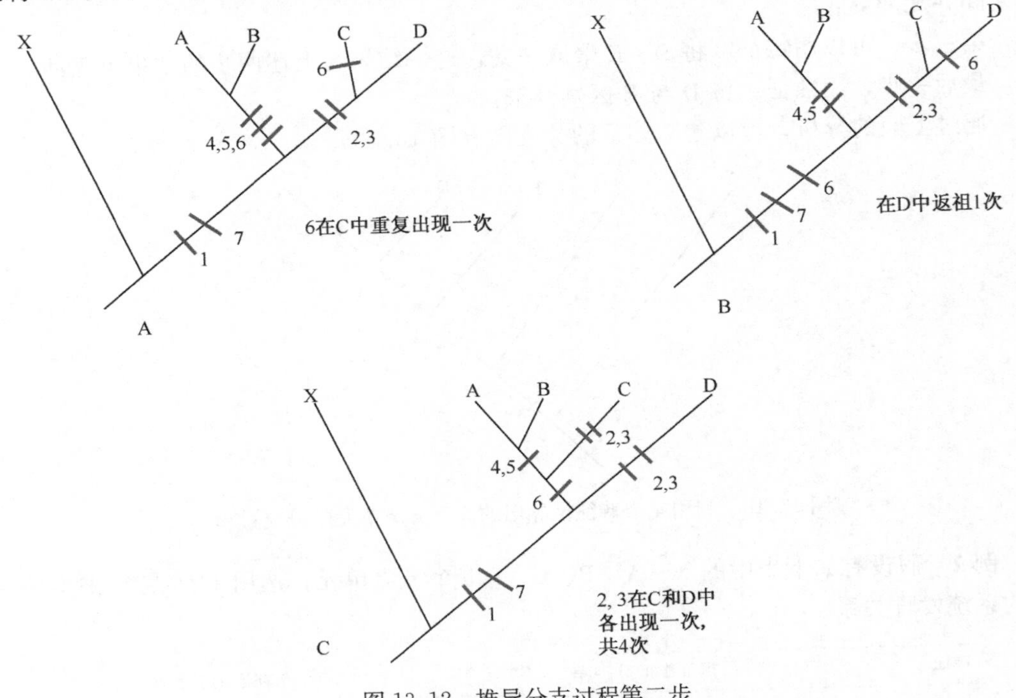

图 13.12　推导分支过程第二步

在图 13.12A 和图 13.12B 中，因 A、B 拥有共有衍征 4 和 5，C 和 D 拥有共有衍征 2 与 3 将它们分别归群，并认为衍征 6 在 C 中重复出现一次，或者假设衍征 6 在 D 中丢失一次。

在图 13.12C 中，首先利用特征 6 将 A、B、C 首先归为一群，并且假设特征 2 和 3 的衍征态在 C 与 D 中重复出现，这时需要非同源假设 4 次。

这两种分支图，哪个更好呢？一般认为，第一个分支图较好，因为它的非同源假设较后一支要少，即它是最简约的（parsimony）。为什么要用简约原则呢？这是因为假设在生物进化的过程中，一般是取最简约的进化历程进行的，自然选择的压力是如此之强，很少允许多次重复进化的。在这种理念下推导出的分支图，不一定是对的，但一定是最好的。

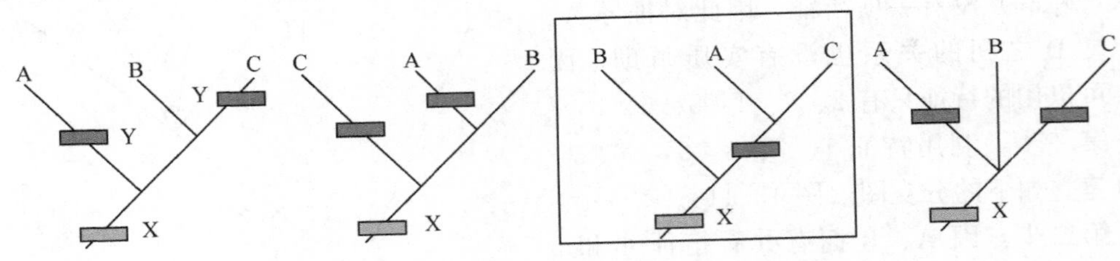

图 13.13　3 个分类单元的所有可能分支过程

因此，在实际工作中，重点不是推导分支图，而是寻找最简约的分支图。一般过程是这样的，在给定分类单元和特征数目以后，由电脑寻找出所有可能的分支图，并从中选出一支最简约的。例如，在 3 个分类单元 A、B、C 中，A 与 C 拥有一个共有衍征。那么它们的分支图可以这样来寻找：首先将它们三者的所有可能分支图都列出（图 13.13），然后选出一支最简约的（第三支），因为它的非同源假设最少。

例 3　4 个物种某种蛋白质链中 20 个位置上氨基酸名称，如下表所示（引自 Partterson 1980）。

	特征																			
分类单元	1	2	3	4	5	9	12	13	19	21	22	26	27	30	34	35	48	59	66	74
A	G	L	S	D	G	L	N	V	A	I	P	Q	E	I	K	G	H	E	A	G
B	G	L	S	D	G	L	N	I	T	V	G	Q	D	I	K	G	H	E	I	N
C	G	L	S	D	G	L	K	V	G	L	P	Q	E	I	K	T	G	A	G	N
D	G	L	S	D	Q	Q	T	I	A	I	A	H	E	M	H	D	G	E	Q	A

4 个物种的所有的二歧式分支图有 15 种（图 13.14），将上表中的独征（66）和共有祖征（1～4）排除后，可以将其他两个或三个分类单元所具有的共有衍征分别组合到 15 个分支图中去。结果发现，图 13.14（11）包含了 17 个共有衍征中的 8 个，图 13.14（12）包含了 7 个，图 13.14（10）包含了 6 个。其中哪个更好？难道仅相差一个非同源假设就能决定分支图吗？

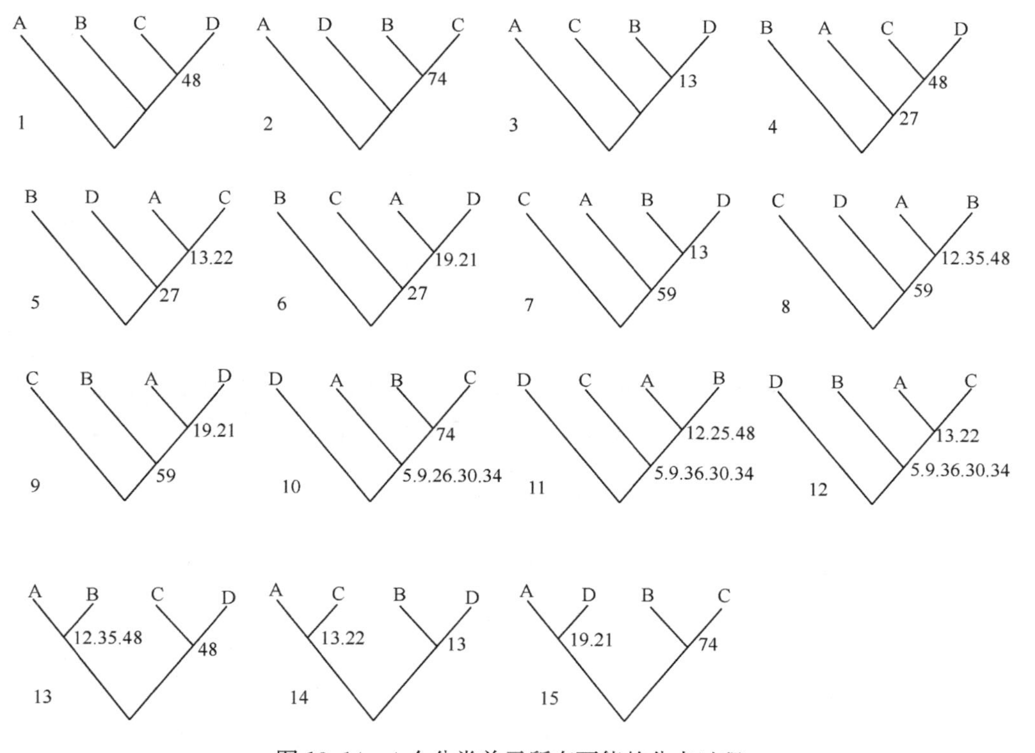

图 13.14　4 个分类单元所有可能的分支过程

实际上，上表中的 4 个物种分别为 A：智人 *Homo sapiens*，B：红袋鼠 *Megaleia rufa*，C：鸭嘴兽 *Ornithorhynchus anatius* 和 D：鸡 *Gallus gallus*。蛋白质链为肌球蛋白链。这时，我们还可以用其他的形态特征如 A、B、C 的共有衍征（毛发、乳腺、听小骨）和 A、B 的共有衍征（胎生、牙齿、螺旋状耳蜗、乳头）来进一步验证，从而确定图 13.14（11）是最好的，因为它的非同源假设最少。可以看出，增加特征数可提高判断的准确性。

13.2.5　支序分析的程序化

人工推导分支图对涉及的类群较少时还可以。当分析的类群增多时，将变得很复杂，且极为费时。好在已有其他数学算法可以取得与上述分析相一致的结果，如 Wagner 算法。它的基本原则是根据研究类群内各成员所具特征的衍生程度不同进行归类，通过一定的算法求得各分类单元之间的距离，并据此按一定原则将各单元逐次顺序连接成一分支图。具体做法是：

（1）明确类群的祖种或假想祖先、姐妹群以及外群。

（2）将选用的特征以及这些特征在分类单元中所呈现的状态（祖征或衍征）列出，制成矩阵。一般用“0”表示祖征，用“1”代表新征。

（3）确定各分类单元与假想祖种（或可能的姐妹群）之间的“距离”，这种距离可通过各自对应特征差值的绝对值总和来表达。

如有下列矩阵：

分类单元	特征矩阵				
	1	2	3	4	5
ANC（A～D）	0	0	0	0	0
A	0	0	1	1	0
B	0	0	0	1	0
C	0	1	1	1	1
D	0	0	1	1	1

用 $X(\mathrm{A},i)$ 表示 A 分类单元的第 i 个特征，用 $X(\mathrm{B},i)$ 表示 B 分类单元的第 i 个特征。用 d(distance) 表示距离。$d(\mathrm{A,B})$ 表示 A 与 B 两个单元之间的距离。则有

$$d(\mathrm{A,B}) = \sum |X(\mathrm{A},i) - X(\mathrm{B},i)|$$

如上表中的分类单元 A 与 B 之间的距离：

$$d(\mathrm{A,B}) = |0-0|+|0-0|+|1-0|+|1-1|+|0-0| = 1$$

开始时先计算各分类单元与假想祖种间的距离。

本例中，$d[\mathrm{A,ANC(A)}] = |0-0| + |0-0| + |1-0| + |1-0| + |0-0| = 2$

同理可以算出：

$$d[\mathrm{B,ANC(B)}] = 1$$
$$d[\mathrm{C,ANC(C)}] = 4$$
$$d[\mathrm{D,ANC(D)}] = 3$$

再选取与祖种距离最小的分类单元（表示它离祖种最近，是最先分出来的一支）。将二者连接，形成一个分支或线段，线的长度用 INT（A）表示。在本例中，是分类单元 B 与祖先的距离最小，所以先将它与祖先连接（图 13.15A）。再选出下一个与假设祖种距离最近的分类单元，这里是 A。将 A 与唯一存在的 B 和假想祖先 ANC 之间的连接线连接，形成图 13.15B，其中 Y 是假想的 A 的最近祖先。再选出下一个与祖先距离较近的分类单元，这里是 D。因为现在有三条线［B 与 Y 间的、A 与 Y 间的，Y 与 ANC 间的，分别用 INT（B）、INT（A）和 INT（Y）表示］，D 要与其中的一条连接。这时还必须算出 Y 的特征状态。由于 Y 是处于 A、B 和 ANC 之间，它的状态由它们三者决定，即采用三者的中间值。具体的做法如下。

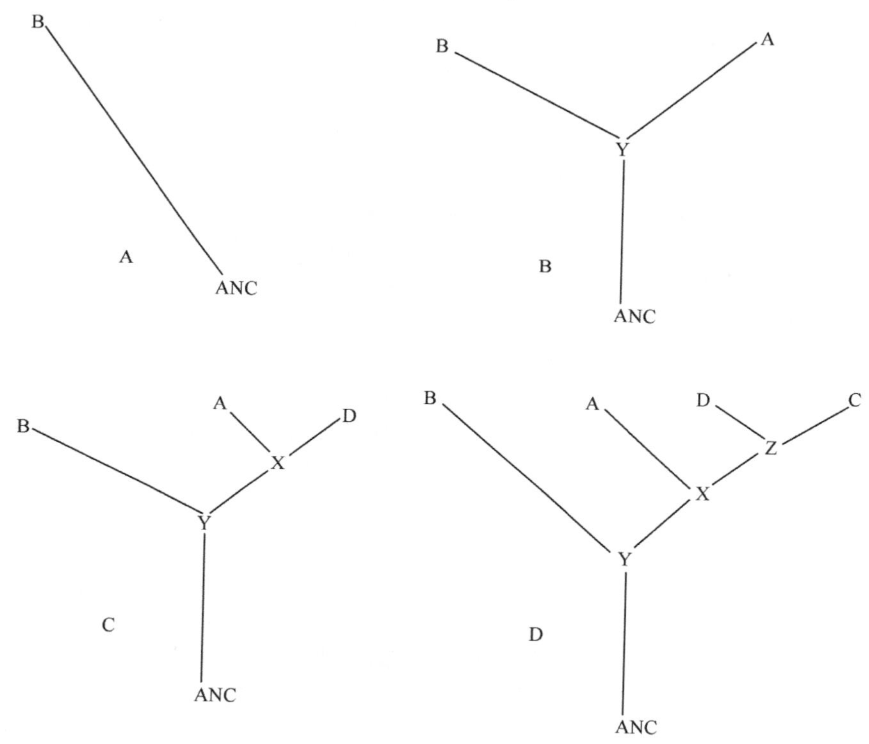

图 13.15　Wagner 算法图解

(1) 二态特征（0，1），由三个单元中的多数状态决定，即 3 个特征中 2 个相同的特征态为节点 Y 的特征态。如下表中的特征 1、2、3、5，三个分类单元中都是“0”，所以 Y 的特征状态就取“0”。特征 4 是因为有两个 1 而只有一个 0，所以取 1。最后得到 Y 的特征状态为：0、0、0、1、0。

(2) 多态特征由三个单元特征状态的中值（注意不是平均值）决定。如在下表中假设的特征 6 中，有三个特征状态，分别为 0、1、4，这时就取中值 1 为 Y 的特征态。对特征 7、8 中的状态 0、0、3 或 1、1、4 等，其中有二个特征态是相同的，则按二态特征处理，取其多数，分别为 0 和 1。

分类单元	特征矩阵					假设		
	1	2	3	4	5	6	7	8
ANC	0	0	0	0	0	0	0	1
A	0	0	1	1	0	1	0	1
B	0	0	0	1	0	4	3	4
Y	0	0	0	1	0	1	0	1

有了 Y 的特征状态后，还要分别计算出 D 与三条线 INT(B)、INT(A)和 INT(Y)之间的距离。D 与 INT(Y)之间的距离用下式计算：

$$d[\mathrm{D},\mathrm{INT(Y)}]=\frac{d(\mathrm{D},\mathrm{Y})+d(\mathrm{D},\mathrm{ANC})-d(\mathrm{Y},\mathrm{ANC})}{2}$$

$$=\frac{2+3-1}{2}$$

$$=2$$

同理可以分别算出 D 与 INT（A）和 INT（B）之间的距离：

$$d[\mathrm{D},\mathrm{INT(A)}]=\frac{d(\mathrm{D},\mathrm{A})+d(\mathrm{D},\mathrm{ANC})-d(\mathrm{A},\mathrm{ANC})}{2}$$

$$=\frac{1+3-2}{2}$$

$$=1$$

$$d[\mathrm{D},\mathrm{INT(B)}]=\frac{d(\mathrm{D},\mathrm{B})+d(\mathrm{D},\mathrm{ANC})-d(\mathrm{B},\mathrm{ANC})}{2}$$

$$=\frac{2+3-1}{2}$$

$$=2$$

其中 $d[\mathrm{D},\mathrm{INY(A)}]$的值最小，所以将 D 与 INT(A) 相连，得到图 13. 15C。

节点 X 的特征值由 A、D、Y 的特征值来确定，原则同确定 Y 的特征值时相同。如下表：

分类单元	特征矩阵				
A	0	0	1	1	0
D	0	0	1	1	1
Y	0	0	0	1	0
X	0	0	1	1	0

此后，继续增加下一个分类单元 C，分别计算它与 5 条线之间的距离，找出最短的，并将其之连接。如它与 INT（B）的距离为：

$$d[\mathrm{C},\mathrm{INT(B)}]=\frac{d(\mathrm{C},\mathrm{B})+d(\mathrm{C},\mathrm{Y})-d(\mathrm{B},\mathrm{Y})}{2}$$

$$=\frac{3+3-0}{2}$$

$$=3$$

同理可以算出：

d[C，INT（X）]＝2；d[C，INT（A）]＝2；d[C，INT（D）]＝1；d[C，INT（Y）]＝3；

其中最小值为 d[C,INT(D)]＝1，因此 C 从 INT(D)上分出，得到图 13.15D。

节点 Z 的值为：

分类单元	特征矩阵				
D	0	0	1	1	1
C	0	1	1	1	1
X	0	0	1	1	0
Z	0	0	1	1	1

至此，一个分支图就完成了。

实际上，上述计算过程可由计算机程序来完成，如 PHYLYP、PAUP、Hennig86 等。

13.2.6　合意

计算结果中可能会出现两个或多个最小的相同 d 值，则相应有两个或多个最简约的分支图。如上例中，假设 d[C,INT(D)] 与 d[C,INT(B)]等值，则得到两个最简约的分支图（图 13.16A，B）。

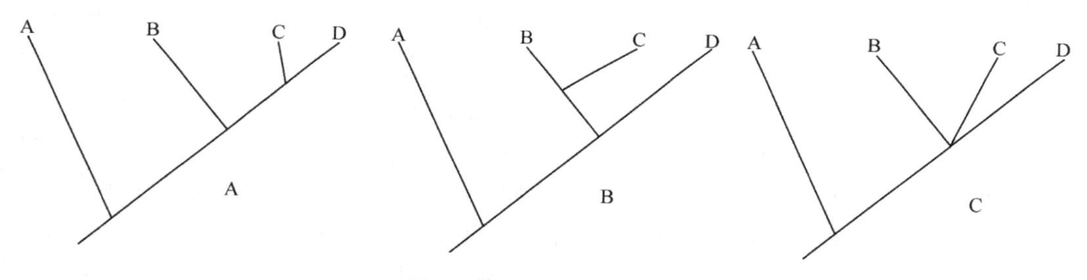

图 13.16　合意树的产生

如果形成一个合意树（consensus tree）则产生一个三分支的图 13.16C。

解决办法可通过以下几点重新进行：①增加特征数量；②重新审查特征极性；③考查地理分布；④对特征进行加权；⑤综合判断。

13.2.7　分支图与系统树的关系

分支图（cladogram）所反映的只是分支事件发生的相对顺序，或表达了共同衍征分布的状况，而不是系统发育的陈述。系统发育树（phylogram）要包含祖先（真实的祖先或假设的祖先）在内，还要有进化程度。分支图和系统树既相同，又有区别（图 13.17）。

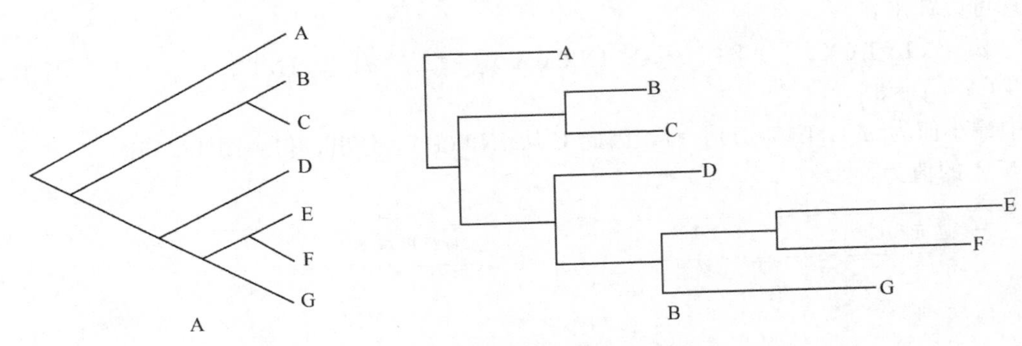

图 13.17　分支图与系统图的关系

分支图只反映出分支过程，系统图一般还要反映出进化的程度，即它当中的线条长度是有含义的

13.3　形式分类

支序图或系统发育图反映了分类单元之间的系统发育关系，既形象生动又简单明了，使用很广。但它们还必须转换为分类系统，才能在叙述过程中方便地描述。

13.3.1　单系群

支序系统学派认为，只有单系群才能用来分类，才是自然的类群。由此引申出以下几个名词。

(1) 单系群（monophyletic group）：凡源自一个最近共同祖先，并包含该祖种及其全部后裔的类群（分类单元）。其指标为具有共同衍征。在图 13.19A 中，分类单元 A、B、C 来自于同一祖先 X，那么它们与祖先 X 一起组成单系群。然而，在实际工作中，祖先已不存在或者无法确定，因此，单系群实际就是包含源自一个最近共同祖先的全部后裔的类群，如图 13.19B。在图 13.18A 中，假定老鼠（代表真兽类）与袋鼠（后兽类）都源自于鸭嘴兽（原兽类），它们组成的哺乳纲是一个单系群。但是，实际情况是，鸭嘴兽与其他两个动物一样，也是现在的生物，并不是它们真正的祖先（实际祖先已不存在），它们的实际关系如图 13.18B 所示，即将三者都当作终端分类单元看待，它们

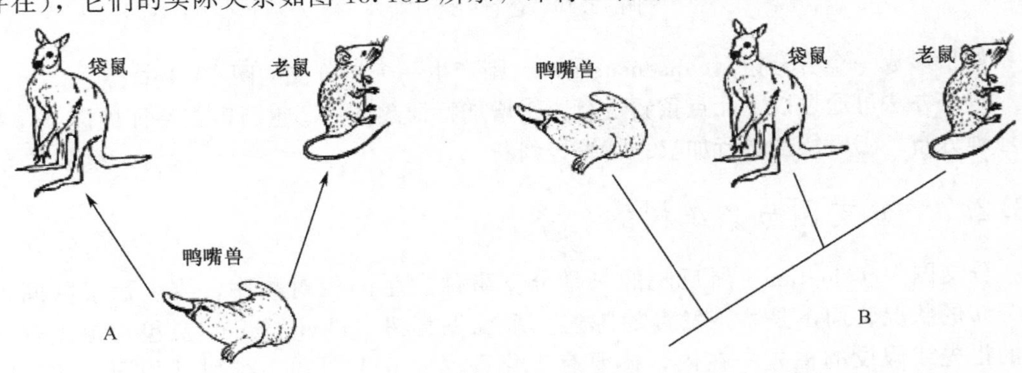

图 13.18　祖先与终端分类单元的关系

鸭嘴兽可能是其他两种动物的祖先，但实际情况已无法证明，因此，在此情况下，最好将鸭嘴兽也当作终端分类单元处理

都是源自共同祖先的后代。

（2）并系群（paraphyletic group）：凡是具有一个最近的共同祖先，但只包括该祖种的一部分后裔的类群或分类单元。其指标为具有共同祖征而不是具有共同衍征。在图 13.19C 中，如果将分类单元 B 和 C 归入一个更高的分类单元，则它就是并系群，因为同样源自它们最近共同祖先的另一个分类单元 A 并没有包含在内。假定有鸳鸯、蜥蜴、鳄鱼和老虎四个分类单元，它们的系统发育关系如图 13.20 所示。传统上，将蜥蜴与鳄鱼组成一个类群（爬行纲），可在支序系统学派看来，它是一个并系群。

（3）复系群（polyphyletic group）：凡是最近的祖先不是属于本群的成员者组成的类群。其指标是异源同形。在图 13.19D 中，分类单元 C 与 D 源自于不同的最近共同祖先，如果将它们组合成一个分类单元，则它就是复系群。在实际中，如果用“温血”这一特征将鸟类与哺乳类组成“温血动物”，则它是并系群，因为它们实际的系统发育关系是如图 13.20 所示的那样。当然，所谓单系群、并系群以及复系群的定义都是相对的。单系群相对于更早的共同祖先来说就可能变成了并系群。如图 13.21A 中所示，分类单元 A、B 源自于最近共同祖先 X，它们组成单系群，然而相对于更早的共同祖先 Y 来说，这一原先是单系群的分类单元就变成了并系群。同样的道理，在图 13.21B 中，C、D 组成复系群，因为它们源自于不同最近共同祖先 X 和 Z，但相对于它们更早的共同祖先 Y 来说，它们组成的分类单元就是并系群了。还有一种情况，就是在分类单元并未全部已知的情况下，单系群、并系群甚至复系群的关系也会发生改变。如在图

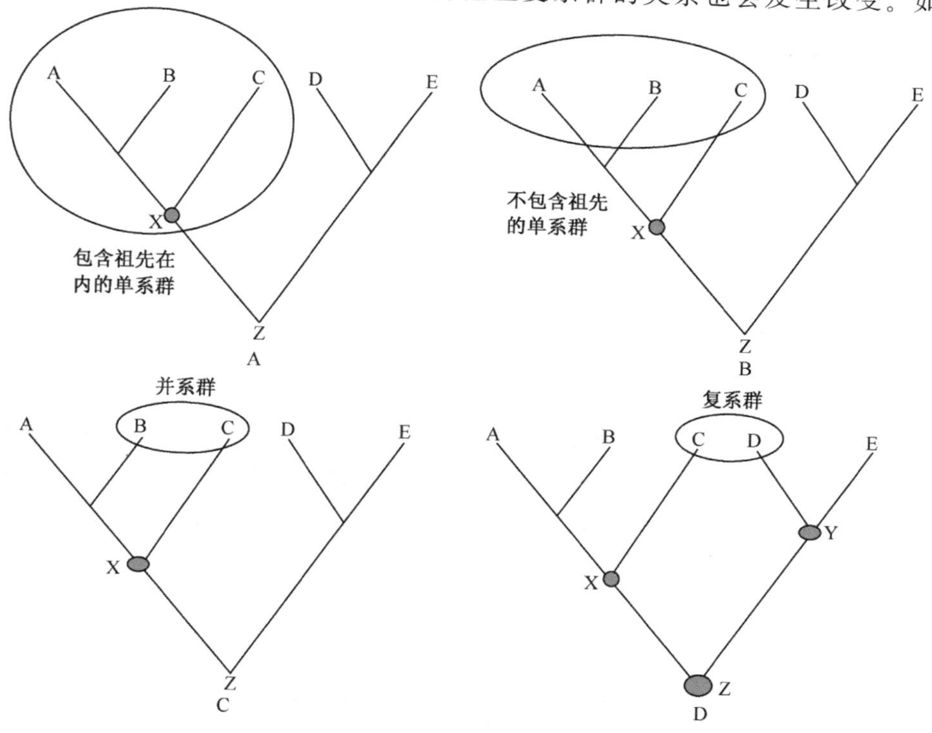

图 13.19　单系群、并系群以及复系群的关系

A. 包含祖先及其所有后代的单系群；B. 不包括祖先在内但包含其所有后代的单系群，这往往是祖先已无法识别；C. 并系群，只包含了最近共同祖先的部分后代；D. 复系群，包含了来源于不同最近祖先的后代

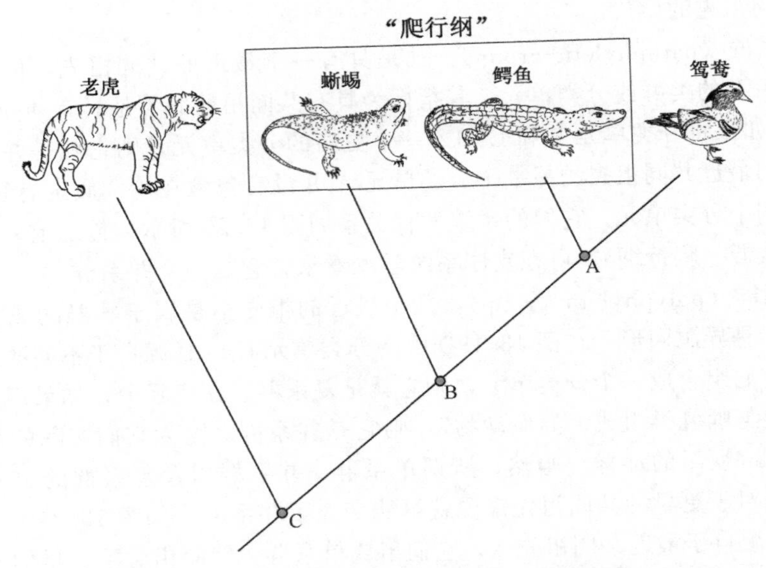

图 13.20　传统分类系统中的爬行纲是并系群

13.21A 中，A、C 起源于最近的共同祖先 Y，它们是单系群。但如果随着研究的进展，发现它们的共同祖先还有另外后代 B，那么原先的分类单元就变成了并系群。

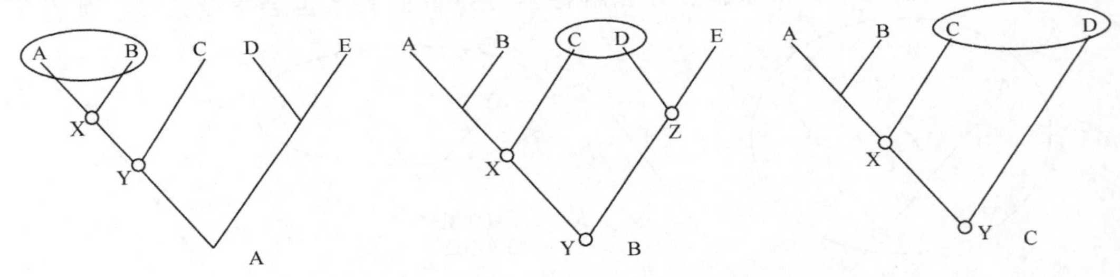

图 13.21　单系群、并系群及复系群的相对性

A. A 与 B 组成的分类单元相对于 X 是单系群，但相对于 Y 而言就是并系群；B. C 与 D 组成的分类单元相对于 X、Z 而言是复系群，但相对于 Y 而言就是并系群；从图 B 与图 C 中可以看出，在 E 未知的情况下，原先的复系群会变成并系群

在图 13.21B 中，有 5 个分类单元 A、B、C、D、E，假定系统发育关系就如图所示。如果将 C、D 归入一种分类单元，那么它是复系群，因为它们来自于不同最近共同祖先。然而，如果去掉 E（如未知的情况下，图 13.21C），这一分类单元就变成了并系群。

13.3.2　支序系统学的分类原则

支序系统学的目的就是要建立反映系统发育关系的稳定的分类系统。因此，它规定只有单系群才能用来分类，分类应准确反映系统发育关系，姐妹群（单元）应给予同等的阶元级别，双分支（bifurcate）。只有遵循这些原则建立起来的分类系统，才能准确反映系统发育关系。如图 13.22 中，5 个分类单元的系统发育关系如分支图 13.22A 所示，分类系统如图13.22B和图13.22C所示。如果在没有支序图的情况，按照上述原则，也可以将分类系统转换成分支图，可见它确实是反映了系统发育关系。

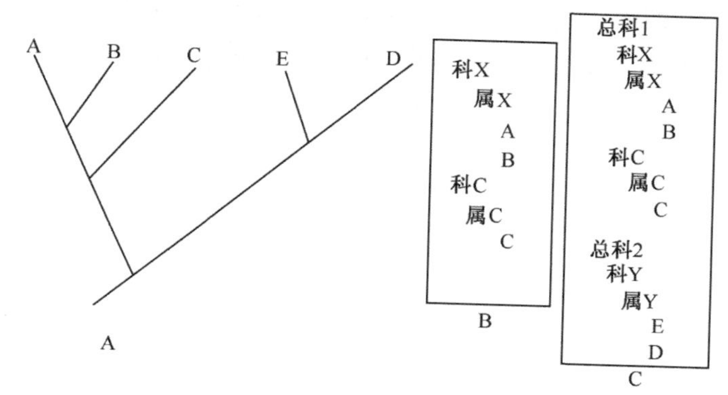

图13.22　分支图解与支序分类系统的统一性

A. 分支过程；B. A、B与C的分类系统；C. 所有分类单元的分类系统；分类系统与分支图解完全是对应的，可以相互转换

支序系统学的观点和方法一经提出，引起了极大争论和热烈讨论，其规模和程度可与达尔文提出进化论时有一比（详见第14章）。随着讨论的深入，在支序系统学派内部，不同的学者之间也产生了一定的分歧，其主要表现为产生对支序系统学的前提——生物进化论的抛弃或忽略，而更加重视特征的分支重叠和多重一致模式的寻找（详见第17章）。

从上述对分支过程的推导中可以看出，只要确定了特征的祖征态和衍征态，再结合简约原则就可以寻找到相对简约或最简约的分支过程或模式。传统认识中，生物的祖征态与衍征态是进化过程的产物和表现，因而可以说，支序系统学是以进化论为前提假设的。然而，在实际的分支过程和模式建立过程中，却未涉及进化论的任何内容。因此，如果以特征的改变为前提而不是以生物的进化为前提，分支过程和模式的建立基本不受到影响，支序系统学的方法和理论应用于语言学和文献学研究就是明证。因此，有些学者（如Nelson）提出，对支序分类学家来讲，特征的分支样式才是最重要的，进化论并非必需。只有了解了特征以及分类单元的分支样式之后，才能够较准确地了解进化的过程，至少是进化过程中种化或分支过程才能了解，在这之前谈论进化论意义不大。

然而，这种“修正”了的支序系统学观点遭到多方批评和诘难（Kluge 2001）。首先，根据进化论，生物是从远及近由不同的共同祖先进化而来的，每一个共同祖先的全部后代组成一个单系群，不同的单系群依次排列就形成了一种“自然序列”或“自然等级”，它们客观存在，人类只能识别或辨识而不能人为地创建它。支序系统学的目的就是要寻找或重建这种自然等级。如果不承认进化论，那么意味着自然界并不存在这样一种等级序列，那么我们还找什么？还有，形态或特征的改变有多种原因，但生物特征及形态的改变是环境影响下的有方向的改变，它们本身就是进化的产物。正是这种有方向的改变才使我们有可能识别出祖征和衍征，从而依据共有衍征来重建样式。如果不承认进化论，那么意味着生物及其特征改变并不是有方向性的，是像气候那样的周而复始的循环式改变吗？是像岩石风化那样的朝逐渐无序的方向发展吗？是像历史进程那样有前进有后退式的变化无常吗？是像电视剧情节那样的跌宕起伏吗？是这些情况中的任何一种，我们如何辨识祖征与衍征？

如果没有共同起源的假设，那我们如何识别同源相似和异源同形？还有识别的必要吗？非同源假设的多少又有什么关系？简约法则的依据是什么？

第14章　进化分类学派及其与支序分类学派的论战

概括来讲，支序分类学派的观点只有两方面：依据共有衍征来推导分支过程或系统发育关系，依据单系群来形式分类（详见第13章）。进化分类学派（evolutionary systematics）基本同意支序分类学派用共有衍征来推导分支过程，但却不同意用或只用单系群来分类。

进化分类学派是由一些研究种群遗传学和进化论的学者组成，在支序分类学提出之前在生物系统学界占有主导地位。原先他们并没有明确的主张（也许是不可能有），也没有人标榜自己是进化分类学派。随着支序分类学的提出，他们当中的一些人出于自己对系统学的理解，或者为了维护和坚持传统分类系统而与支序分类学派进行了激烈论战和讨论。在此过程中，双方的观点或其中的要点逐渐明朗，主要人物也逐渐显现。进化分类学派的代表人物有鸟类学家、进化学家Mayr和古生物学家Simpson等。当然，之所以是他们，也是与他们所从事的领域、研究的对象有密切关系（详见以下的讨论）。从照片上看，100岁时（2005年）离世的Mayr是个博学、谦虚的学者，可他的文章很多却是与别人的论战过程中写就的。与真正的达尔文任由别人去争论不同，这位“20世纪的达尔文”（Haffer and Bairlein 2004）往往是亲自上阵辩论。为了维护生物学物种定义，他就写了若干文章（参见第8章）。在与支序分类学派争论的过程中，他又一次当了排头兵，也曾与Hennig有过直接交锋。他最近的相关文章出现于2002年（Mayr and Bock 2002）。进化分类学派的主要观点可参考Mayr（1974），也可见郑乐怡（1987）、周明镇等（1983）。

14.1　进化分类学派与支序分类学派的异同

与支序分类学派一样，进化分类学派承认生物是进化产生的，分类系统要尽可能地反映或拟合进化过程或生物的血亲关系，也许有时不太容易做到。同时，进化分类学派认为，支序分类学派用共有衍征来推导分支过程以及将特征区分为祖征和衍征、并严格区分同源特征和非同源特征是对系统学的一大贡献，然而只用单系群来分类却显得太严格，也是对传统分类系统的一种破坏。系统发育关系以及系统发育图不仅要包含分支过程，也还要包含生物进化的程度和速度，更要考虑进化过程中出现的进化级甚至生物学因素等。换言之，进化包含两方面的因素，一是生物形态上的改变和差异；二是种化过程，即一个物种或支系分裂为两个或两个以上的后代。支序分类学派强调或只强调第二个过程，而明显忽视第一个方面。进化分类学派更加强调这两方面内容的整合和统一，尤其是对进化级（evolutionary grade）和生态适应区（adaptive zone）的强调。

所谓进化级就是新的生活环境。例如，陆生动物脱离了水生环境的束缚而可以在陆地长期生活，那么就是进入了新的进化级和生态适应区；同样，鸟类由于有翅到空中生活也获得了新的进化级和生态适应区。进化分类学派主张，在建立分类和系统发育关系时要考虑这些方面的信息。

在图 14.1 中，有麻雀、鸳鸯、矛尾鱼和鲢鱼 4 个物种，假定它们的分支过程如图所示，它们之间的特征差距用它们之间的相对距离来表示。按照支序分类学派的做法，两种鸟可以组成一个单系群，但两种鱼却不行，因为它们组成的分类单元是并系群。

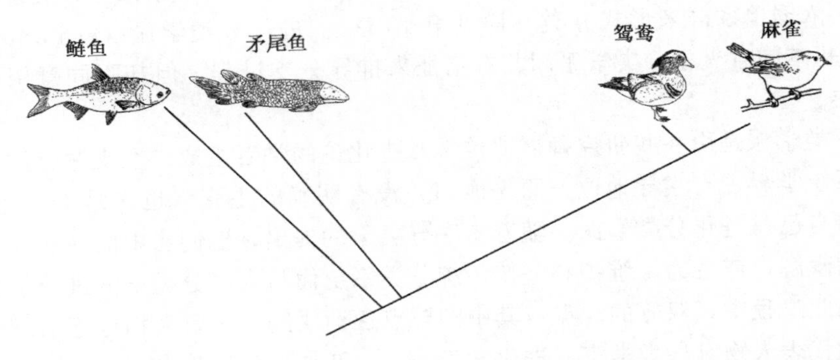

图 14.1　4 种动物的分支过程与特征差异度图示（动物之间的距离代表了特征差异度）

而进化分类学派认为，矛尾鱼和鲢鱼可以组成一个分类单元，因为它们在体制上很相似；生活环境也雷同；它们之间的区别很小，远不及它们与两种鸟之间的差别；两种鸟到陆地生活，与水生的两种鱼相比，已进入到一个新的进化级和生态适应区；仅考虑分支过程太严格，没有包含进化的所有信息等。

而在支序分类学派看来，进化分类学派的做法太主观，不严格，因为他们实际是用“估量相似性”来分类，既考虑重要特征（如共有衍征等）又要考虑相似性，甚至还有生物学和生态学特征。这实际上是在分类过程中不仅仅使用共有衍征，还考虑祖征甚至独征以及特征间隔，并且单系群和并系群都用来分类。

支序分类学派与进化分类学派的观点冲突在他们对待“鸟与鳄”的关系中表现得最突出明显。假如有 4 种动物——鸳鸯、蜥蜴、鳄鱼和老虎，它们的分支过程如图 14.2 所示。按照进化分类学派的做法，老虎属于哺乳纲，鸳鸯属于鸟纲，而蜥蜴和鳄鱼可以组成爬行纲。按照这种分类系统，可以清楚地看出蜥蜴和鳄鱼之间的区别较小，鸟类与哺乳纲都进入了新的进化级（鸟类到空中生活，哺乳纲获得了生理上的突破），它们与爬行纲的差别较大等。每一纲中的动物体制上均相似，生活习性也相似。

然而，在支序分类学派看来，进化分类学派的爬行纲是不成立的，因为它没有独立的共有衍征，用来限定的都是共有祖征，爬行类不是一个单系群（因为它没有包含鸟类）；鸟类与爬行类之间的特征间隔会随着研究及化石的发现而填平，如始祖鸟化石就处在两者之间；体制相似程度、生活习性的一致程度、特征间隔的大小都是人为识别的，不客观；分类系统与分支过程不统一等。

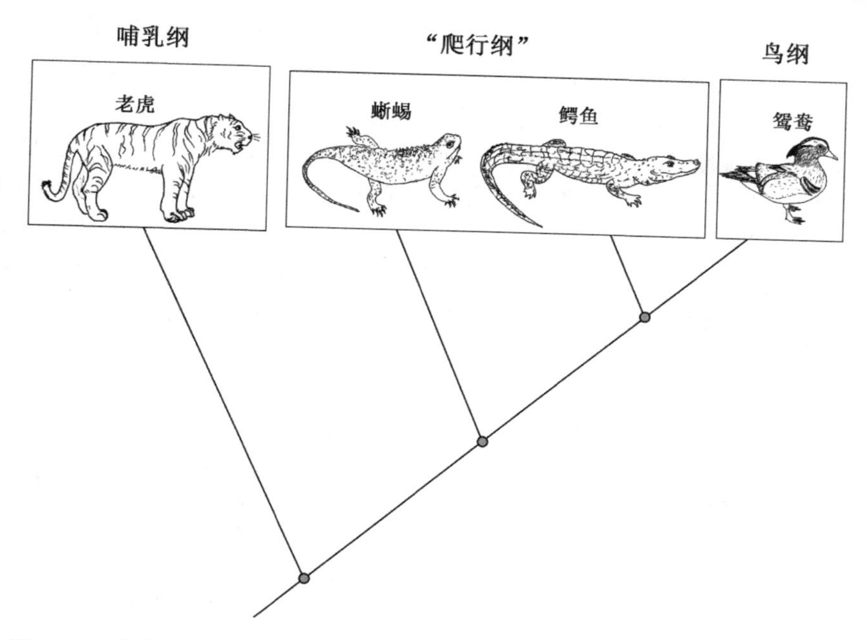

图 14.2　进化分类学派的爬行纲在支序分类学派看来不成立（因为它是并系群）

14.2　论战

14.1 节所述只是两派之间主要观点的不同。实际上，两派之间在众多问题上的看法都不尽相同，也发生过激烈的争论（Mayr 1974；Hennig 1974；Sokal 1974；Halstead 1978；Halstead et al. 1979；Patterson et al. 1979；周明镇等 1983，1996；郑乐怡 1987）。

争论一：单系群的定义

支序分类学派认为，单系群是包含源自于一个共同祖先的所有后代的分类单元。理论上也应包含祖先在内，但一般情况下祖先已不存在或无法识别，因此只包含其所有后代。如果包含祖先在内，也可称为全系群（holophyletic group；图 13.19A）。而进化分类学派认为，支序分类学派擅自篡改单系群的含义，实际上，只要是源自于一个共同祖先的后代就可以组成一个单系群，并不一定要包含"全部"后代，这种要求包含全部后代的做法太严格太机械。而在支序分类学派看来，进化分类学派的"单系群"实际上包含了支序分类学派所主张的"单系群"和"并系群"两个概念，这显然不合适。而且，如果真的可以的话，由于生物是进化而来的，它们或近或远都有共同祖先，因此任何两种生物理论上都可组成一个分类单元。

争论二：系统发育概念和亲缘关系

进化分类学派认为，系统发育本身就包含两方面的信息。一是形态上改变，称为前进进化。如果一个物种没有发生任何种化过程，只发生形态上的改变，那么虽然它始终是一个物种，但形态上的改变也是进化的一部分，在制定分类系统时也要考虑这个因素。第二方面才是分支过程，即种化或世系分裂过程，或称分支进化（图 14.3）。支序分类学派只考虑进化的一个侧面，这是与系统发育概念和亲缘关系概念不相融的。Mayr 和 Bock（2002）说得很清楚，支序分类学派只考虑分支过程这一个维度，而不考虑相似性这第二个维度，是不可靠的。只有进化分类才充分考虑到了这两个方面，才充分使用到了两个维度。而支序分类学派认为，在系统发育关系中，分支过程才最重要。如果一个物种不发生种化事件只是形态上的改变，那么它始终是一个物种，如果生物界从一开始就这样的话，那么世界上到目前仍只有一种生物，那么系统发育关系就无从谈起。只有推导出或知道了分支过程后才能知道不同物种之间的血亲关系的远近，谈论系统发育关系才有基础。

图 14.3 前进进化与分支进化图示

前进进化只是特征形态上发生改变而没有种化过程，分支过程指种化过程或种化事件

争论三：祖先

支序分类学派认为，一个物种产生于一次物种分裂事件而消失于再一次的物种分裂事件，或者说，物种存在于两次种化过程之间。只有这样处理以后，才能将所有生物或生物分类单元当作终端分类单元处理，才能在平等的基础上探讨物种或其他分类单元之间的关系。况且，所有生物都是不断进化的，现存的所有生物都已经过漫长历史的进化过程，已无法判断出谁是谁的祖先。而进化分类学派认为，这种做法太机械也不科学，更不符合实际。按照生物学物种概念，只有当两种生物物种之间存在生殖隔离时，才能将它们定义为不同的物种。例如，当大陆上一个很大种群的一小部分个体扩散到某一岛屿上以后，在隔离的状态下它们演化成一新物种，而大陆上的大种群在相同的时间内却几乎没有发生任何改变，与小种群刚扩散时一模一样。在这种情况下，可以将大陆上的物种认为是岛屿上物种的祖先，这里并没有三个物种而只有两个物种（图 14.4A）。而按照支序分类学派的做法，就会人为地将原来的祖先物种认为灭绝了，而将这后来的两个物种都认为是原来种群的子种（图 14.4B）。这显然与事实不符。支序分类学派争辩道，诚然，在时间尺度上大陆上的前后两个种群间可能确实没有生殖隔离，可你如何证明呢？原来的种群已不存在了啊！保存到现在的种群在这段时间内可能在很多方面已与原来的祖先种群不相同，那为什么还要认为它们是同一物种呢？既然无法证明它们是同

一物种（至少生殖隔离无法证明），那为什么不在技术上将它们处理成两个不同的物种呢？如果我们可以接受秦始皇与我们属于同一物种，那么"北京人"呢？是否可以说"北京人"与我们也是同一物种，如何证明？

图 14.4　进化分类学派与支序分类学派对物种定义之不同图示

A. 进化分类学派认为的两种生物；B. 同样的情况下，支序分类学派要处理成三种生物，即使其中有两种并没有不同

争论四：时间种

所谓时间种就是指仅形态上发生改变而没有形成子种的物种，或者说是没有种化的物种。它们往往存在于某一段时间内，因此叫做时间种。这相当于上述的大陆上的大种群。支序分类学派不承认祖先，因此也就不承认时间种的存在。然而，在古生物学研究领域内，时间种是一重要概念，很多化石物种都是时间种。古生物研究者往往是通过比较不同化石的异同，将它们排列成一定的演化世系。在形态改变不大的情况下，一般就将一定的化石物种认定成一个时间种。而在支序分类学派看来，这种做法太随意主观。只有将这些化石物种当作与现生物种一样平等的分类单元、统一进行分析考察后，才能推导出它们之间的系统发育关系，然后才能推导出分支过程和演变过程，而不是研究谁是谁的祖先。

争论五：化石

化石是已灭绝的生物或现存生物的中间过渡类型。无论是哪一种情况，因为进化历史无法再现，我们已无法肯定它们的确切分类地位，因此也只好将它们与现存生物物种一样处理和看待。化石的地位与时间种或祖先一样，是无法固定的，而对它们分类地位的确定又需要通过与现存生物的比较才能得出。再者，化石特征往往很少。因而支序分类学派总体上不太重视化石，往往只把它们当作验证某一特征或生物在历史上出现的确切年代的对照。而在进化分类学派那里，化石具有很大的价值，它们往往被用来推导现存生物在历史上的可能演变过程和类型。例如，鸟类是从爬行类演化而来的，在演变过程中可能经历过一个类似于始祖鸟（化石）的阶段。然而，在支序分类学派看来，这种过程无法再现，在演化过程中鸟类可能有也可能没有一个类似于始祖鸟的阶段，而不能硬性地认为它们确实经历过这么一个阶段。问题的关键是要搞清楚始祖鸟、爬行动物以及鸟类之间的分支过程。如果始祖鸟与现生鸟类具有最近的共同祖先，就可证明现生鸟类在演化过程中曾出现过一些与始祖鸟共有的衍征，如有翼、有羽毛等。也就可间接推测现生鸟类的祖先也具有过这些特征，但它们不一定就是始祖鸟。

作为中间过渡类型的生物（如有袋类）也存在同样的问题。

争论六：进化级

进化分类学派很重视进化级，尤其是明显的进化突破，如鸟类翅的出现和空中生活，认为这些代表了进化过程中的重要改变，在系统发育关系和分类系统中要充分考虑这种因素。然而，在支序分类学派看来，这种对进化级的判断完全是主观的、不确定的。例如，在只有老虎、矛尾鱼和鲢鱼三种生物情况下（图 14.5A），可以很容易地判断矛尾鱼与鲢鱼有相似的生活环境，老虎代表了进入了新的进化级。然而，如果将矛尾鱼换成青蛙、老虎换成白鱀豚的情况下（图 14.5C），由于连同鲢鱼在内的三个物种都或多或少地生活于水中，这时判断它们之中谁进入了新的进化级就不太容易。而它们之间的分支过程与前三种生物的却是一样的。即使是前三种生物中，矛尾鱼或肺鱼也可以在陆地短期生活（实际或假定），它到底有没有进入新的进化级呢？

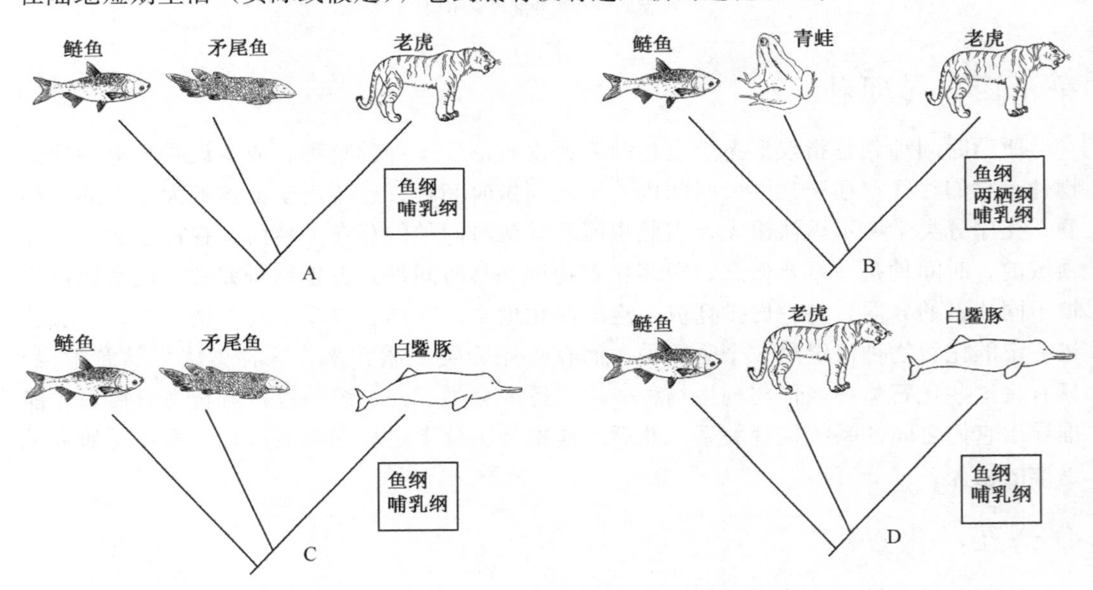

图 14.5　进化分类学派与支序分类学派对进化级的不同理解图示

A. 两种鱼较相似，老虎进入了另一个进化级，分类系统为二纲系统；B. 当将矛尾鱼换成青蛙，又要重新判断进化级，分类系统也发生很大改变；C. 当将老虎换成白鱀豚，虽然三种生物的生活习性相似，但仍要分为二纲；D. 老虎与白鱀豚的生活习性极不相同，但仍依据重要特征归为一类

争论七：祖先分类单元

支序分类学派指出，如果并系群和单系群都可组成分类单元，都可用于分类，在分类时又要考虑进化级和祖先等，那么实际上就会使得分类极难开展，分类系统极难建立，尤其是对祖先分类单元或更高层次上的分类单元。如果可以考虑鸟类和哺乳类进行了新的进化级，将爬行类当作它们的祖先，那么是否也可以将鸟类与哺乳类安排到门级分类阶元层次上去，与“脊椎动物亚门”同等对待呢？如果这样，“脊椎动物亚门”还

存在吗？既然作为“爬行类”一个亚类的鸟类可以与“爬行类”享有同样的阶元层次，为什么同样是“脊椎动物亚门”一个亚类的鸟类却不能与其享有同样的待遇呢？到底什么时候可以或不可以呢？

争论八：相似程度

进化分类学派在制定分类系统和系统发育关系时，除了考虑分支过程外，还要考虑生物之间的相似程度。例如，在图 14.5A 中，由于矛尾鱼与鲢鱼长得很像，而它们与老虎的相似程度很低，因此可以将它们包含在一个分类单元中，因为这表示它们形态差异小，基因分歧小，或者说它们之间很相似，无论是形态还是基因。然而，这种相似程度的判断也往往是主观的。到底相似到什么程度才叫相似？是 51%还是 60%？在图 14.5B 中，如果将矛尾鱼换成青蛙，它们的分支过程不变，然而这时在进化分类学派看来，青蛙与鲢鱼就不能包含在一个分类单元中。同样在图 14.5C 中，将老虎换成白鱀豚，由于白鱀豚与其他两种鱼类长得也很像，至少在外形上，那么是否可以将它与矛尾鱼包含在一个分类单元中吗？进化分类学派可能会说“这不行”，因为它们在其他一些重要特征（如呼吸、心脏、内温等）上很不同。或者将矛尾鱼换成白鱀豚，这时进化分类学派又将白鱀豚与老虎归在一起了，却全然不考虑白鱀豚与老虎在外形上也有很大的差别。那么，什么时候要考虑重要特征，什么时候考虑相似性呢？为什么不能统一用一种特征呢？

争论九：特征间隔

进化分类学派在制定分类系统时，还要将特征分歧和间隔考虑在内。如在图 14.6A 中，矛尾鱼和鲢鱼与麻雀的特征间隔较大，它们之间的间隔小，尤其是矛尾鱼与麻雀之间的间隔较大，虽然它们有最近的共同祖先，考虑到这些间隔，不能将它们二者归为一类。然而，在支序分类学派看来，这些所谓的间隔是主观判断的，不科学的。另外，有很多特征间隔是在缺乏了解或缺少更多分类单元的情况下才形成的，这些间隔会随着更深入研究、更多化石和生物类群的发现而逐渐填平。如果将青蛙加入到分支图 14.6A 中，就会发现，鱼与青蛙、青蛙与麻雀之间的特征间隔就会变得小一些（图 14.6B）。如果将爬行类等再考虑在内，鱼与麻雀之间的间隔实际上不存在了。如果将始祖鸟、孔子鸟等考虑在内，鸟类与爬行类之间的间隔会变得很小，甚至有经验的研究人员有时都无法判断像中华鸟龙这样的化石到底是鸟还是恐龙。另外，如果综合考察现生的真兽类（如老鼠：胎生、哺乳）、后兽类（如袋鼠：胎生但幼体极弱）和原兽类（如鸭嘴兽：卵生、哺乳）的特征，可以发现它们之间的间隔很小。

争论十：生物学

面对如图 14.6A 所示的分支过程，进化分类学派还认为，由于矛尾鱼与鲢鱼生活习性相似或相同，因此可以将它们归为一类。而麻雀由于已到陆地生活，应该分开。然而，“水生习性”这一特征在支序分类学派看来是实际是祖征，根本不能用于分类，因为麻雀的祖先也可能是水生生活的。另外，矛尾鱼如果也可以在陆地生活短暂时间，为什么不用“陆生生活”这一生物学特征将矛尾鱼与麻雀归为一类呢？

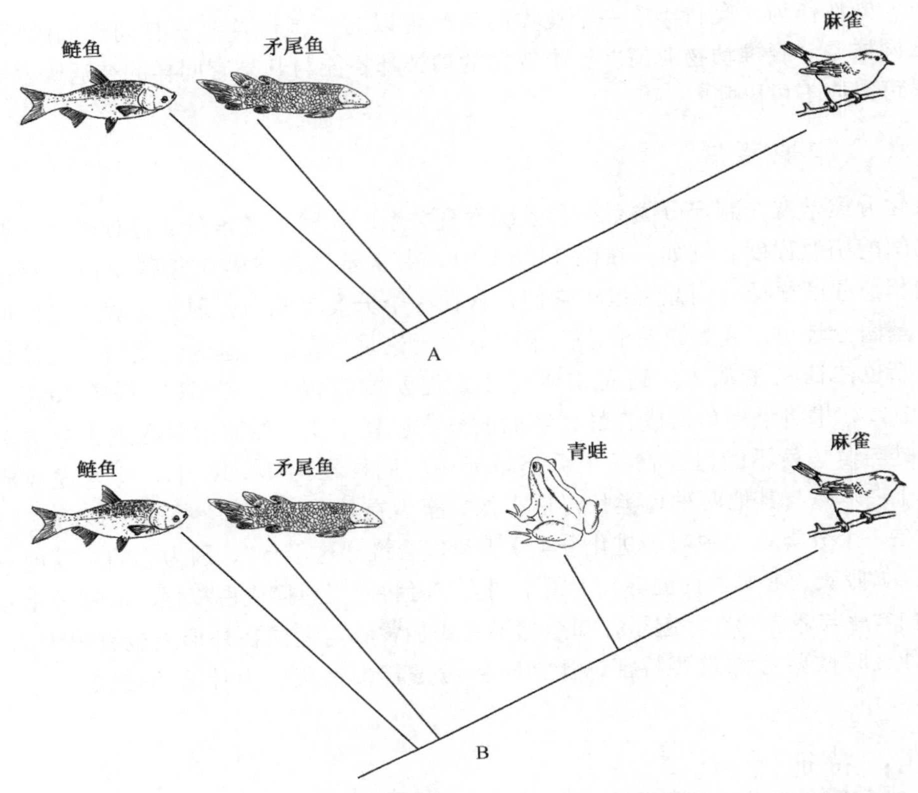

图 14.6　特征间隔会随着研究深入及更多生物类群的发现而逐渐填平变窄图解

争论十一：进化过程

进化分类学派认为，按照他们的分类系统，可以很好地解释生物的进化过程。如在图 14.5A 中，将矛尾鱼与鲢鱼归入一类，组成“鱼纲”，老虎归入“哺乳纲”，那么就可以知道，哺乳纲是从鱼纲进化而来了。同理，如果将图 14.7 中的 4 种生物组成哺乳纲、两栖纲和鱼纲，就可以知道鱼纲是哺乳纲和两栖纲的祖先，也就阐明了它们之间的进化过程。然而，在支序分类学派看来，在这种情况下，进化分类学派是混淆了物种和其他高级分类单元之间的区别。一个单系群的祖先是一个物种而不是一个高级分类单元（如一个属或科等）。因此可以说哺乳纲和两栖纲的祖先是鱼类中的“某一个生物”，但绝不能说它们的祖先就是“鱼纲”。另外，所谓的进化过程并不存在，现生的鱼类、两栖类以及哺乳类都是从共同的祖先进化而来的终端分类单元，没有谁是祖先的问题。

争论十二：进化趋势

按照进化分类学派的分类系统，如将脊椎动物分为鱼纲、两栖纲、爬行纲、鸟纲和哺乳纲，就可以从中看出进化的趋势。可以说，生物进化是由水生到陆生、由简单到复杂、由不完善到完善、由外温到内温的方向逐渐进化的。因此，这种分类系统可以反映和预测进化趋势。然而，由进化过程可以看出，就特定的生物来看，它是朝适应环境的方向发展的；但综合所有生物的进化状况来看，进化没有特定的方向，总体上生物是呈发散式进化的。不能说结构复杂的生物比结构简单的生物更能适应环境，它们只不过都是更适应自己生活的环境罢了。单细胞的藻类能在一滴水中生存繁殖，老虎行吗？地球上的所有生物都有共同的祖先，都经历了同样长时间的进化，没有谁更进化谁更原始的问题。承认有进化趋势，就会有意无意地承认不同人群或人与动物之间存有高低尊卑的等级系统。

争论十三：分类系统与分支图的一致性

从技术上讲，支序分类学派强调分类系统与分支图的对应性和一致性，两者各自是对方的镜像，可以相互转换。就是说，从它们当中的任何一个都可以推导出另一个。如果有图 14.5A 所示的分支图，可以建立如下的分类系统：

内鼻孔总纲（哺乳纲＋矛尾鱼纲）

鱼总纲　（鱼纲）

当然，如果有上述的分类系统，就可以重建如图 14.5A 所示的分支图。它们是完全对应的。而如果按照进化分类学派的分类，会将如图 14.5A 所示的分支图转换成如下的分类系统：鱼纲和哺乳纲。而根据这种分类系统，是不可能推导出上述的分支图的。而进化分类学派认为，系统发育关系或者说进化过程与分类系统不一定非要完全对应，这两者完全可以分开来考虑。分支图只是表示生物进化过程中的分支过程，而不是全部的系统发育关系。在分支图之外，完全可以用额外的说明来表达更多的进化和系统发育信息。然而，在有完全对应可能的情况下，为什么不这样做呢？

争论十四：分类系统的稳定性

支序分类学派指出，进化分类学派的分类系统是不稳定的。在图 14.5A 中，有 3 个物种，分别为老虎、矛尾鱼和鲢鱼，按照进化分类学派的做法，可以将它们分为两纲：鱼纲与哺乳纲；如果将矛尾鱼换成青蛙，如图 14.5B 所示，分支过程并不发生任何改变，但这时的分类系统变为：鱼纲、两栖纲和哺乳纲；如果将矛尾鱼换成白鱀豚，如图 14.5D 所示，分支顺序仍没有改变，这时分类系统变为：鱼纲和哺乳纲。可见，在更换一个分类单元的情况下，分类系统就可能由两纲系统变成三纲系统，可见分类系统的改变是相当大的。而在支序分类学派的分类系统中，在这种情况下，分类系统并不发生改变，只是将分类单元的名称更换一下就行了，在三种情况下的分类系统都可以写成：

内鼻孔总纲（老虎＋矛尾鱼或青蛙或白鱀豚）

鱼总纲　（鲢鱼）

另外，在增加一个或减少一个分类单元的情况下，支序分类学派的分类系统基本不会发生大的改变，只需要增加或减少一层分类阶元就行了，分类系统是稳定的。如在图 14.5A 的基础上，如果增加一个分类单元如青蛙，分支图改变为如图 14.7 所示。那么上述的分类系统就可改变成：

内鼻孔超纲：四足总纲（哺乳纲＋两栖纲）＋矛尾鱼总纲（矛尾鱼纲）

鱼超纲：鱼总纲：鱼纲

而按照进化分类学派的做法，这时的分类系统就会由两纲（鱼纲和哺乳纲）变成三纲（鱼纲、两栖纲和哺乳纲）。

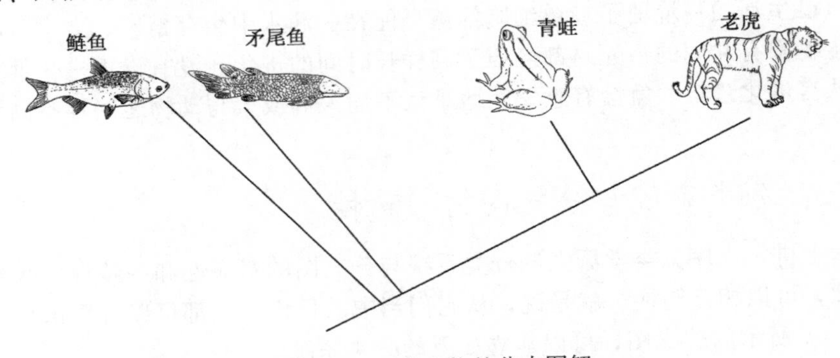

图 14.7　4 种生物的分支图解

争论十五：二分支还是多分支?

为了追求建立反映系统发育关系的稳定的分类系统，或者说为了分支图与分类系统可以完全转换，支序分类学规定，在分支图中只承认二分支而不承认多分支过程。多分支的存在，可能在短期内发生过多次二分支的过程，也可能是没有解决的二分支过程。进化分类学派认为，支序分类学派的做法太主观，不科学也不符合实际。在自然界中，肯定存在过多分支的过程，即从一个共同祖先同时进化出多个后代，如非洲丽鱼和岛屿上的进化辐射等。因此，多分支过程是允许的。然而，在支序分类学派看来，多分支存在除了显得比较混乱外没别的好处。即使存在多分支过程，为什么不在技术上将其处理为多次二分支过程呢?

争论十六：向上分类还是向下分类

进化分类学派认为，从古至今，分类工作都是这样进行的：先将形态上相似的物种组合到属中，再将相似的属组合到科中，由下至上进行。Mayr 和 Bock（2002）列出了所有人类用来归群的标准。然而，支序分类学派指出，生物进化的过程是这样的：由一个共同祖先分化出两个后代，由它们再分裂为更多的支系。一个支系就是一个单系群，因此用单系群来分类最符合进化的实际和过程。在实际工作中，要在尽力确定高级分类单元是单系群的前提下，再来区分下一层次的分类单元，即分类是由上至下的。进化分类学派声称承认进化论，但在分类实际中却不按照进化的实际过程来操作，这显然是言行不一。

争论十七：自然分类还是人为分类

进化分类学派和支序分类学派都承认，生物是进化产生的，有其独特的历史和过程；生物至少在物种水平上是有内在的遗传聚合性的，它们与无生命的物体是不一样的。因此，分类系统就应按照生物的自然属性或进化历程来进行，或者在理论上要尽可能地反映和重建这一进化过程。然而，如果按照进化分类学派的做法，依据相似性将生物物种先归入到属中，再将属归入到科中等，与书店或超市根据书或其他货物的相似性进行人为的归类有什么区别？这种分类系统到底是自然分类还是人为分类？况且，这种有时根据相似性有时根据重要特征所做出的分类和归群不可避免地要带上浓重的主观判断，显然是不科学的。

争论十八：种类平衡

在鸟与鳄的例子中（图 14.2），进化分类学派还争辩说，将鳄鱼与蜥蜴都归入爬行纲是考虑到各分类单元中的种类平衡。现存的鸟类约有 9000 种，哺乳类约有 5500 种，爬行类约有 8000 种（引自 http://www.biocrawler.com/encyclopedia）。它们都在一个数量级上。而现存的鳄类才 20 种左右，如果将它作为一个与鸟类同一阶元层次上的分类单元，显然两者的种类相差太多，不平衡。而支序分类学派指出，种类平衡与否根本不是制定分类系统的理由。再者，这一标准也难以执行。如在爬行类中，按照进化分类学派的分类系统，主要可以分为鳄目 Crocodylia、有鳞目 Squamata 和龟鳖目 Testudines，而现存的鳄目约 23 种，有鳞目（蛇与蜥蜴）约有 7600 种，龟鳖目约有 300 种，这时为什么不再考虑种类平衡？还有，现存的哺乳动物按照进化分类学派的做法，分为三亚纲：分别为真兽亚纲（约有 5000 种）、后兽亚纲（约 300 种）和原兽亚纲（3 种）。鸟类各目的种类数目差别也很大，雀形目占了大多数。

争论十九：分类层次

进化分类学派指出，支序分类学派所要求的将姐妹群安排在同等级别的分类阶元和双分支的结果，会造成分类阶元层次极为复杂。在争论十四中，明显可以看出，在增加一个分类单元的情况下，就需要增加一个阶元层次。在这种情况下，目前所广泛使用的 7 级基本分类阶元根本不够。如果有如图 14.2 所示的 4 个分类单元：鸳鸯、鳄鱼、蜥蜴和老虎，按照进化分类学派的做法，可以将它们归为：鸟纲、爬行纲和哺乳纲，它们都被安排在同一的阶元层次上，分类系统简单而明了。而如果按照支序分类学派的做法，就必须建立如下的分类系统：

鸟爬超纲
　鸟鳄总纲
　　鸟纲
　　鳄鱼纲
　蜥蜴总纲
　　蜥蜴纲
哺乳超纲
　哺乳总纲
　　哺乳纲

尤其让人不能忍受的是哺乳纲只有一个分类单元，但为了显示它的分支过程，上面还要人为地加上两级分类阶元，这显得多余而麻烦。同样的道理，如果有如图 14.7 所示的分支图，按照支序分类学派所要求的，必须建立以下的分类系统：

内鼻孔超纲
　四足总纲
　　哺乳纲
　　两栖纲
　矛尾鱼总纲
　　矛尾鱼纲
鱼超纲
　鱼总纲
　　鱼纲

而按照进化分类学派的分类系统，同样的 4 个分类单元，可将它们安排为：鱼纲、两栖纲和哺乳纲。这只是 4 个分类单元的情况，如果有如图 14.8 所示的分支图，就必须有 5 级分类阶元，如果有 n 个分类单元，就必须有 $n-1$ 级分类阶元，这会严重冲击现有分类体系。例如，昆虫纲可以分为 35 个目，如果严格按照支序分类学派的做法，就必须建立 34 级分类阶元，这几乎是不可能的，必然会在 7 级基本分类阶元上又人为地设立更多的层次，就像上述的在纲以外还有总纲、超纲等。

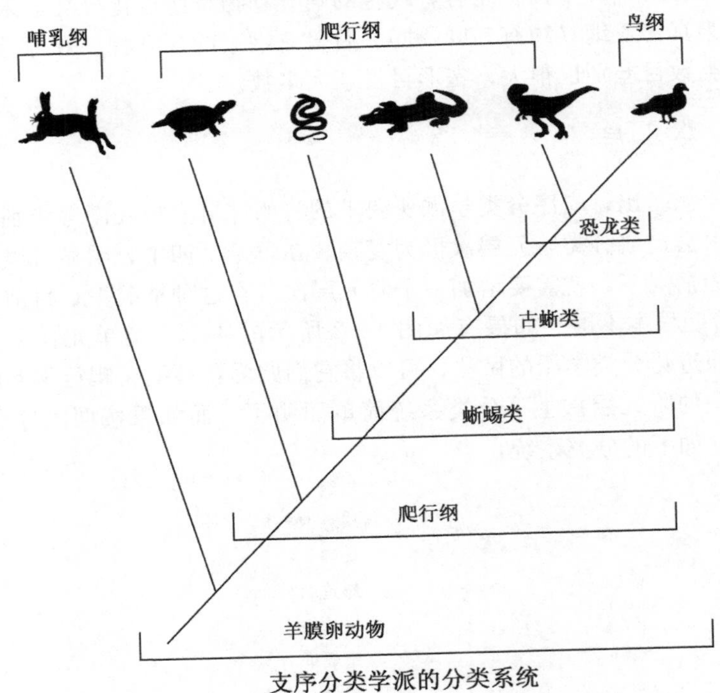

图 14.8　进化分类学派与支序分类学派分类系统之差异图解
支序分类学派的分类系统要求建立更多的阶元层次

支序分类学派承认，如果严格按照他们的分类程式，会造成分类阶元层次太多的弊端。然而，这只是一个技术问题，不能让这种技术问题影响分类系统的科学性和稳定性。另外，既然是技术问题，当然在技术上就有解决的办法，如用缩格法或数字法后，就可省略很多的分类阶元。如上面的分类系统可以用缩格法写成：

内鼻孔超纲
　　四足总纲
　　　　哺乳纲
　　　　两栖纲
　　矛尾鱼总纲
　　　　矛尾鱼纲
鱼超纲
鱼纲

将鱼纲与哺乳纲、矛尾鱼纲等排列在同一位置上，就可以减少“总纲”分类阶元层次。进化分类学派争辩道，这种安排在分类单元较多时，一是在阅读时会引起很大的不便，同时也给印刷排版造成不便，如果分类单元确实较多，无论是什么开本的书一页内或一行中都无法安排下很长的缩格形式。

有些支序分类学派的研究人员提出可以用数字来代替分类阶元，如上例的分类系统可以写成如下的形式：

1　内鼻孔超纲
1.1　四足总纲
1.1.1　哺乳纲
1.1.2　两栖纲
1.2　矛尾鱼总纲
1.2.1　矛尾鱼纲
2　鱼超纲
2.1　鱼总纲
2.1.1　鱼纲

这既可节省版面，又清楚明了。但进化分类学派批评道，这种做法与传统的用分类阶元层次的做法相差太大，也不能反映进化的任何信息，如无法反映出高级分类单元之间的区别要大于较低层次上的分类单元之间的区别等。

Nelson（1982，1984）提出一个顺序排列法（phyletic sequencing），就是将姐妹群依次排列，而不必非要将所有的分类阶元层次都写出来。如上面的分类系统可以写成：

内鼻孔总纲
　　哺乳纲
　　两栖纲
　　矛尾鱼纲
鱼总纲
　　鱼纲

或

哺乳纲
两栖纲
矛尾鱼纲
鱼纲

在约定之下，我们就可以知道，两栖纲是哺乳纲的姐妹群，矛尾鱼纲是它们两个的姐妹群，鱼纲是其他三者的姐妹群等。

争论二十：谁更接近达尔文

Mayr（1974）从达尔文的《物种起源》中找到很多原始论述，认为达尔文就是一位进化分类学派人士，或者说，进化分类学派的做法最接近达尔文的原意和要求。而Hennig（1974）同样找到了一些证据表明，进化分类学派的做法完全是亚里士多德的做派而不是达尔文的。Sokal（1974）认为这种对经典的刻板解释毫无意义，也无必要。

进化分类学派承认进化论和世系传承，希望在制定分类系统和推导系统发育关系时，除分支过程之外还要尽可能多地结合形态、生态等多方面的特征和信息，它的理论、方法和分类系统运用很广，有深远影响。然而，该派在制定分类系统时，有意无意地混淆前进进化和分支进化、不区分共有祖征和共有衍征、主观决定进化级和分类阶元层次、分类系统与分支图不统一、分类系统不稳定的不足之处也是显而易见的。郑乐怡（1987）认为进化分类学派企图在一个简单的图形上（或分类系统中）同时表达分支进化和前进进化两方面的信息，有时极困难。支序分类学派正是部分摒弃了前进进化，只强调分支进化，因而理论上显得相对较严格，方法上更统一。好在目前在大多数情况下，生物各主要门类之间的系统发育关系已基本解决，仍要解决的一般是关系较近的类群间的系统发育关系，因此一般不会出现鸟与鳄、老虎与矛尾鱼这样的矛盾关系，因此，支序分类显得更严格。试问，如果要你来重建几种虾或几种长得很像蜉蝣的系统发育关系（图 14.9），你如何判别它们的进化程度、相似程度、分歧程度和进化级呢？

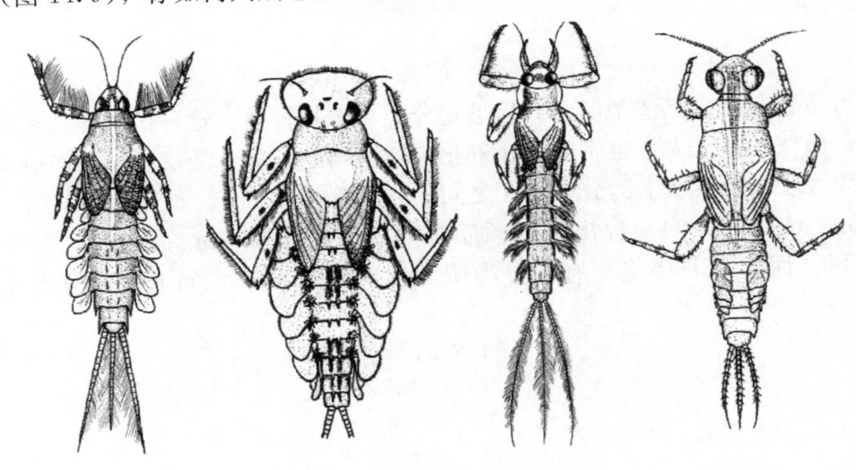

图 14.9　四种蜉蝣稚虫的形态

示意在同一门类之内，判断不同生物之间的特征间隔、相似性、进化级、生物学以及进化程度等信息极为困难

第15章 数值分类学派

支序分类学派主张以生物的血亲关系来重建系统发育关系和分类系统，然而，由于进化历史已无法再现、进化过程无法重复、血亲关系无法直接观察和实验，因而只能利用生物的共有衍征来进行重建和推导。在此过程中，不同学者可能对特征的同源性及极性判断上有不同的理解，所以有时对同一群生物分类单元也会出现很多不同的分类系统，虽然他们都声称是按照支序系统学的原则和方法。如昆虫纲中的捻翅目 Strepsiptera 的分类地位就一直不定，有些学者说它与鞘翅目 Coleoptera 比较接近，有些学者认为它与双翅目 Diptera 比较接近。另外，昆虫纲中“古翅类” Palaeoptera（蜉蝣目 Ephemeroptera＋蜻蜓目 Odonata）的单系性问题也是众说纷纭，主要也是因为对共有衍征的认识不同。我国发现的中华鸟龙 *Sinosauropteryx prima* 有人认为是中华龙鸟等。再例如，有些学者提出，根据骨骼特征，哺乳动物、鸟类和爬行动物三者中，鸟类是爬行动物的姐妹群，它们的关系最近。但也有人提出，可以用“温血和完整四心腔”这一共有衍征将哺乳动物和鸟类归为一支。这些不同的“共有衍征”哪个更重要呢？同时，将特征区分出祖征与衍征本身就已表明，衍征比祖征在建立系统发育关系时有更重要的作用。可见，虽然支序分类方法的目的是建立客观稳定的分类系统，但在具体操作过程中也会有主观判断的成分。我们所能做的，只是尽量避免掺杂过多的主观判断，让更多的共有衍征、更多重叠的支序图、来自不同特征的更多一致性分支过程来说明问题。

进化分类学派希望在重建系统发育关系及分类系统中尽量包含更多的进化内容，而不仅仅是种化过程或分支过程，认为如果仅凭这种狭义的系统发育关系还不能代表真正的进化过程和实质，还应将分类单元形态特征上的改变以及不同分类单元之间的分歧程度和间隔距离考虑在内，同时还应考虑不同分类单元的进化级和适应区及更多生态生物学内容。这种希望在分类系统中包含或反映更多进化内容的愿望十分可贵，然而恰恰是在判断如进化级、适应区、特征间隔、进化程度以及特征的重要性时会依赖更多的主观判断，更多地依赖经验和专家意见。因此，这种估量分类的方法也遭到多方批评。有人曾说，这就像一个驾照考官在去上班的路上碰到一个违章司机，而他恰恰是今天来考驾照的人。在这种情况下，如果这位考官是一位支序分类学派，严格按程序办事，如果他确实通过考试的话，他就会让这位考生通过。而如果这位考官是位进化分类学派的人士，他还要依赖经验办事，因此，综合考生的考试成绩和早上的违章表现，他不一定会让其通过最终考核。关于对进化分类学派的批评，请参看第15章。

能不能建立不依赖人的主观判断的分类系统呢？在另外一些研究领域内（如细菌分类学、植物分类学等），特征的重要性有时根本无法判断，在这些情况下系统学如何开展？在20世纪中期，另外一派生物分类学者提出一套数值分类的方法和原则，认为依之行事，完全可以做到。一般把这一派分类学者叫作数值分类学派（numerical systematics）或表征分类学派（phenetics，*pheno* 是相似性的意思）。

15.1　数值分类学派的主要主张

数值分类的理念起源很早，应用也早已有之（Mayr 1965），但完整系统地提出该理论的是 Sokal 和 Sneath（1963），前者是一位遗传学家（1947 年毕业于当时上海的圣约翰大学），后者是一位细菌学家。其主要思想及内容包含在两本书中（Sokal and Sneath 1963；Sneath and Sokal 1973）。

数值分类学派的目标是希望建立客观的、不依赖人主观判断的、可重复的、好的分类系统。如果这种分类系统不依赖人的主观意识判断，因此也就不依赖专家，任何人都可以做；如果这种分类系统所用的程序和方法是不依赖人的判断而是依赖电脑的计算，那么也就可以验证和重复；可以验证和重复的分类系统当然要优于依赖专家判断的不可验证的分类系统了。

数值分类学派认为，两个物种关系越近，其共有的性状及其相似性就越多。这种性状上的相似性反映了共同基因的多少，它们的相似程度和相互关系反映了遗传关系。因此，在建立分类系统时，要且只能依据生物的总体相似性（overall similarity 或 total similarity）。

如何建立这种依赖总体相似性（或总体相似度）的、客观的、可重复的分类系统呢？①用来分类的特征数量越多，包含的信息越大，那么依据其所做出的分类越好。因此，数值分类学派鼓励或要求尽可能多地选择特征。②各性状之间是等权的，即性状特征之间没有区别，都平等对待。支序分类学派及进化分类学派都认为特征是不等权的，有些重要，有些次要，有些不能用。如支序分类学派在推导系统发育关系时不用祖征，进化分类学派从本源上就认为有些特征的重要性要大于其他特征（如鸟类翼的出现，表明它们出现了较大的进化适应特征，可以进入另外一个进化级，因而较重要）。而这些在数值分类学派看来，都是不客观的，而要想客观，就必须让全部特征都等权对待。③任何两个实体或生物分类单元的全面相似性可按照统一的公式严格地分析计算后得出；它们之间的差别也可以依据公式进行计算。④分类系统可依据不同分类单元或实体间的相似程度与差异程度建立。

15.2　数值分类程式

数值分类学派的方法主要有两点：计算特征之间的相似度，特征等权。其具体做法如下。

15.2.1　确定分类操作单元

数值分类中的分类操作单元（operational taxonomic unit，OTU）是也可以不是生物学意义上的分类单元（taxon），原理上讲只能是物种或种群。由于种群中不同生物个体有区别，因此选择 OTU 时最好将一群形态相对统一的个体组合看作是一个 OTU，也可以在群体中随机取样，将样本当作一个 OTU。

15.2.2　选择特征并数量化

原理上，选择的特征越多越好，太少显得不客观，一般认为，特征至少要 60 个，也有人提议要多于 1000 个。特征多有两个好处，一是可以更好地计算总体相似性，二是可以减少取样的误差。选择特征时，同一性状最好尽可能只用一次，不要将特征分解成若干特征，如“触角”这一特征还可以包含“触角节数、长度、是否具毛”等多种状态，在应用时最好只用其中的一个。如果多次运用，无意中就将这一特征加权了。不同特征之间最好也没有从属关系，如选择了“翅有/无”这一特征后，最好不要再选择“翅具色斑/无色斑”，不然就不好对有些 OTU 的特征进行数量化和计算，如在本例中的无翅类群在“翅具色斑/无色斑”中就无法给出特征状态。

15.2.3 特征处理

特征有多种类型，为便于电脑程序处理，需要将它们进行标准化和数字化处理。

1. 数值特征

数值特征就是那些用测量的方法得到的特征，如长度、面积、体长、体重等，它们可直接使用于电脑程序。

2. 二态特征

二态特征（binary character）是只有两种状态的特征，如有翅/无翅、能飞/不能飞、具附肢/无附肢等。它们在编码时用“1 或 0”，或“＋或－”表示，如果未观察到则用 Ne 表示。

3. 有序多态特征

指有规律的 3 种或以上状态的特征：如无花纹、稀少花纹、较多花纹、多花纹等，可用 0、1、2、3 等来表示。

4. 无序多态特征

如果特征有多种状态，但不排列成明显的次序，如颜色的红、黄、绿、白。编码时，可将其分解成若干个二态特征，如下表所示。

OTU	是否黄色	是否白黄色	是否红色
A	1	0	0
B	0	0	1
C	0	1	0
D	1	0	0

要尽可能将无序特征转化为有序特征，如颜色可用波长来表示，电泳图可转化为波形等，再将其转换为数值特征。

15.2.4 计算

1. 对二态进行计算

因二态特征只有两个状态，编码后也只有“0”或“1”、“＋”或“－”两个数字或代码。假如有 3 个 OTU、13 个特征，编码后形成如下表所示的矩阵。

OTU	a	b	c	d	e	f	g	h	i	j	k	l	m
1	＋	－	－	＋	＋	－	＋	＋	＋	＋	－	－	－
2	－	－	－	＋	－	－	＋	＋	＋	＋	－	－	＋
3	＋	＋	＋	－	－	＋	－	Ne	－	Ne	－	－	＋

有了矩阵后，就可以计算不同 OTU 之间的相似系数 S_m。首先计算 OTU_1 与 OTU_2 之间的相似系数 S_m（1-2）。由于它们在 5 个特征 b、c、f、k、l 处都是“－”，在 d、g、h、i、j 5 个特征处都是“＋”，因此它们之间的相似特征的数量是 10，而总共有 13 个特征，因此

$$S_m(1\text{-}2) = (5+5)/13 = 10/13$$

运用同样的方法可以分别计算出其他 OTU 之间的相似系数。如 OTU_2 与 OTU_3 之间在 e、k、l、m 处是相同的，在其他特征处不同，但 OTU_3 有两个“Ne”，表示它的特征不明，因此它们两者之间的相似系数就可用下式计算：

$$S_m(2\text{-}3) = (1+3)/(13-2) = 4/11$$

相似系数可以用分数表示，也可以用百分数表示，如下表中有 10 个 OTU，它们之间的相似系数分别列在相似的方格中（相似性系数小于 50%的未列出）。

		B	C	D	E	F	G	H	I	J
A	×									
B	67	×								
C	83		×							
D	50	83	92	×						
E	58	92		92	×					
F	58	92		92		×				
G	92						×			
H	92						83	×		
I	50	75							×	
J	75		92						50	×

从上表中可以看出，分类操作单元 A 与 G、A 与 H、B 与 E、B 与 F、C 与 J、D 与 E 以及 E 与 F 之间的相似系数都为 92%，可以写作：

$$S_m = 92\%\text{：A-G，A-H，B-E，B-F，C-J，D-E，E-F}$$

同理可以将其他的相似系数与 OTU 写成：

$$S_m = 83\%\text{：A-C，B-D，E-F，G-H}$$

$$S_m = 75\%\text{：A-J，B-I}$$

$$S_m = 67\%\text{：A-B}$$

依据上面的相似系数就可以建立树形图或称分浓图（phenogram）（图 15.1）。

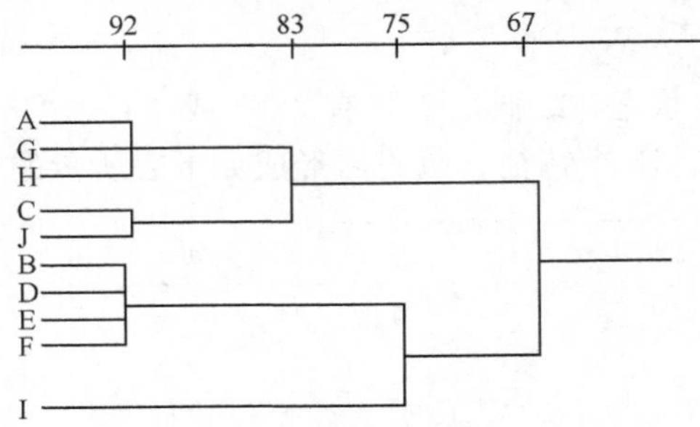

图 15.1　根据相似性建立的分浓图

同样的道理，可从用数字“0”和“1”编码的矩阵建立树形图。下表是由 S、T、W、X、Y、Z 6 个分类操作单元和 10 个特征组成的矩阵。

	1	2	3	4	5	6	7	8	9	10
S	0	0	0	0	0	0	0	0	1	1
T	0	0	0	1	0	0	1	0	1	1
W	0	1	0	1	0	1	1	0	1	1
X	0	1	0	1	0	1	0	0	1	0
Y	1	1	1	0	1	0	0	1	0	0
Z	1	1	1	0	1	1	0	1	0	0

分别计算不同分类操作单元之间的相似系数，就可以得到下表，并根据它建立树形图 15.2。

		T	W	X	Y	Z
S	1					
T	0.8	1				
W	0.5	0.7	1			
X	0.6	0.6	0.9	1		
Y	0.3	0.1	0.2	0.2	1	
Z	0.2	0.0	0.3	0.4	0.9	1

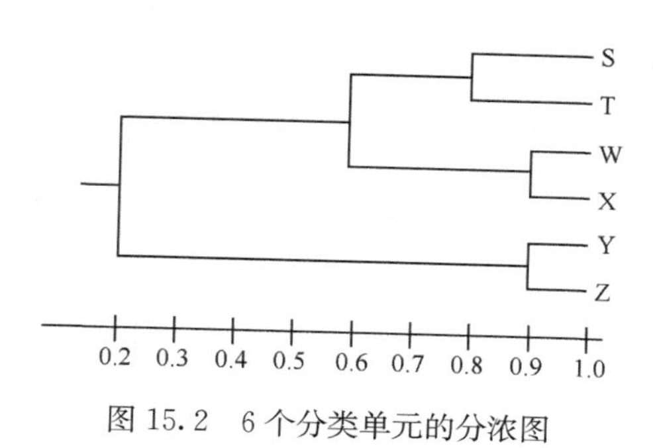

图 15.2 6 个分类单元的分浓图

2. 对有序多态特征和无序多态特征的计算

计算过程类似于二态特征。

3. 数值特征

因数值特征是直接测量所得，不同性状之间的数量级及单位都有不同，如人的身高单位是 cm，数量级至少是 10，而汗毛长度单位是 mm，个位数就可表示等。如果不加处理就进行计算，无形中那些数量大的、单位高的特征的权值就会很大。为避免之，在计算之前，还要对特征进行标准化处理（standardization）。

下表中有 T 个 OTU，n 个数量特征。首先计算出每个分类操作单元所有特征数值的平均值和标准差（方差的平方根，由于方差是数据的平方，与检测值本身相差太大，人们难以直观的衡量，所以常用标准差）。

OTU	特征	平均值	标准差
	1 2 3…n		
A	Y_{A1} Y_{A2} Y_{A3}…Y_{An}	$\bar{Y}_1$	S_1
B	Y_{B1} Y_{B2} Y_{B3}…Y_{Bn}		
⋮			
T	Y_{T1} Y_{T2} Y_{T3}…Y_{Tn}		

有了平均值和标准差，就可以对原始数值进行标准化。即用原始数值减去平均值再除以标准差后，所得到的数值就是标准化后的数值（下表），用它来进行下一步计算。

OTU	特征
	1 2 3…n
A	X_{A1} X_{A2} X_{A3}…X_{An}
B	X_{B1} X_{B2} X_{B3}…X_{Bn}
⋮	
T	X_{T1} X_{T2} X_{T3}…X_{Tn}

有了标准化的数值，就可以求出各分类操作单元之间的距离系数：

$$D_{ij}=[\sum(X_{ik}-X_{jk})^2]^{1/2}$$

如上表中，分类操作单元 A 与 B 之间的距离系数为：

$$D_{AB}=[(X_{A1}-X_{B1})^2+(X_{A2}-X_{B2})^2+(X_{A3}-X_{B3})^2+\cdots+(X_{An}-X_{Bn})^2]^{1/2}$$

得到了各分类操作单元之间的距离系数，就可以运用一定的公式和方法来运算。有多种方法和公式，下面介绍简单但运用很广的非加权配对法（unweighted pair-group method with arithmetic mean，UPGMA）。

假如我们得到了如下表所示的各分类操作单元之间的距离系数：

1	0					
2	1.6	0				
3	2.1	3.3	0			
4	3.1	3.6	2.4	0		
5	5.1	5.2	5.2	4.8	0	
6	5.8	6.1	6.0	5.0	3.5	0
	1	2	3	4	5	6

其中分类操作单元 1 与 2 之间的距离系数（1.6）最小，因此将它们用另外一个分类操作单元 OTU_7 代替。接下来要计算出 OTU_7 与其他操作分类单元之间的距离系数。如 OTU_3 与 OTU_7 之间的距离系数用下式计算：

$$D_{(7\text{-}3)}=[D_{(1\text{-}3)}+D_{(2\text{-}3)}]\times 1/2=(2.1+3.3)\times 1/2=2.7$$

同理可以计算出其他分类操作单元与 OTU_7 之间的距离系数，再将它们组成一新的矩阵，如下表所示：

7	0				
3	2.7	0			
4	3.35	2.4	0		
5	5.15	5.2	4.8	0	
6	5.85	6.0	5.0	3.5	0
	7	3	4	5	6

这时可以看出，如 OTU_3 与 OTU_4 之间的距离系数（2.4）最小，可以将它们再合并为一个分类操作单元，就像上述将 OTU_1 与 OTU_2 合并为 OTU_7 一样计算。如此循环往复，每次减少一个分类操作单元，直至结束。

15.2.5　根据相似度进行运算和归群并作表型图

这一过程一般都由电脑程序处理和输出。如根据表中的数据可以得到下面的表型图或称分浓图（图15.3）。

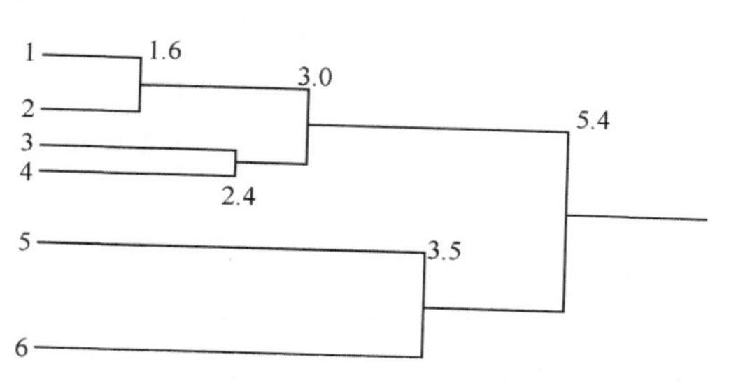

图15.3　利用UPGMA法建立的分浓图

15.2.6　形式分类

根据表型图可以建立分类系统。这种分类系统可以采用传统的阶元层次系统和分类单元名称，也可以另外建立一套名称及分类层次，如数字编码法等（参见第13章）。

15.3　评论

数值分类学派希望通过电脑的计算而不是人脑的判断来进行分类，如果在分类操作单元及特征一致的情况下，运用相同的程序确实可以得到一致的结果，且结果可以重复和检验。计算过程标准化和数量化，一定程度上避免了主观判断的随意性。电脑计算快速，可以处理大量的数据，也可以将大量不同方面的特征数值综合处理。也正是因为这些优点，数值分类方法在细菌系统学、单细胞生物分类学、分子系统学、植物分类以及动物系统学中都有广泛应用，在土壤学、遗传学等方面也有很多应用报道。

然而，对数值分类学派的原理及方法的批评也是强烈和尖锐的，其中以 Mayr (1965) 的评论最全面深入。

（1）根据相似性建立起来的分类系统到底是自然分类还是人为分类？生物是有生命的有机体而不是无生命的无机物，与其他石头、商品、书籍不同，它们有自己的自然历史和进化过程，因此分类系统和系统发育关系最好根据它们本身的历史来建立而不是人为地根据相似性来归群。做到与做不到是一回事，做不做则是另外一回事。无论多么艰难，我们要力求或试图如实反映或逐步逼近自然历史过程和进化历程，而不是对其弃之不理而根据没有进化意义的相似性进行归类。

数值分类学派争辩说，他们并不是不想反映进化历程，但分类系统可以反应这一历程也可以不反映这一历程，两个方面要分开来考虑。或者说，他们一定程度上承认进化历程和种系发生，但在实际分类时并不要求分类系统一定要与之对应。其他各派人士反驳到，既然承认生物是进化而来，那为什么不去反映这一历程呢？为什么还要另外一套分类系统呢？

（2）根据数值分类学派认为，两个物种的形态总体相似性越高，就反映出它们共同的基因越多，它们的亲缘关系也就越近。同理，总体相似性越低，就表明两者关系越远。然而，形态特征以及基因型的改变不一定是相互对应的。例如，只有一小部分的基因可以得到表达；决定同一特征的基因数目在不同生物可能相差极大；基因型相同的生物在表型上可能相差很大，反之亦然。一个明显的例子是在有些生物门类中（如植物和鱼类）基因组的大小可以相差几个数量级（图 2.6）。可见生物基因型与表型之间的关系相当复杂，表型相似的生物并不一定基因型相同或相似。当然，数值分类学派可以争辩道，如果所用的特征数目足够大，就可以克服这些不足和困难。然而无论如何，其前提假设仍然有待改进。

（3）如果用总体相似性进行分类与归群，那么到底到什么程度可以说是“总体相似”了呢？或者说，在分析计算时到底需要多少特征呢？是不是越多越好？1000 个肯定比 100 个特征更有效吗？50%的相似性一定比 51%的相似性差吗？到底要相差多少才能说两个分类操作单元是不同的？这是不是演变成对特征及其数目的无限追求和寻找？这实际上既浪费也无意义，对有些特征较少的生物也不可能。如果纯粹用相似性进行归类，实际上是一种唯名论的做法和理念（参见第 8 章）。

（4）从本质上讲，特征并不是等权的，有些特征是要比其他一些特征“重要”，或者说有些特征的权值是要比其他一些要大。例如，具有脊柱、胎生这些特征肯定比身体大小、体重、体色等特征要重要得多，因为它们的改变需要更多更关键基因的参与和改变。用支序分类学派的观点来说，就是同源特征要比非同源特征重要，受选择压力大的特征要比选择压力小的特征次要等。另外，“所有特征等权”这一先验判断不也是一种主观判断、一种加权吗？如果确实是，那么这就又不太客观了。

（5）到底选择什么样的特征才行呢？如何对一个生物个体进行特征选取和测量较容易？但分类操作单元不可能永远是生物个体，如果是生物物种如何取样呢？因为不同个体之间是存在各种差异的，依哪一个的为准呢？如果取样并求出平均值，那么样本多大为好？再者，因成体与幼体之间、雌雄之间有时具有很大差异，不同环境下的变异也十分常见等，因此本质上看，实际能采用的特征并不很多，总体相似性的估计存在诸多困难。

（6）用总体相似性来分类，除选择特征困难外，因个体差异，选择分类操作单元 OTU 也是极为困难的。因此，从原则上讲，只有选择单个个体才是客观的，如果是对多个个体进行取样或取平均值都存在误差问题。那么就有人问道：OTU 到底是什么？是一个生物个体，是一个种群，还是一个物种？高级分类单元如何界定？OTU 之间的区别是什么？如果一个物种就是一个分类操作单元，那么实际上就是将在本质上有区别的不同物种看作了形态上有差异的物体，这实际上否定了生殖隔离和物种的客观存在。如果用一个生物标本来代替一个种群或物种，那么就抹杀了种群内变异程度，实际是一种本质论的做法（详见第 10 章）。

（7）对特征不加分析地选取就不能区分同源相似与异源同形，即不能区分平行进化和趋同进化所造成的相似性。用这些表面上看起来相似的特征所建立起来的分类肯定是不合理的，也是与进化过程格格不入的。如某些特型演员长得与历史人物或现实人士极为相像，在外表上甚至远远超过这些人士与亲生子女的相似程度。如果仅用形态相似性来归类，显然不能反映血亲关系。当然可以用 DNA 或血型分析的方法来验证，即用更多更广的特征来校验，但如何去取历史人物的 DNA 和血液样本呢？总之，完全用形态相似性所建立的分类系统只是机械的归类，没有任何进化意义和进化内容的表达。

（8）对同一批分类操作单元用同样的取样方法和计算程序可以得到一致的结果。然而，计算相似性的方法有多种，程序更是五花八门，同样的数值在不同的程序处理后所得到的结果往往相差很大，这又如何处理？

（9）同样地，改变 OTU 的数目以及特征数目，其结果也可能会有很大的不同。

数值分类是想建立相对客观与可重复验证的分类程式和方法，然而在如选取特征、分类操作单元、计算程序、特征权重等方面都不可避免地带有很多主观的成分。愿望与做法上有很大的差距。

当然，3 个主要的分类学派也是在不断改进缺点、逐步完善的过程中。支序分类学派就借鉴了很多数值分类学派的做法，如引进电脑进行归类和建树等。进化分类学派也大多采用支序分析的方法来推导系统发育关系，只是在如鸟与鳄这样的极端情况下才会更多地考虑进化程度等。3 个学派的做法在不同的研究领域应用程度也不一样，在高等动物的系统学中，支序分类方法相对应用较多；在植物和低等生物中，数值分类方法相对较多。进化分类方法作为一种传统的观点和方法，仍有很大的影响和市场，很多人也还在自觉不自觉地使用他们的术语和系统。

第16章　分子系统学简介

在生物学研究进入分子水平以前，可供生物系统学研究人员使用的只有生物的形态特征和生物学性状，其中因形态特征容易获得，应用得也最广。然而，选择和应用形态特征用于生物系统学研究也有诸多困难，如表型进化的不同步性、异源同形的辨认困难、同源特征的确定困难、形态特征数据少工作难尤其是退化的类群。例如，蜉蝣成虫不食不喝，基本只有外部一层不太发达的外骨骼，同一科中的蜉蝣形态特征极为一致，尤其是那些外生殖器及后翅退化的类群，分类工作极难开展。另外，像鱼类、蛇类以及鸟类的分类，往往要用到很细微的特征，如鱼类鳞片、蛇头顶鳞片或者鸟类飞羽的排列模式等。还有，运用形态于分类实践时研究人员往往要经过长期的培训和积累，一般是有多年经验的专家在判断上有较大的发言权，也有些研究人员爱好寻找生物体内部的极细微解剖结构，给初学者等造成极大困难。

1953年，Watson 和 Crick 建立了 DNA 的双螺旋结构，标志着生物学研究进入到分子水平。人们发现，核苷酸分子只有极有限的几种，组成蛋白质的氨基酸也只有20余种，且它们在所有生物中都是相同的，这为分子系统学兴起奠定了基础。另外，蛋白质分子及 DNA 分子或其中的基因往往包含很多的位点，如果将一个位点看作一个特征的话，那么相比于形态特征，分子特征数目十分惊人。还有，根据中性理论，突变率具有一定的中性，突变随时间而积累，这就表明亲缘关系近、分歧时间晚的类群在分子水平上也应该相似或相近，而亲缘关系较远、分歧时间早的类群在分子水平上也更不同。这些都为分子系统学出现和兴盛提供了基础和前提保证。

分子系统学（molecular systematics，molecular phylogenetics）就是利用分子标记（主要是 DNA、RNA 和蛋白质分子或其片段）来探讨生物系统发育和进化过程的学科。Zuckerkandl 和 Pauling（1965）的文章就明确提出了分子标记可以作为研究进化历史的材料。目前正是分子系统学迅猛发展的时期。

16.1　分子系统学研究的主要步骤

分子系统学研究的步骤主要有以下几个方面（Hall 2001）。

16.1.1　选择要研究的类群

研究的类群包括内群（in-group）和外群（out-group）。内群就是要研究的生物分类单元，数目没有具体规定，一般要求代表性越全越好，最好是包含所有的相关分类单元，在条件不允许时，最好能选取有代表性的种类，特别是要注意选择地位不定或祖征较多、可能是冈瓦纳大陆起源的生物分类单元。另外，内群一般要求是一个单系群，如果对其的单系性有争议，最好将那些有争议的类群包含在内群中一起研究。外群一般是与内群有密切关系但祖征较多的1或2个分类单元，它的作用主要两个，一是让在计算过程中形成的无根树成为有根树，即让树以外群为起点；二是有利于内群的特征极化。一般情况下，外群的特征被认为是祖征态。外群也可以是一个理想模型，即选择若干与内群亲缘关系较近的生物分类单元，取它们的共同特征，如果它们的特征不统一，就取它们当中分布较广的那个特征作为祖征模式。

16.1.2 采集标本

基本确定了内群与外群以后，就要进行材料准备，如采集标本或样本等，以取得分子材料。采集标本一般要求研究者本人实施，以保证标本来源的可靠性和采集信息的完备性。一人或一个研究小组采集的标本总是有限的，活动的范围也很有限，可以通过交换等方法取得较大范围的标本或样本。也可以利用已发表或已公布的序列进行研究，但这种工作的原创性相对较低，除非研究不同的主题。

16.1.3 确定分子标记

确定了所要研究的类群之后，就要决定用什么样的分子标记（marker）来进行研究。可以用的分子标记很多，如可用基因或蛋白质，基因中还有核基因和线粒体基因，核中还有 DNA 或 RNA，也还可以用线粒体基因组或核基因组。选择什么样的分子标记与所研究的问题有密切关系。一般认为，如果研究的是高级分类单元之间的系统发育关系，最好使用核基因；如果是种级或以下水平的系统学，一般选择线粒体基因。当然这并不是绝对的，多数情况下是约定俗成的，要研究和参考已有相关研究的成果和分子标记并结合自身的条件来决定，并且还要考虑创新性问题。

16.1.4 纯化基因

有了材料并确定了分子标记和要研究的问题之后，就要进入实验阶段。实验工作最重要的部分是取得高纯度的单链基因或蛋白质序列。在这一过程中，要选择或设计引物、探索实验条件（如 PCR 中退火温度、切胶纯化）等。

16.1.5 测序

得到基因或蛋白质以后，就要对它们进行测序。现在这一过程都由专门的测序仪或公司来完成，效率很高。

16.1.6 寻找同源序列

得到测序结果以后，一方面要对其进行核对，另一方面，由于一个实验小组不可能测得很多的序列，因此，必须还要到基因库中寻找并获得更多相关的同源序列，这个过程叫 Blast。

16.1.7 比对

假设现在你已有若干条基因或蛋白质序列，那么是不是立即就可以建树了呢？还不行，你还必须对这些序列进行比对（alignment）。比对的目的是要找出不同序列之间的同源位点，只有确定了同源位点之后，才能进行下一步的工作。为什么确定同源位点呢？因为在不确定同源位点的情况下比较不同序列的异同是毫无意义的。假如你得到的序列有 10 个位点，但它们在基因中的位置可能完全不同，这时候比较是没有道理的。只有确定了它们在基因同一位置上的位点之后，才能再比较它们的异同。

形式上，比对的结果是尽可能地将相同的位点确定在同一位置。这就引出两个参数，一是比对完成后的序列长度，二是插入序列中的空白位点的多少。原理上来讲，任何两个或更多的序列都可以比对成统一的基因，只要不限定长度和空白位点的多少。如下表中的两条具 3 个位点的序列至少有 4 种比对结果。

A G T	A－GT	AG－T	AG－－－T
A C T	AC－T	A－CT	A－－－CT

那么它们当中哪个更好呢？原理上说，没有孰优孰劣，但空白位点越多、长度越长肯定越不好。为此，在比对时，要对各种不同的比对结果进行评价和比较，从中选出一个或几个较优的。例如，现在有两条序列：S_1（ACGCTGATATTA）和 S_2（AGTGT-TATCCCTA）通过比对，得到一个结果为：

A	C	G	C	T	G	A	T	A	T	—	—	—	T	A
A	G	—	—	T	G	T	T	A	T	C	C	C	T	A

其中两条序列如果在同一位点具有相同的核苷酸，叫做一个匹配点，如图中有方框的位点。那些在同一位点具有不同核苷酸的，叫做错配点；那些插入空格的地方叫做空白位点。再分别给这些位点赋值：匹配点的得分为“0”，其他位点的得分为正分，如一个错配点为“1”分，一个空白位点为“2”分。将所有位点的得分之和相加，就得到这种比对结果的罚分分值。比较两条序列所有可能的比对结果，再分别计算它们的罚分分值，取其中罚分最少的为最佳结果。

以上是两条序列的比对结果，如果是多条序列就需要多重比对（multiple alignment）。多重比对是建立在两两比对的基础之上的。它的基本原理是：先两两比对，计算两两比对的罚值，总罚值最小的为最好。实际上，比对都由专门的软件来完成，人工根本无法做到，现在使用较广的软件为 ClustalX。不同软件所使用的比对方法和原理都有一定的差异，其中运用得较广泛的方法为距离法和简约法，其中距离法中较常见的为非加权配对法（UPGMA，参见第 15 章）。

UPGMA 法中，一般是两两比对，找出两条最相似的（罚分最少的）序列。然后用另外一条序列来代替它，这样就使得原始序列少了一条。如此循环，直到完成。

简约法的基本原理是非同源假设最少的为最好。例如，有 6 条序列 8 个位点，比对后有两种可能（见下表）。在第一种结果中，有 3 个替换（最后 3 个位点处），而在第二种结果中，只有 1 个缺失。在这两者的比较中，第二种比对结果可能更好。

A	G	A	G	T	G	A	C	A	G	A	G	T	G	A	C
A	G	A	G	T	G	A	C	A	G	A	G	T	G	A	C
A	G	A	G	T	G	A	C	A	G	A	G	T	G	A	C
A	G	A	G	G	A	C		A	G	A	G	—	G	A	C
A	G	A	G	G	A	C		A	G	A	G	—	G	A	C
A	G	A	G	G	A	C		A	G	A	G	—	G	A	C

软件 ClustalX 是用邻接法来进行多重比对的，它允许对比对参数进行一定的设定。其中有 4 个参数项，分别为空白位点罚值（gap opening 和 gap extention），变异序列退后（delay divergent sequence）和转换值（transition weight）。空白位点罚值由空白位点开启和空白位点延伸范围设定（图 16.1），它们控制每新增一空白位点的得分损失和每一空白位点处不同长度的得分损失。提高空白位点开启罚值将减少空白位点的频率和多少，而提高空白位点延伸范围值将使空白位点变短，但这对两端的空白位点无效。

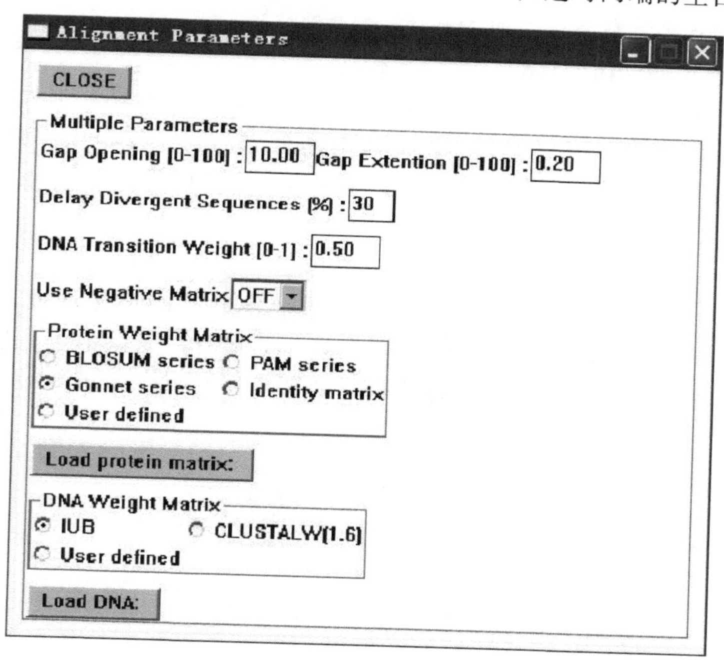

图 16.1　ClustalX 软件中的比对参数设置对话框

选定变异序列退后按钮后，在运算时，将会先比对最相似的序列，变异较大的序列将稍后比对。设定的值表明需对达到多少相似百分比的序列进行延后，即对未达到设定值相似度的序列延后比对。

转换值按钮允许对转换（A 到 G，C 到 T，即嘌呤变为嘌呤，嘧啶变为嘧啶）的值设定一个 0 至 1 之间的数值：当设定 0 时，表示将转换看作错配的结果；设定 1 时就会将转换的权值当作 1。对关系较远的 DAN 序列，就将权值设定为较小或接近 0，而对那些关系较近的 DNA 序列，应提高设定值。

Wheeler（1996）建议使用最优化比对（optimization alignment）软件 POY。他认为在其他软件中序列比对时都将缺失位点作为所有可能的状态来处理（如 A、T、C、G 中的任何一种），而他的软件将其作为第 5 个状态计算或将其作为进化的中间状态进行计算，即相当于将缺失当作相似而不是不相似。他认为这样的做法得到的结果更好。

16.1.8　确定序列长度

当比对完成后还要对比对的结果进行剪切，保证所有序列的长度一致。因为在比对结果中，有空白位点的插入等原因，可能会出现序列长度不相同的情况（如上表中的左侧比对结果）。

16.1.9 构树

这是分子系统学中除比对以外另外一个关键步骤。由于理念不同，目前构树的方法有多种，基本可以分为两类：距离法（基于相似距离，如UPGMA法、NJ法、ME法）和特征法（基于特征变化，如ML法、MP法、Bayes法）。

1. 非加权配对法（UPGMA）

非加权配对法是根据不同序列各位点上的核苷酸或氨基酸的相似程度，分别计算出不同序列的相似系数，然后将最相似的两个序列先归为一支，用一个序列来代替，这样就使得原始序列数目少了一个。再循环往下，就可以得出一个分涨图（详见第15章）。

2. 邻接法（neighbour joining）

上述的非加权配对法有一个前提，就是假定各分支的进化速度和程度是一致的。然而在实际过程中，情况可能要复杂一些。如果有些支系的进化速度与其他不同，用这种方法就可能推导出错误的结果，如图16.2所示的分支图（图上数字表示进化距离）。

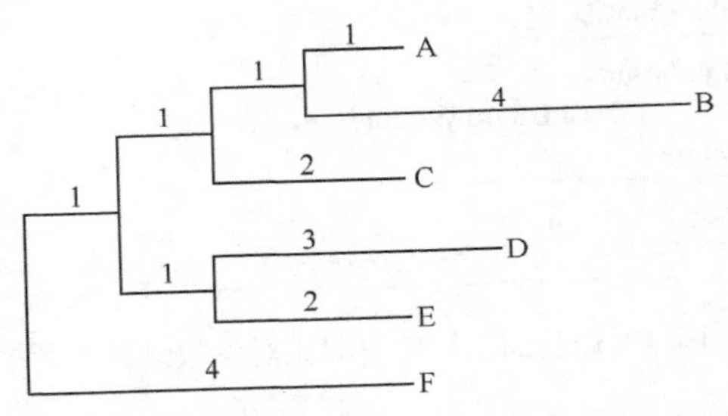

图16.2 假定的6个分类单元的分支过程（图中数字表示它们之间的距离）

根据图16.2，可以得出A与B之间的距离为5，A与C为4等，可以建立如下表的矩阵：

	A	B	C	D	E
B	5				
C	4	7			
D	7	10	7		
E	6	9	6	5	
F	8	11	8	9	8

而根据这个矩阵，因为B与C之间的距离最近，用UPGMA法构树时就会出现如下图的结果，而与原始图有很大的不同。

用邻接法就会克服这种缺点。如果也有如图16.2所示的分支过程和进化距离，用邻接法计算时，也是将其转换为距离矩阵，如上表所示。接下来，与UPGMA法不同，

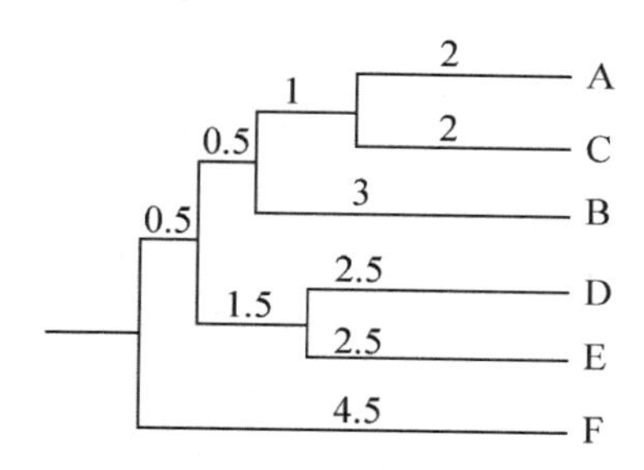

邻接法要计算各分类单元与其他所有分类单元之间的进化距离之和，如 A 与其他 5 个分类单元之间的进化距离之和可以计算为：

$$r(\mathrm{A}) = 5 + 4 + 7 + 6 + 8 = 30$$

同理可以计算出另外的分类单元与其他分类单元间的进化距离之和，分别为：

$$r(\mathrm{B}) = 42$$
$$r(\mathrm{C}) = 32$$
$$r(\mathrm{D}) = 38$$
$$r(\mathrm{E}) = 34$$
$$r(\mathrm{F}) = 44$$

然后，再分别算出各分类单元之间的进化距离，如 A 与 B 之间的距离可以用下式计算：

$$M(\mathrm{AB}) = d(\mathrm{AB}) - [r(\mathrm{A}) + r(\mathrm{B})]/(N-2) = 5-(30+42)/(6-2) = 5-18 = -13$$

同理可以计算出其他所有两个分类单元之间的新的进化距离，组成新的如下的矩阵：

	A	B	C	D	E
B	−13				
C	−11.5	−11.5			
D	−10	−10	−10.5		
E	−10	−10	−10.5	−13	
F	−10.5	−10.5	−11	−11.5	−11.5

下面的做法与 UPGMA 法相似，再找出最相似的两个分类单元（本例中是 A 与 B、D 与 E）。我们首先取 A 与 B 将它们聚为一支 U。再分别计算出分类单元 U 与其他分类单元之间的距离：

$$d(\mathrm{CU}) = [d(\mathrm{AC}) + d(\mathrm{BC}) - d(\mathrm{AB})]/2 = (4+7-5)/2 = 3$$
$$d(\mathrm{DU}) = [d(\mathrm{AD}) + d(\mathrm{BD}) - d(\mathrm{AB})]/2 = 6$$
$$d(\mathrm{EU}) = [d(\mathrm{AE}) + d(\mathrm{BE}) - d(\mathrm{AB})]/2 = 5$$
$$d(\mathrm{FU}) = [d(\mathrm{AF}) + d(\mathrm{BF}) - d(\mathrm{AB})]/2 = 7$$

利用上述数据可以形成一个新的矩阵：

	U	C	D	E
C	3			
D	6	7		
E	5	6	5	
F	7	8	9	8

再分别计算出某个分类单元与其他所有分类单元之间的距离之和，如此循环往复，直至结束。最后可以得到如下图所示的分支图。

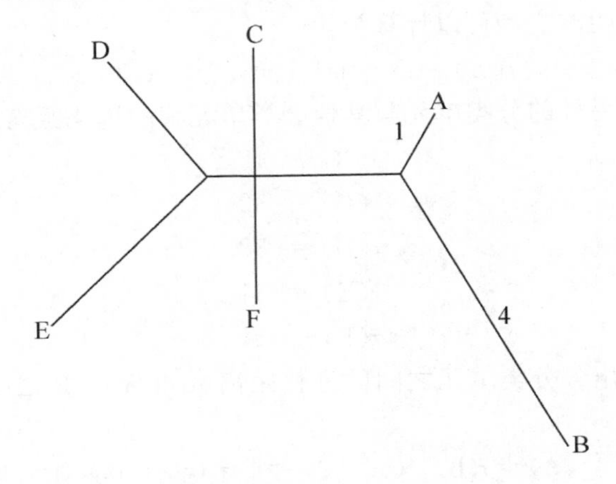

3. 最小进化法（minimum evolution method，ME）

此法与邻接法很相似，但在计算过程中，还考虑到总体进化距离的问题，即不仅要计算某一分类单元与其他分类单元之间的距离之和，还要计算结果中所有分类单元之间的距离之和，取总体进化距离最小的分支图。

以上三种是基于距离的构树方法，实际上也就是根据序列的相似性来建树的方法。与数值分类学派根据总体相似性进行归类一样，这些方法存在许多理论困难（详见第15章）。

4. 简约法（parsimony，maximum parsimony，MP）

如果将分子序列的各个位点都看作是一个特征，也可以用简约法进行计算和构树。假定有一组同等长度的已比对好的分子序列，用简约法对其进行运算时，先将在所有序列中都相同或各不相同的位点去除（相当于共有祖征和独特），用剩下的那些位点进行运算（相当于共有衍征）。它们的特征分布在不同分支图中有一致或不一致的，取非同源假设最少的一支（详见第15章）。

由于简约法是寻找最简约的树，理想状态是要考察所有的可能，然后找出最简约的那个结果。然而，在生物分类单元较多和序列较长时，这种计算量十分庞大，就是让电脑运算也会耗用很长时间。为此，在实际运算时，并不是要找遍所有可能，而是采用启发式搜索（heuristic search）。

5. 似然法（maximum likelihood，ML）

与简约法相似，似然法也是基于特征本身进行运算和构树的。它的原理是先假定或选定一个进化模型［即通过统计已有序列得出的分子进化中存在的转换、颠换、回复等变异及其比例，以及在不同位点发生这些变异的可能性和概率，或称参数组合的先验概率（anterior probability 或 prior expectation)］，然后计算在此模式下所要研究的不同序列（内群和外群）各位点的进化可能性（即转换、颠换、回复等变异的实际状况），对各位点的进化可能性通过公式进行整合计算，得出总进化可能性。然后比较得到的总进化可能性与先前确定的进化模型，取其中与进化模型数据最拟合的（也可以理解为与模型最接近或最相似的参数组合），按此种可能建树。

由上可见，ML 法中的进化模型十分重要，对最后的结果也有很大的影响。然而，生物分子序列千差万别，进化可能也多样复杂，这就要求要有多种进化模型可供选择。较常见的分析软件（如 PAUP）都包含有几十种进化模型，较常用到的有 Jukes-Cantor 单参数模型、Kimura 双参数模型等。也可以用软件 Modeltest 来寻找比较符合所要研究分子序列的进化模型。同时 ML 法很耗时。

6. Bayes 法（Bayesian analysis）

与 ML 法利用先验概率进行计算不同，Bayes 法采用后验概率（posterior probability）运算和构树。所谓后验概率，就是根据所要研究序列的实际进化状况对先验概率进行调整后得到的进化模型和概率。例如，要你扔硬币，只告诉你这些硬币中有 10％为假硬币，它们头像面朝上的可能性有 80％，其余 90％的硬币为真硬币。在没有任何其他信息的情况下，要你回答“取任意一枚硬币，它是假硬币的概率是多少?”时，你十有八九要说是“10％”。这 10％就相当于先验概率。

当然也可以让你先扔 10 枚硬币，根据它们的结果来调整你的先验概率后得到后验概率，显然这个后验概率要比先验概率更接近事实。假如扔 10 枚硬币后得到的结果为 7 枚为头像面朝上，3 枚为头像面朝下，根据这一结果，利用公式就可以得到后验概率。在没有假硬币的情况下，10 枚硬币头像面都朝上的概率是：0.5^{10}。

现在实际的状况是有 7 枚硬币的头像面朝上，3 枚朝下，而假硬币是有 80％的可能性头像面朝上的。因此，根据这一结果，可以得出头像面朝上的概率为：$0.8^{7}\times 0.2^{3}=1.67\times 10^{-3}$。

根据以上两个数据，用下式：

$$P(\text{偏})=\frac{1.67\times 10^{-3}\times 0.1}{(1.67\times 10^{-3}\times 0.1)+0.5^{10}\times 0.9}=0.13$$

可以求得一枚硬币如果在扔下时是头像面朝上，它是假硬币的概率为 13％，它显然要比先前的 10％更接近于事实。

与 ML 法一样，Bayes 法在运算时也要先选择一个进化模式（也就是参数组合，包括先验概率），然后抽样统计分析所要研究的序列各位点的实际状态，将统计分析结果代入公式后计算出后验概率，再根据后验概率对进化模式进行修正，然后依据修正后的模式和特征变化建立一支树。接下来再从第一步做起，即重新选择进化模式，再调整参数组合，再计算出后验概率，再得到另一支树。如此循环，得到所有可能的树。对所有树的后验概率进行统计，将具最大相似后验概率的树进行叠合。任何分支上的后验概率就是所有系统树该分支的后验概率之和，将所有系统树按照后验概率大小排列，然后将具有最大后验概率的系统树加在一起，直至后验概率大于0.95（最高为1）。通常，在此95%置信概率下，贝叶斯法会给出唯一的系统树。

Bayes法与ML法都要先选定一个进化模型，然后通过程序搜索模型和序列数据一致的最优系统树。不过，ML法是以与观察数据最拟合的模型来建系统树（模型或参数是固定的），而Bayes法正好相反，是以观察数据及其最可能的进化模型来建树（模型或参数是可变的，即以与数据和进化模型的最大拟合概率进行建树）；ML法给出的是数据与模型拟合的概率，而Bayes法还给出了模型的概率；ML法搜索单一的最相似系统树，Bayes法得到的是具有大致相等似然的系统树集合。Bayes法运算速度较快。

16.1.10 方法和树的选择

以上介绍了多种构树方法，它们之间几乎没有好坏优劣之分。在选用时，一般也是约定俗成的，要参考已有工作，以便比较和统一。在距离法中，NJ法应用较多；在以特征为基础的方法中，MP法因与其他方法有本质的不同，一般都要包含在实际工作中；Bayes法比ML法的速度快，也更合理，正逐渐受到青睐。

如果可以，在实际工作时，要尽可能地呈现所有方法运算后得到的结果。也可以将所有树进行合意，得到一支最终的合意树。当然也可以对树进行比较分析后选定一支较优的树。

16.1.11 评价树

所有计算程序都有缺点。例如，在用特征建树过程中，往往都是以随机产生的一或几支树为基础来寻找理想的树。电脑在运算中所采取的随机抽样方法十分普遍。这就会产生一定的问题，即最终产生的树是根据分子序列为基础产生的还是随机产生的呢？建树过程中有没有随机性的错误？最终产生的树到底是多大的可信度？这就需要对树进行评价。现在常用的方法是用自引导法（bootstrapping），它是用随机抽样的方法，重新选取给定序列中任意位点上的特征，以这些随机抽取的特征再来建树，然后比较这种方法下建立的分支树与原始的分支树的异同，或者给出原始分支图中各分支点的置信度，以供参考。

例如，现有如下的4条序列，它们各有10个位点：

A　　A G G C U C C A A A
B　　A G G U U C G A A A
C　　A G C C C C G A A A
D　　A U U U C C G A A C

用自引导法进行如下所示的随机抽样：

抽样一　　0 1 2 0 3 0 1 2 0 1（数字表示各位点被抽样次数）
A　　A G G C U C C A A A
B　　A G G U U C G A A A
C　　A G C C C C G A A A
D　　A U U U C C G A A C

得到如下的新序列和一支树：

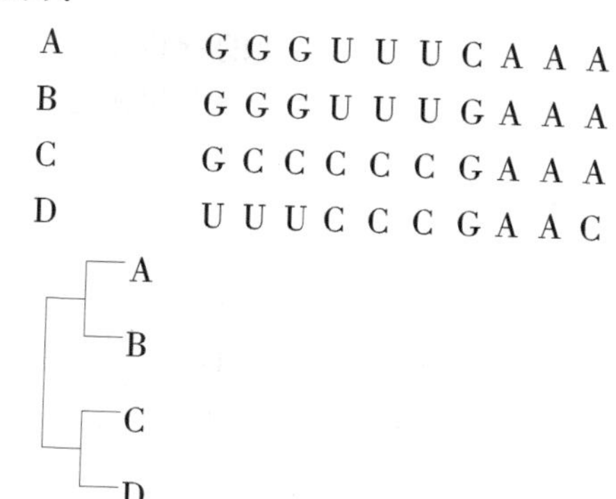

再进行第 2 次抽样和建树，如下所示：

抽样二　1 0 0 0 2 2 2 0 0 3

A　A G G C U C C A A A　　　A　A U U C C C C A A A
B　A G G U U C G A A A ⟶ B　A U U C C G G A A A
C　A G C C C C G A A A　　　C　A C C C C G G A A A
D　A U U U C C G A A C　　　D　A C C C C G G C C C

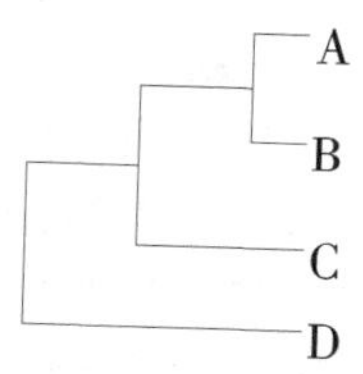

还可进行第 3 次抽样过程，如下所示：

抽样三　1 0 0 0 2 2 2 0 0 3

A　A G G C U C C A A A　　　A　A U U C C C C A A A
B　A G G U U C G A A A ⟶ B　A U U C C G G A A A
C　A G C C C C G A A A　　　C　A C C C C G G A A A
D　A U U U C C G A A C　　　D　A C C C C G G C C C

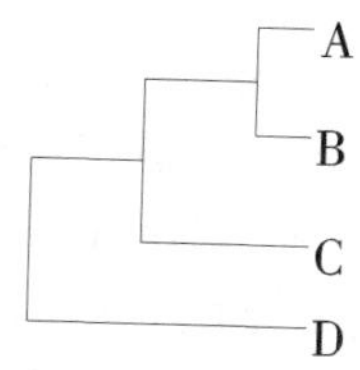

在以上 3 次随机抽样后，得到 3 支树。仔细比较它们可以发现，在所有的 3 支树中，A 与 B 都是聚合在一起的，而 C 作为它们的姐妹群只有 2 次。将这些分支图合意后再将相关数据标注在其上得到下图：

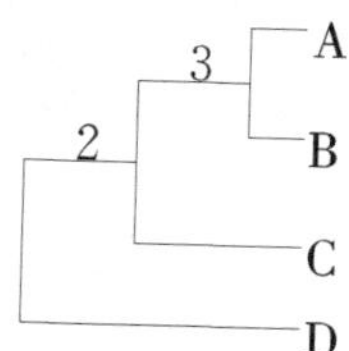

当然抽样次数可以很多，如 500 次或 1000 次，那么分支图上的数字可以用百分数表示，如下图。这些数值就是自引导值。从上面的分析中可以看出，自引导值越高，表明这些分支在比较多的分支图中是一致的，其可信度也就越高。

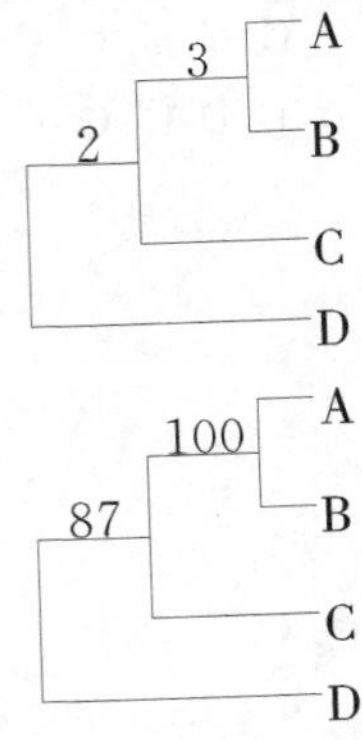

Bayes 法所得到的树自动给出各分支点的后验概率之和，因此不必再检验。

16.1.12　讨论和比较

利用分子系统学方法得到了一支分支图以后，必须将其与已有的利用形态特征所建立的分类系统进行比较和讨论。如果两种分类系统是一致的，那么分子系统学工作就进一步验证了已有分类。然而，如果两者不一致时，尤其是差别较大时，就会面临讨论和选择何种系统的难题。这个问题在系统学工作中有诸多争论。明显的例子是生物分界系统，有人根据形态证据将生物分为六界，也有人根据分子系统学工作将其分为八界甚至更多，也还有人提出三超界系统等。在节肢动物门类，原先一般都认为多足纲 Myriapoda 是昆虫纲 Insecta 的姐妹群，而分子系统学工作却提出甲壳纲 Crustacea 与昆虫纲更近。这些问题引起过激烈讨论。利用不同的分子证据如果得出的结果也有出入时，如何解决也是一个难题。是将这些不同的序列合并起来再分析，还是将分析结果进行合意呢？不同的学者也有不同的见解（张亚平 1996）。

16.2　评论

分子系统学以分子序列为材料来研究生物的系统发育关系和分支过程，在一定程度上弥补了形态特征的不足，也为系统学研究开辟了新领域。同时，DNA 和蛋白质分子的多样性及其长度的多态性为研究提供了形态特征无法比拟的大量特征。DNA 和蛋白质分子每个位点上特征的有限改变（4 种主要的核苷酸，20 种主要的氨基酸）也为研究提供了可能和便利，使得运算成为可能。与数值分类方法相似，在给定研究范围和序列的情况下，任何人包括无经验的研究人员都可操作。如果使用同样的序列和同样的方法程序，其结果一定程度上也可重复。分子的选取方法都有专门的数据包和试剂盒，序列的测定等都可由专门的机器完成，分析过程也都由电脑完成，一定程度上避免了主观性。另外，分子系统学可应用于形态差别较大、系统发育关系较远的生物，这也是利用形态特征无可比拟的。

然而，由于分子水平的遗传变异与自然选择之间的关系没有表型与自然选择之间的关系那么明确（参见第 2 章 2.6 节的中性论部分），因此，分子水平的进化意义很难明确阐述。或者说，如果分子水平的变异是随机的过程，至少有部分是自发的过程，并不受自然选择的作用，那么从本质上说，利用这些变异所做出的系统发育分析是没有意义的，其结果是不能代表它们之间的系统发育关系的，也可以说，这些变化并没有进化意义。

在做法上，分子系统学大量（如果不是全部）采用了数值分类学派的做法和原理。这也遭到其他分类学派的批评（参见第15章）。如异源同形如何识别？因为DNA和蛋白质分子中各个位点的变化范围很小，这使得多重替代发生率可能很高，而识别它们几乎不可能。还有，使用不同的方法会得到不同的结果，使用不同的计算程序也会得到不同的结果，显见分子系统学结果的重复性和可检验性也很差，也可见得分子系统学目前还没有固定的理论和方法，也无统一的结果。

在实际工作中，分子系统学也有诸多困难。如选择分子标记就是一大困难，是选择基因组还是基因？是选择核基因还是线粒体基因？选择哪个基因还是哪几个基因？选择不同分子标记所得到的结果如果相差很大如何解决？这种情况是瞎子摸象还是电子占卜？

另外，分子系统学的研究十分昂贵，需要投入大量资金。这些方法需要破坏标本，因此对较早、或少而珍贵的标本无法操作。

总之，由于目前分子进化的机制、基因之间的相互作用、空间结构对基因表达的影响、位点改变与功能改变的对应关系、分子突变与选择的关系等都还不清楚，因此，分子系统学在理论建设上面还有很长的路要走。另外再加上方法不统一、取样难度大、结果往往骇人听闻或与利用形态特征所取得的结果相似而使得分子系统学研究变得十分另类或没有意义。分子系统学想走出一条新路，然而，从种类鉴定和选择、系统发育关系的探讨以及分类系统的建立都离不开传统的建立在形态特征上的已有成果，因此可以说，它目前仍是传统系统学研究的补充，虽然它显得很标新立异和热闹嘈杂。

第 17 章　生物地理学概要

生物物种是历史长河中的客观存在，按照支序分类学派的看法，它存在于两次种化事件之间。同时，每个物种都具有一定的分布范围，即物种还与地理有关。除少数飞行能力强、传播速度快的生物分布范围较大之外，一般说来，某种特定生物的分布范围是很小的，某些特殊类群分布极为有限。如大熊猫目前只分布在我国的四川、甘肃和陕西省境内的少数高山峻岭中，白鳖豚只生活在长江里，鸭嘴兽只分布在大洋洲等。

另外，从种化情况来看，异域种化模式中，物种形成与地理分布和隔离是有密切关系的。比如在不连接的大陆上、岛屿间的生物都不相同。因此，生物系统学一个重要的任务就是要阐明一个生物的分布区有多大？它具体分布在哪些地区？一个地区有哪些生物门类？它们是如何形成的？为什么一个物种在一地有分布而在其他地区却没有分布呢？回答这些问题是生物地理学的主要任务，就是要解释“为什么”的问题，即要找出生物分布格局形成的原因。

生物地理学（biogeography）是研究生物随时间在空间上的分布式样以及解释分布式样的学科。Myers 和 Giller（1988）认为是生物地理学是研究生物按时空梯度分布的学科。一个地区有哪些生物分布或生物分布区形成的原因主要是两个方面：一个是历史原因，即要研究这一地区历史上有没有出现过某种生物；第二个是生态原因，即要研究这个地区的生态环境如何，是否适合某些生物生存。相应地，生物地理学也分为两个分支：一个是历史生物地理学，它主要研究地球历史以及与之相关的种以上水平生物分类单元时空分布事件和规律，处理现在不存在的历史原因和大范围内、跨越百万年的进化过程；另一个是生态生物地理学，它主要研究种下水平的生物扩散及其生态影响机制，以及因其产生的生物分布格局，处理研究目前还在起作用的自然生态因素和短时间、小空间范围内的生态过程（Candolle 1820，参见张明理 2000；Cox and Moore 1985）。两者之间的时间界限和分隔是更新世冰期（约距今 100 万年至 1 万年之间）及其效应。本章主要介绍历史生物地理学。

生物地理学研究由来已久，在达尔文及华莱士的有力推动下，到 19 世纪中叶后已具成形理论。一百年后，随着支序分类学、大陆漂移假说以及隔离分化理论的兴起，使得生物地理学研究更加活跃，方法也日趋多样和规范。

17.1　扩散与隔离分化

如果地球上所有地区的生物区系都一样，那么就没有什么生物地理学工作可以做。而现实是，生物在地球上往往是间断分布（disjunction）的，即一种生物的分布区往往较狭小，而亲缘关系与之相近的生物有可能相隔甚远。例如，我国南方发现的一种蜉蝣——中国拟短丝蜉 *Siphluriscus chinensis*，与大洋洲的一些蜉蝣长得很像，而它却不像中国或其他大陆上的蜉蝣种类。有袋类动物分布于南美洲和大洋洲，而两地相隔极远。南山毛榉 *Nothofagus* spp. 的分布也与之相像。这是为什么？对这些问题的不同回答导致在历史上生物地理学领域内有过扩散与隔离分化理论之争（周明镇等 1996；张明理 2000；陈宜瑜和刘焕章 1995）。

17.1.1 扩散理论

达尔文和华莱士是持这种观点的代表性人物，Mayr 和 Simpson 等也基本持这种观点。扩散理论（dispersal）认为，物种起源于一个中心，生物个体从起源中心随机地向外扩散和隔离，然后通过自然选择产生变异，最后形成不同的物种。可以看出，该派认为，新分布区的生物是从起源中心扩散而来的，并且往往要穿越隔障。因为如果没有隔障，就不太会种化。同时，这一观点也暗示，隔障是原先就存在的，或地理格局是静止不变的，即隔障存在于前，异域种化事件形成于后（图 17.1）。这种模式的典型情况是岛屿生物的形成和演化过程，如加拉帕戈斯群岛、夏威夷群岛、马达加斯加岛、塔斯马尼亚岛上生物的演化等。这些岛屿的生物明显都是从大陆扩散来的。

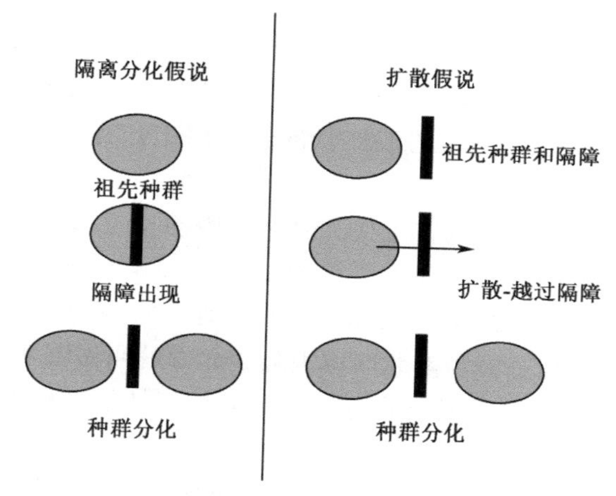

图 17.1 隔离分化假说与扩散假说的区别模式图

然而，扩散理论的前提（隔障先于种化事件存在）在大尺度范围内似乎不能成立。例如，上述的南美洲与大洋洲生物区系的相似性如果用扩散理论来解释，就必须假设它们之间的隔障早就存在、生物的扩散能力极强等。然而这些又与其他证据不符。例如，按照大陆漂移假说，地球表面的陆地并不是恒定不变的，而是在缓慢移动的。这就意味着隔障并不是早就存在的，而可能是后来形成的。再者，有些生物的扩散能力确实很强，如鸟类和昆虫等。然而哺乳动物和植物的扩散能力并不很强，那为什么在相距遥远的大陆上会有如此相似的生物呢？面对这些疑问，扩散学派往往要找出很特别的解释，如生物可以通过大陆之间的大陆桥，或气候寒冷时的冰层表面，或作迂回曲折的扩散路线等。然而这些假设和解释终不能完美。并且这些解释中的特殊条件并不能重复，在不同生物门类情况也多不相同，有时甚至可能用到离奇的假设，如某些生物是随着棕榈树的种子或木头等扩散到其他大陆去的。

17.1.2 隔离分化理论

隔离分化理论（vicariance）是随着大陆漂移假说和支序分类学说的提出而逐渐兴

起的，代表人物有 Croizat、Nelson 等。该派针对扩散理论的缺点，提出生物区系最初是连成一片的，由于地质、气候等原因产生了阻障，使生物区系片断化，导致了物种异域形成，从而形成现今的分布格局（图 17.1）。与扩散理论不同，该派认为，隔障是后来形成的并导致了新物种的形成；地球表面大陆的分布格局和位置并不是固定不变，而是在地质时间内逐渐改变的；生物的起源并没有一个所谓的中心，而是分布较广的祖种被隔离成不同种群，它们又朝不同方向发展从而形成不同的物种；现在生物分布的格局是与地球表面的演化密切相关的，有其深刻的历史和地理因素以及规律，因而可以重建；重建系统发育关系及分析生物的地理分布时并不需要额外的特殊假设等。

17.2　生物分布格局进化假说

17.2.1　大陆漂移假说

大陆漂移假说（continental drift）由 Taylor（1910）和 Wegener（1912）最早提出。其主要内容是：地球的结构就如同一个破了壳的生鸡蛋，表面的地壳是由多个固体板块拼合而成的，这些板块漂浮在下面的液体状的岩流层上，会随着岩流层的活动而移动（Cox and Moore 1985）。

大约在距今 2 亿 5 千万年前的古生代二叠纪（Permian），现今地球上的大陆板块都还聚合在一起形成一个超级大陆，叫做盘古大陆或泛大陆（Pangaea），这时地球上只有一个大洋，就是太平洋（the Pacific Ocean）；约在距今 2 亿年前左右的中生代侏罗纪（Jurassic）时期，盘古大陆分裂为南北两块大陆，北方的叫做劳亚大陆（Laurasia），包括现在的欧亚大陆和北美洲；而现今的南美洲、非洲、印度、大洋洲以及南极洲板块聚合在一起形成另一个南方大陆，叫做冈瓦纳大陆（Gondwana）。这些大陆板块不同于现在的大陆，后者只是像浮在水面上的冰山罢了，板块的庞大主体淹没在海洋下和地壳中。大约在距今 1.5 亿年前的白垩纪（Cretaceous）开始，非洲板块首先从冈瓦纳大陆分离出去，并逐渐向北移动，最后与欧亚大陆板块接近，形成现在的格局和地中海。可能正是由于盘古大陆以及冈瓦纳大陆的分裂，引起气候急剧变化，导致了这一时候恐龙灭绝。大约在距今 1.25 亿年前，印度板块开始脱离冈瓦纲大陆，朝东北方向移去，最后约在距今 5500 万年前，撞击到亚洲板块上，并迫使青藏高原逐渐抬升，形成现在的世界第三极。大约在中生代晚期，距今 8000 万年前左右，新西兰板块脱离其他大陆板块而朝东漂移而去。也就是印度板块撞击上亚洲板块的时候，还与南极洲、南美洲连接在一起的大洋洲和几内亚板块也开始与其他两块板块脱离，约在 1500 万年前，它们的边缘与亚洲板块的边缘开始撞击，形成现今的新几内亚等。南美洲是与大洋洲板块接合时间最长的一个板块，也是最后一个与南极洲分离的板块，它逐渐向北移动，最后形成独立的大陆并与从劳亚大陆分离出来的北美洲接近。至此，现今地球格局基本形成（参见http://www.uwgb.edu/DutchS/platetec/plhist94.htm）。关于各大板块的分离时间在不同文献中有不同的估计，数字有时相差很大。这里所提的只一个大概数字。

根据大陆漂移假说，可以很容易解释南美洲与大洋洲生物区系相近的原因。南美洲现今有袋类动物稀少的原因，是因为约在 200 万年前，巴拿马地峡形成后，有大量哺乳动物扩散到南美洲而使他们灭绝了的缘故。现在非洲和印度没有有袋类的主要原因是它们与其他冈瓦纲成分脱离较早且与欧亚大陆接触很久，它们在竞争中都失败了。

17.2.2　太平洋洲假说

根据大陆漂移理论，太平洋应该是最古老的大洋，其他的大洋都是随着板块的漂移而后来形成的。然而，地质资料表明，太平洋并不比其他洋古老。还有，生物分布资料表明，太平洋东西两岸分布着很多极为相似的生物。例如，Zhou 和 Peters（2003）报道，蜉蝣目拟短丝蜉科 Siphluriscidae 的 5 属中，有 1 属分布在我国南方，1 化石属分布俄罗斯东西伯得亚地区，1 属分布在南美洲的智利和阿根廷，1 属在新西兰，1 属在澳大利亚。另外，像平胸鸟类（ratite bird）、南山毛榉属 *Nothofagus*、滑蟾属 *Leiopelma* 的分布也在一定程度上呈现这种格局。更多例证请参阅 Nelson 和 Platnick（1981）。而按照大陆漂移学说，这种情况是不可能出现的。为此，Nur 和 Ben-Avraham（1977）提出一个新假说作为大陆漂移学说的补充。该假说认为，在古太平洋靠近南边的地方曾经有一个古大陆板块，叫做太平洋洲（Pacifica）。后来，这个大陆分裂成若干小板块，这些板块向四周漂移，最后就与太平洋周围的板块或大陆合并到一起了（图 17.2）。它所携带的生物也就分布到这些地区，因此会发现亲缘关系较近的生物类群环太平洋分布的格局。但这种假说似乎需要更多的证据。

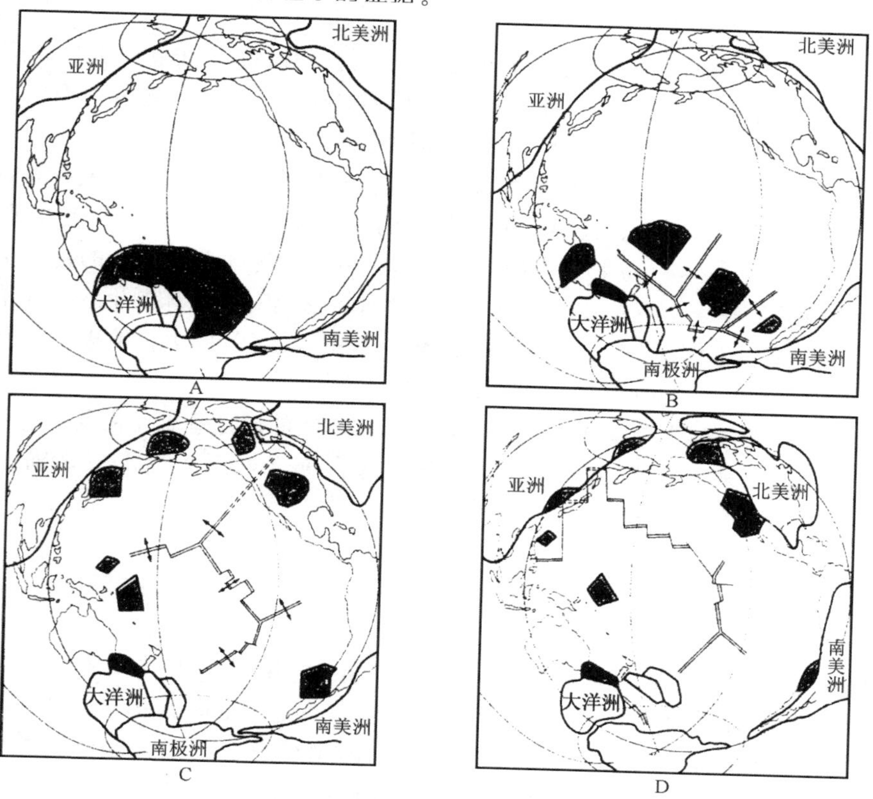

图 17.2　太平洋洲假说图示（引自 Nur and Ben-Avraham 1977）

17.2.3 地球膨胀假说

McCarthy（2003）利用地质资料和生物分布信息，提出太平洋洲并不存在。太平洋也是后来形成的，它是地球膨胀（expanding earth）的结果。在此过程中，现在的太平洋呈拉链式分开，分开的动力来自于地球膨胀，所以才形成如今生物分布的格局。

17.3 生物地理学的流派及分析方法

生物地理学自诞生以来，已形成了多种流派和分析方法。以下简要介绍主要的几个（张奠湘 1995，2003；张明理 2000；Humphries and Parenti 1999）。

17.3.1 泛生物地理学

泛生物地理学（panbiogeography）由植物学家 Croizat（1952，1958）提出。他发现，植物区系的分布并不对应于现今大陆。可以根据植物区系将植物的分布区划分为 5 个主要大区，分别为北方区（Boreal）、南极区（Antarctic）、古热带区（Paleotropical）、新热带区（Neotropical）和澳洲区（Australian）。后 3 个大区各对应于一个大洋底而不是陆地：大洋洲区基本对应于以澳大利亚为中心的太平洋地区，古热带区基本对应于以印度洋为中心的广大地区，而新热带区基本对应于以大西洋为中心的地区。

生物在这些大区中是隔离分化的，地球和生命有机体是共同进化的。也就是说，地理阻障和生物区系是同时进化的。

在具体操作时，首先要寻找分类单元的演化轨迹（track），也就是类群的空间坐标或位置，一般以所知分布区或其中心为代表。操作时将分类单元（物种）不同分布区之间用线段连接（一般在地图上进行），在数学图论上一个轨迹等价于一个最小生成树。接下来要确定轨迹的方向，这需要根据板块构造、分类单元的系统发育关系等确定。然后，再根据不同类群的轨迹，找出它们所具有的一致或类似的轨迹，将它们重合成为"一般轨迹"（generalized track）。一般轨迹表达出祖先生物区系历史上的存在格局，它们后来被板块或气候变化所支解、分隔。应用这种方法已对南半球的生物，如平胸鸟类（ratite bird）、南山毛榉属 *Nothofagus*、滑蟾属 *Leiopelma* 等的生物地理学进行过重建（Humphries and Parenti 1999；张明理 2000）。

泛生物地理学强烈支持隔离分化理论，但具体方法的理论基础还需要更清晰地论证和解释。从结果上来看，它可能只适用于解释远古期（如泛大陆形成之前）的进化事件。

17.3.2 系统发育生物地理学

系统发育生物地理学理论主要由 Hennig 以及 Brundin 提出并使用。它是以系统发育假设作为基础来推断生物地理历史的方法（Nelson and Platnick 1984；张明理 2000）。在做法上，是先要推导出分类单元之间的系统发育关系，即分支过程。然后将分类单元的地理分布区来替代分类单元，形成生物分布区的分支图解。根据这种图解，来重建地理分布的历史或生物进化的历史。如图 17.3 中有 4 个分类单元，它们的分布区也已标明。根据它，就可推导出 4 个分类单元的祖先原先分布在非洲并逐渐种化。而分类单元 4 分布于南美可能是扩散的结果。当然，如果研究多个分布区类似的分类单元，重建它们的系统发育后发现它们有共同的模式，那么，这种推导就更加可信。

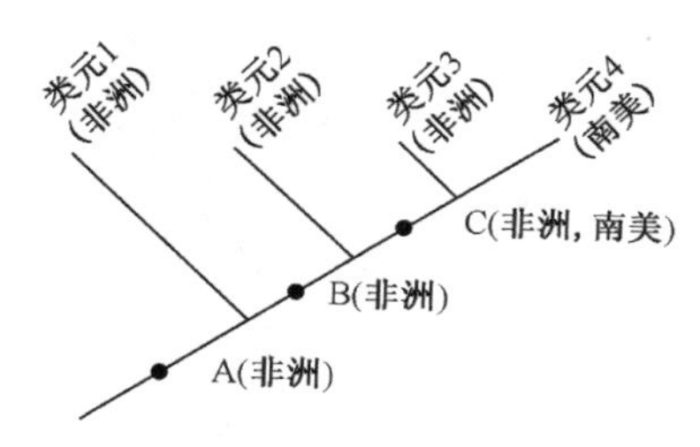

图 17.3　系统发育生物地理学方法图示（引自 Nelson and Platnick 1984）

17.3.3　分支生物地理学

分支生物地理学与系统发育地理学的理念和方法类似，但它只承认隔离分化，在做法上更强调研究多个类群的分支图解和地理演化历史，找出其中的共同部分，即重叠（congruence）的部分，只有这些重叠的部分才是可信的（图 17.4）。代表人物有分支系统学派中的 Nelson、Platnick、Cracraft 等。

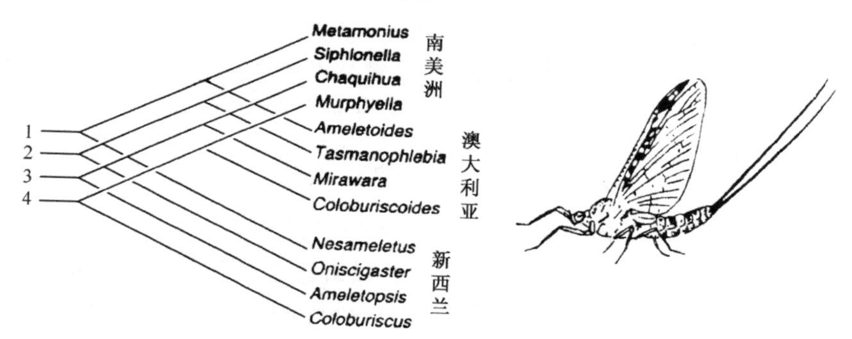

图 17.4　分支生物地理学学中所用到的分支叠合示意

南半球几支蜉蝣区系分支过程有高度的重叠性，引自 Nelson and Platnick 1984；图中西文为属名

具体操作时，先要推导出若干组不同分类单元之间的系统发育关系。然后用它们的分布区替换分类单位，再找出不同分支图中重叠的部分（相当于分支图的合意）。这种重叠的分支图才是可信的。如图 17.4 中，4 个蜉蝣支系在南美洲、澳大利亚以及新西兰的分布格局是一致的，表明这 3 个地区之间的分离关系是：新西兰首先分离，南美洲与澳大利亚的关系较近。如果不同分类单元的分支图不完全重叠，那么就找出其中共同的部分。如图 17.5 中，有两组分类单元，都来自于 6 个地区。分别推导出分支图后，发现利用第一组分类单元（A～E）推导出的地理历史关系与利用第二组分类单元（M～Q）推导出在 2、4 处有不同，而在 1、3、5、6 处是相同的。那么可先分析出这 4 个地区的分支过程，其他不明确的地方留待以后再利用更多的分类单元进行研究。

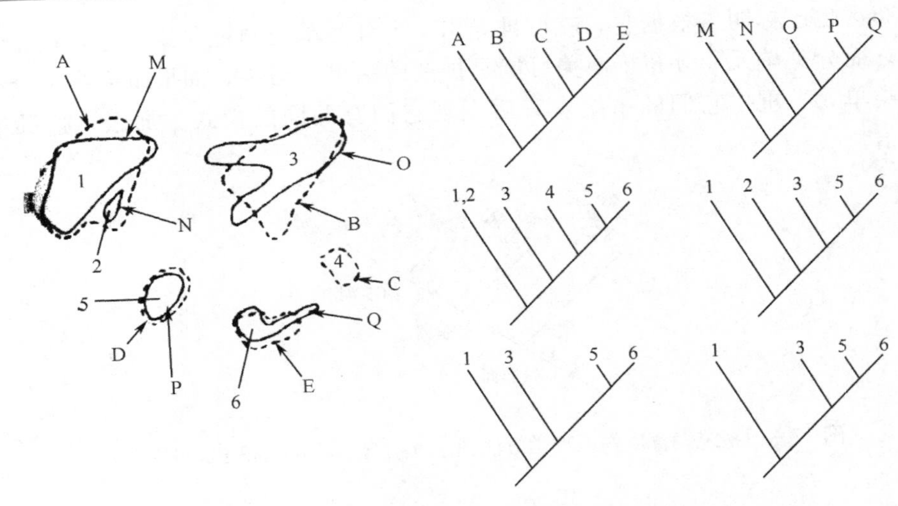

图 17.5　分支生物地理学中的部分叠合（引自 Wiley 1988）

17.3.4　特有简约性分析

特有简约性分析（parsimony analysis of endemicity，PAE）是由 Rosen（1985，1988）提出的，他认为区系特征代表了分布区之间的特征。其做法很简单，就是把分布区内的分类单元作为分布区的特征，分布区作为分类操作单元（OTU），组成一个分布区-分类单元矩阵，然后对其进行简约性分析，得到分布区之间的关系。陈宜瑜、何舜平（2001）曾用此法对我国大陆及台湾省的鱼类区系做过分析。

17.3.5　分子标记的生物地理学分析

Avise 等（1979）用 16 种限制性内切核酸酶对来自整个分布区的 87 个小地鼠个体的线粒体 DNA 进行分切，然后用琼脂胶对产物根据其分子质量进行分离、染色并获得 RFLP 图谱。通过对图谱的分析得到各种单元型（haplotype），获得种内不同种群间的母系系统发育关系。这个工作是生态生物地理学的创新性研究，有革命性的影响：首先，不同于传统的概念，它明确了个体可以作为种群遗传分析的分类操作单元（OTU）；其次，它引进了种下进化的系统发育概念。

在种间水平，Marko（1998）用同工酶和线粒体 DNA 等分子标记，对产于加利福尼亚而现在分布区有很大程度重叠的两种蜗牛进行分析，指出它们是一次异域物种形成的产物。

17.4　地理区划

华莱士最先根据各地区生物区系的特点，将地球划分为 6 个动物地理区，分别为东洋区、古北区、新北区、非洲区（埃塞俄比亚区）、新热带区（南美区）和大洋洲区。

我国位于东洋区和古北区两个动物地理区之内，但它们之间的分界线到底在哪儿却有诸多意见（张荣祖 1998）。对分界的西线，大家意见相对较一致，一般认为是青藏高原的南坡，“在此地区，古北与东洋两界的界线沿南坡高山针叶林带上限，此线上下古北与东洋两界成分各占优势”（张荣祖 1998）。在中部，一般认为是沿秦岭至青藏高原东部。而对东线有很多种意见，有以淮河为界的，有以长江为界的。可能以长江为中心有一个很宽的过渡区。

张荣祖（1998）将我国动物地理区划分为2界3亚界7区19亚区系统，其中两界为古北界（东北亚界、中亚亚界）和东洋界（中印亚界）。

倪健等（1998）根据植物的生物多样性，将我国划分为5个生物大区、7个生物亚区和18个生物群区的系统。其中，5个生物大区分别为：北方森林大区（基本相当于东北地区）、北方草原荒漠大区（华北和西北地区）、东亚大区（华东和华南）、旧热带大区（东洋区）、亚洲高原大区（青藏高原区）。

陈宜瑜等（1996）根据鱼类区系特点提出我国的青藏高原应为独立的动物区，与古北区与东洋区具有同等地位。

C. Y. Wu和S. G. Wu（1998）提出东亚植物区系有其鲜明的特点，多样性很丰富。东亚植物区所包含的范围大致包括我国除青藏高原及西北地区之外的所有地区以及朝鲜半岛及日本等地。

参考文献

彩万志，李淑娟，米青山．2002．昆虫拟态的多样性．昆虫知识，39（5）：390～396

长有德，康乐．2002．昆虫在多次交配与精子竞争格局中的雌雄对策．昆虫学报，45（6）：833～839

陈建秀，孟文新．1990．我国钩肢带马陆 *Polydesmus hamatus* Loksa，1960 的种名订正及描述．南京大学学报（自然科学版），26（2）：277～281

陈金良，胡德夫，曹杰等．2007．普氏野马雄性杀婴行为及其对野马放归的影响．生物学通报，42（2）：6～8

陈世骧．1978．进化论与分类学（初版）．北京：科学出版社．51

陈世骧．1987．进化论与分类学（第二版）．北京：科学出版社．100

陈宜瑜，陈毅峰，刘焕章．1996．青藏高原动物地理区的地位和东部界限问题．水生生物学报，20（2）：97～103

陈宜瑜，何舜平．2001．海峡两岸淡水鱼类分布格局及其生物地理学意义．自然科学进展，11（4）：337～342

陈宜瑜，刘焕章．1995．生物地理学的新进展．生物学通报，30（6）：1～4

陈银瑞，李再云，陈宜瑜．1983．程海鱼类区系的来源及其物种分化．动物学研究，4（3）：227～234

大羽滋．1978．群体遗传学．赵敏译．北京：科学出版社．168

戴爱云．1988．绒螯蟹属支序分类学的初步分析．动物分类学报，13（1）：22～26

戴华国，孙丽娟．2002．寄主植物对植食性昆虫种下分化和新种形成的影响．武夷科学，18：243～246

丁广奇，王学文．1986．植物学名解释．北京：科学出版社．463

方舟子．2003．有关进化论的质疑与回答．http://bomoo.com/ebook/ebook.php/4246.html

方舟子．2005．进化新篇章．长沙：湖南教育出版社．284

国际生物科学协会．2007．国际动物命名法规（第四版）．卜文俊，郑乐怡译．北京：科学出版社．136

何德，董玖红，文建凡等．2005．几类“无线粒体”原生动物进化地位的探讨——来自 DNA 拓扑异构酶Ⅱ的系统分析证据．中国科学（C 辑-生命科学），35（2）：115～122

洪健，叶恭银，邢连喜等．1999．虎凤蝶属雄性外生殖器超微结构的比较．昆虫学报，142（14）：381～386

胡先骕，郑万钧．1948．水杉新科及生存之水杉新种．静生生物调查所汇报，1（2）：153～161

黄乘明，卢立仁，李春瑶．1996．论灵长类的婚配制度．广西师范大学学报（自然科学版），14（4）：78～83

黄大卫．1996．支序系统学概论．北京：中国农业出版社．189

黄清臻，崔淑华，李宏．2005．从细菌的耐药性到害虫的抗药性．中华卫生杀虫药械，11（5）：362

苛中兰．1997．生物近亲繁殖的遗传效应及人类近亲婚配的危害性．川东学刊（自然科学版），7（2）：104～110

李传隆．1978．中国蝶类幼期小志——中华虎凤蝶．昆虫学报，21（2）：161～163

李俊，龚明，孙航．2006．植物警戒色的研究进展．云南植物研究，28（2）：183～193

李恺，郑哲民．1999．棺头蟋属蟋蟀六种常见蟋蟀鸣声特征分析与种类鉴定．昆虫分类学报，21（1）：17～21

李难．1990．生物进化论教程．北京：高等教育出版社．441

李鹏，于昕，周长发．2005．中文蜻蜓常用名称考．昆虫知识，42（4）：475～478

李同华，姜静，陈建名等．2004．种子植物性别的多态性．东北林业大学学报，32（5）：48～52

刘怀，赵志模，邓永学等．2004．竹裂爪螨毛竹种群与慈竹种群对不同寄主植物的适应性及其生殖隔离．应用生态学报，15（2）：299～302

路义鑫，宋铭忻，李树声．2001．旋毛虫各隔离种杂交试验．中国兽医杂志，37（8）：14～18

罗礼溥，郭宪国．2007．云南医学革螨数值分类研究．昆虫学报，50（2）：172～177

马杰，Metzner W，梁冰等．2004．同地共栖四种蝙蝠食性和回声定位信号的差异及其生态位分化．动物学报，50（2）：145～150

马杰，梁冰，张树义等．2004．食鱼蝙蝠形态和行为特化研究．生态学杂志，23（2）：76～79

倪健，陈仲新，董鸣等．1998．中国生物多样性的生态地理区划．植物学报，40（4）：370～382

倪喜军，郑光美，张正旺．2001．鸟类婚配制度的生态学分类．动物学杂志，36（1）：47～54

齐良书．2006．利他行为及其经济学意义———兼与叶航等探讨．经济评论，（3）：41～49

宋大祥，周开亚．2002．生物多样性的评估仍是一项艰巨的工作．南京师大学报（自然科学版），25（2）：1～6

孙红英，周开亚，杨小军．2003．从线粒体 16S rDNA 序列探讨绒螯蟹类的系统发生关系．动物学报，49（5）：

592～599
孙静贤，丁开宇，王兵益．2005．植物多倍体研究的回顾与展望．武汉植物学研究，23（5）：482～490
孙绪艮，徐常青，周成刚等．2000．针叶小爪螨不同种群在针叶树和阔叶树上的生长发育和繁殖及其生殖隔离．昆虫学报，43（1）：52～57
滕兆乾，张青文．2006．昆虫精子竞争及其避免机制．中国农业大学学报，11（6）：7～12
同号文．1995．有关物种概念与划分中的一些问题．古生物学报，34（6）：761～776
王锦秀，汤彦承．2006．中国种子植物中文名命名法规刍议．科技术语研究，（3）：61～63
吴汝康．1994．直立人研究的现状——纪念裴文中北京猿人第一个头盖骨的发现．第四纪研究，4：316～322
伍德明．1982．四种松毛虫对性外激素成分及其类似物的触角电位反应．森林病虫通讯，1：24
夏绍湄．2001．贵州茶园异色瓢虫色型及不同色型间生殖隔离试验．茶叶通讯，（1）：42，43
谢令德，郑哲民．2005．三种片蟋雄性发声器的比较研究．动物分类学报，30（1）：10～13
熊治廷，陈心启．1998．中国萱草属（百合科）的数量细胞分类研究．植物分类学报，36（3）：206～215
叶航．2005．利他行为的经济学解释．经济学家，（3）：22～29
于晓东，房继明．2003．亲缘关系与布氏田鼠双亲行为和杀婴行为关系的初探．兽类学报，23（4）：326～331
庾莉萍，田利平．2005．北京人化石的发掘及失踪揭秘．文史天地，178（3）：52～57
张奠湘．1995．替代学派生物地理学几种研究方法简介．热带亚热带植物学报，3（2）：36～46
张奠湘．2003．历史生物地理学的进展．热带亚热带植物学报，11（3）：283～289
张建军，张知彬．2003a．动物的性选择．生态学杂志，22（4）：60～64
张建军，张知彬．2003b．动物的婚配制度．动物学杂志，38（2）：84～89
张明理．2000．历史生物地理学的理论和方法．地学前缘，7（增刊）：33～44
张茜，杨瑞，王钦等．2005．基于叶绿体 DNAtrnT-trnF 序列研究祁连圆柏的谱系地理学．植物分类学报，43（6）：503～512
张荣祖．1998．“中国动物地理区划”的再修订．动物分类学报，23（增刊）：207～222
张亚平，施立明．1992．现代生物进化论及其面临的挑战．大自然探索，11（3）：38～43
张亚平．1996．从 DNA 序列到物种树．动物学研究，17（3）：247～252
张颖，孙大江，刘红柏．2006．3 种鲟血清蛋白的比较研究．大连水产学院学报，121（13）：283～286
张永辂．1983．古生物命名拉丁语．北京：科学出版社．429
张昀．1998．生物进化．北京：北京大学出版社．266
郑乐怡，归鸿．1999．昆虫分类．南京：南京师范大学出版社．1070
郑乐怡．1987．动物分类原理与方法．北京：高等教育出版社．191
周长发，郑乐怡．2003．“蜉蝣”名称考．昆虫知识，40（2）：190，191
周红章．2000．物种与物种多样性．生物多样性，8（2）：215～226
周开亚，钱伟娟，李悦民．1978．白鱀豚研究的新进展．南京师范学院学报（自然科学版），1：8～13
周开亚．2002．白鱀豚系统发生位置的研究．自然科学进展，125：461～465
周明镇，张弥曼，陈宜瑜等译．1996．隔离分化生物地理学译文集．北京：中国大百科全书出版社．326
周明镇，张弥曼，于小波等译．1983．分支系统学译文集．北京：科学出版社．209
周琦，王文．2004．DNA 水平自然选择作用的检测．动物学研究，25（1）：73～80
朱道弘，Ando Y．2004．几种近缘稻蝗种间的生殖隔离机制及进化意义．昆虫学报，47（1）：67～72
朱道弘．2004．小翅稻蝗的精子竞争及交配行为的适应意义．生态学报，24（1）：84～88
朱卫兵，谢强，卜文俊．2006．生物谱系命名法规简评．动物分类学报，31（3）：530～535
Ackermann R R，Cheverud J M．2004．Detecting genetic drift versus selection in human evolution．Proceedings of the National Academy of Sciences of the United States of America，101：17946～17951
Albert A Y K，Millar N P，Schluter D．2007．Character displacement of male nuptial colour in threespine sticklebacks（*Gasterosteus aculeatus*）．Biological Journal of the Linnean Society，91：37～48
Allen J F．1996．Separate sexes of the mitochondrial theory of ageing．Journal of Theoretical Biology，180：135～140

Alvarez N, Mercier L, Hossaert-Mckey M, et al. 2006. Ecological distribution and niche segregation of sibling species: the case of bean beetles, *Acanthoscelides obtectus* Say and *A. obvelatus* BridwelL. Ecological Entomology, 31: 582～590

Andronikov V B, Pasynkova R A, Pashkova I M. 1998. Variability of gamete thermoresistance of heat selection and gametes in frogs and molluscs. Tsitologiia, 40 (6): 559～567

Averof M, Akam M. 1995. Hox genes and the diversification of insect and crustacean body plans. Nature, 376: 420～423

Ayala F J, Tracey M L. 1974. Genetic differentiation within and between species of the *Drosophila willistoni* group. Proceedings of the National Academy of Sciences of the United States of America, 71 (3): 999～1003

Ayala F J, Valentine J W. 1984. 现代综合进化理论. 胡楷译. 北京: 高等教育出版社. 427

Baack E J, Whitney K D, Rieseberg L H. 2005. Hybridization and genome size evolution: timing and magnitude of nuclear DNA content increases in *Helianthus* homoploid hybrid species. New Phytologist, 167 (2): 623～630

Baker R J, Bradley R D. 2006. Speciation in mammals and the genetic species concept. Journal of Mammalogy, 87 (4): 643～662

Ball S L, Hebert P D N, Bruian S K, et al. 2005. Biological identifications of mayflies (ephemeroptera) using DNA barcodes. Journal of the North American Benthological Society, 24 (3): 508～524

Banbural J, Zielinskil P. 1995. A clear case of sexually selected infanticide in the swallow *Hirundo rustica*. Journal and Ornithology, 136 (3): 299～301

Baouwer A. 1981. From eduard suess to alfred wegener. Geologische Rundschau, 70: 33～39

Barbosa A, Mäthger L M, Chubb C, et al. 2007. Disruptive coloration in cuttlefish: a visual perception mechanism that regulates ontogenetic adjustment of skin patterning. Journal of Experimental Biology, 210: 1139～1147

Barluenga M, Stölting K N, Salzburger W, et al. 2006. Sympatric speciation in nicaraguan crater lake cichlid fish. Nature, 439: 719～723

Barton N H, Charlesworth B. 1998. Why sex and recombination? Science, 281: 1986～1990

Bateman A J. 1948. Intra-sexual selection in *Drosophila*. Heredity, 2: 349～368

Bates H W. 1862. Contributions to an insect fauna of the amazon valley (Lepidoptera: Heliconidae). Transactions of the Linnean Society of London, 23: 495～566

Beall C M, Song K, Elston R C, et al. 2004. Higher offspring survival among tibetan women with high oxygen saturation genotypes residing at 4000 M. Proceedings of the National Academy of Sciences of the United States of America, 101 (39): 14300～14304

Bellinger M R, Johnson J A, Toepfer J, et al. 2003. Loss of genetic variation in greater prairie chickens following a population bottleneck in wisconsin, U. S. A. Conservation Biology, 17 (3): 717～724

Berglund A, Rosenqvist G, Svensson I. 1986. Reversed sex roles and parental energy investment in zygotes of two pipefish (Syngnathidae) species. Marine Ecology Progress Series, 29: 209～215

Berglund A, Rosenqvist G, Svensson I. 1989. Reproductive success of females limited by males in two pipefish species. The American Naturalist, 133 (4): 506～516

Berlocher S H, Feder J L. 2002. Sympatric speciation in phytophagous insects: moving beyond controversy? Annual Review of Entomology, 47: 773～815

Berlocher S H. 2003. When houseguests become parasites: Sympatric speciation in ants. Proceedings of the National Academy of Sciences of the United States of America, 100 (12): 7169～7174

Beye M, Hasselmann M, Fondrk M K, et al. 2003. The gene *csd* is the primary signal for sexual development in the honeybee and encodes an SR-Type protein. Cell, 114 (4): 419～429

Black D. 1926. Tertiary man in Asia-the Chou Kou Tien discovery. Science, 65: 586, 587

Black D. 1927a. On a lower molar hominid tooth from the chou Kou Tien deposit. Palaeontologica Sinica (D), 7 (1): 1～28

Black D. 1927b. Further hominid remains of lower quaternary age from Chou Kou Tien deposit. Nature, 120: 954

Black D. 1928. Discovery of further hominid remains of lower quaternary age from the Chou Kou Tien deposit. Science, 67: 135, 136

Boake C R, Price D K, Andreadis D K. 1997. Inheritance of behavioural differences between two interfertile, sympatric species, *Drosophila silvestris* and *D. heteroneura*. Heredity, 80: 642~650

Bock W J. 2004. Species: the concept, category and taxon. Journal of Zoological Systematics & Evolutionary Research, 42: 178~190

Boomsma J J, Franks N R. 2006. Social insects: from selfish genes to self organisation and beyond. Trends in Ecology and Evolution, 21 (6): 303~308

Boraas M E. 1983. Predator induced evolution in chemostat culture EOS. Transactions of the American Geophysical Union, 64: 1102

Bortolotti G R. 2006. Natural selection of avian coloration: protection, concealment, advertisement or deception? Chapter 1. *In*: Hill G E, McGraw K J. Bird Coloration. Vol 2. Function and Evolution. Massachusetts: Harvard University Press. 3~35

Bradley R D, Baker R J. 2001. A test of the genetic species concept: cytochrome-B sequences and mammals. Journal of Mammalogy, 82 (4): 960~973

Britton-Davidian J, Catalan J, Da Graca Ramalhinho M, et al. 2000. Rapid chromosomal evolution in island mice. Nature, 403: 158

Brooks R, Caithness N. 1995. Manipulating a seemingly non-preferred male ornament reveals a role in female choice. Proceedings of the Royal Society of London (B), 261 (1360): 7~10

Brower J V Z, Brower L P. 1962. Experimental studies of mimicry. 6. The Reaction of Toads (*Bufo terrestris*) to Honeybees (*Apis mellifera*) and their Dronefly Mimics (*Eristalis vinetorum*). The American Naturalist, 96: 297~307

Brower J V Z. 1957. Experimental studies of mimicry in some north American butterflies. Nature, 180: 444

Burger W C. 1975. The species concept in quercus. Taxon, 24: 45~50

Bush G L. 1975. Modes of animal speciation. Ann Rev Ecol Syst, 6: 339~364

Cadena C D, Ricklefs R E, Jimenez I, et al. 2005. Ecology: is speciation driven by species diversity? Nature, 438: E1, E2

Caraco T. 1979. Time budgeting and group size: a test of theory. Ecology, 60: 618~627

Carpenter F W. 1905. The reactions of the pomace fly (*Drosophila ampelophila* Loew) to light, gravity, and mechanical stimulation. The American Naturalist, 39 (459): 157~171

Carter G S. 1954. Animal Evolution. London: Sidgwick and Jackson Limited

Cavalier-Smith T. 1981. Eukaryote kingdoms: seven or nine? Biosystems, 14: 461~481

Cavalier-Smith T. 1989. Archaebacteria and archezoa. Nature, 339: 100, 101

Cavalier-Smith T. 1998. A revised six-kingdom system of life. Biological Reviews of the Cambridge Philosophical Society (London), 73: 203~266

Charlesworth B. 2006. Sex determination in the honeybee. Cell, 114 (4): 397, 398

Clark N L, Aagaard J E, Swanson W J. 2006. Evolution of reproductive proteins from animals and plants. Reproduction, 131: 11~22

Clarke C A, Sheppard P M. 1963. Interactions between major genes and polygenes in the determination of the mimetic patterns of *Papilio dardanus*. Evolution, 17: 404~413

Clegg S M, Degnan S M, Kikkawa J, et al. 2002. Genetic consequences of sequential founder events by an island-colonizing Bird Owens. Proceedings of the National Academy of Sciences of the United States of America, 99: 8127~8132

Cody M L. 1969. Convergent characteristics in sympatric species: a possible relation to interspecific competition and aggression. Condor, 71: 222~239

Connell J H. 1961. The influence of interspecific competition and other factors on the distribution of the barnacle

Chthamalus stellatus. Ecology, 42: 710～723

Cook L M, Soltis P S. 1999. Mating systems of diploid and allotetraploid populations of *Tragopogon* (Asteraceae) I. Natural Populations. Heredity, 82: 237～244

Cook S C A, Lefebvre C, Mcneilly T. 1972. Competition between metal tolerant of normal plant populations on normal soiL. Evolution, 26 (3): 366～372

Cox C B, Moore P D. 1985. 生物地理学. 赵铁桥，杨正本译. 北京：高等教育出版社. 230

Cox P A. 1982. Vertebrate pollination and the maintenance of dioecism in *Freycinetia*. The American Naturalist, 120 (1): 65～80

Coyne J A, Orr H A. 1989. Patterns of speciation in *Drosophila*. Evolution, 43: 362～381

Coyne J A, Orr H A. 1997. Patterns of speciation in *Drosophila* (Revisited). Evolution, 51: 295～303

Coyne J A. 1984. Genetic basis of male sterility in hybrids between two closely related species of *Drosophila*. Proceedings of the National Academy of Sciences of the United States of America, 81: 4444～4447

Cracraft J. 1983. Species concepts and speciation analysis. Current Ornithology, 1: 159～187

Cracraft J. 1989. Speciation and its ontology: the empirical consequences of alternative species concepts for understanding patterns and processes of differentiation. *In*: Otte E, Endler J A. Speciation and its Consequences. Sunderland (MA): Sinauer Associates : 28～59

Creighton J C, Schnell G D. 1996. Proximate control of silicide in cattle egrets: a test of the food-amount hypothesis behavioral ecology and sociobiology. Coden, 38 (6): 371～377

Crespi B J, Springer S. 2003. Social slime molds meet their match. Science, 299: 56, 57

Croizat L. 1952. Manual of Phytogeography. Junk, The Hague

Croizat L. 1958. Panbiogeography. Vol 1, 2a and 2b. Published by the author, Caracas

Cronquist A. 1988. The Evolution and Classification of Flowering Plants (2nd Ed). Bronx (NY): The New York Botanical Garden. 556

Cuthill I C, Stevens M, Sheppard J, et al. 2005. Disruptive coloration and background pattern matching. Nature, 434: 72～74

Dagg A I. 1998. The infanticide hypothesis: a response to the response. American Anthropologist, 100 (4): 940～950

Dagg A I. 2000. The infanticide hypothesis: a response to the response. American Anthropologist, 102 (4): 831～834

Darwin C. 1859. 物种起源. 周建人，叶笃庄，方宗熙译. 北京：商务印书馆. 575

Davies N B. 1983. Polyandry, cloaca pecking and sperm competition in dunnocks. Nature, 302: 334～336

Dawkins R, Krebs J R. 1979. Arms races between and within Species. Proceedings of the Royal Society of London (B), 205: 489～511

Dawkins R. 1976. 自私的基因. 张岱云译. 北京：科学出版社. 281

De Bono M, Bargmann C I. 1998. Natural variation in a neuropeptide Y receptor homolog modifies social behavior of food response in *C. elegans*. Cell, 94 (5): 679～689

Desalle R, Giddings L V. 1986. Discordance of nuclear and mitochondrial DNA phylogenies in hawaiian *Drosophila*. Proceedings of the National Academy of Sciences of the United States of America, 83 (18): 6902～6906

Desalle R. 1992. The origin and possible time of divergence of the hawaiian drosophilidae: evidence from DNA sequences. Molecular Biology & Evolution, 9 (5): 905～916

Dial K P, Marzlu J M. 1988. Are the smallest organisms the most diverse? Ecology, 69: 1620～1624

Diamond J. 1988. Factors controlling species diversity: overview and synthesis. Annals of the Missouri Botanical Garden, 75 (1): 117～129

Dilger W. 1962. The Behavior of lovebirds. Scientific American, 206: 89～98

Dobzhansky T, Ayala F J, Stebbins G L, et al. 1977. Evolution. San Francisco: W. H. Freeman and Company. 572

Dobzhansky T, Spassky B. 1967. An experiment on migration and simultaneous selection for several traits in *Dro-*

sophila pseudoobscura. Genetics, 55 (4): 723～734

Dobzhansky T, Spassky B. 1967. Effects of selection and migration on geotactic and phototactic behaviour of drosophila. I. Proceedings of the Royal Society of London. Series B, Biological Sciences, 168: 27～47

Dobzhansky T. 1951. 遗传学与物种起源. 谈家桢, 韩安, 蔡以欣译. 北京: 科学出版社. 320

Dobzhansky T. 1953. Natural hybrids of two species of arctostaphylos in the yosemite region of california. Heredity, 7: 73～79

Dobzhansky T. 1970. Genetics of the Evolutionary Process. New York: Columbia University Press. 505

Dobzhansky T. 1973. Nothing in biology makes sense except in the light of evolution (essay from American Biology Teacher, March 1973)

Dodd D M B. 1989. Reproductive isolation as a consequence of adaptive divergence in *Drosophila pseudoobscura*. Evolution, 43 (6): 1308～1311

Dodson C H, Dressler R L, Hills H G, et al. 1969. Biologically active compounds in orchid fragrances. Science, 164: 1243～1249

Doi H, Reynolds B. 1967. The Story of Leopons. New York: Putnam. 46

Donoghue M J. 1985. A critique of the biological species concept and recommendations for a phylogenetic alternative. The Bryologist, 88: 172～181

Du Rietz G E. 1930. The fundamental units of biological taxonomy. Svensk Bot Tidskr, 24: 333～428

Echelle A A, Carson E W, Echelle A F, et al. 2005. Historical biogeography of the new-world pupfish genus *Cyprinodon* (Teleostei: Cyprinodontidae). Copeia, 2: 320～339

Echelle A A, Dowling T E. 1992. Mitochondrial DNA variation and evolution of the death valley pupfishes (*Cyprinodon*, Cyprinodontidae). Evolution, 46: 193～206

Eldredge N, Gould S J. 1972. Punctuated equilibria: an alternative to phyletic gradualism. *In*: Freeman S T. Models in Paleobiology. San Francisco: Cooper & Co. 82～115

El-Hifny M Z, Ahmad M S, Smith J D, et al. 1969. Gamete selection with an inbred tester. Theoretical and Applied Genetics, 39: 379～381

Emerson A E. 1960. Evolution of adaptation in population systems. *In*: Tax S. Evolution after Darwin. Chicago: Chicago Univ. Press. 307～348

Emerson B C, Kolm N. 2005. Ecology: is speciation driven by species diversity? (Reply) Nature, 438: E2

Erwin T L. 1982. Tropical forests: their richness in Coleoptera and other arthropod species. Coleopterists Bulletin, 36: 74, 75

Erwin T L. 1991. How many species are there? Revisited. Conservation Biology, 5: 1～4

Escobar-Paramo P, Gosh S, DiRuggiero J. 2005. Evidence for genetic drift in the diversification of a geographically isolated population of the hyperthermophilic Archaeon *Pyrococcus*. Molecular Biology and Evolution, 22: 2297～2303

Fabiani A, Galimberti F, Sanvito S, et al. 2004. Extreme polygyny among southern elephant seals on sea lion island, falkland islands. Behavioral Ecology, 15: 961～969

Faegri K, van der Pijl L. 1979. The principles of pollination ecology. Oxford, New York: Pergamon Press. 244

Florin A B, Oedeen A. 2002. Laboratory environments are not conducive for allopatric speciation. Journal of Evolutionary Biology, 15: 10～19

Forey P L. 1983. 分支系统学评介. 于小波译. 北京: 科学出版社

Foster S F. 1987. Aquisition of a defended resource: a benefit of group foraging for the neotropical wrasse, *Thalassoma lucasanum*. Environmental Biology of Fishes, 19: 215～222

Funk D J. 1998. Isolating a role for natural selection in speciation: host adaptation and sexual isolation in *Neochlamisus bebbianae* leaf beetles. Evolution, 52: 1744～1759

Futuyma D J. 1998. Evolutionary biology (3rd ed.). Sunderland (MA): Sinauer Associates. 751

Gadagkar R. 1998. Red ants with green beards. Journal of Biosciences, 23: 535, 536

Gage M J G. 1991. Risk of sperm competition directly affects ejaculate size in the mediterranean fruit fly. Animal Behaviour, 42: 1036～1037
Gargett V. 1977. A 13-year population study of the black eagles in *Matopos rhodesia*. Ostrich, 48: 17～27
Garratty G, Glynn S A, Mcentire R. 2004. Retrovirus epidemiology donor study: ABO and Rh (D) phenotype frequencies and different racial/ethnic groups in the united states. Transfusion, 44 (5): 703～706
Gavrilets S, Li H, Vose M D. 1998. Rapid parapatric speciation on holey adaptive landscapes. Proceedings of the Royal Society of London (B), 265: 1483～1489
Gellon G, Mcginnis W. 1998. Shaping animal body plans in development and evolution by modulation of hox expression patterns. Bioessays, 20: 116～125
Gemmill C, Allan G, Wagner W L, et al. 2002. Evolution of insular pacific *Pittosporum* (Pittosporaceae): origin of the hawaiian radiation. Molecular Phylogenetics and Evolution, 22: 31～42
Gerhardt H C, Dyson M L, Tanner S D. 1996. Dynamic properties of the advertisement calls of gray tree frogs: patterns and variability of female choice. Behavioral Ecology, 7 (1): 7～18
Gillespie R G, Croomt H B, Palumbi S R. 1994. Multiple origins of a spider radiation in hawaii. Proceedings of the National Academy of Sciences of the United States of America, 91: 2290～2294
Gingerich P D. 1983. Rates of evolution: effects of time and temporal scaling. Science, 222: 159～161
Golding Y C, Ennos A R, Edmunds M. 2001. Similarity in flight behaviour between the honeybee *Apis mellifera* (Hymenoptera: Apidae) and its presumed mimic, the dronefly *Eristalis tenax* (Diptera: Syrphidae). The Journal of Experimental Biology, 204: 139～145
Goodnight C J. 1985. The influence of environmental variation on group and individual selection in a cress. Evolution, 39, 545～558
Goodnight C J. 2005. Multilevel selection: the evolution of cooperation in non kin groups. Population Ecology, 47: 3～12
Grant B R. 2004. Evolutionary dynamics of sympatric darwin's finch populations in the galapagos archipelago. 动物学报, 50 (6): 936～941
Grant P R, Grant B R. 2002a. Adaptive radiation of darwin's finches: recent data help explain how this famous group and galapagos birds evolved, although gaps in our understanding remain. American Scientist, 130～135
Grant P R, Grant B R. 2002b. Unpredictable evolution in a 30-year study of darwin's finches. Science, 196: 707～711
Grant P R, Grant B R. 2006. Evolution of character displacement in darwin's finches. Science, 313: 224～226
Grant P R. 1972. Convergent and divergent character displacement. Biological Journal and the Linnean Society, 4: 39～68
Gray A P. 1972. Mammalian Hybrids: a Check-list with Bibliography. Farnham Royal: Commonwealth Agricultural Bureaux. 262
Green D M, Sharbel T F, Kearsley J, et al. 1996. Postglacial range fluctuation, genetic subdivision and speciation in the western north American spotted frog complex, *Rana pretiosa*. Evolution, 50 (1): 374～390
Gregory T R. 2001. Coincidence, coevolution, or causation? DNA content, cell size, and the c-value Enigma. Biological Reviews, 76: 65～101
Grimaldi D A, Engel M S. 2005. Evolution of the Insects. Cambridge: Cambridge University Press. 772
Guyer C, Slowinski J B. 1993. Adaptive radiations of the topology of large phylogenies. Evolution, 47: 253～263
Gwynne D T, Simmons L W. 1990. Experimental reversal of courtship roles in an insect. Nature, 346: 172～174
Haffer J, Bairlein F. 2004. Ernst mayr- 'darwin of the 20th century'. Journal of Ornithology, 145 (3): 161, 162
Haffer J. 2004. Ernst mayr: intellectual leader of ornithology. Jorunal of Ornithology, 145 (3): 163～176
Haldane J B S. 1955. Population genetics. New Biology, 18: 34～51
Hall B G. 2001. Phylogenetic Trees Made Easy: a How-to Manual for Molecular Biologists. Sunderland (Mass.): Sinauer Associates. 179

Halliburton R, Gall G A E. 1981. Disruptive selection and assortative mating in *Tribolium castaneum*. Evolution, 35: 829～843

Halstead L B, White E I, Macintyre G T. 1979. Reply to patterson et al. Nature, 227: 176

Halstead L B. 1978. The cladistic revolution-can it make the grade? Nature, 276: 759, 760

Hamilton W D. 1963. The evolution of altruistic behavior. American Naturalist, 97: 354～356

Hamilton W D. 1964. The evolution of social behavior. Journal of Theoretical Biology, 7: 1～52

Hamilton W J, Orians G H. 1965. Evolution of brood parasitism in altricial birds. Condor, 67: 361～382

Hawking S. 2006. Origin of the Universe (2006年6月15日在香港科技大学的演讲)

Hayashi F. 1998. Sperm cooperation in the fishfly parachauliodes japonicus. Functional Ecology, 12 (3): 347～350

Heiling A M, Chittka L, Cheng K, et al. 2005. Colouration in crab spiders: substrate choice and prey attraction. Journal of Experimental Biology, 208: 1785～1792

Hennig W. 1950. Grundzuge einer Theorie der Phylogenetischen Systematik. Berlin: Deutscher Zentralverlag. 370

Hennig W. 1965. Phylogenetic systematics. Annual Review of Entomology, 10: 97～116

Hennig W. 1966. Phylogenetic Systematics. Urbana: University of Illinois Press. 263

Hennig W. 1974. "Cladistic analysis or cladistic classification?" A reply to ernst mayr. Systematic Zoology, 24: 244～256

Hickman J C. 1993. The Jepson Manual, Higher Plants of University. California: California Press. 1424

Higashiyama T, Yabe S, Sasaki N, et al. 2001. Pollen tube attraction by the synergid cell. Science, 293: 1480～1481

Hill J P, Lord E M. 1986. Dynamics of pollen tube growth in the wild radish, *Raphanus raphanistrum* (Brassicaceae). I. Order of Fertilization. Evolution, 40 (6): 1328～1333

Hillis D M, Collins J T, Bogart J P. 1987. Distribution of diploid and tetraploid species of gray tree frogs (*Hyla chrysoscelis* and *Hyla versicolor*) in kansas. American Midland Naturalist, 117 (1): 214～217

Hillis D M. 1981. Premating isolating mechanisms among three species and the *Rana pipiens* complex in texas and southern oklahoma. Copeia, 2: 312～319

Hoekstra H E, Hoekstra J M, Berrigan D, et al. 2001. Strength and tempo of directional selection in the wild. Proceedings of the National Academy of Sciences of the United States of America, 98: 9157～9160

Hoelzel A R, Fleischer R C, Campagna C, et al. 2002. Direct evidence for the impact of a population bottleneck on symmetry and genetic diversity in the northern elephant sea L. Journal of Evolutionary Biology, 15: 567～575

Hoelzel A R, Halley J, O'Brien S J, et al. 1993. Elephant seal genetic variation and use of simulation models to investigate historical population bottlenecks. Journal of Heredity, 84: 443～449

Hovanitz W. 1949. Interspecific matings between *Colias eurytheme* and *Colias philodice* in wild populations. Evolution, 3 (2): 170～173

Hubbard M D. 2002. Synonymy of valid name of the families vietnamellidae and Austremerellidae (Ephemeroptera: Ephemerelloidea). Florida Entomologist, 85 (2): 382

Hubble E. 1929. A relation between distance and radial velocity among extra-galactic nebulae. Proceedings of the National Academy of Sciences of the United States of America of the United States of America, 15 (3): 168～173

Huey R B, Gilchrist G W, Carlson M L, et al. 2000. Rapid evolution of a geographic cline in size in an introduced fly. Science, 287: 308～309

Hulsey C D. 2006. Function of a key morphological innovation: fusion of the cichlid pharyngeal jaw. Proc R Soc Lond, B 273: 669～675

Humphries C J, Parenti L R. 1999. 分支生物地理学：植物和动物分布的解释性格局. 张明理，左尧凤，王英伟等译. 北京：高等教育出版社. 167

Hunt J H. 1999. Trait mapping of salience in the evolution of eusocial vespid wasps. Evolution, 53: 225～237

Hurst L D. 1996. Why are there only two sexes? Proceedings of the Royal Society of London (B), 263: 415～422

Husar S L. 1976. Behavioral character displacement: evidence of food partitioning in insectivorous bats. Journal of

Mammalogy, 57 (2): 331～338

Härlin C, Härlin M. 2003. Evolutionary perspective: towards a historization of aposematism. Evolutionary Ecology, 17: 197～212

Hölldobler B, Wilson E O. 1990. The Ants. Cambridge: Harvard University Press. 732

Ideker J, 阎德发. 1980. *Lestes* (Mammalia) -*Lestes* (Zygoptera) 的一个次同名异物. 古脊椎动物学报, 18 (2): 58, 59

Jackson R R, Li D, Fijn N, et al. 1998. Predator-prey interactions between aggressive-mimic jumping spiders (Salticidae) and araeneophagic spitting spiders (scytodidae) from the philippines. Journal of Insect Behavior, 11: 319～342

Jaeger E C. 1955. 生物名称和生物学术语的词源. 腾砥平, 蒋芸英译. 北京: 科学出版社. 577

Jarvis J U M, Sherman P W. 2002. Mammalian species *Heterocephalus glaber*. The American Society of Mammalogists, 706: 1～9

Jiggins C D. 2006. Sympatric speciation: why the controversy? Current Biology, 16 (9): 333, 334

Jones A G, Arguello J M, Arnold S J. 2002. Validation of bateman's principles: a genetic study of sexual selection and mating patterns in the rough-skinned newt. Proceedings of the Royal Society of London (B), 269: 2533～2539

Jones A G, Rosenqvist G, Berglund A, et al. 2000. The bateman gradient and the cause of sexual selection in a sex-role-reversed pipefish. Proceedings of the Royal Society of London (B), 267: 677～680

Jowett D. 1958. Populations of *Agrostis* spp. tolerant of heavy metals. Nature, 182: 816, 817

Kanazawa S, Novak D L. 2005. Human sexual dimorphism in size may be triggered by environmental cues. Journal of Biosocial Science, 37: 657～665

Kapan D D, Flanagan N S, Tobler A, et al. 2006. Localization and mullerian mimicry genes on a dense linkage map of *Heliconius erato*. Genetics, 173: 735～757

Keightley P D, Eyre-Walker A. 2000. Deleterious mutations and the evolution of sex. Science, 290: 331～333

Kelley R I, Robinson D, Puffenberger E G, et al. 2002. Amish lethal microcephaly: a new metabolic disorder with severe congenital microcephaly and 2-Ketoglutaric aciduria. American Journal of Medical Genetics, 112: 318～326

Kenward R E. 1978. Hawks and doves: factors affecting success and selection in goshawk attacks on woodpigeons. Journal of Animal Ecology, 47: 449～460

Kettlewell H B D. 1955. Selection experiments on industrial melanism in the lepidoptera. Heredity, 9: 323～342

Kimura M. 1968. Evolutionary rate at the molecular leveL. Nature, 217: 624～626

King J L, Jukes T H. 1969. Non-darwinian evolution. Science, 164: 788～798

King R B, Lawson R. 1995. Color pattern variation in lake erie water snakes: the role of gene flow. Evolution, 49: 885～896

Kingsolver J G, Hoekstra H E, Hoekstra J M, et al. 2001. The strength of phenotypic selection in natural populations. The American Naturalist, 157 (3): 245～261

Kitowski I. 2005. Sibling conflict in montagu's harrier *Circus pygargus* during the post fledging period in southeast poland. 动物学报, 51 (5): 790～796

Klass K D, Zompro O, Kristensen N P, et al. 2002. Mantophasmatodea: a new insect order with extant members in the afrotropics. Science, 296: 1456～1459

Kluge A G. 2001. Parsimony with and without scientific justification. Cladistics, 17 (2): 199～210

Klump G M, Gerhardt H C. 1987. Use of non-arbitrary acoustic criteria in mate choice by female gray tree frogs. Nature, 326: 286～288

Knowlton N, Weigt L A, Solorzano L A, et al. 1993. Divergence in proteins, mitochondrial DNA, and reproductive compatibility across the isthmus and panama. Science, 260: 1629～1632

Knowlton N, Weigt L A. 1998. New dates and new rates for divergence across the isthmus of panama. Proceedings of the Royal Society of London (B), 265: 1412～1416

Kondrashov A S. 1988. Deleterious mutations and the evolution of sexual reproduction. Nature, 336: 435～440

Kondrashov A S. 1982. Selection against harmful mutations in large sexual and asexual populations. Genetics Research, 40 (3): 325～332

Korol A, Rashkovetsky E, Iliadi K, et al. 2000. Nonrandom mating in *Drosophila melanogaster* laboratory populations derived from closely adjacent ecologically contrasting slopes at "Evolution canyon". Proceedings of the National Academy of Sciences of the United States of America, 97 (23): 12637～12642

Kuchta S R. 2005. Experimental Support for Aposematic Coloration in the Salamander *Ensatina eschscholtzii xanthoptica*: Implications for Mimicry of Pacific Newts. Copeia. 265～271

Kurland J A. 1977. Kin Selection in the Japanese Monkey. *In*: Szalay F. Contributions to Primatology (vol. 12). Basel: Karger. 1～145

Kutschera U. 2003. A comparative analysis of the darwin-wallace papers and the development of the concept of natural selection. Theory in Bioscience, 122: 343～359

Kutschera U. 2004. Species concepts: leeches versus bacteria. Lauterbornia, 52: 171～175

Lachaise D, Harry M, Solignac M, et al. 2000. Evolutionary novelties in islands: *Drosophila santomea*, a new melanogaster sister species from sao tome. Proceedings of the Royal Society of London (B), 267: 1487～1495

Lack D. 1947. The significance of clutch size. Part Ⅰ and Ⅱ. Ibis, 89: 302～352

Le Boeuf B J. 1974. Male-Male competition and reproductive success in elephant seals. American Zoologist, 14: 163～176

Leonard J L. 2006. Sexual selection: lessons from hermaphrodite mating systems. Integrative and Comparative Biology, 46 (4): 349～367

Lev-Yadun S, Inbar M. 2002. Defensive ant, aphid and caterpillar mimicry in plants? Biological Journal of the Linnean Society, 77 (3): 393～398

Lewontin R C. 1970. The units of selection. Annual Review of Ecology and Systematics, 1: 1～18

Liebers D, Helbig A J, De Knijff P. 2001. Genetic differentiation and phylogeography of gulls in the *Larus cachinnans-fuscus* group (Aves: Charadriiformes). Molecular Ecology, 10 (10): 2447～2462

Liem K F. 1973. Evolutionary strategies of morphological innovations: cichlid pharyngeal jaws. Systematic Zoology, 22 (4): 425～441

Lifshitz E M, Khalatnikov I M. 1963. Investigations in relativistic cosmology. Advances in Physics, 12: 185～249

Lindenfors P, Tullberg B S, Biuw M. 2002. Phylogenetic analyses of sexual selection and sexual size dimorphism in pinnipeds. Behavioral Ecology and Sociobiology, 52: 188～193

Linder H P, Crisp M D. 1995. *Nothofagus* and pacific biogeography. Cladistics, 11 (1): 5～32

Lister A M. 1993. Evolution of mammoths and moose: the holocene perspective morphological change in quaternary. *In*: Martin R A , Barnosky A D. Mammals of North America. Cambridge: Cambridge University Press. 178～204

Lively C M, Craddock C, Vrijenhoek R C. 1990. Red queen hypothesis supported by parasitism in sexual and clonal fish. Nature, 344: 864～866

Lloyd J E. 1965. Aggressive mimicry in *Photuris*: firefly femmes fatales. Science, 149: 653, 654

Losos J B, Jackman T R, Larson A, et al. 1998. Contingency and determinism in replicated adaptive radiations of island lizards. Science, 279: 2115～2118

Lovette I J, Bermingham E. 1999. Explosive speciation in the new world dendroica warblers. Proceedings of the Royal Society of London (B), 266: 1629～1636

Loyau A, Jalme M S, Cagniant C, et al. 2005. Multiple sexual advertisements honestly reflect health status in peacocks (*Pavo cristatus*). Behavioral Ecology and Sociobiology, 58 (6): 552～557

Loyau A, Jalme M S, Cagniant C, et al. 2006. Male sexual attractiveness affects the investment of maternal resources into the eggs in peafowl (*Pavo cristatus*). Behavioral Ecology and Sociobiology, 61 (7): 1043～1052

Loyau A, Jalme M S, Sorci G. 2005. Intra-and intersexual selection for multiple traits in the peacock (*Pavo cristatus*). Ethology, 111 (9): 810～820

Lugo A E. 1988. Estimating reductions in the diversity of tropical forest species. *In*: Wilson E O. Biodiversity. Washington DC: National Academy Press. 58～70

Lukhtanov V A, Kandul N P, Plotkin J B, et al. 2005. Reinforcement of pre-zygotic isolation and karyotype evolution in *Agrodiaetus* butterflies. Nature, 436: 385～389

Luo Z X, Wible J R. 2005. A late jurassic digging mammal and early mammalian diversification. Science, 308: 103～107

Lyon B E. 2003. Egg recognition and counting reduce costs of avian conspecific brood parasitism. Nature, 422: 495～499

Maan M E, Hofker K D, van Alphen J J M, et al. 2006. sensory drive in cichlid speciation. The American Naturalist, 167: 947～954

MacArthur R H. 1958. Population ecology of some warblers of northeastern coniferous forests. Ecology, 39: 599～619

Maestripieri D. 2002. Parent-offspring conflict in primates. International Journal of Primatology, 23 (4): 923～951

Mallet J. 1995. A Species definition for the modern synthesis. Trends in Ecology and Evolution, 10: 294～299

Marko P B. 1998. Historical allopatry and the biogeography of speciation in the prosobranch snail genus *Nucella*. Evolution, 52 (3): 757～774

Martin R D. 1972. Adaptive radiation and behaviour of the malagasy lemurs. Philosophical Transactions and the Royal Society and London (B), 264 (862): 295～352

Marzlu J M, Dial K P. 1991. Life history correlates of taxonomic diversity. Ecology, 72: 428～439

Matthews R W, Matthews J R. 1978. Insect Behavior. New York: John Wiley and Sons. 507

Matyjasiak P, Jablonski P G, Olejniczak I, et al. 2000. Imitating the initial evolutionary stage and a tail ornament. Evolution, 54 (2): 704～711

May R M. 1988. How many species are there on earth. Science, 241: 1441～1449

Mayden R L. 1997. A hierarchy of Species Concepts: the Denouement in the Saga and the Species Problem. *In*: Claridge M F, Dawah H A, Wilson M R, et al. Species: the Units of Biodiversity. Chapman & Hall. 381～424

Mayden R L. 2002. On biological species, species concepts and individuation in the natural world. Fish and Fisheries, 3: 171～196

Maynard-Smith J. 1964. Group selection and kin selection. Nature, 201: 1145～1147

Maynard-Smith J. 1974. The theory of games and the evolution of animal conflicts. Journal of Theoritcal Biology, 47: 209～221

Mayr E, Bock W J. 2002. Classifications and other ordering systems. Journal of Zoological Systematics & Evolutionary Research, 40: 169～194

Mayr E. 1942. Systematics and the Origin of Species from the Viewpoint of a Zoologist. New York: Columbia University Press. 372

Mayr E. 1963. Animal Species and Evolution. Cambridge (Mass.): Harvard University Press. 811

Mayr E. 1965. Numerical phenetics and taxonomic theory. Systematic Zoology, 14: 73～97

Mayr E. 1969. Principles of Systematic Zoology. New York: McGraw-Hill. 428

Mayr E. 1970. Populations, Species, and Evolution. Cambridge (Mass.): Harvard University Press. 453

Mayr E. 1974. Cladistic analysis or cladistic classification. Zeitschrift fur Zoologische Systematik und Evolutionsforschung, 12 (2): 94～128

Mayr E. 1982. 生物学思想的发展. 涂长晟译. 成都: 四川教育出版社

Mayr E. 1988a. The why and how of species. Biology and Philosophy, 3: 431～441

Mayr E. 1988b. 生物学哲学. 涂长晟译. 沈阳: 辽宁教育出版社. 559

Mayr E. 1996. What is a species, and what is not? Philosophy of Science, 63: 262～277

Mayr E. 1997. The objects of selection. Proceedings of the National Academy of Sciences of the United States of America, 94: 2091～2094

Mayr E. 2001. Wu's genic view of speciation. Journal of Evolutionary Biology, 14: 866, 867

Mayr E. 2003. 进化是什么. 田洛译. 上海: 上海科学技术出版社. 259

McCafferty W P, Wang T Q. 2000. Phylogenetic systematics of the major lineages of pannote mayflies (Ephemeroptera: Pannota). Trans Amer Entomol Soc, 126: 9～101

McCarthy D. 2003. The trans-pacific zipper effect: disjunct sister taxa of matching geological outlines that link the pacific margins. Journal of Biogeography, 30 (10): 1545～1561

McKinnon J S, Mori S, Blackman B K, et al. 2004. Evidence for ecology's role in speciation. Nature, 429: 294～298

Meffert L M, Bryant E H. 1991. Mating propensity and courtship behavior in serially bottlenecked lines of the housefly. Evolution, 45: 293～306

Meier R, Willmann R. 2000. A defense of the hennigian species concept. *In*: Wheeler Q D, Meier R. Species Concepts and Phylogenetic Theory: a Debate. New York: Columbia University Press. 167～178

Mendelson T C, Shaw K L. 2005. Sexual behaviour: rapid speciation in an arthropod. Nature, 433: 375, 376

Menotti-Raymond M, O'Brien S J. 1993. Dating the genetic bottleneck of the african cheetah. Proceedings of the National Academy of Sciences of the United States of America, 90 (8): 3172～3176

Merilaita S, Lind J. 2005. Background-matching of disruptive coloration, and the evolution of cryptic coloration. Proceedings of the Royal Society of London (B), 272: 665～670

Merilaita S, Tullberg B S. 2005. Constrained camouflage facilitates the evolution of conspicuous warning coloration. Evolution, 53: 38～45

Merilaita S. 1998. Crypsis through disruptive coloration in an isopod. Proceedings of the Royal Society of London (B), 265: 1059～1064

Merrell D J. 1981. Ecological Genetics. London: Longman Inc

Merrill D N, Elgar M A. 2000. Red legs of golden gasters: batesian mimicry in australian ants. Naturwissenschaften, 87: 212～215

Michor F, Nowak M A, Iwasa Y. 2006. Resistance to cancer therapy. Evolution and Current Pharmaceutical Design, 12: 261～271

Millar N P, Reznick D N, Kinnison M T, et al. 2006. Disentangling the selective factors that act on male colour in wild guppies. Oikos, 113: 1～12

Miller G S Jr. 1918. A new river dolphin from China. Smiths Misc Coll, 68 (9): 1

Miller R R. 1950. Speciation in fishes of the genera *Cyprinodon* and *Empetrichthys*, inhabiting the death valley region. Evolution, 4 (2): 155～163

Miller S L, Urey H C. 1959. Organic compound synthesis on the primitive earth. Science, 130: 245

Miller S L. 1953. Production of amino acids under possible primitive earth conditions. Science, 117: 528

Mock K E, Theimer T C, Rhodes O E Jr, et al. 2002. Genetic variation across the historical range of the wild turkey (*Meleagris Gallopavo*). Molecular Ecology, 11 (4): 643～657

Moore H D M, Taggart D A. 1995. Sperm pairing in the opossum increase the efficiency of sperm movement in a viscous environment. Biology of Reproduction, 52: 947～953

Moore H, Dvorakovak, Jenkins N, et al. 2002. Exceptional sperm cooperation in the wood mouse. Nature, 418: 174～177

Moore J A. 1954. Geographic and genetic isolation in Australian Amphibia. The American Naturalist, 88 (839): 65～74

Moritz C, Mccallum H, Donnellan S, et al. 1991. Parasite loads in parthenogenetic of sexual lizards (*Heteronotia binoei*): support for the red queen hypothesis. Proceedings of Biological Sciences, 244: 145～149

Muchmore E A, Diaz S, Varki A. 1998. A structural difference between the cell surfaces of humans and the great apes. American Journal of Physical Anthropology, 107: 187～198

Myers A A, Giller P S. 1988. Process, pattern and scale in biogeography. *In*: Myers A A, Giller P S. Analytical Biogeography. New York and London: Champman and Hall. 3～12

Myers N, Mittermeier R A, Mittermeier C G, et al. 2000. Biodiversity hotspots for conservation priorities. Nature, 403: 853～858

Myers N. 1988. Tropical Forests and their Species: Gong, Gong? *In*: Wilson E O. Biodiversity. Washington DC: National Academy Press. 28～35

Myers N. 2000. Biodiversity hotspots for conservation priorities. Nature, 403: 853～858

Møller A P, De Lope F. 1994. Differential costs of a secondary sexual character: an experimental test of the handicap principle. Evolution, 48 (5): 1676～1683

Møller A P. 1988. Female choice selects for male sexual tail ornaments in the monogamous swallow. Nature, 332: 640～642

Møller A P. 1993. Sexual selection in the barn swallow *Hirundo rustica*. III. Female Tail Ornaments. Evolution, 47 (2): 417～431

Müller F. 1879. *Ituna* and *Thyridia*: a Remarkable Case of Mimicry in Butterflies. Transactions of the Entomological Society of London. 20～29

Nebel A, Filon D, Faerman M, et al. 2004. Y chromosome evidence for a founder effect in ashkenazi jews. European Journal of Human Genetics, 13: 388～391

Nelson G J. 1972. Phylogenetic relationship and classification. Systematic Zoology, 21: 227～231

Nelson G J. 1974. Classification as an expression of phylogenetic relationships. Systematic Zoology, 22: 344～359

Nelson G, Platnick N I. 1981. Systematics and biogeography: cladistics and vicariance. New York: Columbia Univ Press. 567

Nelson G, Platnick N. 1984. Biogeography. Carolina Biology Readers, 119: 1～20

Nishikimi M, Fukuyama R, Minoshima S, et al. 1994. Cloning and chromosomal mapping of the human nonfunctional gene for L-Gulono-Gamma-Lactone oxidase, the enzyme for L-Ascorbic Acid biosynthesis missing in man. Journal of Biological Chemistry, 269: 13685～13688

Nixon K C, Wheeler Q D. 1990. An amplification of the phylogenetic species concept. Cladistics, 6: 211～223

Nonacs P, Reeve H K. 1995. The ecology of cooperation in wasps: causes and consequences of alternative reproductive decisions. Ecology, 76: 953～967

Nosil P, Crespi B J, Sandoval C P. 2002. Host-plant adaptation drives the parallel evolution and reproductive isolation. Nature, 417: 440～443

Nosil P. 2007. Divergent host plant adaptation and reproductive isolation between ecotypes of *Timema cristinae* walking sticks. The American Naturalist, 169: 151～162

Nowak M A. 2006. Five rules for the evolution of cooperation. Science, 314: 1560～1563

Nur A, Ben-Avraham Z. 1977. Lost pacifica continent. Nature, 270: 41～43

Okasha S. 2003a. Does the concept of "clade selection" make sense? Philosophy and Science, 70 (4): 739～751

Okasha S. 2003b. Recent work on the levels of selection problem. Human Nature Review, 3: 349～356

Okasha S. 2006. The levels of selection debate: philosophical issues. Philosophy Compass, 1: 1～12

Otto S P, Whitton J. 2000. Polyploid incidence and evolution. Annual Review of Genetic, 34: 401～437

Owens I P F, Bennett P M, Harvey P H. 1999. Species richness among birds: body size, life history, sexual selection or ecology? Proceedings of the Royal Society of London (B), 266: 933～939

O'Brien E, Kerber R A, Jorde L B, et al. 1994. Founder effect: assessment of variation in genetic contributions among founders. Human Biology, 66 (2): 185～204

O'Steen S, Cullum A J, Bennett A F. 2002. Rapid evolution and escape ability in trinidadian guppies. Evolution, 56: 776～784

Packer C, Pusey A E. 1983. Adaptations of female lions to infanticide by incoming males. The American Naturalist, 121 (5): 716～728

Packer C. 2000. Infanticide is no fallacy. American Anthropologist, 102 (4): 829～831

Page R D M. 1987. Graphs and generalized tracks: quantifying croizat's panbiogeography. Systematic Zoology, 36

(1): 1～17

Parker G A. 1970. Sperm competition and its evolutionary consequences in the insects. Biological Review, 45: 525～567

Partridge L, Hurst L D. 1998. Sex and conflict. Science, 281: 2003～2008

Pasteur G. 1982. Classificatory review of mimicry systems. Annual Review of Ecology and Systematics, 13: 169～199

Paterson H E H. 1980. A Comment on "mate recognition systems". Evolution, 34: 330, 331

Paterson H E H. 1985. The recognition concept of species. *In*: Vrba E S. Species and Speciation. Pretoria: Transvaal Museum Monograph No. 4: 21～29

Patil S, Totey S. 2003. Developmental failure of hybrid embryos generated by in vitro fertilization of water buffalo (*Bubalus bubalis*) oocyte with bovine spermatozoa. Molecular Reproduction and Development, 64: 360～368

Patterson C, Forey P L, Greenwood P H, et al. 1979. The salmon, the lungfish and the cow: a reply. Nature, 227: 175～176

Patterson C. 1980. Cladistics-pattern versus process in nature: a personal view of a method and a controversy. Biologist, 27 (5): 234～240

Pennisi E. 2006. Competition drives big beaks out of business. Science, 313: 156

Petrie M, Halliday T. 1994. Experimental and natural changes in the peacock's (*Pavo cristatus*) train can affect mating success. Behavioral Ecology and Sociobiology, 35 (3): 213～217

Pfennig D W. 1999. Cannibalistic tadpoles that pose the greatest threat to kin are most likely to discriminate kin. Proceedings of the Royal Society of London (B), 266: 57～61

Pizzari T. 2004. Evolution: sperm ejection near and far. Current Biology, 14 (13): 511～513

Planes S, Lecaillon G. 1998. Consequences of the founder effect in the genetic structure of introduced island coral reef fish populations. Biological Journal of the Linnean Society, 63: 537～552

Poulton E B . 1898. Natural selection: the cause of mimetic resemblance and common warning colours. Journal of the Linnean Society London, Zoology, 26: 558～612

Proctor H C. 1991. Courtship in the water mite *Neumania papillator*: males capitalize on female adaptations for predation. Animal Behaviour, 42: 589～598

Proctor H C. 1992. Sensory exploitation and the evolution of male mating behaviour: a cladistic test using water mites (Acari: Parasitengona). Animal Behaviour, 44: 745～752

Prothero D R. 1992. Punctuated equilibrium at twenty: a paleontological perspective. Skeptic, 1 (3): 38～47

Pugesek B H. 1990. Parental effort in the california gull: tests of parent-and-offspring conflict theory. Behavioral Ecology and Sociobiology, 27 (3): 211～215

Queller D C, Ponte E, Bozzaro S, et al. 2003. Single-gene greenbeard effects in the social amoeba *Dictyostelium discoideum*. Science, 299: 105～106

Queller D C. 1983. Sexual selection in a hermaphroditic plant. Nature, 305: 706～707

Quinn A, Wilson D E. 2004. *Daubentonia madagascariensis*. Mammalian Species, 740: 1～6

Rashevsky N. 1970. Contributions to the theory of organismic sets: why are there only two sexes. Bulletin of Mathematical Biology, 32 (2): 293～301

Ray G C. 1988. Ecological diversity in coastal zones of oceans. *In*: Wilson E O. Biodiversity. Washington DC: National Academy Press. 36～50

Regan J L, Meffert L M, Bryant E H. 2003. A direct experimental test of founder-flush effects on the evolutionary potential for assortative mating. Journal of Evolutionary Biology, 16: 302～312

Reid G M. 1980. Explosive speciation' of carps in lake lanao (Philippines) -fact or fancy? Systematic Zoology, 29 (3): 314～316

Reyer H U. 1986. Breeder-helper-interactions in the pied kingfisher (*Ceryle rudis*) reflect the costs and benefits of cooperative breeding. Behaviour, 96: 277～303

Reznick D R, Shaw F H, Rodd F H, et al. 1997. Evaluation of the rate and evolution in natural populations of gup-

pies (*Poecilia reticulata*). Science, 275: 1936～1937
Rice W R, Hostert E E. 1993. Laboratory experiments on speciation: what have we learned in forty years? Evolution, 47: 1637～1653
Ritchie M G, Garcia C M. 2005. Evolution of species: explosive speciation in a cricket. Heredity, 95: 5～6
Ritland D B, Brower L P. 1991. The viceroy butterfly is not a batesian mimic. Nature, 350: 497～498
Rohwer S, Bermingham E, Wood C. 2001. Plumage of mitochondrial DNA haplotype variation across a moving hybrid zone. Evolution, 55: 405～422
Rosenzweig M L. 1996. Colonial birds probably do speciate faster. Evolutionary Ecology, 10: 681～683
Rosenzweig M L. 2001. Loss of speciation rate will impoverish future diversity. Proceedings of the National Academy of Sciences of the United States of America, 98: 5404～5410
Ross K G, Keller L. 1998. Genetic control of social organization in an ant. Proceedings of the National Academy of Sciences of the United States of America, (95): 14232～14237
Roux E A, Korb J. 2004. Evolution of eusociality of the soldier caste in termites: a validation of the intrinsic benefit hypothesis. Journal of Evolutionary Biology, 17 (4): 869～875
Rundle H D, Nagel L, Boughman J W, et al. 2000. Natural selection and parallel speciation in sympatric sticklebacks. Science, 287: 306～308
Ryan M J. 1998. Sexual selection, receiver biases, and the evolution of sex differences. Science, 281: 1999～2003
Sandoval C P, Nosil P. 2005. Counteracting selective regimes and host preference evolution in ecotypes of two species of walking-sticks. Evolution, 59 (11): 2405～2413
Sarich V M, Wilson A C. 1967. Immunological time scale for hominid evolution. Science, 158: 1200～1203
Sato A, O'huigin C, Figueroa F, Grant P R, et al. 1999. Phylogeny of darwin's finches as revealed by mtDNA sequences. Proceedings of the National Academy of Sciences of the United States of America, 96: 5101～5106
Saul-Gershenz L S, Millar J G. 2006. Phoretic nest parasites use sexual deception to obtain transport to their host's nest. Proceedings of the National Academy of Sciences of the United States of America, 103 (38): 14039～14044
Savolainen R, Vepsäläinen K. 2003. Sympatric speciation: through intraspecific social parasitism. Proceedings of the National Academy of Sciences of the United States of America, 100: 7169～7174
Savolainen V, Anstett M, Lexer C, et al. 2006. Sympatric speciation in palms on an oceanic island. Nature, 441: 210～213
Sazima I. 2002. Juvenile snooks (Centropomidae) as mimics of mojarras (Gerreidae) with a review of aggressive mimicry in fishes. Environmental Biology of Fishes, 65: 37～45
Schaefer H M, Stobbe N. 2006. Disruptive coloration provides camouflage independent of background matching. Proceedings of the Royal Society (B), 273: 2427～2432
Scheel D, Packer C. 1991. Group hunting behaviour of lions: a search for cooperation. Animal Behaviour, 41 (4): 697～710
Schiestl F. 2005. On the success of a swindle: pollination by deception in orchids. Naturwissenschaften, 92: 255～264
Schliewen U K, Kocher T D, Mckaye K R, et al. 2006. Evolutionary biology: evidence for sympatric speciation? Nature, 444: 12, 13
Schluter D, Nagel L M. 1995. Parallel speciation by natural selection. The American Naturalist, 146: 292～301
Schluter D. 1995. Adaptive radiation in sticklebacks: trade-offs in feeding performance and growth. Ecology, 76: 82～90
Schmitt T, Hewitt G M, Müller P. 2006. Disjunct distributions during glacial and interglacial periods in mountain butterflies: *Erebia epiphron* as an example. Journal of Evolutionary Biology, 19 (1): 108～113
Schrago C G, Russo C A M. 2003. Timing the origin of new world monkeys. Molecular Biology and Evolution, 20 (10): 1620～1625
Schwarz D, Matta B M, Shakir-Botteri N L, et al. 2005. Host shift to an invasive plant triggers rapid animal hybrid

speciation. Nature, 436: 546～549

Seddon N, Tobias J A. 2007. Song divergence at the edge of amazonia: an empirical test of the peripatric speciation model. Biological Journal of the Linnean Society, 90: 173～188

Seehausen O, van Alphen J J M, Wite F. 1997. Cichlid fish diversity threatened by eutrophication that curbs sexual selection. Science, 277: 1808～1811

Seely R H. 1986. Intense natural selection caused a rapid morphological transition in a living marine snaiL. Proceedings of the National Academy of Sciences of the United States of America, 83: 6897～6902

Servedio M R, Noor M A F. 2003. The role of reinforcement in speciation: theory and data. Annual Review Ecology and Systematic, 34: 339～364

Servedio M R. 2004. The what and why of research on reinforcement. PloS Biology, 2 (12): E420

Shea R E, Ricklefs R E. 1985. An experimental test of the idea that food supply limits growth rate in a tropical pelagic seabird. The American Naturalist, 126 (1): 116～122

Sherman P. 1985. Alarm calls of beldings ground squirrels to aerial predators: nepotism or self-preservation? Behavioral Ecology and Sociobiology, 17: 313～323

Shikano S, Luckinbill L S, Kurihara Y. 1990. Changes of traits in a bacterial population associated with protozoal predation. Microbial Ecology, 20: 75～84

Sibley C G, West D A. 1959. Hybridization in the rufous-sided towhees of the great plains. Auk, 76: 326～338

Sibley C G. 1950. Species formation in the red-eyed towhees of mexico. Univ Calif PubL Zool, 50: 109～194

Silberglied R E, Aiello A, Windsor D M. 1980. Disruptive coloration in butterflies: lack and support in *Anartia fatima*. Science, 209: 617～619

Singh M, D'Souza L, Singh M R. 1992. Hierarchy, kinship and social interaction among japanese macaques, *Macaca fuscata*. Journal of Bioscience, 17: 15～27

Skogsmyr I, Lankinen A. 2002. Sexual selection: an evolutionary force in plants? Biological Reviews, 77: 537～562

Sneath R R, Sokal P H A. 1973. 数值分类学：数值分类的原理和应用. 赵铁桥译. 北京：科学出版社. 407

Snow A A. 1990. Effects of pollen-load size and number and donors on sporophyte fitness in wild radish (*Raphanus raphanistrum*). The American Naturalist, 136 (6): 742～758

Sokal R R, Sneath P H A. 1963. Principles of Numerical Taxonomy. San Francisco: W H Freeman & Company. 359

Sokal R R. 1974. Mayr on cladism——and his critics. Systematic Zoology, 24: 257～262

Solomon E P, Berg L R, Martin D W, et al. 1996. Biology. 4th Ed. Fort Worth (Tx): Saunders College Pub.

Sorenson M D, Sefc K M, Payne R B. 2003. Speciation by host switch in brood parasitic indigobirds. Nature, 424: 928～931

Stadler L J. 1945a. Selection in corn breeding. The American Society of Agronomy, 36: 988～989

Stadler L J. 1945b. Gamete selection in corn breeding. Maize Genetics Cooperation News Letter, 19: 33～40

Stanley S M. 1975. A theory of evolution above the species level. Proceedings of the National Academy of Sciences of the United States of America, 72: 646～650

Steklenev E P. 1995. The characteristics of the reproductive capacity of hybrids of the bison (*Bison bison* L.) with the domestic cow (*Bos* (*Bos*) *primigenius taurus*). 1. The reproductive capacity of hybrid males. Tsitologiia I Genetika, 29: 66～76

Stephens M L. 1982. Mate takeover and possible infanticide by a female northern jacana (*Jacana Spinosa*). Animal Behavior, 30: 1253, 1254

Stephens M L. 1984. Interspecific aggressive behavior of the polyandrous northern jacana (*Jacana Spinosa*). Auk, 101: 508～518

Stork N E. 1993. How many species are there? Biodiversity and Conservation, 2: 215～232

Stuessy T F. 2006. Evolutionary biology: sympatric plant speciation in islands? Nature, 443: E12, 13

Surman C A, Wooller R D. 2003. Comparative foraging ecology of five sympatric terns at a sub-tropical island in the Eastern Indian Ocean. Journal of Zoology, 259: 219～230

Swanson W J, Vacquier V D. 2002. The rapid evolution of reproductive proteins. Nature Reviews (Genetics), 3: 137～144

Swenson U, Hill R S, Mcloughlin S. 2001. Biogeography of *Nothofagus* supports the sequence of gondwana Break-Up. Taxon, 50: 1025～1041

Tang B P, Zhou K Y, Song D X, et al. 2003. Molecular systematics of the Asian mitten crabs, genus *Eriocheir* (Crustacea: Brachyura). Molecular Phylogenetics and Evolution, 29 (2): 309～316

Tavormina S J. 1982. Sympatric genetic divergence in the leaf-mining insect *liriomyza brassicae* (Diptera: Agromyzidae). Evolution, 36 (3): 523～534

Taylor E B, Boughman J W, Groenenboom M, et al. 2006. Speciation in reverse: morphological and genetic evidence of the collapse of a three-spined stickleback (*Gasterosteus aculeatus*) species pair. Molecular Ecology, 15: 343～355

Taylor F B. 1910. Bearing of the tertiary mountain belts on the origin of the earth's Pland. Bull Geol Soc Amer, 21 (2): 179～226

Templeton A R, Robertson R J, Brisson J, et al. 2001. Disrupting evolutionary processes: the effect and habitat fragmentation on collared lizards in the missouri ozarks. Proceedings of the National Academy of Sciences of the United States of America, 98: 5426～5432

Templeton A R, Shaw K, Routman E, et al. 1990. The genetic consequences and habitat fragmentation. Annals of the Missouri Botanical Garden, 77: 13～27

Templeton A R. 1989. The meaning of species and speciation: a genetic perspective. *In*: Otte D, Endler J A. Speciation and its Consequences. Sunderland (MA): Sinauer Associates. 4～27

Thoday J M, Gibson J B. 1962. Isolation by disruptive selection. Nature, 193: 1164～1166

Thoday J M, Gibson J B. 1970. The probability of isolation by disruptive selection. The American Naturalist, 104: 219～230

Thorne B L, Breisch N L, Muscedere M L. 2003. Evolution of eusociality and the soldier caste in termites: influence and accelerated inheritance. Proceedings of the National Academy of Sciences of the United States of America, 100 (22): 12808～12813

Thorne B L. 1997. Evolution of eusociality in termites. Annual Review of Ecology and Systematics, 28: 27～54

Thornhill R. 1998. The comparative predatory and sexual behavior of hangingflies (Mecoptera: Bittacidae). Occasional Papers of the Museum of Zoology, University of Michigan, No. 667

Tian Y, Nie W H, Wang J H, et al. 2004. Chromosome evolution in bears: reconstructing phylogenetic relationships by cross-species chromosome painting. Chromosome Research, 12: 55～63

Tobler M, Wahli T, Schlupp I. 2005. Comparison of parasite communities in native and introduced populations of sexual and asexual mollies of the genus *Poecilia* (Poecliidae, Teleostei). Journal of Fish Biology, 67 (4): 1072～1082

Traulsen A, Nowak M A. 2006. Evolution of cooperation by multilevel selection. Proceedings of the National Academy of Sciences of the United States of America, 103 (29): 10952～10955

Traulsen A, Sengupta A M, Nowak M A. 2005. Stochastic evolutionary dynamics on two levels. Journal of Theoretical Biology, 235: 393～401

Trivers R L, Hare H. 1976. Haplodiploidy and the evolution of the social insects. Science, 191: 249～263

Trivers R L. 1974. Parent-offspring conflict. American Zoologist, 14 (1): 249～264

Trumbo S T. 1990. Reproductive benefits and infanticide in a biparental burying beetle *Nicrophorus orbicollis*. Behavioral Ecology and Sociobiology, 27 (4): 269～273

Tullberg B S, Merilaita S, Wiklund C. 2005. Aposematism and crypsis combined as a result of distance dependence: functional versatility of the colour pattern in the swallowtail butterfly larva. Proceedings of the Royal Society of

London (B), 272: 1315～1321

Turner G F, Seehausen O, Knight M E, et al. 2001. How many species and cichlid fishes are there in african lakes? Molecular Ecology, 10: 793～806

Vahed K. 1998. The function of nuptial feeding in insects: a review of empirical studies. Biological Reviews, 73: 43～78

van Valen L. 1973. A new evolutionary law. Evolutionary Theory, 1: 1～30

van Valen L. 1973. Body size and numbers of plants and animals. Evolution, 27: 27～35

Vaughton G, Ramsey M. 1998. Floral display, pollinator visitation and reproductive success in the dioecious perennial herb *Wurmbea dioica* (Liliaceae). Oecologia, 115 (1, 2): 93～101

Vences M, Kosuch J, Boistel R, et al. 2003. Convergent evolution of aposematic coloration in neotropical poison frogs: a molecular phylogenetic perspective. Organisms, Diversity and Evolution, 3: 215～226

Verheyen E, Salzburger W, Snoeks J, et al. 2003. Origin of the superflock of cichlid fishes from lake victoria, east africa. Science, 300: 325

Verner J, Willson M F. 1996. The influence and habitats on mating system of north American passerine birds. Ecology, 47 (1): 143～147

Veuille M. 1988. 社会生物学. 殷世才, 孙兆通译. 北京: 社会科学文献出版社. 132

Volny V V, Gordon D M. 2002. Characterization of polymorphic microsatellite loci in the red harvester ant, *Pogonomyrmex barbatus*. Molecular Ecology Notes, 2 (3): 302～303

Wade M J, Goodnight C J. 1991. Wright's shifting balance theory: an experimental study. Science, 253: 1015

Wade M J, Shuster S M. 2005. Don't throw bateman out with the bathwater. Integrative and Comparative Biology, 45 (5): 945～951

Wasmann E. 1925. Die ameisen-mimikry. Abhandlungen zur Theoretischen Biology, 19: 86～91

Wegener A. 1912. Die entstehung der kontinente. Peterm Mitt, 58: 185～195, 253～256, 305～309

Welch A M, Semlitsch R D, Gerhardt H C. 1998. Call duration as an indicator of genetic quality in male gray tree frogs. Science, 280: 1928～1930

Westemeier R L, Brawn J D, Simpson S A, et al. 1998. Tracking the long-term decline of recovery and an isolated population. Science, 282: 1695～1698

West-Eberhard M J. 1983. Sexual selection, social competition and speciation. The Quarterly Review of Biology, 64: 147～168

Wexler N S, Lorimer J, Porter J, et al. 2004. Venezuelan kindreds reveal that genetic and environmental factors modulate huntington's disease age and onset. Proceedings of the National Academy of Sciences of the United States of America, 101 (10): 3498～3503

Wheeler W. 1996. Optimization alignment: the end of multiple sequence alignment in phylogenetics? Cladistics, 12: 1～9

Wheller Q D, Meier R. 2000. Species Concepts and Phylogenetic Theory: a Debate. New York: Columbia University Press. 256

White M J D. 1978. Modes of Speciation. San Francisco: W. H. Freeman. 455

Wikelski M, Trillmich F. 1997. Body size and sexual size dimorphism in marine iguanas fluctuate as a result of opposing natural and sexual selection: an island comparison. Evolution, 51 (3): 922～936

Wikelski M. 2005. Evolution of body size in galapagos marine iguanas. Proceedings of the Royal Society (B), 272: 1985～1993

Wiklund C G, Andersson M. 1994. Natural selection of colony size in a passerine bird. Journal of Animal Ecology, 63 (4): 765～774

Wiley E O, Mayden R L. 1985. Species and speciation in phylogenetic systematics, with examples from the north American fish fauna. Annals of the Missouri Botanical Garden, 72: 596～635

Wiley E O, Mayden R L. 2000. A reply to our critics. *In*: Wheeler Q D, Meier R. Species Concepts and Phylogenetic Theory: A Debate. New York: Columbia University Press. 198～208

Wiley E O, Mayden R L. 2000. Comments on alternative species concepts. *In*: Wheeler Q D, Meier R. Species Concepts and Phylogenetic Theory: A Debate. New York: Columbia University Press. 146～158

Wiley E O, Mayden R L. 2000. The evolutionary species concept. *In*: Wheeler Q D, Meier R. Species Concepts and Phylogenetic Theory: A Debate. New York: Columbia University Press. 70～89

Wiley E O. 1978. The evolutionary species concept reconsidered. Systematic Zoology, 27: 17～26

Wiley E O. 1988. Phylogenetic systematics and vicariance biogeography. Systematic Zoology, 37: 271～290

Wilkinson G S. 1984. Reciprocal food sharing in the vampire bat. Nature, 308: 181～184

Wilkinson G S. 1990. Food sharing in vampire bats. Scientific American, 262 (2): 76～82

Wilson E O, Hölldobler B. 2005. Eusociality: origin and consequences. Proceedings of the National Academy of Sciences of the United States of America, 102 (38): 13367～13371

Wilson E O. 1988. The current state and biological diversity. *In*: Wilson E O. Biodiversity. Washington DC: National Academy Press. 3～18

Wilson R A. 2006. Levels of selection. *In*: Gabbay D M, Thagard P, Wood J. Handbook of the Philosophy of Science (vol. 2): Philosophy of Biology. Elsevier BV. 155～176

Winick, J D, Blundell M L, Galke B L, et al. 1999. Homozygosity mapping of the achromatopsia locus in the pingelapese. The American Journal of Human Genetics, 64 (6): 1679～1685

Woese C R, Kandler O, Wheelis M L. 1990. Towards a natural system of organisms: proposal for the domains archaea, bacteria, and eucarya. Proceedings of the National Academy of Sciences of the United States of America, 87: 4576～4579

Wrege P H, Emlen S T. 1994. Family structure influences mate choice in white-ronted bee-eaters. Behavioral Ecology and Sociobiology, 35: 185～191

Wright S D, Keeling J, Gillman L N. 2006. The road from santa rosalia: a faster tempo of evolution in tropical climates. Proceedings of the National Academy of Sciences of the United States of America, 103: 7718～7722

Wright S. 1945. Tempo and mode in evolution: a critical review. Ecology, 26: 415～419

Wu C I. 2001. The genic view of the process of speciation. Journal of Evolutionary Biology, 14: 851～865

Wu C Y, Wu S G. 1998. A proposal for a new floristic kingdom (Realm) —the E. Asiatic Kingdom, is Delineation of Characteristics. *In*: Zhang A L, Wu S G. Floristic Characteristics and Diversity of East Asian Plants. Beijing: China Higher Education Press. 3～42

Wuethrich B. 1998. Why sex? Putting theory to the test. Science, 281: 1980～1982

Wuster W, Allum C S E, Bjargardottir I B, et al. 2004. Do aposematism and batesian mimicry require bright Colours? A Test, Using European Viper Markings. Proceedings of the Royal Society of London (B), 271: 2495～2499

Wynne-Edwards V C. 1962. Animal Dispersion in Relation to Social Behaviour. New York: Hafner Publishing Company. 653

Wynne-Edwards V C. 1963. Intergroup selection in the evolution of social systems. Nature, 200: 623～626

Wynne-Edwards V C. 1964. Group selection and kin selection. Nature, 201: 1147

Zheng D, Liu X D, Ma J Z. 2003. Hybrid zone and its genetic analysis: implication for conservation. 林业研究(英文版), 14 (2): 167～170

Zhou C F, Peters J G. 2003. The nymph of *Siphluriscus chinensis* and additional imaginal description: a living mayfly with jurassic origins (Siphluriscidae New Family: Ephemeroptera). Florida Entomologist, 86 (3): 345～352

Zhou C F. 2004. A new species of genus *Gilliesia* peters and edmunds from China. Zootaxa, 421: 1～4

Zuckerkandl E, Pauling L. 1965. Molecules as documents of evolutionary history. Journal of Theoretical Biology, 8: 357～366

ϕdegaard F. 2000. How many species of arthropods? erwin's estimate revised. Biological Journal of the Linnean Society, 71: 583～597

附录1　部分常见生物种名释义（中文）

（以中文笔画为序）

［名称来自常见大学普通动物学、植物学和昆虫学图书。释文主要参考丁广奇和王学文（1986）、张永辂（1983）及 Jaeger（1955）。种名可能不是最新通用的，只希望为可能的生物命名提供参考线索］

一种衣藻 *Chlamydomonas mundana*（*Chlamydomonas*：衣藻属；chlamydos 斗篷，无袖外套；monas 单个；*mundana*：mundus 清洁的，整洁的）

二点栉捻翅虫 *Halictophagus bipunctatus*（*Halictophagus*：halictus 蜜蜂名称；phagus 吃；*bipunctatus*：bi 双的，2 倍的；punctatus 点，刻点）

人蛔虫 *Ascaris lumbricoides*（*Ascaris*：蛔虫，肠虫；*lumbricoides*：lumbric 蚯蚓；oides 词尾）

十二指肠钩虫 *Ancylostoma duodenale*（*Ancylostoma*：ancylos 弯曲的，钩的；stoma 食道，胃；*duodenale*：十二）

三点盲蝽 *Adelphocoris fasciaticollis*（*Adelphocoris*：adelphos 弟兄；coris 臭虫；*fasciaticollis*：fasciatus 打成捆的；collis 小山）

三疣梭子蟹 *Portunus trituberculatus*（*Portunus*：portus 港口神；*trituberculatus*：tri 三；tuberculatus 具小疖的）

大叶藓 *Rhodobryum giganteum*（*Rhodobryum*：大叶藓属；rhodon 玫瑰花；bryon 苔藓；*giganteum*：巨大的）

大米草 *Spartina anglica*（*Spartina*：大米草属；spartine 绳缆；*anglica*：英国的）

大负子蝽 *Belostoma grande*（*Belostoma*：belon 针，尖状物；stoma 食道，胃；*grande*：大）

大豆食心虫 *Leguminivora glycinivorella*（*Leguminivora*：legumin 豆荚；vorus 吞食；*glycinivorella*：glycine 大豆属；vor 吞食，贪食；ella 词尾）

大黾蝽 *Aquarius elongates*（*Aquarius*：aquarium 水中的，水生的；*elongates*：伸长的，延展的）

大齿天牛 *Macrodontia cervicornis*（*Macrodontia*：macr-大的；odont 齿；*cervicornis*：cervi 颈；cornis 角，矩）

大变形虫 *Ameba proteus*（*Ameba*：amoeba 变动，改变；*proteus*：易变的）

大草蛉 *Chrysopa septempunctata*（*Chrysopa*：chryseos 金的，华丽的；*septempunctata*：septem 七；punctata 斑点）

大草履虫 *Paramoecium caudatum*（*Paramoecium*：para 拟的，似的；amoeba 变形虫；*caudatum*：具尾的）

大袋鼠 *Macropus giganteus*（*Macropus*：macros 长的，大的；pus 足；*giganteus*：大的，巨大的）

大麻 *Cannabis sativa*（*Cannabis*：大麻属；kannabis 大麻；*sativa*：栽培的）

大蓑蛾 *Cryptothelea formosicola*（*Cryptothelea*：crypto 隐的，藏的；thele 乳头；*formosicola*：formosus 美丽的；colos 无角的）

大熊猫 *Ailuiopoda melanoleuca*（*Ailuropoda*：ailouros 猫；poda 足；*melanoleuca*：melano 黑的，黑色的；leuca 白色，白的）

大鲵 *Megalobatrachus davidianus*（*Megalobatrachus*：megal 大的；batrachos 蛙；*davidianus*：源自姓

氏）

大蟋蟀 *Brachytrupes portentosus*［*Brachytrupes*：brachy 短的；tru(y)pes 钻洞，洞；*portentosus*：怪样，可怕］

女贞 *Ligustrum lucidum*（*Ligustrum*：女贞属；ligustrum 一种水蜡树；*lucidum*：光亮的，具光泽的）

小丽腰鞭虫 *Gonyaulax calenella*（*Gonyaulax*：gony 膝，膝关节；aulax 腔，穴；*calenella*：catanella 为另一种鞭毛虫的种名，意为链条；也可能源自 calos，美丽的）

小麦 *Triticum aestivum*（*Triticum*：小麦属；triticum 小麦；*aestivum*：aestival 夏季开花的）

小麦赤霉菌 *Gibberella zeae*（*Gibberella*：赤霉属；gibber，驼背的，ella 小的；*zeae*：谷物）

小麦线虫 *Anguina tritici*（*Anguina*：angui 蛇；*tritici*：小麦）

小青花潜 *Oxycetonia jucunda*（*Oxycetonia*：oxys 敏捷的；ceton 花金龟；*jucunda*：愉快的）

小菜蛾 *Plutella maculipennis*（*Plutella*：ploutos 财富；ella 小的；*maculipennis*：macul 斑点，迹；pennis 阳茎）

小黄鱼 *Pseudosciaena polyactis*（*Pseudosciaena*：pseudes 假的；sciaena 海鱼；*polyactis*：poly 多的；actis 光线，光束）

小鰛鲸 *Balaenoptera acutorostrata*（*Balaenoptera*：balaena 鲸；ptera 翅；*acutorostrata*：acutous 锐利的，有尖的；strata 扩张的，成层的）

小鸊鷉 *Podiceps ruficollis*（*Podiceps*：podicis 臀部，肛门；ps＝pes 足的；*ruficollis*：ruf 红色的；coll 颈）

山羊 *Capra hircus*［*Capra*：山羊（属）；*hircus*：山羊］

山胡椒 *Lindera glauca*（*Lindera*：山胡椒属；源自姓氏 Linder；*glauca*：粉绿色的）

山楂 *Crataegus pinnatifida*（*Crataegus*：山楂属；krataigos 一种多刺灌木；*pinnatifida*：羽状半裂的：pinnati 羽状的）

川芎 *Ligusticum chuanxiong*（*Ligusticum*：藁木属；ligusticum 模式产地名；*chuanxiong*：川芎）

广大腿小蜂 *Brachymeria obscurata*（*Brachymeria*：brachy 短的；meros 一部分；*obscurata*：昏暗的）

马面鲀 *Cantherines modestus*（*Cantherines*：kanthos 眼角；rhinos 鼻子；*modestus*：适度的）

马铃薯块茎蛾 *Gnorimoschema operculella*（*Gnorimoschema*：gnorim 有名的，大家知道的；schema 形式，形状；*operculella*：opercul 盖子；ella 小的）

马粪海胆 *Hemicentrotus pulcherrimus*（*Hemicentrotus*：hemi 一半；centros 圆圈中心；*pulcherrimus*：美丽的，极美丽的）

中华鲟 *Acipenser chinensis*（*Acipenser*：鲟鱼；*chinensis*：中国）

中国鲎 *Tachypleus tridentatus*（*Tachypleus*：tachys 迅速的；pleos 充满，航行；*tridentatus*：tri 三；dentatus 齿，齿状突）

乌饭树 *Vaccinium bracteatum*（*Vaccinium*：越桔属；vaccinium 越桔树；*bracteatum*：具苞片的）

乌药 *Lindera strychnifolia*［*Lindera*：山胡椒属；源自姓氏 Linder；*strychnifolia*：马钱叶的（strychnos 为马钱属）］

乌桕 *Sapium sebiferum*（*Sapium*：乌桕属；sapinus 一种枞；*sebiferum*：具蜡质的）

乌贼 *Sepia esculenta*（*Sepia*：乌贼；*esculenta*：可食的）

乌鳢 *Ophiocephalus argus*（*Ophiocephalus*：ophidion 蛇；cephalus 头的；*argus*：迅速的）

云实 *Caesalpinia scpiaria*（*Caesalpinia*：云实属；源自姓氏 Caesalpini；*scpiaria*：篱边生的）

五加 *Acanthopanax giacilistylus*（*Acanthopanax*：五加属；akantha 针、刺；panax 人参属；*giacilistylus*：gracili 细长的；stylus 花柱）

仓潜 *Mesomorphus villiger*（*Mesomorphus*：meso 中间的；morphus 形状，形式；*villiger*：villi 蓬松的毛，多毛的）

凤蝶 *Papilio xuthus*（*Papilio*：蝴蝶；*xuthus*：淡黄色的，黄褐色的）

化香树 *Platycarya strobilacea*（*Platycarya*：化香树属；platys 宽阔的；karyon 核；*strobilacea*：球果状的）

升麻 *Cimicifuga foetida*（*Cimicifuga*：升麻属；cimex 臭虫；fugo 逃避；*foetida*：具恶臭的）

双峰驼 *Camelus bactrianus*（*Camelus*：骆驼；*bactrianus*：bactri 棍棒；anus 尾，臀，肛门）

天竺葵 *Pelargonium hortorum*（*Pelargonium*：天竺葵属；pelargos 鹳；*hortorum*：园圃的）

天南星 *Arisaema consanguineum*（*Arisaema*：天南星属；aris 一种植物名；sema 旗帜；*consanguineum*：有亲缘关系的）

天葵 *Semiaquilegia adoxoides*（*Semiaquilegia*：天葵属；semi 半；aquilegia 耧斗菜属；*adoxoides*：adoxa 五福花科中一属名；oides，像，如）

太子参 *Pseudostellaria heterophylla*（*Pseudostellaria*：孩儿参属；pseudes 假的；stellaria 繁缕属；*heterophylla*：hetero 异形的，异的；phyllus 叶）

巴豆 *Croton tiglium*（*Croton*：巴豆属；kroton 扁虫；*tiglium*：巴豆）

文昌鱼 *Branchiostoma belcheri*（*Branchiostoma*：branchion 鳍；stoma 食道，胃；*belcheri*：源自人名）

木耳 *Auricularia auricula*（*Auricularia*：木耳属；auricularia 似耳的，耳状的，源自 auricula 和 auris；*auricula*：耳，耳状体）

木芙蓉 *Hibiscus mutabilis*（*Hibiscus*：木槿属；hibiskos 一种锦葵；*mutabilis*：易变的）

木绣球 *Viburnum macrocephalum*（*Viburnum*：荚蒾属；viburnum 一种荚蒾；*macrocephalum*：macro 大的；cephala 头，头的）

毛白杨 *Populus tomentosa*（*Populus*：杨属；populus 白杨树；*tomentosa*：被绒毛的）

毛竹 *Phyllostachys pubescens*（*Phyllostachys*：毛竹属；phyllon 叶；stachys 穗；*pubescens*：被短柔毛的）

毛衣鱼 *Ctenolepisma villosa*（*Ctenolepisma*：ktenos 梳子；lepisma 鳞；*villosa*：长柔毛的）

毛毡蛾 *Trichophaga tapetiella*（*Trichophaga*：trichos 毛发，多毛发的；phaga 吃，食用；*tapetiella*：tapet 地毯；ella 小的）

水牛 *Bubalus bubalus*（*Bubalus*：野牛，瞪羚；*bubalus*：野牛）

水杉 *Metasequoia glyptostroboides*（*Metasequoia*：水杉属；meta 在后面；sequoia 北美红杉属；*glyptostroboides*：glypto 雕纹的；stroboides，似球果的）

水松 *Glyptostrobus pensilis*（*Glyptostrobus*：水松属；glyptos 刻痕；strobos 毬果；*pensilis*：悬垂的）

水青冈 *Fagus longipetiolata*（*Fagus*：水青冈属；fagus 山毛榉树；*longipetiolata*：长叶柄的）

水蛇 *Natrix annularis*（*Natrix*：natrix 游泳；*annularis*：环状的）

火丝菌 *Pyronema confluens*（*Pyronema*：火丝菌属；pyr 火，nema 线，丝；*confluens*：汇合的）

火赤链 *Dinodon rufozonatum*（*Dinodon*：可能源自 din 可怖的＋odon 齿；*rufozonatum*：ruf 红色的；zonatus 带）

牙鲆 *Paralichthys olivaceus*（*Paralichthys*：paral 海洋的；ichthys 鱼；*olivaceus*：橄榄状的，橄榄色的）

牛鸟虱 *Trichodextes bovis*（*Trichodectes*：trich 毛发，多毛发的；dect 能咬的；*bovis*：牛）

牛带吻绦虫 *Taeniarhynchus saginatus*（*Taeniarhynchus*：taenia 带子，条纹；rhynch 嘴；*saginatus*：sagina 装填，喂，填满

王企鹅 *Aptenodytes patagonica*（*Aptenodytes*：aptenos 不能飞的；dytes 泅水者，钻穴者；*patagonica*：patagium 衣服上的金边；或者 patogos 指叫声）

长角跳虫 *Tomocerus plumbeus*（*Tomocerus*：toma 分节的；cerus 角，弓；*plumbeus*：plumb 铅色的）

长春花 *Catharanthus roseus*（*Catharanthus*：长春花属；katharos 纯洁的；anthos 花；*roseus*：玫瑰）

长鸭虱 *Esthiopterum crassicorne*（*Esthiopterum*：esthio 吃；pterum 羽毛，翼；*crassicorne*：crass 厚的，重的；cornus 角）
长颈鹿 *Giraffe cameleoparadalis*（*Giraffe*：长颈鹿；*cameleoparadalis*：cameleo 骆驼；paradox 矛盾的，奇异的）
丝瓜 *Luffa cylindrica*（*Luffa*：丝瓜属；lufah 一种植物名；*cylindrica*：圆筒状的）
丝盘虫 *Trichoplax adhaerens*（*Trichoplax*：trich 毛发，多毛发的；plax 圆盘，薄片；*adhaerens*：附着的）
冬瓜 *Benincasa hispida*（*Benincasa*：冬瓜属；源自姓氏 Benincas；*hispida*：具硬毛的）
凹缘大蠊 *Periplaneta emarginata*（*Periplaneta*：peri 近的，像的；planetes 漫游者；*emarginata*：微缺刻的，具缺口的）
半滑舌鳎 *Cynoglossus semilaevis*（*Cynoglossus*：cynon 狗；gloss 舌头；*semilaevis*：semi 半；laevis 光滑）
发菜 *Nostoc flagelliforme*［*Nostoc*：念珠藻属（无意义词）；*flagelliforme*：flagellum 鞭子；form 形状］
四尾栅藻 *Scenedesmus quadricauda*（*Scenedesmus*：栅藻属；scene 场所，帐篷；desmotes 被禁锢了的；*quadricauda*：四尾的）
四斑丽金龟 *Popillia quadriguttata*（*Popillia*：可能源自人名；*quadriguttata*：quadri 四；gutta 斑点）
对虾 *Penaeus orientalis*（*Penaeus*：＝*peneus*，女神名；*orientalis*：东方的）
巨杉 *Sequoiadendron giganteum*（*Sequoiadendron*：巨杉属；sequoia 北美红杉属；dendron 树木；*giganteum*：巨大的）
巨蜥 *Varanus salvator*（*Varanus*：巨大蜥蜴；*salvator*：saltator 跳舞）
玉兰 *Magnolia denudata*（*Magnolia*：木兰属；源自姓氏 Magnol；*denudata*：剥脱了的，使裸露的）
玉米螟赤眼蜂 *Trichogramma ostriniae*（*Trichogramma*：trich 毛发，多毛发的；gramma 标记，线条；*ostriniae*：意不明，可能源自人名或地名）
甘蓝根肿病菌 *Plasmodiophora brassicae*（*Plasmodiophora*：根肿菌属；plasmodio 原生质团，phora 具有；*brassicae*：芸薹）
甘蔗绵蚜 *Ceratovacuna lanigera*（*Ceratovacuna*：keratos 角，弓；vacu 空的；*lanigera*：lan 羊毛，柔毛；gera 生产，产生）
电鲇 *Malapterurus electricus*（*Malapterurus*：malos 软的；pter 翅，翼；urus 尾的；*electricus*：电）
石纹电鳐 *Torpedo marmorata*（*Torpedo*：僵硬，所去知觉的状态；*marmorata*：大理石纹的）
电鳗 *Electrophorus electricus*（*Electrophorus*：electr 电的；phoros 负荷，具有；*electricus*：电）
白兰 *Michelia alba*（*Michelia*：含笑属；源自姓氏 Micheli；*alba*：白色的）
白术 *Atractylodes macrocephala*（*Atractylodes*：拟苍术属；atractylis 苍术属；eidos 相似；*macrocephala*：macro 大的；cephala 头，头的）
白花前胡 *Peucedanum praeruptorum*（*Peucedanum*：前胡属；peukedanon 前胡；*praeruptorum*：峭壁的，崎岖的）
白角蠼螋 *Anisolabis marginalis*（*Anisolabis*：anisos 不等的；labium 唇，下唇；*marginalis*：镶边的）
白屈菜 *Chelidonium majus*（*Chelidonium*：白屈菜属；chelidon 燕子；*majus*：五月的）
白前 *Cynanchum glaucescens*（*Cynanchum*：白前属；kyon 犬；ancho 绞杀；*glaucescens*：近粉绿色的）
白带猎蝽 *Acanthaspis cincticrus*（*Acanthaspis*：荆猎蝽属，acantha 荆棘；aspis 盾；*cincticrus*：cinctus 带子，腰带）
白鹃梅 *Exochorda racemosa*（*Exochorda*：白鹃梅属；exo 外边；chorde 纽；*racemosa*：总状花序式

的）

白鹇 *Lophura nycthemera*（*Lophura*：lophouros 尾上有簇饰的；*nycthemera*：nyct 夜的，晚上的；hemera 日，白天，栽培的，驯养的）

白鲟 *Psephurus gladius*（*Psephurus*：psepharos 昏暗的，多云的；urus 尾的；*gladius*：剑）

白鱀豚 *Lipotes vexillifer*（*Liptes*：lip 缺少；otes 为词尾；*vexillifer*：旗帜）

白鹳 *Ciconia ciconia*（*Ciconia*：鹳；*ciconia*：鹳）

矛尾鱼 *Latimeria chalumnae*［*Latimeria*：源自人名（另外：latus 宽的，阔的；mer 股，腿；）*chalumnae*：源自河名］

禾谷白粉菌 *Erysiphe graminis*（*Erysiphe*：白粉菌属；erythros 红；siphon 管子；*graminis*：像禾草的）

节节草 *Equisetum ramosissimum*（*Equisetum*：木贼属；equus 马；seta 刺毛；*ramosissimum*：极多分支的）

龙眼鸡 *Fulfora candelaria*（*Fulfora*：fulgor 闪光，闪耀；*candelaria*：可能源自人名）

亚洲象 *Elephas maximus*（*Elephas*：大象；*maximus*：最大的）

亚洲犀牛 *Rhinoceros unicornis*（*Rhinoceros*：rhinos 鼻；ceras 角，有角的；*unicornis*：uni 单的，单个的；cornis 角）

产黄青霉 *Penicillium chrysogenum*（*Penicillium*：青霉属；penicillate 画笔状的；*chrysogenum*：chryso 金黄色的）

华北蝼蛄 *Gryllotalpa unispina*（*Gryllotalpa*：gryllus 蟋蟀；talpa 鼹鼠；*unispina*：uni 单个的；spina 刺）

华丽蜉 *Ephemera pulcherrima*（*Ephemera*：ephemerus 暂时的，短命的；*pulcherrima*：美丽的，极美丽的）

华南紫萁 *Osmunda uachellii*（*Osmunda*：紫箕属；osmunder 神名；*uachellii*：可能源自人名）

吊钟花 *Enkianthus quinqueflorus*（*Enkianthus*：吊钟花属；endyos 孕育；anthos 花；*quinqueflorus*：五花的）

后斑曲粉蛉 *Coniocampsa postmaculata*（*Coniocampsa*：conio 灰，尘；kampsis 弯曲的；*postmaculata*：post 后，随；maculata 斑点）

向日葵 *Helianthus annuus*（*Helianthus*：向日葵属；helios 太阳；anthos 花；*annuus*：一年生的）

团头鲂 *Megalobrama amblycephala*（*Megalobrama*：megal 大的；brahma 海鲷；*amblycephala*：ambly 钝的；cephala 头）

地木耳 *Nostoc commune*［*Nostoc*：念珠藻属（无意义词）；*commune*：共有的，共同的，一般的］

地钱 *Marchantia polymorpha*（*Marchantia*：地钱属；*polymorpha*：poly 多的；morphus 型，形状）

地榆 *Sanguisorba officinalis*（*Sanguisorba*：地榆属；sanguis 血；sorbeo 吸收；*officinalis*：药用的）

地鳖 *Eupolyphaga sinensis*（*Eupolyphaga*：eu 真的，好的；poly 多的；phago 吃；*sinensis*：中国）

尖吻蝮 *Agkistrodon acutus*（*Agkistrodon*：agkistron 钓鱼钩，饵，诱惑物；*acutus*：尖锐的）

异形鱼腥藻 *Anabaena variabilis*（*Anabaena*：鱼腥藻属；ana，向上；bainein，去，走；*variabilis*：易变的，不定的）

池杉 *Taxodium ascendens*（*Taxodium*：落羽杉属；taxus 红豆杉属；eidos 相似；*ascendens*：上升的，上举的）

竹节虫 *Carausius morosus*［*Carausius*：凯撒（人名）；*morosus*：行动迟缓的］

米象金小蜂 *Lariophagus distinguendus*（*Lariophagus*：laria 豆象属；phaga 吃；*distinguendus*：分开的，有区别的）

红华原尾虫 *Sinentomon erythranum*（*Sinentomon*：sin 中华的，中国的；entomos 昆虫；*erythranum*：红）

红带锥蝽 *Triatoma rubrofasciata*（*Triatoma*：tria 三分的，toma 分节的；*rubrofasciata*：rubro 红色

的；fasciatus 成捆的，带状的）

红树 *Rhizophora apiculata*（*Rhizophora*：红树属；rhiza 根；phoreo 具有；*apiculata*：具细尖的）

红圆皮蠹 *Anthrenus picturatus*（*Anthrenus*：花皮蠹属，胡蜂；*picturatus*：pictus 着色的，彩色的）

红铃虫 *Platyedra gossypiella*（*Platyedra*：platy 平，扁；edra 座位，位置；*gossypiella*：gossypion 植物名；ella 小的）

红腹锦鸡 *Chrysolophus pictus*（*Chrysolophus*：chryseos 金的，华丽的；lophos 鸟冠，颈项；*pictus*：pictus 着色的，彩色的）

老鸦柿 *Diospyros rhombifolia*（*Diospyros*：柿属；dios 宙斯；pyros 谷物；*rhombifolia*：菱形叶的）

芋 *Colocasia esculenta*（*Colocasia*：芋属；kolokasia 一种水生植物；*esculenta*：可食的）

芍药 *Paeonia lactiflora*（*Paeonia*：芍药属；peion 神医名；*lactiflora*：条裂状花的）

芒果 *Mangifera indica*（*Mangifera*：杧果属；manga 杧果；fera 生育；*indica*：印度的）

芒萁 *Dicranopteris dichotoma*（*Dicranopteris*：芒萁属；dikranon 二叉状的；stigma 圆点，柱头；*dichotoma*：二岐的）

虫纹圆鲀 *Spheroides vermicularis*（*Spheroides*：spher＝ sphaera 圆，球；ides 词尾；*vermicularis*：蠕虫状的）

衣鱼 *Lepisma saccharina*（*Lepisma*：lepisma 鳞；*saccharina*：糖）

西瓜 *Citrullus lanatus*（*Citrullus*：西瓜属；citrus 柑橘属；ullus 小；*lanatus*：被棉毛的，棉毛状的）

负子蝽 *Sphaerodema rustica*（*Sphaerodema*：sphaera 圆，球；dema 身体；*rustica*：乡下）

防风 *Saposhnikovia divaricata*（*Saposhnikovia*：防风属；源自姓氏 Saposhnikov；*divaricata*：极叉开的）

何首乌 *Polygonum multiflorum*（*Polygonum*：蓼属；polys 多的；gonu 膝；*multiflorum*：多花的）

报春花 *Primula malacoides*（*Primula*：报春花属；primus 第一；*malacoides*：柔软的）

杉木 *Cunninghamia lanceolata*（*Cunninghamia*：杉木属；源自姓氏 Cunningham；*lanceolata*：矛状的）

李 *Prunus salicina*（*Prunus*：李属；prunum 梅、李；*salicina*：像柳的）

杜仲 *Eucommia ulmoides*（*Eucommia*：杜仲属；eu 良好；kommi 树胶；*ulmoides*：像榆树的）

杜鹃 *Rhododendron simsii*（*Rhododendron*：杜鹃属；rhodon 玫瑰花；dendron 树木；*simsii*：意不明，可能源自人名）

沙漠蝗 *Schistocerca gregaria*（*Schistocerca*：schisto 分开的，裂开的；ceras 角，有角的；*gregaria*：成群的）

沟叩头虫 *Pleonomus canaliculatus*（*Pleonomus*：pledon 下的；nomus 草地；*canaliculatus*：具沟的）

灵芝 *Ganoderma lucidum*（*Ganoderma*：灵芝属；gano 有光泽的，美丽的；derma 皮革；*lucidum*：光亮的，具光泽的）

牡丹 *Paeonia suffruticosa*（*Paeonia*：芍药属；peion 神医名；*suffruticosa*：亚灌木状的）

秃鹫 *Aegypius monachus*（*Aegypius*：似鹰又不是鹰的鸟；*monachus*：僧人）

纺织娘 *Mecopoda elongata*（*Mecopoda*：mecos 长，高；poda 足；*elongata*：伸长的，延展的）

肝片吸虫 *Fasciola hepatica*（*Fasciola*：fasciola 束，带，纹；*hepatica*：肝）

芡实 *Euryale ferox*（*Euryale*：芡属；euryale 源自神名；*ferox*：凶猛的，多刺的）

芫荽 *Coriandrum sativum*（*Coriandrum*：芫荽属；koris 臭虫；aner 男性；*sativum*：栽培的）

花边星齿蛉 *Protohermes costalis*（*Protohermes*：proto 原始的，第一的；hermes 源自神名；*costalis*：具中脉的，具棱脊的）

斑鳉 *Cyprinodon macularius*（*Cyprinodon*：鳉属；cyprinos 鲤鱼；odon 齿；*macularins*：斑点的）

芹菜 *Apium graveolens*（*Apium*：芹属；apium 圹藁；*graveolens*：有强烈气味的）

苋 *Amaranthus tricolor*（*Amaranthus*：苋属；amarantos 不凋落的；anthos 花；*tricolor*：tri 三；color

颜色，色彩）

苎麻 *Boehmeria nivea*（*Boehmeria*：苧麻属；源自姓氏 Boehmer；*nivea*：雪白色的）

谷斑皮蠹 *Trogoderma granarium*（*Trogoderma*：trogo 轻咬的；derma 皮，革；*granarium*：granum 谷粒）

谷蠹 *Rhizopertha dominica*（*Rhizopertha*：rhiza 根；pertho 抢劫；*dominica*：doma 家的，房屋的；nic 争夺，征服）

豆龟蝽 *Megacopta cribraria*（*Megacopta*：mega 大的；copto 打，刺，割切；*cribraria*：cribratus 筛状的；aria 词尾）

赤拟谷盗 *Tribolium castaneum*（*Tribolium*：tribolos 三尖的；*castaneum*：栗色的）

赤豆 *Phaseolus angularis*（*Phaseolus*：菜豆属；phaseolos 一种豆；*angularis*：有棱角的）

赤卒 *Crocothemis servilia*（*Crocothemis*：crocos 红黄色，藏红色；themis 色调，主题；*servilia*：意不明，可能源自人名）

赤松毛虫 *Dendrolimus spectabilis*（*Dendrolimus*：dendron 树，棍；limus 斜，歪；*spectabilis*：醒目的，奇观的）

迎春花 *Jasminum nudiflorum*（*Jasminum*：茉莉属；yasmin 一种灌木；*nudiflorum*：裸花的）

还亮草 *Delphinium anthriscifolium*（*Delphinium*：翠雀属；delphin 海豚；delphinium 一种翠雀属植物；*anthriscifolium*：anthriscus 为伞形科中一属名；folius 叶的）

连翘 *Forsythia suspense*（*Forsythia*：连翘属；源自姓氏 Forsyth；*suspense*：悬垂的）

针鼹 *Echidna aculeate*（*Echidna*：echis 毒蛇；echinos 刺猬；*aculeate*：具刺的，刺状的）

间日疟原虫 *Plasmodium vivax*（*Plasmodium*：变形虫；*vivax*：长命的）

陆地棉 *Gossypium hirsutum*（*Gossypium*：棉属；gossypion 棉花；*hirsutum*：hirsutus 被粗硬毛的）

麦二叉蚜 *Toxoptera graminum*（*Toxoptera*：toxon 弓；ptera 翅；*graminum*：草，草的）

麦长管蚜 *Macrosiphum granarium*（*Macrosiphum*：macros 长的，大的；siphon 虹吸管，管；*granarium*：granum 谷粒）

麦红吸浆虫 *Sitodiplosis mosellana*（*Sitodiplosis*：sitos 谷，谷物；diploos 双的，加倍的；*mosellana*：河流名称）

麦角菌 *Claviceps purpurea*（*Claviceps*：麦角菌属；clavate 棍棒形的，ceps 头；*purpurea*：紫红色的）

麦潜蝇 *Cerodontha denticonis*（*Cerodontha*：keras 角，弓；odonta，齿；*denticonis*：denti 齿，牙；conis 角）

侧柏 *Platycladus orientalis*（*Platycladus*：侧柏属；platys 宽阔的；klados 枝；*orientalis*：东方的）

刺石松 *Baragwanathia longifolia*（*Baragwanathia*：刺石松属；*longifolia*：长叶的）

刺猬 *Erinaceus europaeus*（*Erinaceus*：刺猬；*europaeus*：欧洲）

卷心菜 *Brassica oleracea*（*Brassica*：芸薹属；brassica 甘蓝；*oleracea*：属于厨房的）

卷柏 *Selaginella tamariscina*［*Selaginella*：卷柏属；silago 一种石松；ellus 小；*tamariscina*：像柽柳的（tamarix 柽柳属）］

垂柳 *Salix babylonica*（*Salix*：柳属；salix 柳；*babylonica*：巴比伦的）

始祖鸟 *Archaeopteryx lithographica*（*Archaeopteryx*：archaeos 古代的，原始的；pteryx 羽毛，翼；*lithographica*：litho 石；graphicus 作记号的）

抹香鲸 *Physeter catodon*（*Physeter*：吹气孔；*catodon*：cat 下，下面的；odon 齿）

松毛虫赤眼蜂 *Trichogramma dendrolimi*（*Trichogramma*：trich 毛发，多毛发的；gramma 标记，线条；*dendrolimi*：dendron 树，棍；lim 饥饿）

松叶蕨 *Psilotum nudum*（*Psilotum*：松叶蕨属；psilos 裸露的；*nudum*：裸露的）

板栗 *Castanea mollissima*（*Castanea*：栗属；kastanos 栗树；*mollissima*：极柔软的）
构树 *Broussonetia papyrifera*（*Broussonetia*：构树属；源自姓氏 Broussonet；*papyrifera*：可制纸的）
枣 *Zyzyphus jujuba*（*Zyzyphus*：枣属；zyzyphus 枣；*jujuba*：枣）
枫杨 *Pterocarya stenoptera*（*Pterocarya*：紫檀属；pteron 翼；karpos 果；*stenoptera*：狭翅的）
河马 *Hippopotamus amphibius*（*Hippopotamus*：hippo 马；potamus 河；*amphibius*：两栖的）
油松 *Pinus tabulaeformis*（*Pinus*：松属；pinus 松；*tabulaeformis*：平台状的）
油茶 *Camellia oleifera*（*Camellia*：亚麻荠属；chamai 矮小的；linon 亚麻；*oleifera*：产油的）
油葫芦 *Gryllus testaceus*（*Gryllus*：gryllus 蟋蟀；*testaceus*：壳状的）
泽漆 *Euphorbia helioscopia*［*Euphorbia*：大戟属；源自人名；*helioscopia*：向日性的（helios 太阳）］
玫瑰 *Rosa rugosa*（*Rosa*：蔷薇属；rosa 玫瑰花；*rugosa*：多皱纹的）
画眉 *Garrulax canorus*（*Garrulax*：garrulus 喋喋不休的；*canorus*：cano 唱）
盲鳗 *Myxine glutinosa*（*Myxine*：粘鱼；*glutinosa*：有胶质物的）
直鼻象白蚁 *Nasutitermes orthonasus*（*Nasutitermes*：nasut 鼻子；termes 钻木虫；*orthonasus*：ortho 直；nasut 鼻子）
细角花蝽 *Lyctocoris campestris*（*Lyctocoris*：lyctos 人名；coris 女人；*campestris*：平原的）
细粒棘球绦虫 *Echinococcus granulosus*（*Echinococcus*：echinos 多刺的；coccus 仁，谷粒；*granulosus*：多颗粒的）
罗汉松 *Podocarpus macrophyllus*（*Podocarpus*：罗汉松属；podos 足；karpos 果；*macrophyllus*：大叶的）
肥螈 *Pachytriton brevipes*（*Pachytriton*：pachy 厚的；triton 神名；*brevipes*：短脚的）
苦瓜 *Momordica charantia*（*Momordica*：苦瓜属；momordi 咬；*charantia*：东印度一植物名）
苦槠栲 *Castanopsis sclerophylla*（*Castanopsis*：锥栗属；castanea 栗属；opsis 模样；*sclerophylla*：硬叶的）
苹果 *Malus pumila*（*Malus*：苹果属；malos 苹果树；*pumila*：矮小的，矮生的）
苹果花象甲 *Anthonomus pomorum*（*Anthonomus*：anthos 花；nomos 法律，秩序，规则；*pomorum*：水果）
苹绵蚜 *Eriosoma lanigerum*（*Eriosoma*：erion 羊毛；soma 身体；*lanigerum*：lan 羊毛，柔毛；gera 生产，产生）
茄 *Solanum melongena*（*Solanum*：茄属；salanum 茄子；*melongena*：melon 瓜果；genus 生产；生苹果的）
茅莓 *Rubus parvifolius*（*Rubus*：悬钩子属；rubeo 变红色；*parvifolius*：小叶的）
虎皮鹦鹉 *Melopsittacus undulatus*（*Melopsittacus*：mel 果实；psittakos 鹦鹉；*undulatus*：波状的）
虎耳草 *Saxifraga stolonifera*（*Saxifraga*：虎耳草属；saxum 石；frango 打破；*stolonifera*：具匍匐茎的）
轮颈宽黾蝽 *Rhagovelia nigricans*（*Rhagovelia*：rhagos 破裂了的；vel 缘膜；*nigricans*：黑的，浅黑的）
金丝猴 *Rhinopithecus roxellanae*（*Rhinopithecus*：rhinos 鼻；pithecos 猴子；*roxellanae*：源自人名）
金环蛇 *Bungarus fasciatus*（*Bungarus*：可能来自地名；*fasciatus*：fasciatus 打成捆的）
金钱松 *Pseudolarix amabilis*（*Pseudolarix*：金钱松属；pseudes 假的；larix 落叶松属；*amabilis*：可爱的）
金眶鸻 *Charadrius dubius*（*Charadrius*：charadra 裂隙，住在裂隙中的鸟；*dubius*：可疑的）
金缕梅 *Hamamelis mollis*（*Hamamelis*：金缕梅属；hama 在一起；melon 苹果；*mollis*：柔软的，具软毛的）
青冈栎 *Cyclobalanopsis glauca*（*Cyclobalanopsis*：槠属；cyclobalanus 红肉杜属；opsis 模样；*glauca*：粉绿色的）

青鱼 *Mylopharyngodon piceus*（*Mylopharyngodon*：myl 臼齿；phyarynx 咽；odon 齿；*piceus*：黑如沥青的）

非洲肺鱼 *Protopterus annecteus*（*Protopterus*：proto 原始的，第一的；pterus 翅，翼，鳍；*annecteus*：连接的，攀缘的）

满江红鱼腥藻 *Anabaena azollae*（*Anabaena*：鱼腥藻属；ana，向上；bainein，去，走；*az-ollae*：azo 使干，azolla 满江红属）

鱼螈 *Ichthyophys glutinosa*（*Ichthyophys*：ichthys 鱼；physis 生长；*glutinosa*：有胶质物的）

鸣蝉 *Oncotympana maculaticollis*（*Oncotympana*：oncos 突出的，凸出的；tympan 鼓膜 *maculaticollis*：maculatus 有斑点的）

信天翁 *Diomedea albatrus*（*Diomedea*：源自人名；*albatrus*：海鸟，信天翁）

匍枝根霉 *Rhizopus stolonifer*（*Rhizopus*：根霉属；rhiz 根；pus 足；*stolonifer*：具匍匐茎的）

南瓜 *Cucurbita moschata*（*Cucurbita*：南瓜属；cucurbita 南瓜；*moschata*：麝香气味的）

厚朴 *Magnolia officinalis*（*Magnolia*：木兰属；源自姓氏 Magnol；*officinalis*：药用的）

姜 *Zingiber officinale*（*Zingiber*：姜属；zingiberis 姜；*officinale*：药用的）

带鱼 *Trichiurus haumela*（*Trichiurus*：trich 毛发的，ura 尾；*haumela*：意不明）

弯拟细裳蜉 *Paraleptophlebia cincta*（*Paraleptophlebia*：para 拟的，似的；lepto 细的，phlebia 脉；*cincta*：围绕的，带子，条纹）

柏木 *Cupressus funebris*（*Cupressus*：柏木属；kyo 生产；parisos 相等的；*funebris*：属于墓地的）

染料地衣 *Roccella tinctoria*（*Roccella*：染料地衣属；rocca 岩石，ella 小的；*tinctoria*：染料用的）

柘 *Cudrania tricuspidata*（*Cudrania*：柘属；cadrang 一种植物名；*tricuspidata*：三凸头的）

柞蚕 *Antheraea pernyi*（*Antheraea*：antherix 芒；antheros 花；*pernyi*：可能源自人名）

柯 *Lithocarpus glabra*（*Lithocarpus*：椆属；lithos 石；karpos 果；*glabra*：无毛的，光秃的）

柳杉 *Cryptomeria fortunei*（*Cryptomeria*：柳杉属；kryptos 隐藏的；meros 部分；*fortunei*：幸运的）

栀子 *Gardenia jasminoides* [*Gardenia*：栀子属；源自姓氏 Garden；*jasminoides*：jasmin 素馨（一种植物）；oides 像的，似的]

洋玉兰 *Magnolia grandiflora*（*Magnolia*：木兰属；源自姓氏 Magnol；*grandiflora*：grandi 大的，florus 花）

点形念珠藻 *Nostoc punctiforme* [*Nostoc*：念珠藻属（无意义词）；*punctiforme*：细点状的，细孔状的]

点青霉 *Penicillium notatum*（*Penicillium*：青霉属；penicillate 画笔状的；*notatum*：标志的，注明的）

点翅斑步甲 *Anisodactylus punctatipennis*（*Anisodactylus*：anisos 不等的；dactylus 手指，足指；*punctutipennis*：punctatus 有斑点的；pennis 阳茎

独角仙 *Megasoma elephas*（*Megasoma*：mega 大的；soma 身体；*elephas*：象）

玳瑁 *Eretmochelys imbricata*（*Eretmochelys*：eretmon 桨；chelys 龟；*imbricata*：覆瓦状的）

珍珠菜 *Lysimachia clethroides*（*Lysimachia*：珍珠菜属；lysimachion 一种药用植物；*clethroides*：clethra 为山柳科中一属；oides 像，似）

窃虫 *Atropos pulsatorium*（*Atropos*：a 表示否定；tropos 转弯；神名；*pulsatorium*：pulsates 打击）

美洲肺鱼 *Lepidosiren paradoxa*（*Lepidosiren*：lepido 鳞，鳞片；sirex 美女神；*paradoxa*：奇异的）

慈姑 *Sagittaria sagittifolia*（*Sagittaria*：慈姑属；sagitta 箭；*sagittifolia*：箭形叶的）

茴香 *Foeniculum vulgare*（*Foeniculum*：茴香属；foenum 枯草；ulum 小；*vulgare*：普通的）

茶秆竹 *Pseudosasa amabilis*（*Pseudosasa*：茶秆竹属；pseudes 假的；sasa 赤竹属；*amabilis*：可爱的）

茶毒蛾 *Euproctis pseudoconspersa*（*Euproctis*：eu 真的，好的；proctos 肛门，臀部，尾；*pseudoconspersa*：pseudo 假的；conspersa 有斑点的，有小斑的）

草鱼 *Ctenopharyngodon idellus*（*Ctenopharyngodon*：ktenos 梳子；phyarynx 咽；odon 齿；*idellus*：eidos 相像）

草莓 *Fragaria ananassa*［*Fragaria*：草莓属；fragrans 香；*ananassa*：ananas＝anass 凤梨（属）］

荔蝽 *Tessaratoma papillosa*（*Tessaratoma*：tessares 四；toma 分割，分片，分节；*papillosa*：多乳状突的）

荞麦 *Fagopyrum sagittatum*（*Fagopyrum*：荞麦属；fagus 山毛榉树；pyros 谷物；*sagittatum*：箭形的）

香菇 *Lentinus edodes*（*Lentinus*：香菇属；*edodes*：edo 可吃的）

香蕉网蝽 *Stephanitis typicus*（*Stephanitis*：stephan 王冠；*typicus*：典型的，模式的）

党参 *Codonopsis pilosula*（*Codonopsis*：党参属；kodon 钟；opsis 模样；*pilosula*：具毛的）

埃及血吸虫 *Schistosoma haematobium*（*Schistosoma*：schisto 分开的，裂开的；soma 身体；*haematobium*：haemato 血流）

宽体金线蛭 *Whitmania pigra*（*Whitmania*：源自人名；*pigra*：缓慢的）

宽黾蝽 *Microvelia horvathi*（*Microvelia*：micro 小的，微小的；vel 面帕，罩子；*horvathi*：可能源自人名）

恶性疟原虫 *Plasmodium falciparum*（*Plasmodium*：变形虫；*falciparum*：falcis 镰刀形；parous 生产）

桃 *Prunus persica*（*Prunus*：李属；prunum 梅、李；*persica*：波斯的）

桃金娘 *Rhodomyrtus tomentosa*（*Rhodomyrtus*：桃金娘属；rhodon 玫瑰花；myrtus 香桃木属；*tomentosa*：被绒毛的）

桃粉蚜 *Hyalopterus arundinis*（*Hyalopterus*：hyaleos 具光泽的，放光的；pterus 翅；*arundinis*：芦苇）

桉 *Eucalyptus robusta*（*Eucalyptus*：桉属；eu 良好；kalyptos 盖；*robusta*：坚硬的）

桑 *Morus alba*（*Morus*：桑属；morea 桑；*alba*：白色的）

桑尺蠖 *Hemerophila atrilineata*（*Hemerophila*：hemero 日，白天；philao 贪婪地吃；*atrilineata*：atri 深黑的；linea 线）

桑木虱 *Anomoneura mori*（*Anomoneura*：anomos 不法的，不守规则的；neura 经，脉；*mori*：桑）

桑盾蚧 *Pseudaulacaspis pentagona*（*Pseudaulacaspis*：pseudes 假的；aulac 沟，腔，穴；aspis 盾；*pentagona*：五角形的）

桔青霉 *Penicillium citrinum*（*Penicillium*：青霉属；penicillate 画笔状的；*citrinum*：柠檬绿色的）

桔梗 *Platycodon grandiflorus*（*Platycodon*：桔梗属；platys 宽阔的；kodon 钟；*grandiflorus*：grandi 大的，florus 花）

梨大食心虫 *Nephopteryx pirivorella*［*Nephopteryx*：nephos 云状的斑点；pteryx 翅，翼；*pirivorella*：pyri 梨；vor 吞食；ella 小的（词尾）］

梨小食心虫 *Grapholitha molesta*（*Grapholitha*：grapho 雕刻；litha 石；*molesta*：烦恼的）

海七鳃鳗 *Petromyzon marinus*（*Petromyzon*：petra 石的；myzo 吸；*marinus*：海生的）

海人草 *Digenea simplex*（*Digenea*：海人草属；di 双的，两个的；genos 世系，种族；*simplex*：单式的，不分枝的）

海月水母 *Aurelia aurita*（*Aurelia*：aurum 金；*aurita*：空气，空）

海蜇 *Rhopilema esculentum*（*Rhopilema*：意不明，可能源自 rhopi 灌木＋lema 意志；*esculentum*：可食的）

涡虫 *Planaria gonocephala*（*Planaria*：planarius 平坦的；*gonocephala*：gon 角，成角度的；cephala 头）

烟草盲蝽 *Cyrropeltis tenuis*（*Cyrtopeltis*：cyrto 弯曲的；pelt 小盾；*tenuis*：薄的，细的）

瓶尔小草 *Ophioglossum vulgatum*（*Ophioglossum*：瓶尔小草属；opis 蛇；glossa 舌；*vulgatum*：普通的）

牦牛 *Poephagus grunniens*（*Poephagus*：poieo 制作，生产，产品；phago 食用，吃；*grunniens*：grunnio 用喉鸣叫）

胶虫红眼啮小蜂 *Tetrastichus purpureus*（*Tetrastichus*：tetra 四；stichus 列；*purpureus*：purpuratus 紫色的）

臭冷杉 *Abies nephrolepis*（*Abies*：冷杉属；源自 abeo 升起来；*nephrolepis*：肾形鳞片的）

莲 *Nelumbo nucifera*（*Nelumbo*：莲属；nelumbo 莲花；*nucifera*：具坚果的）

莴笋 *Lactuca angustata*（*Lactuca*：莴苣属；lac 乳汁；*angustata*：渐狭的）

蚊母树 *Distylium racemosum*（*Distylium*：蚊母树属；dis 二；stylos 柱；*racemosum*：总状花序式的）

豹斑毒伞菌 *Amanita pantherina*（*Amanita*：鹅膏菌属；amanitai：一种菌；*pantherina*：有豹斑的）

铁线虫 *Gordius aquaticus*（*Gordius*：gordios 节；*aquaticus*：水生的）

苏铁 *Cycas revoluta*（*Cycas*：苏铁属；kykas 一种棕榈；*revoluta*：外卷的，反卷的）

高眼鲽 *Cleisthenes herzensteini*（*Cleisthenes*：clei 钥匙；sthenos 力量；*herzensteini*：源自人名）

高粱长蝽 *Dimorphopterus spinolae*（*Dimorphopterus*：dimorphus 双型的；pterus 翅；*spinolae*：具刺的，多刺的）

鸬鹚 *Phalacrocorax carbo*（*Phalacrocorax*：phalacros 秃顶的；corax 鸦；*carbo*：炭）

鸭嘴兽 *Ornithorhynchus anatinus*（*Ornithorhynchus*：ornithos 鸟；rhynch 嘴；*anatinus*：鸭的，似鸭的）

鸵鸟 *Struthio camelus*（*Struthio*：驼鸟；*camelus*：camel 骆驼）

寄生水霉 *Saprolegnia parasitica*（*Saprolegnia*：sapro 腐生的；*parasitica*：寄生物，寄生的）

康乃馨 *Dianthus caryophyllus*（*Dianthus*：石竹属；dios 一神名；anthos 花；*caryophyllus*：caryophylleus 石竹色的，石竹香的）

彩角异粉蛉 *Heteroconis picticornis*（*Heteroconis*：hetero 异的，不同的；conis 角，圆锥；*picticornis*：pictus 着色的，彩色的；cornis 角突，距）

旋毛虫 *Trichinella spiralis* [*Trichinella*：trich 毛发，多毛发的；ella 小的（词尾）；*spiralis*：螺旋状的]

牻牛儿草 *Erodium stephanianum*（*Erodium*：牻牛儿草属；herodios 苍鹭；*stephanianum*：stephanos 王冠）

猪带绦虫 *Taena solium*（*Taena*：taenia 带子，条纹；*solium*：座位，宝座）

甜菜象甲 *Bothynoderes punctiventris* [*Bothynoderes*：bothynos 穴，壕；der(m)os 皮，革；*punctiventris*：punct 斑点；ventris 腹部]

黏虫 *Leucania separata*（*Leucania*：leucanie 咽喉；*separata*：分离的）

绿眼虫 *Euglena viridis*（*Euglena*：eu 真的，好的；glene 眼球；*viridis*：绿色的）

羚牛 *Budorcas taxicolor*（*Budorcas*：bous 牛；dorkas 一种羚羊；*taxicolor*：taxo 整齐的；color 色彩，颜色）

菊花 *Dendranthema morifolium*（*Dendranthema*：菊属；dendron 树木；anthemis 花；*morifolium*：桑叶的，morus 桑属）

菜豆 *Phaseolus vulgaris*（*Phaseolus*：菜豆属；phaseolos 一种豆；*vulgaris*：普通的）

菜粉蝶 *Pieris rapae*（*Pieris*：源自人名与地名；*rapae*：贪婪）

菜蚜 *Brevicornyne brassicae*（*Brevicornyne*：brevis 短的；cornu 角；*brassicae*：菜）

菜缢管蚜 *Rhopalosiphum pseudobrassicae*（*Rhopalosiphum*：rhopalon 根，杖，形如棒的；sipho 虹吸

管；*pseudobrassicae*：pseudo 假的；brassica 菜）

菠菜 *Spinacia oleracea*（*Spinacia*：菠菜属；spina 刺；*oleracea*：属于厨房的）

波罗蜜 *Artocarpus heterophyllus*（*Artocarpus*：波罗蜜属；artos 面包；karpos 果；*heterophyllus*：hetero 异形的，异的；phyllus 叶）

菰 *Zizania caduciflora*（*Zizania*：菰属；zizanion 毒麦；*caduciflora*：caduus 脱落的；floreus 花）

苹 *Marsilea quadrifolia*（*Marsilea*：苹属；源自姓氏 Marsigli；*quadrifolia*：四叶的）

萝卜 *Raphanus sativus*（*Raphanus*：萝卜属；raphanos 甘蓝；*sativus*：栽培的）

蚰 *Scutigerella immaculate*（*Scutigerella*：scuti 长圆盾；ger 具有；ella 小的；*immaculate*：无斑点的）

蚰蜒 *Scutigera forceps*（*Scutigera*：scuti 长圆盾；ger 具有；*forceps*：钳子，镊子）

蚱蝉 *Cryptotympana atrata*（*Cryptotympana*：crypto 隐的，藏的；tympana 鼓膜；*atrata*：深黑的）

蛇葡萄 *Ampelopsis brevipedunculata*（*Ampelopsis*：蛇葡萄属；ampelos 葡萄蔓；opsis 模样；*brevipedunculata*：brevi，短的；pedunculatus 芽鳞）

蛋白核小球藻 *Chlorella pyrenoidosa*（*Chlorella*：小球藻属；chloros 绿色的，黄绿色的，ella 小，小的；*pyrenoidosa*：pyrenoid 淀粉核）

野花椒 *Zanthoxylum simulans*（*Zanthoxylum*：花椒属；xanthos 黄色；xylon 木；*simulans*：仿造的，模拟的）

野猪 *Sus scrofa*［*Sus*：猪；*scrofa*：牝豚（猪）］

银耳 *Tremella fuciformis*（*Tremella*：银耳属；tremo 摇动；ella 小的；*fuciformis*：墨角藻状的）

银杉 *Cathaya argyrophylla*（*Cathaya*：银杉属；cathaya 契丹；*argyrophylla*：argyraeus 银白色的；phylla 叶）

银杏 *Ginkgo biloba*（*Ginkgo*：银杏属；ginkgo 金果；*biloba*：bi，二；lobus 浅裂的）

银鱼 *Protosalanx hyalocranius*（*Protosalanx*：proto 原始的，第一的；saxanx 银鱼；*hyalocranius*：hyal 玻璃般的，放光的；cranos 盔）

雪松 *Cedrus deodara*（*Cedrus*：雪松属；kedros 雪松；*deodara*：神树）

鸸鹋 *Dromaius novaehollandiae*［dromaeo 善跑的，奔跑；nova（e）新的，*holland*：荷兰；澳大利亚的旧称叫 New Holland］

鹿角菜 *Pelvelia siliguosa*［*Pelvelia*：鹿角菜属；*sili*（*q*）*guosa*：长角果状的］

麻栎 *Quercus acutissima*（*Quercus*：栎属；quercus 栎树；*acutissima*：acuti 尖的；issima 极其的）

黄瓜 *Cucumis sativus*（*Cucumis*：香瓜属；cucumis 胡瓜；*sativus*：栽培的）

黄羊 *Procapra gutturosa*（*Procapra*：pro 之前，原始的；capra 山羊，羊；*gutturosa*：咽喉）

黄衣 *Pantala flavescens*（*Pantala*：pantos 全部的；*flavescens*：淡黄色的）

黄芪 *Astragalus membranaceus*（*Astragalus*：黄芪属；astragalos 踝骨；*membranaceus*：膜质的）

黄花乌头 *Aconitum coreanum*（*Aconitum*：乌头属；akoniton 一种有毒的植物；*coreanum*：高丽的，朝鲜的）

黄刺蛾 *Cnidocampa flavescens*（*Cnidocampa*：cnide 荨麻；campe 毛虫 *flavescens*：淡黄色的）

黄眉柳莺 *Phylloscopus inornatus*（*Phylloscopus*：phyllon 叶；scopus 看守人，看护人；*inornatus*：无饰的）

黄粉虫 *Tenebrio molitor*（*Tenebrio*：tenebrio 黑暗爱好者；*molitor*：磨坊主，研磨）

黄胸散白蚁 *Reticulitermes speratus*（*Reticulitermes*：reticul 网状的；termes 钻木虫，白蚁；*speratus*：愿意要的，希望的）

黄麻 *Corchorus capsularis*（*Corchorus*：黄麻属；korchoros 繁缕；*capsularis*：蒴果状的）

黄斑露尾甲 *Carpophilus hemipertus*（*Carpophilus*：carpo 果实；philos 喜欢的；*hemipertus*：hemi 半；

pertus 翅）

黄腹星灯蛾 *Spilosoma lubricipeda*（*Spilosoma*：spilos 斑点，污点；soma 身体；*lubricipeda*：lubricus 平滑的；peda 足）

黄蟪蛄 *Platypleura hilpa*（*Platypleura*：platy 平，扁；pleuros 肋骨，侧板；*hilpa*：意不明）

黄鳝 *Monopterus albus*（*Monopterus*：mono 单一的；pterus 翅，翼；*albus*：白色的）

喷瓜 *Ecballium elaterium*（*Ecballium*：喷瓜属；ek 之外；ballo 投掷；*elaterium*：具弹丝的，弹出的）

塔藓 *Hylocomium proliferum*（*Hylocomium*：塔藓属；hyla 树林；home 毛发；*proliferum*：多育的，再育的）

斑衣蜡蝉 *Lycorma delicatula*（*Lycorma*：源处女人名；*delicatula*：很精细的）

斑嘴鸭 *Anas poecilorhyncha*（*Anas*：anatis 鸭；*poecilorhyncha*：poecilo 杂色的；rhyncha 嘴）

棉红蜘蛛 *Tetranychus telarius*［*Tetranychus*：tetra 四；（o）nychus 爪；*telarius*：tel 蹼；arius 词尾］

棉红蝽 *Dysdercus cingulatus*（*Dysdercus*：dysder 好争论的，易怒的；*cingulatus*：围绕的，腰带状的）

棉卷蛾 *Adoxophyes orana*（*Adoxophyes*：adoxos 隐晦的，不显著的；phye 生长，身长；*orana*：ora 黎明，春）

棉铃虫 *Helicoverpa armigera*（*Helicoverpa*：helicx 缠绕，卷曲；verpa 阴茎；*armigera*：具武装的）

棕色金龟 *Holotrichia titanus*（*Holotrichia*：holo 全，全部的；trichia 毛发的，多毛的；*titanus*：titan 大力神）

棱皮龟 *Dermochelys coriacea*（*Dermochelys*：derm 皮；chelys 龟；*coriacea*：革质的）

猴头 *Hericium erinaceus*［*Hericium*：猴头菌属；（h）ericius，刺猬；*erinaceus*：刺猬状的，具刺的］

番茄 *Lycopersicon esculentum*（*Lycopersicon*：番茄属；lykos 狼；persicon 桃；*esculentum*：可食的）

痢疾内变形虫 *Entamoeba histolytica*（*Entamoeba*：ento 内的；amoeba 变动，改变；*histolytica*：histo 组织；lytos 可溶解的，可破的）

粟小缘蝽 *Corizus hyalinus*（*Corizus*：coris 臭虫；*hyalinus*：透明的）

落羽杉 *Taxodium distichum*（*Taxodium*：落羽杉属；taxus 红豆杉属；eidos 相似；*distichum*：二列的）

落花生 *Arachis hypogaea*（*Arachis*：落花生属；a 无；rachis 枝；*hypogaea*：地下生的）

葡萄 *Vitis vinifera*（*Vitis*：葡萄属；vitis 藤蔓植物；*vinifera*：产葡萄酒的）

葫芦 *Lagenaria siceraria*（*Lagenaria*：葫芦属；lagenos 长颈瓶；*siceraria*：醉的）

葫芦藓 *Funaria hygrometrica*（*Funaria*：葫芦藓属；funis 绳索；*hygrometrica*：吸湿的）

蛲虫 *Enterobius vermicularis*（*Enterobius*：enteron 肠子；bius 生活的；*vermicularis*：蠕虫状的）

裙带菜 *Uncaria pinnatifida*（*Uncaria*：钩藤属；uncus 钩；*pinnatifida*：羽状半裂的；pinnati 羽状的）

铺地蜈蚣 *Lycopodium cernuum*（*Lycopodium*：石松属；lykos 狼；pous 足；*cernuum*：俯垂的）

鹈鹕 *Pelecanus roseus*（*Pelecanus*：鹈鹕；*roseus*：玫瑰的）

黍 *Panicum miliaceum*（*Panicum*：黍属；panicum 黍；*miliaceum*：像粟草的，milium 粟属）

黑长臂猿 *Hylobates concolor*（*Hylobates*：hylo 森林的；bates 用手搬运者；*concolor*：同色的）

黑尾叶蝉 *Nephotettix cincticeps*（*Nephotettix*：nephos 云状的斑点；tettix 一种蟋蟀；*cincticeps*：cincti 围绕的，条纹；ceps 头）

黑刺粉虱 *Aleurocanthus spiniferus*（*Aleurocanthus*：aleuron 面粉，粉；acantha 荆棘；*spiniferus*：具刺的）

黑线仓鼠 *Cricetulus barabensis*（*Cricetulus*：cricetus 一种鼠名；*barabensis*：barabatus 胡须，有胡须的）

黑肩绿盲蝽 *Cyrtorrhinas livispennas*（*Cyrtorrhinas*：cyrto 弯曲的；rrhin 鼻；*livispennas*：livescen 蓝黑色的，蓝色的）
黑鱼 *Dallia pectoralis*（*Dallia*：可能源自人名；*pectoralis*：胸骨状的）
黑斑蛙 *Rana nigromaculata*（*Rana*：蛙；*nigromaculata*：nigr 黑色的，黑的；maculata 斑）
黑猩猩 *Anthropopithecus troglodytes*（*Anthropopithecus*：anthropos 人；pithec 猴子；*troglodytes*：trogle 洞；dytes 钻）
黑腹果蝇 *Drosophila melanogaster*（*Drosophila*：drosos 多露的；philos 爱的，喜欢的；*melanogaster*：melano 黑的，黑色的；gaster 肚子，腹，胃）
黑熊 *Selenarctos thibetanus*（*Selenarctos*：selene 月，月亮；arctos 熊；*thibetanus*：意不明）
意大利蜂 *Apis mellifera*（*Apis*：蜜蜂；*mellifera*：mellis 蜜的；fer 生育）
楔齿蜥 *Sphenodon punctatum*（*Sphenodon*：sphenos 楔状的；odon 齿；*punctatum*：多点的）
睡莲 *Nymphaea tetragona*（*Nymphaea*：睡莲属；nympha 神名；*tetragona*：四棱角的）
缢蛏 *Sinonovacula constricta*（*Sinonovacula*：sin 中国的，中华的；novacula 剃刀；*constricta*：收缩的）
腰果 *Anacardium occidentale*（*Anacardium*：腰果属；ana 相似；kardia 心脏；*occidentale*：西方的）
腹色斑 *Ephemera pictiventris*（*Ephemera*：ephemerus 暂时的，短命的；*pictiventris*：pictus 着色的，彩色的；ventris 腹部）
蒲公英 *Taraxacum mongolicum*（*Taraxacum*：蒲公英属；tarashqun 蒲公英；*mongolicum*：蒙古）
蒺藜 *Tribulus terrester*（*Tribulus*：蒺藜属；tribulus 铁蒺藜；*terrester*：陆生的）
蓖麻 *Ricinus communis*（*Ricinus*：蓖麻属；ricinus 蓖麻种子；*communis*：共有的，共同的，一般的）
蓖麻蚕 *Philosamia cynthia*［*Philosamia*：philos 爱的，喜欢的；samia 昆虫（源自地名）；*cynthia*：源自地名］
虞美人 *Papaver rhoeas*（*Papaver*：罂粟属；papaver 罂粟；*rhoeas*：一种罂粟）
貉 *Nyctereutes procyonoides*（*Nyctereutes*：nyct 夜的；ereunet 搜寻者；*procyonoides*：=raccoon 猫）
锯天牛 *Prionus insularis*（*Prionus*：prion 锯；*insularis*：岛生的，岛上的）
雉 *Phasianus colchicus*（*Phasianus*：雉；*colchicus*：源自植物名）
僧帽水母 *Physalia physalia*（*Physalia*：physal 气泡，水泡；*physalia*：气泡，水泡）
榛 *Corylus heterophylla*（*Corylus*：榛属；korys 头盔；*heterophylla*：hetero 异形的，异的；phyllus 叶）
榛鸡 *Tetrastes bonasia*（*Tetrastes*：tetrax 雉；*bonasia*：表示是鸟的或美味的）
榧树 *Torreya grandis*（*Torreya*：榧树属；源自姓氏 Torrey；*grandis*：grandi 巨大的，硕大的）
漆树 *Toxicodendron vernicifluum*（*Toxicodendron*：漆树属；toxilos 箭毒；dendron 树木；*vernicifluum*：生漆的）
罂粟 *Papaver somniferum*（*Papaver*：罂粟属；papaver 罂粟；*somniferum*：催眠的，使睡的）
翠鸟 *Alcedo attbis*（*Alcedo*：翠鸟属，鱼狗；*attbis*：att 跳跃；或源自人名）
蜀葵 *Althaea rosea*（*Althaea*：蜀葵属；althaino 治疗；*rosea*：玫瑰）
褐马鸡 *Crossoptilon mantchuricum*（*Crossoptilon*：cross 流苏；ptilon 羽毛；*mantchuricum*：可能源自地名）
褐家鼠 *Rattus norvegicus*［*Rattus*：鼠；*norvegicus*：挪威（地名）］
褐藻 *Euglena marina*（*Euglena*：眼虫属；eu 真的，好的，美的；glene 眼球；*marina*：海中的，海生的）
樟树 *Cinnamomum camphora*（*Cinnamomum*：樟属；kinnamomon 肉桂树；*camphora*：樟脑）
横纹蓟马 *Aeolothrips fasciala*（*Aeolothrips*：aeolo 向风的；trips 钻木虫，蓟马；*fasciala*：fasciatus

打成捆的，具带状纹的）

樱花 *Prunus serrulata*（*Prunus*：李属；prunum 梅、李；*serrulata*：具细锯齿的）

樱桃 *Prunus pseudocerasus*［*Prunus*：李属；prunum 梅、李；*pseudocerasus*：假樱的（pseudo 假的）］

澳洲瓢虫 *Rodolia cardinalis*［*Rodolia*：rodo 咬（也可能源自人名）；*cardinalis*：铰链的］

稻灰飞虱 *Delphacodes striatella*（*Delphacodes*：delphac 小猪；odes 似，像；*striatella*：striat 沟，条纹；ella 小的）

稻象甲 *Echinocnemus squameus*（*Echinocnemus*：echinos 多刺的；knemis 膝，小腿，胫；*squameus*：squama 鳞甲）

稻黄石蛾 *Limnophilus correptus*（*Limnophilus*：limne 沼泽，池塘；philus 喜欢的；*correptus*：corrodo 咬）

稻蛛缘蝽 *Leptocorisa varicornis*（*Leptocorisa*：lepto 细的；coris 臭虫；*varicornis*：vari 杂色的，可变的；cornis 角）

稻瘟病菌 *Piricularia oryzae*（*Piricularia*：梨孢菌属；pirum，梨的，cul 小的，aria 属于的；*oryzae*：oryza 稻属）

蕨 *Pteridium aquilinum*（*Pteridium*：蕨属；pteris 凤尾蕨属；eidos 相似；*aquilinum*：像鹫的）

蝙蝠 *Vespertilio superans*（*Vespertilio*：vespertilio 黄昏，属于黄昏的；*superans*：高出的，超出的）

鲢 *Hypophthalmichthys molitrix*（*Hypophthalmichthys*：hypo 下，下面；phthalm 眼；ichthys 鱼；*molitrix*：mola 磨石，臼齿；trix 3 倍的）

鲤鱼 *Cyprinus carpio*（*Cyprinus*：鲤鱼；*carpio*：鲤鱼）

鲫鱼 *Carassius auratus*（*Carassius*：可能 源于法语的 varnacular carassin 或德语的 karuse，指金鱼或类似鱼类；*auratus*：金，金色的）

壁虎 *Gekko swinhonis*（*Gekko*：壁虎名；*swinhonis*：可能源自地名）

燕雀 *Fringilla montifringilla*（*Fringilla*：一种小鸟名；*montifringilla*：mont 高山；fringilla 鸟名，燕雀）

薄荷 *Mentha haplocalyx*（*Mentha*：薄荷属；mintha 薄荷；*haplocalyx*：haplo 单的；calyx 轮萼的）

避役 *Chamaeleon vulgaris*（*Chamaeleon*：chamae 在地上的；leon 狮子；*vulgaris*：普通的）

鲸鲨 *Rhincodon typicus*（*Rhincodon*：rhine 一种粗皮鲨鱼名；odon 齿；*typicus*：典型的，模式的）

鹧鸪 *Francolinus pintadeanus*（*Francolinus*：鹧鸪；*pintadeanus*：pintad 着了色的；anus 尾，臀，肛门）

磷沙蚕 *Chaetopterus variopedatus*（*Chaetopterus*：chaeta 刚毛；pterus 羽毛；翼；*variopedatus*：vari 可变的，多样的；pedatus 足，附肢）

繁缕 *Stellaria media*［*Stellaria*：繁缕属；stella 星；*media*：米提亚（伊朗高原一古国名）］

臂尾水轮虫 *Epiphanes brachionus*［*Epiphanes*：ep（i）之上的；phaneros 可见的，明显的；*brachionus*：brachio 臂；nus 示性质，产地］

鳃陷鞭虫 *Cryptobia branchialis*（*Cryptobia*：crypto 隐的，藏的；*branchialis*：臂的）

藜 *Chenopodium album*（*Chenopodium*：藜属；chen 鹅；pous 足；*album*：白色的）

藿香 *Agastache rugosus*（*Agastache*：藿香属；aga 极多的；stachys 穗；*rugosus*：多皱纹的）

蘑菇 *Agaricus campestris*（*Agaricus*：伞菌属；agaric 如菌的；*campestris*：平地的，田野生的）

鳙 *Aristichthys nobilis*（*Aristichthys*：aristatus 有芒的，有须的；ichthys 鱼；*nobilis*：高尚的，显赫的）

霸王木 *Zygophyllum xanthoxylum*（*Zygophyllum*：霸王属；zygos 轭；phyllon 叶；*xanthoxylum*：芸香科一属）

麝 *Moschus moschiferus*（*Moschus*：moschos 麝香，麝属；*moschiferus*：moschos 麝香；ferus 生育，生产）

蠼螋 *Labidura riparia*（*Labidura*：labidos 钳子；*riparia*：溪岸生的）

附录2　部分常见生物种名释义（拉丁文）

（以拉丁字母为序）

［名称来自常见大学普通动物学、植物学和昆虫学图书。释文主要参考丁广奇和王学文（1986）、张永辂（1983）及Jaeger（1955）。种名可能不是最新通用的，只希望为可能的生物命名提供参考线索］

Abies nephrolepis 臭冷杉（*Abies*：冷杉属；源自abeo升起来；*nephrolepis*：肾形鳞片的）

Acanthaspis cincticrus 白带猎蝽（*Acanthaspis*：荆猎蝽属，acantha 荆棘；aspis 盾；*cincticrus*：cinctus 带子，腰带）

Acanthopanax giacilistylus 五加（*Acanthopanax*：五加属；akantha 针、刺；Panax 人参属；*giacilistylus*：gracili 细长的；stylus 花柱）

Acipenser chinensis 中华鲟（*Acipenser*：鲟鱼；*chinensis*：中国）

Aconitum coreanum 黄花乌头（*Aconitum*：乌头属；akoniton 一种有毒的植物；*coreanum*：高丽的，朝鲜的）

Adelphocoris fasciaticollis 三点盲蝽（*Adelphocoris*：adelphos 弟兄；coris 臭虫；*fasciaticollis*：fasciatus 打成捆的；collis 小山）

Adoxophyes orana 棉卷蛾（*Adoxophyes*：adoxos 隐晦的，不显著的；phye 生长，身长；*orana*：ora 黎明，春）

Aegypius monachus 秃鹫（*Aegypius*：似鹰又不是鹰的鸟；*monachus*：僧人）

Aeolothrips fasciala 横纹蓟马（*Aeolothrips*：aeolo 向风的；trips 钻木虫，蓟马；*fasciala*：fasciatus 打成捆的，具带状纹的）

Agaricus campestris 蘑菇（*Agaricus*：伞菌属；agaric 如菌的；*campestris*：平地的，田野生的）

Agastache rugosus 藿香（*Agastache*：藿香属；aga 极多的；stachys 穗；*rugosus*：多皱纹的）

Agkistrodon acutus 尖吻蝮（*Agkistrodon*：agkistron 钓鱼钩，饵，诱惑物；*acutus*：尖锐的）

Ailuiopodida melanoleuca 大熊猫（*Ailuiopodida*：ailouros 猫；poda 足；*melanoleuca*：melano 黑的，黑色的；leuca 白色，白的）

Alcedo attbis 翠鸟（*Alcedo*：翠鸟属，鱼狗；*attbis*：att 跳跃；或源自人名）

Aleurocanthus spiniferus 黑刺粉虱（*Aleurocanthus*：aleuron 面粉，粉；acantha 荆棘；*spiniferus*：具刺的）

Althaea rosea 蜀葵（*Althaea*：蜀葵属；althaino 治疗；*rosea*：玫瑰）

Amanita pantherina 豹斑毒伞菌（*Amanita*：鹅膏菌属；amanitai：一种菌；*pantherina*：有豹斑的）

Amaranthus tricolor 苋（*Amaranthus*：苋属；amarantos 不凋落的；anthos 花；*tricolor*：tri 三；color 颜色，色彩）

Ameba proteus 大变形虫（*Ameba*：amoeba 变动，改变；*proteus*：易变的）

Ampelopsis brevipedunculata 蛇葡萄（*Ampelopsis*：蛇葡萄属；ampelos 葡萄蔓；opsis 模样；*brevipedunculata*：brevi，短的；pedunculatus 芽鳞）

Anabaena azollae 满江红鱼腥藻（*Anabaena*：鱼腥藻属；ana，向上；bainein，去，走；*azollae*：azo 使干，azolla 满江红属）

Anabaena variabilis 异形鱼腥藻（*Anabaena*：鱼腥藻属；ana，向上；bainein，去，走；*variabilis*：易变的，不定的）

Anacardium occidentale 腰果（*Anacardium*：腰果属；ana 相似；kardia 心脏；*occidentale*：西方的）

Anas poecilorhyncha 斑嘴鸭（*Anas*：anatis 鸭；*poecilorhyncha*：poecilo 杂色的；rhyncha 嘴）

Ancylostoma duodenale 十二指肠钩虫（*Ancylostoma*：ancylos 弯曲的，钩的；stoma 食道，胃；*duodenale*：十二）

Anguina tritici 小麦线虫（*Anguina*：angui 蛇；*tritici*：小麦）

Anisolabis marginalis 白角蠼螋（*Anisolabis*：anisos 不等的；labium 唇，下唇；*marginalis*：镶边的）

Anisodactylus punctatipennis 点翅斑步甲（*Anisodactylus*：anisos 不等的；dactylus 手指，足指；*punctutipennis*：punctatus 有斑点的；pennis 阳茎）

Anomoneura mori 桑木虱（*Anomoneura*：anomos 不法的，不守规则的；neura 经，脉；*mori*：桑）

Antheraea pernyi 柞蚕（*Antheraea*：antherix 芒；antheros 花；*pernyi*：可能源自人名）

Anthonomus pomorum 苹果花象甲（*Anthonomus*：anthos 花；nomos 法律，秩序，规则；*pomorum*：水果）

Anthrenus picturatus 红圆皮蠹（*Anthrenus*：花皮蠹属，胡蜂；*picturatus*：pictus 着色的，彩色的）

Anthropopithecus troglodytes 黑猩猩（*Anthropopithecus*：anthropos 人；pithec 猴子；*troglodytes*：trogle 洞；dytes 钻）

Apis mellifera 意大利蜂（*Apis*：蜜蜂；*mellifera*：mellis 蜜的；fer 生育）

Apium graveolens 芹菜（*Apium*：芹属；apium 圹藁；*graveolens*：有强烈气味的）

Aptenodytes patagonica 王企鹅（*Aptenodytes*：aptenos 不能飞的；dytes 泅水者，钻穴者；*patagonica*：patagium 衣服上的金边；或者 patogos 指叫声）

Aquarius elongates 大黾蝽（*Aquarius*：aquarium 水中的，水生的；*elongates*：伸长的，延展的）

Arachis hypogaea 落花生（*Arachis*：落花生属；a 无；rachis 枝；*hypogaea*：地下生的）

Archaeopteryx lithographica 始祖鸟（*Archaeopteryx*：archaeos 古代的，原始的；pteryx 羽毛，翼；*lithographica*：litho 石；graphicus 作记号的）

Arisaema consanguineum 天南星（*Arisaema*：天南星属；aris 一种植物名；sema 旗帜；*consanguineum*：有亲缘关系的）

Aristichthys nobilis 鳙（*Aristichthys*：aristatus 有芒的，有须的；ichthys 鱼；*nobilis*：高尚的，显赫的）

Artocarpus heterophyllus 波罗蜜（*Artocarpus*：波罗蜜属；artos 面包；karpos 果；*heterophyllus*：hetero 异形的，异的；phyllus 叶）

Ascaris lumbricoides 人蛔虫（*Ascaris*：蛔虫，肠虫；*lumbricoides*：lumbric 蚯蚓；oides 词尾）

Astragalus membranaceus 黄芪（*Astragalus*：黄芪属；astragalos 踝骨；*membranaceus*：膜质的）

Atractylodes macrocephala 白术（*Atractylodes*：拟苍术属；Atractylis 苍术属；eidos 相似；*macrocephala*：macro 大的；cephala 头，头的）

Atropos pulsatorium 窃虫（*Atropos*：表示否定；tropos 转弯；神名；*pulsatorium*：pulsates 打击）

Aurelia aurita 海月水母（*Aurelia*：aurum 金；*aurita*：空气，空）

Auricularia auricula 木耳（*Auricularia*：木耳属；auricularia 似耳的，耳状的，源自 auricula 和 auris；*auricula*：耳，耳状体）

Balaenoptera acutorostrata 小鰛鲸（*Balaenoptera*：balaena 鲸；ptera 翅；*acutorostrata*：acutous 锐利的，有尖的；strata 扩张的，成层的）

Baragwanathia longifolia 刺石松（*Baragwanathia*：刺石松属；*longifolia*：长叶的）

Belostoma grande 大负子蝽（*Belostoma*：belon 针，尖状物；stoma 食道，胃；*grande*：大）

Benincasa hispida 冬瓜（*Benincasa*：冬瓜属；源自姓氏 Benincas；*hispida*：具硬毛的）
Boehmeria nivea 苎麻（*Boehmeria*：苧麻属；源自姓氏 Boehmer；*nivea*：雪白色的）
Bothynoderes punctiventris 甜菜象甲［*Bothynoderes*：bothynos 穴，壕；der（m）os 皮，革；*punctiventris*：punct 斑点；ventris 腹部］
Brachymeria obscurata 广大腿小蜂（*Brachymeria*：brachy 短的；meros 一部分；*obscurata*：昏暗的）
Brachytrupes portentosus 大蟋蟀［*Brachytrupes*：brachy 短的；tru（y）pes 钻洞，洞；*portentosus*：怪样，可怕］
Branchiostoma belcheri 文昌鱼（*Branchiostoma*：branchion 鳍；stoma 食道，胃；*belcheri*：源自人名）
Brassica oleracea 卷心菜（*Brassica*：芸薹属；brassica 甘蓝；*oleracea*：属于厨房的）
Brevicornyne brassicae 菜蚜（*Brevicornyne*：brevis 短的；cornu 角；*brassicae*：菜）
Broussonetia papyrifera 构树（*Broussonetia*：构树属；源自姓氏 Broussonet；*papyrifera*：可制纸的）
Bubalus bubalus 水牛（*Bubalus*：野牛，瞪羚；*bubalus*：野牛）
Budorcas taxicolor 羚牛（*Budorcas*：bous 牛；dorkas 一种羚羊；*taxicolor*：taxo 整齐的；color 色彩，颜色）
Bungarus fasciatus 金环蛇（*Bungarus*：可能来自地名；*fasciatus*：fasciatus 打成捆的）
Caesalpinia scpiaria 云实（*Caesalpinia*：云实属；源自姓氏 Caesalpini；*scpiaria*：篱边生的）
Camellia oleifera 油茶（*Camellia*：亚麻荠属；chamai 矮小的；linon 亚麻；*oleifera*：产油的）
Camelus bactrianus 双峰驼（*Camelus*：骆驼；*bactrianus*：bactri 棍棒；anus 尾，臀，肛门）
Cannabis sativa 大麻（*Cannabis*：大麻属；kannabis 大麻；*sativa*：栽培的）
Cantherines modestus 马面鲀（*Cantherines*：kanthos 眼角；rhinos 鼻子；*modestus*：适度的）
Capra hircus 山羊［*Capra*：山羊（属）；*hircus*：山羊］
Carassius auratus 鲫鱼（*Carassius*：可能 源于法语的 varnacular carassin 或德语的 karuse，指金鱼或类似鱼类；*auratus*：金，金色的）
Carausius morosus 竹节虫［*Carausius*：凯撒（人名）；*morosus*：行动迟缓的］
Carpophilus hemipertus 黄斑露尾甲（*Carpophilus*：carpo 果实；philos 喜欢的；*hemipertus*：hemi 半；pertus 翅）
Castanea mollissima 板栗（*Castanea*：栗属；kastanos 栗树；*mollissima*：极柔软的）
Castanopsis sclerophylla 苦槠栲（*Castanopsis*：锥栗属；Castanea 栗属；opsis 模样；*sclerophylla*：硬叶的）
Catharanthus roseus 长春花（*Catharanthus*：长春花属；katharos 纯洁的；anthos 花；*roseus*：玫瑰）
Cathaya argyrophylla 银杉（*Cathaya*：银杉属；cathaya 契丹；*argyrophylla*：argyraeus 银白色的；phylla 叶）
Cedrus deodara 雪松（*Cedrus*：雪松属；kedros 雪松；*deodara*：神树）
Ceratovacuna lanigera 甘蔗绵蚜（*Ceratovacuna*：keratos 角，弓；vacu 空的；*lanigera*：lan 羊毛，柔毛；gera 生产，产生）
Cerodontha denticonis 麦潜蝇（*Cerodontha*：keras 角，弓；odonta，齿；*denticonis*：denti 齿，牙；conis 角）
Chaetopterus variopedatus 磷沙蚕（*Chaetopterus*：chaeta 刚毛；pterus 羽毛；翼；*variopedatus*：vari 可变的，多样的；pedatus 足，附肢）
Chamaeleon vulgaris 避役（*Chamaeleon*：chamae 在地上的；leon 狮子；*vulgaris*：普通的）
Charadrius dubius 金眶鸻（*Charadrius*：charadra 裂隙，住在裂隙中的鸟；*dubius*：可疑的）
Chelidonium majus 白屈菜（*Chelidonium*：白屈菜属；chelidon 燕子；*majus*：五月的）

Chenopodium album 藜（*Chenopodium*：藜属；chen 鹅；pous 足；*album*：白色的）

Chlamydomonas mundana 一种衣藻（*Chlamydomonas*：衣藻属；chlamydos 斗篷，无袖外套；monas 单个；*mundana*：Mundus 清洁的，整洁的）

Chlorella pyrenoidosa 蛋白核小球藻（*Chlorella*：小球藻属；chloros 绿色的，黄绿色的，ella 小，小的；*pyrenoidosa*：Pyrenoid 淀粉核）

Chrysolophus pictus 红腹锦鸡（*Chrysolophus*：chryseos 金的，华丽的；lophos 鸟冠，颈项；*pictus*：pictus 着色的，彩色的）

Chrysopa septempunctata 大草蛉（*Chrysopa*：chryseos 金的，华丽的；*septempunctata*：septem 七；punctata 斑点）

Ciconia ciconia 白鹳（*Ciconia*：鹳；*ciconia*：鹳）

Cimicifuga foetida 升麻（*Cimicifuga*：升麻属；cimex 臭虫；fugo 逃避；*foetida*：具恶臭的）

Cinnamomum camphora 樟树（*Cinnamomum*：樟属；kinnamomon 肉桂树；*camphora*：樟脑）

Citrullus lanatus 西瓜（*Citrullus*：西瓜属；Citrus 柑橘属；ullus 小；*lanatus*：被棉毛的，棉毛状的）

Claviceps purpurea 麦角菌（*Claviceps*：麦角菌属；clavate 棍棒形的，ceps 头；*purpurea*：紫红色的）

Cleisthenes herzensteini 高眼鲽（*Cleisthenes*：clei 钥匙；sthenos 力量；*herzensteini*：源自人名?）

Cnidocampa flavescens 黄刺蛾（*Cnidocampa*：cnide 荨麻；campe 毛虫 *flavescens*：淡黄色的）

Codonopsis pilosula 党参（*Codonopsis*：党参属；kodon 钟；opsis 模样；*pilosula*：具毛的）

Colocasia esculenta 芋（*Colocasia*：芋属；kolokasia 一种水生植物；*esculenta*：可食的）

Coniocampsa postmaculata 后斑曲粉蛉（*Coniocampsa*：conio 灰，尘；kampsis 弯曲的；*postmaculata*：post 后，随；maculata 斑点）

Corchorus capsularis 黄麻（*Corchorus*：黄麻属；korchoros 繁缕；*capsularis*：蒴果状的）

Coriandrum sativum 芫荽（*Coriandrum*：芫荽属；koris 臭虫；aner 男性；*sativum*：栽培的）

Corizus hyalinus 粟小缘蝽（*Corizus*：coris 臭虫；*hyalinus*：透明的）

Corylus heterophylla 榛（*Corylus*：榛属；korys 头盔；*heterophylla*：hetero 异形的，异的；phyllus 叶）

Crataegus pinnatifida 山楂（*Crataegus*：山楂属；krataigos 一种多刺灌木；*pinnatifida*：羽状半裂的：pinnati 羽状的）

Cricetulus barabensis 黑线仓鼠（*Cricetulus*：cricetus 一种鼠名；*barabensis*：barabatus 胡须，有胡须的）

Crocothemis servilia 赤卒（*Crocothemis*：crocos 红黄色，藏红色；themis 色调，主题；*servilia*：意不明，可能源自人名）

Crossoptilon mantchuricum 褐马鸡（*Crossoptilon*：cross 流苏；ptilon 羽毛；*mantchuricum*：可能源自地名）

Croton tiglium 巴豆（*Croton*：巴豆属；kroton 扁虫；*tiglium*：巴豆）

Cryptobia branchialis 鳃隐鞭虫（*Cryptobia*：crypto 隐的，藏的；*branchialis*：臂的）

Cryptomeria fortunei 柳杉（*Cryptomeria*：柳杉属；kryptos 隐藏的；meros 部分；*fortunei*：幸运的）

Cryptothelea formosicola 大蓑蛾（*Cryptothelea*：crypto 隐的，藏的；thele 乳头；*formosicola*：formosus 美丽的；colos 无角的）

Cryptotympana atrata 蚱蝉（*Cryptotympana*：crypto 隐的，藏的；tympana 鼓膜；*atrata*：深黑的）

Ctenolepisma villosa 毛衣鱼（*Ctenolepisma*：ktenos 梳子；lepisma 鳞；*villosa*：长柔毛的）

Ctenopharyngodon idellus 草鱼（*Ctenopharyngodon*：ktenos 梳子；phyarynx 咽；odon 齿；*idellus*：eidos 相像）

Cucumis sativus 黄瓜（*Cucumis*：香瓜属；cucumis 胡瓜；*sativus*：栽培的）
Cucurbita moschata 南瓜（*Cucurbita*：南瓜属；cucurbita 南瓜；*moschata*：麝香气味的）
Cudrania tricuspidata 柘（*Cudrania*：柘属；cadrang 一种植物名；*tricuspidata*：三凸头的）
Cunninghamia lanceolata 杉木（*Cunninghamia*：杉木属；源自姓氏 Cunningham；*lanceolata*：矛状的）
Cupressus funebris 柏木（*Cupressus*：柏木属；kyo 生产；parisos 相等的；*funebris*：属于墓地的）
Cycas revoluta 苏铁（*Cycas*：苏铁属；kykas 一种棕榈；*revoluta*：外卷的，反卷的）
Cyclobalanopsis glauca 青冈栎（*Cyclobalanopsis*：槠属；Cyclobalanus 红肉杜属；opsis 模样；*glauca*：粉绿色的）
Cynanchum glaucescens 白前（*Cynanchum*：白前属；kyon 犬；ancho 绞杀；*glaucescens*：近粉绿色的）
Cynoglossus semilaevis 半滑舌鳎（*Cynoglossus*：cynon 狗；gloss 舌头；*semilaevis*：semi 半；laevis 光滑）
Cyprinodon macularius 斑鳉（*Cyprinodon*：cyprinos 鲤鱼；odon 齿；*macularius*：斑点的）
Cyprinus carpio 鲤鱼（*Cyprinus*：鲤鱼；*carpio*：鲤鱼）
Cyrropeltis tenuis 烟草盲蝽（*Cyrtopeltis*：cyrto 弯曲的；pelt 小盾；*tenuis*：薄的，细的）
Cyrtorrhinas livispennas 黑肩绿盲蝽（*Cyrtorrhinas*：cyrto 弯曲的；rrhin 鼻；*livispennas*：livescen 蓝黑色的，蓝色的）
Dallia pectoralis 黑鱼（*Dallia*：可能源自人名；*pectoralis*：胸骨状的）
Delphacodes striatella 稻灰飞虱（*Delphacodes*：delphac 小猪；odes 似，像；*striatella*：striat 沟，条纹；ella 小的）
Delphinium anthriscifolium 还亮草（*Delphinium*：翠雀属；delphin 海豚；delphinium 一种翠雀属植物；*anthriscifolium*：anthriscus 为伞形科中一属名；folius 叶的）
Dendranthema morifolium 菊花（*Dendranthema*：菊属；Dendron 树木；anthemis 花；*morifolium*：桑叶的，morus 桑属）
Dendrolimus spectabilis 赤松毛虫（*Dendrolimus*：dendron 树，棍；limus 斜，歪；*spectabilis*：醒目的，奇观的）
Dermochelys coriacea 棱皮龟（*Dermochelys*：derm 皮；chelys 龟；*coriacea*：革质的）
Dianthus caryophyllus 康乃馨（*Dianthus*：石竹属；dios 一神名；anthos 花；*caryophyllus*：caryophylleus 石竹色的，石竹香的）
Dicranopteris dichotoma 芒萁（*Dicranopteris*：芒萁属；dikranon 二叉状的；stigma 圆点，柱头；*dichotoma*：二岐的）
Digenea simplex 海人草（*Digenea*：海人草属；di 双的，两个的；genos 世系，种族；*simplex*：单式的，不分枝的）
Dimorphopterus spinolae 高粱长蝽（*Dimorphopterus*：dimorphus 双型的；pterus 翅；*spinolae*：具刺的，多刺的）
Dinodon rufozonatum 火赤链（*Dinodon*：可能源自 din 可怖的＋odon 齿；*rufozonatum*：ruf 红色的；zonatus 带）
Diomedea albatrus 信天翁（*Diomedea*：源自人名；*albatrus*：海鸟，信天翁）
Diospyros rhombifolia 老鸦柿（*Diospyros*：柿属；dios 宙斯；pyros 谷物；*rhombifolia*：菱形叶的）
Distylium racemosum 蚊母树（*Distylium*：蚊母树属；dis 二；stylos 柱；*racemosum*：总状花序式的）
Dromaius novaehollandiae 鸸鹋［dromaeo 善跑的，奔跑；nova（e）新的，*holland*：荷兰；澳大利亚的旧称叫 New Holland］
Drosophila melanogaster 黑腹果蝇（*Drosophila*：drosos 多露的；philos 爱的，喜欢的；*melano-*

gaster：melano 黑的，黑色的；gaster 肚子，腹，胃）

Dysdercus cingulatus 棉红蝽（*Dysdercus*：dysder 好争论的，易怒的；*cingulatus*：围绕的，腰带状的）

Ecballium elaterium 喷瓜（*Ecballium*：喷瓜属；ek 之外；ballo 投掷；*elaterium*：具弹丝的，弹出的）

Echidna aculeate 针鼹（*Echidna*：echis 毒蛇；echinos 刺猬；*aculeate*：具刺的，刺状的）

Echinocnemus squameus 稻象甲（*Echinocnemus*：echinos 多刺的；knemis 膝，小腿，胫；*squameus*：squama 鳞甲）

Echinococcus granulosus 细粒棘球绦虫（*Echinococcus*：echinos 多刺的；coccus 仁，谷粒；*granulosus*：多颗粒的）

Electrophorus electricus 电鳗（*Electrophorus*：electr 电的；phoros 负荷，具有；*electricus*：电）

Elephas maximus 亚洲象（*Elephas*：大象；*maximus*：最大的）

Enkianthus quinqueflorus 吊钟花（*Enkianthus*：吊钟花属；endyos 孕育；anthos 花；*quinqueflorus*：五花的）

Entamoeba histolytica 痢疾内变形虫（*Entamoeba*：ento 内的；amoeba 变动，改变；*histolytica*：histo 组织；lytos 可溶解的，可破的）

Enterobius vermicularis 蛲虫（*Enterobius*：enteron 肠子；bius 生活的；*vermicularis*：蠕虫状的）

Ephemera pictiventris 腹色斑（*Ephemera*：ephemerus 暂时的，短命的；*pictiventris*：pictus 着色的，彩色的；ventris 腹部）

Ephemera pulcherrima 华丽蜉（*Ephemera*：ephemerus 暂时的，短命的；*pulcherrima*：美丽的，极美丽的）

Epiphanes brachionus 臂尾水轮虫［*Epiphanes*：ep（i）之上的；phaneros 可见的，显明的；*brachionus*：brachio 臂；nus 示性质，产地］

Equisetum ramosissimum 节节草（*Equisetum*：木贼属；equus 马；seta 刺毛；*ramosissimum*：极多分支的）

Eretmochelys imbricata 玳瑁（*Eretmochelys*：eretmon 桨；chelys 龟；*imbricata*：覆瓦状的）

Erinaceus europaeus 刺猬（*Erinaceus*：刺猬；*europaeus*：欧洲）

Eriosoma lanigerum 苹绵蚜（*Eriosoma*：erion 羊毛；soma 身体；*lanigerum*：lan 羊毛，柔毛；gera 生产，产生）

Erodium stephanianum 牻牛儿草（*Erodium*：牻牛儿草属；herodios 苍鹭；*stephanianum*：Stephanos 王冠）

Erysiphe graminis 禾谷白粉菌（*Erysiphe*：白粉菌属；erythros 红；siphon 管子；*graminis*：像禾草的）

Esthiopterum crassicorne 长鸭虱（*Esthiopterum*：esthio 吃；pterum 羽毛，翼；*crassicorne*：crass 厚的，重的；cornus 角）

Eucalyptus robusta 桉（*Eucalyptus*：桉属；eu 良好；kalyptos 盖；*robusta*：坚硬的）

Eucommia ulmoides 杜仲（*Eucommia*：杜仲属；eu 良好；kommi 树胶；*ulmoides*：像榆树的）

Euglena marina 褐藻（*Euglena*：眼虫属；eu 真的，好的，美的；glene 眼球；*marina*：海中的，海生的）

Euglena viridis 绿眼虫（*Euglena*：eu 真的，好的；glene 眼球；*viridis*：绿色的）

Euphorbia helioscopia 泽漆［*Euphorbia*：大戟属；源自人名；*helioscopia*：向日性的（helios 太阳）］

Eupolyphaga sinensis 地鳖（*Eupolyphaga*：eu 真的，好的；poly 多的；phago 吃；*sinensis*：中国）

Euproctis pseudoconspersa 茶毒蛾（*Euproctis*：eu 真的，好的；proctos 肛门，臀部，尾；*pseudoconspersa*：pseudo 假的；conspersa 有斑点的，有小斑的）

Euryale ferox 芡实（*Euryale*：芡属；euryale 源自神名；*ferox*：凶猛的，多刺的）

Exochorda racemosa 白鹃梅（*Exochorda*：白鹃梅属；exo 外边；chorde 纽；*racemosa*：总状花序式的）
Fagopyrum sagittatum 荞麦（*Fagopyrum*：荞麦属；fagus 山毛榉树；pyros 谷物；*sagittatum*：箭形的）
Fagus longipetiolata 水青冈（*Fagus*：水青冈属；fagus 山毛榉树；*longipetiolata*：长叶柄的）
Fasciola hepatica 肝片吸虫（*Fasciola*：fasciola 束，带，纹；*hepatica*：肝）
Foeniculum vulgare 茴香（*Foeniculum*：茴香属；foenum 枯草；ulum 小；*vulgare*：普通的）
Forsythia suspense 连翘（*Forsythia*：连翘属；源自姓氏 Forsyth；*suspense*：悬垂的）
Fragaria ananassa 草莓［*Fragaria*：草莓属；fragrans 香；*ananassa*：Ananas＝anass 凤梨（属）］
Francolinus pintadeanus 鹧鸪（*Francolinus*：鹧鸪；*pintadeanus*：pintad 着了色的；anus 尾，臀，肛门）
Fringilla montifringilla 燕雀（*Fringilla*：一种小鸟名；*montifringilla*：mont 高山；fringilla 鸟名，燕雀）
Fulfora candelaria 龙眼鸡（*Fulfora*：fulgor 闪光，闪耀；*candelaria*：可能源自人名）
Funaria hygrometrica 葫芦藓（*Funaria*：葫芦藓属；funis 绳索；*hygrometrica*：吸湿的）
Ganoderma lucidum 灵芝（*Ganoderma*：灵芝属；gano 有光泽的，美丽的；derma 皮革；*lucidum*：光亮的，具光泽的）
Gardenia jasminoides 栀子［*Gardenia*：栀子属；源自姓氏 Garden；*jasminoides*：jasmin 素馨（一种植物）；oides 像的，似的］
Garrulax canorus 画眉（*Garrulax*：garrulus 喋喋不休的；*canorus*：cano 唱）
Gekko swinhonis 壁虎（*Gekko*：壁虎名；*swinhonis*：可能源自地名）
Gibberella zeae 小麦赤霉菌（*Gibberella*：赤霉属；gibber，驼背的，ella 小的；*zeae*：谷物）
Ginkgo biloba 银杏（*Ginkgo*：银杏属；ginkgo 金果；*biloba*：bi，二；lobus 浅裂的）
Giraffe cameleoparadalis 长颈鹿（*Giraffe*：长颈鹿；*cameleoparadalis*：cameleo 骆驼；paradox 矛盾的，奇异的）
Glyptostrobus pensilis 水松（*Glyptostrobus*：水松属；glyptos 刻痕；strobos 毬果；*pensilis*：悬垂的）
Gnorimoschema operculella 马铃薯块茎蛾（*Gnorimoschema*：gnorim 有名的，大家知道的；schema 形式，形状；*operculella*：opercul 盖子；ella 小的）
Gonyaulax calenella 小丽腰鞭虫（*Gonyaulax*：gony 膝，膝关节；aulax 腔，穴；*calenella*：catanella 为另一种鞭毛虫的种名，意为链条；也可能源自 calos，美丽的）
Gordius aquaticus 铁线虫（*Gordius*：gordios 节；*aquaticus*：水生的）
Gossypium hirsutum 陆地棉（*Gossypium*：棉属；gossypion 棉花；*hirsutum*：hirsutus 被粗硬毛的）
Grapholitha molesta 梨小食心虫（*Grapholitha*：grapho 雕刻；litha 石；*molesta*：烦恼的）
Gryllotalpa unispina 华北蝼蛄（*Gryllotalpa*：gryllus 蟋蟀；talpa 鼹鼠；*unispina*：uni 单个的；spina 刺）
Gryllus testaceus 油葫芦（*Gryllus*：gryllus 蟋蟀；*testaceus*：壳状的）
Halictophagus bipunctatus 二点栉捻翅虫（*Halictophagus*：halictus 蜜蜂名称；phagus 吃；*bipunctatus*：bi 双的，2 倍的；punctatus 点，刻点）
Hamamelis mollis 金缕梅（*Hamamelis*：金缕梅属；hama 在一起；melon 苹果；*mollis*：柔软的，具软毛的）
Helianthus annuus 向日葵（*Helianthus*：向日葵属；helios 太阳；anthos 花；*annuus*：一年生的）
Helicoverpa armigera 棉铃虫（*Helicoverpa*：helicx 缠绕，卷曲；verpa 阴茎；*armigera*：具武装的）
Hemerophila atrilineata 桑尺蠖（*Hemerophila*：hemero 日，白天；philao 贪婪地吃；*atrilineata*：atri 深黑的；linea 线）
Hemicentrotus pulcherrimus 马粪海胆（*Hemicentrotus*：hemi 一半；centros 圆圈中心；*pulcherrimus*：

美丽的，极美丽的）

Hericium erinaceus 猴头［*Hericium*：猴头菌属；(h)ericius，刺猬；*erinaceus*：刺猬状的，具刺的］

Heteroconis picticornis 彩角异粉蛉（*Heteroconis*：hetero 异的，不同的；conis 角，圆锥；*picticornis*：pictus 着色的，彩色的；cornis 角突，距）

Hibiscus mutabilis 木芙蓉（*Hibiscus*：木槿属；hibiskos 一种锦葵；*mutabilis*：易变的）

Hippopotamus amphibius 河马（*Hippopotamus*：hippo 马；potamus 河；*amphibius*：两栖的）

Holotrichia titanus 棕色金龟（*Holotrichia*：holo 全，全部的；trichia 毛发的，多毛的；*titanus*：titan 大力神）

Hyalopterus arundinis 桃粉蚜（*Hyalopterus*：hyaleos 具光泽的，放光的；pterus 翅；*arundinis*：芦苇）

Hylobates concolor 黑长臂猿（*Hylobates*：hylo 森林的；bates 用手搬运者；*concolor*：同色的）

Hylocomium proliferum 塔藓（*Hylocomium*：塔藓属；hyla 树林；home 毛发；*proliferum*：多育的，再育的）

Hypophthalmichthys molitrix 鲢鱼（*Hypophthalmichthys*：hypo 下，下面；phthalm 眼；ichthys 鱼；*molitrix*：mola 磨石，臼齿；trix 3 倍的）

Ichthyophys glutinosa 鱼螈（*Ichthyophys*：ichthys 鱼；physis 生长；*glutinosa*：有胶质物的）

Jasminum nudiflorum 迎春花（*Jasminum*：茉莉属；yasmin 一种灌木；*nudiflorum*：裸花的）

Labidura riparia 蠼螋（*Labidura*：labidos 钳子；*riparia*：溪岸生的）

Lactuca angustata 莴笋（*Lactuca*：莴苣属；lac 乳汁；*angustata*：渐狭的）

Lagenaria siceraria 葫芦（*Lagenaria*：葫芦属；lagenos 长颈瓶；*siceraria*：醉的）

Lariophagus distinguendus 米象金小蜂（*Lariophagus*：laria 豆象属；phaga 吃；*distinguendus*：分开的，有区别的）

Latimeria chalumnae 矛尾鱼［*Latimeria*：源自人名（另外：latus 宽的，阔的；mer 股，腿；*chalumnae*：源自河名）］

Leguminivora glycinivorella 大豆食心虫（*Leguminivora*：legumin 豆荚；vorus 吞食；*glycinivorella*：glycine 大豆属；vor 吞食，贪食；ella 词尾）

Lentinus edodes 香菇（*Lentinus*：香菇属；*edodes*：edo 可吃的）

Lepidosiren paradoxa 美洲肺鱼（*Lepidosiren*：lepido 鳞，鳞片；sirex 美女神；*paradoxa*：奇异的）

Lepisma saccharina 衣鱼（*Lepisma*：lepisma 鳞；*saccharina*：糖）

Leptocorisa varicornis 稻蛛缘蝽（*Leptocorisa*：lepto 细的；coris 臭虫；*varicornis*：vari 杂色的，可变的；cornis 角）

Leucania separata 粘虫（*Leucania*：leucanie 咽喉；*separata*：分离的）

Ligusticum chuanxiong 川芎（*Ligusticum*：藁本属；ligusticum 模式产地名；*chuanxiong*：川芎）

Ligustrum lucidum 女贞（*Ligustrum*：女贞属；ligustrum 一种水蜡树；*lucidum*：光亮的，具光泽的）

Limnophilus correptus 稻黄石蛾（*Limnophilus*：limne 沼泽，池塘；philus 喜欢的；*correptus*：corrodo 咬）

Lindera glauca 山胡椒（*Lindera*：山胡椒属；源自姓氏 Linder；*glauca*：粉绿色的）

Lindera strychnifolia 乌药［*Lindera*：山胡椒属；源自姓氏 Linder；*strychnifolia*：马钱叶的（strychnos 为马钱属）］

Lipotes vexillifer 白鱀豚（*Liptes*：lip 缺少；otes 为词尾；*vexillifer*：旗帜）

Lithocarpus glabra 柯（*Lithocarpus*：椆属；lithos 石；karpos 果；*glabra*：无毛的，光秃的）

Lophura nycthemera 白鹇（*Lophura*：lophouros 尾上有簇饰的；*nycthemera*：nyct 夜的，晚上的；hemera 日，白天，栽培的，驯养的）

Luffa cylindrica 丝瓜（*Luffa*：丝瓜属；lufah 一种植物名；*cylindrica*：圆筒状的）

Lycopersicon esculentum 番茄（*Lycopersicon*：番茄属；lykos 狼；persicon 桃；*esculentum*：可食的）
Lycopodium cernuum 铺地蜈蚣（*Lycopodium*：石松属；lykos 狼；pous 足；*cernuum*：俯垂的）
Lycorma delicatula 斑衣蜡蝉（*Lycorma*：源处女人名；*delicatula*：很精细的）
Lyctocoris campestris 细角花蝽（*Lyctocoris*：lyctos 人名；coris 女人；*campestris*：平原的）
Lysimachia clethroides 珍珠菜（*Lysimachia*：珍珠菜属；lysimachion 一种药用植物；*clethroides*：clethra 为山柳科中一属；oides 像，似）
Macrodontia cervicornis 大齿天牛（*Macrodontia*：macr-大的；odont 齿；*cervicornis*：cervi 颈；cornis 角，矩）
Macropus giganteus 大袋鼠（*Macropus*：macros 长的，大的；pus 足；*giganteus*：大的，巨大的）
Macrosiphum granarium 麦长管蚜（*Macrosiphum*：macros 长的，大的；siphon 虹吸管，管；*granarium*：granum 谷粒）
Magnolia denudata 玉兰（*Magnolia*：木兰属；源自姓氏 Magnol；*denudata*：剥脱了的，使裸露的）
Magnolia grandiflora 洋玉兰（*Magnolia*：木兰属；源自姓氏 Magnol；*grandiflora*：grandi 大的，florus 花）
Magnolia officinalis 厚朴（*Magnolia*：木兰属；源自姓氏 Magnol；*officinalis*：药用的）
Malapterurus electricus 电鲇（*Malapterurus*：malos 软的；pter 翅，翼；urus 尾的；*electricus*：电）
Malus pumila 苹果（*Malus*：苹果属；malos 苹果树；*pumila*：矮小的，矮生的）
Mangifera indica 芒果（*Mangifera*：杧果属；manga 杧果；fera 生育；*indica*：印度的）
Marchantia polymorpha 地钱（*Marchantia*：地钱属；*polymorpha*：poly 多的；morphus 型，形状）
Marsilea quadrifolia 苹（*Marsilea*：苹属；源自姓氏 Marsigli ；*quadrifolia*：四叶的）
Mecopoda elongata 纺织娘（*Mecopoda*：mecos 长，高；poda 足；*elongata*：伸长的，延展的）
Megacopta cribraria 豆龟蝽（*Megacopta*：mega 大的；copto 打，刺，割切；*cribraria*：cribratus 筛状的；aria 词尾）
Megalobatrachus davidianus 大鲵（*Megalobatrachus*：megal 大的；batrachos 蛙；*davidianus*：源自姓氏）
Megalobrama amblycephala 团头鲂（*Megalobrama*：megal 大的；brahma 海鲷；*amblycephala*：ambly 钝的；cephala 头）
Megasoma elephas 独角仙（*Megasoma*：mega 大的；soma 身体；*elephas*：象）
Melopsittacus undulatus 虎皮鹦鹉（*Melopsittacus*：mel 果实；psittakos 鹦鹉；*undulatus*：波状的）
Mentha haplocalyx 薄荷（*Mentha*：薄荷属；mintha 薄荷；*haplocalyx*：haplo 单的；calyx 轮萼的）
Mesomorphus villiger 仓潜（*Mesomorphus*：meso 中间的；morphus 形状，形式；*villiger*：villi 蓬松的毛，多毛的）
Metasequoia glyptostroboides 水杉（*Metasequoia*：水杉属；meta 在后面；Sequoia 北美红杉属；*glyptostroboides*：glypto 雕纹的；stroboides，似球果的）
Michelia alba 白兰（*Michelia*：含笑属；源自姓氏 Micheli；*alba*：白色的）
Microvelia horvathi 宽黾蝽（*Microvelia*：micro 小的，微小的；vel 面帕，罩子；*horvathi*：可能源自人名）
Momordica charantia 苦瓜（*Momordica*：苦瓜属；momordi 咬；*charantia*：东印度一植物名）
Monopterus albus 黄鳝（*Monopterus*：mono 单一的；pterus 翅，翼；*albus*：白色的）
Morus alba 桑（*Morus*：桑属；morea 桑；*alba*：白色的）
Moschus moschiferus 麝（*Moschus*：moschos 麝香，麝属；*moschiferus*：moschos 麝香；ferus 生育，生产）
Mylopharyngodon piceus 青鱼（*Mylopharyngodon*：myl 臼齿；phyarynx 咽；odon 齿；*piceus*：黑如

沥青的）

Myxine glutinosa 盲鳗（*Myxine*：粘鱼；*glutinosa*：有胶质物的）

Nasutitermes orthonasus 直鼻象白蚁（*Nasutitermes*：nasut 鼻子；termes 钻木虫；*orthonasus*：ortho 直；nasut 鼻子）

Natrix annularis 水蛇（*Natrix*：natrix 游泳；*annularis*：环状的）

Nelumbo nucifera 莲（*Nelumbo*：莲属；nelumbo 莲花；*nucifera*：具坚果的）

Nephopteryx pirivorella 梨大食心虫［*Nephopteryx*：nephos 云状的斑点；pteryx 翅，翼；*pirivorella*：pyri 梨；vor 吞食；ella 小的（词尾）］

Nephotettix cincticeps 黑尾叶蝉（*Nephotettix*：nephos 云状的斑点；tettix 一种蟋蟀；*cincticeps*：cincti 围绕的，条纹；ceps 头）

Nostoc commune 地木耳［*Nostoc*：念珠藻属（无意义词）；*commune*：共有的，共同的，一般的］

Nostoc flagelliforme 发菜［*Nostoc*：念珠藻属（无意义词）；*flagelliforme*：Flagellum 鞭子；form 形状］

Nostoc punctiforme 点形念珠藻［*Nostoc*：念珠藻属（无意义词）；*punctiforme*：细点状的，细孔状的］

Nyctereutes procyonoides 貉（*Nyctereutes*：nyct 夜的；ereunet 搜寻者；*procyonoides*：=raccoon 猫）

Nymphaea tetragona 睡莲（*Nymphaea*：睡莲属；nympha 神名；*tetragona*：四棱角的）

Oncotympana maculaticollis 鸣蝉（*Oncotympana*：oncos 突出的，凸出的；tympan 鼓膜 *maculaticollis*：maculatus 有斑点的）

Ophiocephalus argus 乌鳢（*Ophiocephalus*：ophidion 蛇；cephalus 头的；*argus*：迅速的）

Ophioglossum vulgatum 瓶尔小草（*Ophioglossum*：瓶尔小草属；opis 蛇；glossa 舌；*vulgatum*：普通的）

Ornithorhynchus anatinus 鸭嘴兽（*Ornithorhynchus*：ornithos 鸟；rhynch 嘴；*anatinus*：鸭的，似鸭的）

Osmunda uachellii 华南紫萁（*Osmunda*：紫箕属；Osmunder 神名；*uachellii*：可能源自人名）

Oxycetonia jucunda 小青花潜（*Oxycetonia*：oxys 敏捷的；ceton 花金龟；*jucunda*：愉快的）

Pachytriton brevipes 肥螈（*Pachytriton*：pachy 厚的；triton 神名；*brevipes*：短脚的）

Paeonia lactiflora 芍药（*Paeonia*：芍药属；peion 神医名；*lactiflora*：条裂状花的）

Paeonia suffruticosa 牡丹（*Paeonia*：芍药属；peion 神医名；*suffruticosa*：亚灌木状的）

Penaeus orientalis 对虾（*Penaeus*：=*peneus*，女神名；*orientalis*：东方的）

Panicum miliaceum 黍（*Panicum*：黍属；panicum 黍；*miliaceum*：像粟草的，milium 粟属）

Pantala flavescens 黄衣（*Pantala*：pantos 全部的；*flavescens*：淡黄色的）

Papaver rhoeas 虞美人（*Papaver*：罂粟属；papaver 罂粟；*rhoeas*：一种罂粟）

Papaver somniferum 罂粟（*Papaver*：罂粟属；papaver 罂粟；*somniferum*：催眠的，使睡的）

Papilio xuthus 凤蝶（*Papilio*：蝴蝶；*xuthus*：淡黄色的，黄褐色的）

Paraleptophlebia cincta 弯拟细裳蜉（*Paraleptophlebia*：para 拟的，似的；lepto 细的，phlebia 脉；*cincta*：围绕的，带子，条纹）

Paralichthys olivaceus 牙鲆（*Paralichthys*：paral 海洋的；ichthys 鱼；*olivaceus*：橄榄状的，橄榄色的）

Paramoecium caudatum 大草履虫（*Paramoecium*：para 拟的，似的；amoeba 变形虫；*caudatum*：具尾的）

Pelargonium hortorum 天竺葵（*Pelargonium*：天竺葵属；pelargos 鹳；*hortorum*：园圃的）

Pelecanus roseus 鹈鹕（*Pelecanus*：鹈鹕；*roseus*：玫瑰的）

Pelvelia siliguosa 鹿角菜［*Pelvelia*：鹿角菜属；*Sili(q)guosa*：长角果状的］
Penicillium chrysogenum 产黄青霉（*Penicillium*：青霉属；penicillate 画笔状的；*chrysogenum*：chryso 金黄色的）
Penicillium citrinum 桔青霉（*Penicillium*：青霉属；penicillate 画笔状的；*citrinum*：柠檬绿色的）
Penicillium notatum 点青霉（*Penicillium*：青霉属；penicillate 画笔状的；*notatum*：标志的，注明的）
Periplaneta emarginata 凹缘大蠊（*Periplaneta*：peri 近的，像的；planetes 漫游者；*emarginata*：微缺刻的，具缺口的）
Petromyzon marinus 海七鳃鳗（*Petromyzon*：petra 石的；myzo 吸；*marinus*：海生的）
Peucedanum praeruptorum 白花前胡（*Peucedanum*：前胡属；peukedanon 前胡；*praeruptorum*：峭壁的，崎岖的）
Phalacrocorax carbo 鸬鹚（*Phalacrocorax*：phalacros 秃顶的；corax 鸦；*carbo*：炭）
Phaseolus angularis 赤豆（*Phaseolus*：菜豆属；phaseolos 一种豆；*angularis*：有棱角的）
Phaseolus vulgaris 菜豆（*Phaseolus*：菜豆属；phaseolos 一种豆；*vulgaris*：普通的）
Phasianus colchicus 雉（*Phasianus*：雉；*colchicus*：源自植物名）
Philosamia cynthia 蓖麻蚕［*Philosamia*：philos 爱的，喜欢的；samia 昆虫（源自地名）；*cynthia*：源自地名］
Phylloscopus inornatus 黄眉柳莺（*Phylloscopus*：phyllon 叶；scopus 看守人，看护人；*inornatus*：无饰的）
Phyllostachys pubescens 毛竹（*Phyllostachys*：毛竹属；phyllon 叶；stachys 穗；*pubescens*：被短柔毛的）
Physalia physalia 僧帽水母（*Physalia*：physal 气泡，水泡；*physalia*：气泡，水泡）
Physeter catodon 抹香鲸（*Physeter*：吹的人，吹气也；*catodon*：cat 下，下面的；odon 齿）
Pieris rapae 菜粉蝶（*Pieris*：源自人名与地名；*rapae*：贪婪）
Pinus tabulaeformis 油松（*Pinus*：松属；pinus 松；*tabulaeformis*：平台状的）
Piricularia oryzae 稻瘟病菌（*Piricularia*：梨孢菌属；pirum，梨的，cul 小的，aria 属于的；*oryzae*：oryza 稻属）
Planaria gonocephala 涡虫（*Planaria*：planarius 平坦的；*gonocephala*：gon 角，成角度的；cephala 头）
Plasmodiophora brassicae 甘蓝根肿病菌（*Plasmodiophora*：根肿菌属；plasmodio 原生质团，phora 具有；*brassicae*：芸薹）
Plasmodium falciparum 恶性疟原虫（*Plasmodium*：变形虫；*falciparum*：falcis 镰刀形；parous 生产）
Plasmodium vivax 间日疟原虫（*Plasmodium*：变形虫；*vivax*：长命的）
Platycarya strobilacea 化香树（*Platycarya*：化香树属；platys 宽阔的；karyon 核；*strobilacea*：球果状的）
Platycladus orientalis 侧柏（*Platycladus*：侧柏属；platys 宽阔的；klados 枝；*orientalis*：东方的）
Platycodon grandiflorus 桔梗（*Platycodon*：桔梗属；platys 宽阔的；kodon 钟；*grandiflorus*：grandi 大的，florus 花）
Platyedra gossypiella 红铃虫（*Platyedra*：platy 平，扁；edra 座位，位置；*gossypiella*：gossypion 植物名；ella 小的）
Platypleura hilpa 黄蟪蛄（*Platypleura*：platy 平，扁；pleuros 肋骨，侧板；*hilpa*：意不明）
Pleonomus canaliculatus 沟叩头虫（*Pleonomus*：pledon 下的；nomus 草地；*canaliculatus*：具沟的）
Plutella maculipennis 小菜蛾（*Plutella*：ploutos 财富；ella 小的；*maculipennis*：macul 斑点，迹；pennis

阳茎）

Podiceps ruficollis 小䴙䴘（*Podiceps*：podicis 臀部，肛门；ps=pes 足的；*ruficollis*：ruf 红色的；coll 颈）

Podocarpus macrophyllus 罗汉松（*Podocarpus*：罗汉松属；podos 足；karpos 果；*macrophyllus*：大叶的）

Poephagus grunniens 牦牛（*Poephagus*：poieo 制作，生产，产品；phago 食用，吃；*grunniens*：grunnio 用喉鸣叫）

Polygonum multiflorum 何首乌（*Polygonum*：蓼属；polys 多的；gonu 膝；*multiflorum*：多花的）

Popillia quadriguttata 四斑丽金龟（*Popillia*：可能源自人名；*quadriguttata*：quadri 四；gutta 斑点）

Populus tomentosa 毛白杨（*Populus*：杨属；populus 白杨树；*tomentosa*：被绒毛的）

Portunus trituberculatus 三疣梭子蟹（*Portunus*：portus 港口神；*trituberculatus*：tri 三；tuberculatus 具小疖的）

Primula malacoides 报春花（*Primula*：报春花属；primus 第一；*malacoides*：柔软的）

Prionus insularis 锯天牛（*Prionus*：prion 锯；*insularis*：岛生的，岛上的）

Procapra gutturosa 黄羊（*Procapra*：pro 之前，原始的；capra 山羊，羊；*gutturosa*：咽喉）

Protohermes costalis 花边星齿蛉（*Protohermes*：proto 原始的，第一的；hermes 源自神名；*costalis*：具中脉的，具棱脊的）

Protopterus annectens 非洲肺鱼（*Protopterus*：proto 原始的，第一的；pterus 翅，翼，鳍；*annectens*：连接的，攀缘的）

Protosalanx hyalocranius 银鱼（*Protosalanx*：proto 原始的，第一的；salanx 银鱼；*hyalocranius*：hyal 玻璃般的，放光的；cranos 盔）

Prunus persica 桃（*Prunus*：李属；prunum 梅、李；*persica*：波斯的）

Prunus pseudocerasus 樱桃［*Prunus*：李属；prunum 梅、李；*pseudocerasus*：假樱的（pseudo 假的）］

Prunus salicina 李（*Prunus*：李属；prunum 梅、李；*salicina*：像柳的）

Prunus serrulata 樱花（*Prunus*：李属；prunum 梅、李；*serrulata*：具细锯齿的）

Psephurus gladius 白鲟（*Psephurus*：psepharos 昏暗的，多云的；urus 尾的；*gladius*：剑）

Pseudaulacaspis pentagona 桑盾蚧（*Pseudaulacaspis*：pseudes 假的；aulac 沟，腔，穴；aspis 盾；*pentagona*：五角形的）

Pseudolarix amabilis 金钱松（*Pseudolarix*：金钱松属；pseudes 假的；Larix 落叶松属；*amabilis*：可爱的）

Pseudosasa amabilis 茶秆竹（*Pseudosasa*：茶秆竹属；pseudes 假的；Sasa 赤竹属；*amabilis*：可爱的）

Pseudosciaena polyactis 小黄鱼（*Pseudosciaena*：pseudes 假的；sciaena 海鱼；*polyactis*：poly 多的；actis 光线，光束）

Pseudostellaria heterophylla 太子参（*Pseudostellaria*：孩儿参属；pseudes 假的；Stellaria 繁缕属；*heterophylla*：hetero 异形的，异的；phyllus 叶）

Psilotum nudum 松叶蕨（*Psilotum*：松叶蕨属；psilos 裸露的；*nudum*：裸露的）

Pteridium aquilinum 蕨（*Pteridium*：蕨属；Pteris 凤尾蕨属；eidos 相似；*aquilinum*：像鹫的）

Pterocarya stenoptera 枫杨（*Pterocarya*：紫檀属；pteron 翼；karpos 果；*stenoptera*：狭翅的）

Pyronema confluens 火丝菌（*Pyronema*：火丝菌属；pyr 火，nema 线，丝；*confluens*：汇合的）

Quercus acutissima 麻栎（*Quercus*：栎属；quercus 栎树；*acutissima*：acuti 尖的；issima 极其的）

Rana nigromaculata 黑斑蛙（*Rana*：蛙；*nigromaculata*：nigr 黑色的，黑的；maculata 斑）

Raphanus sativus 萝卜（*Raphanus*：萝卜属；raphanos 甘蓝；*sativus*：栽培的）
Rattus norvegicus 褐家鼠［*Rattus*：鼠；*norvegicus*：挪威（地名）］
Reticulitermes speratus 黄胸散白蚁（*Reticulitermes*：reticul 网状的；termes 钻木虫，白蚁；*speratus*：愿意要的，希望的）
Rhagovelia nigricans 轮颈宽黾蝽（*Rhagovelia*：rhagos 破裂了的；vel 缘膜；*nigricans*：黑的，浅黑的）
Rhincodon typus 鲸鲨（*Rhincodon*：rhine 一种粗皮鲨鱼名；odon 齿；*typus*：典型的，模式的）
Rhinoceros unicornis 亚洲犀牛（*Rhinoceros*：rhinos 鼻；ceras 角，有角的；*unicornis*：uni 单的，单个的；cornis 角）
Rhinopithecus roxellanae 金丝猴（*Rhinopithecus*：rhinos 鼻；pithecos 猴子；*roxellanae*：源自人名）
Rhizopertha dominica 谷蠹（*Rhizopertha*：rhiza 根；pertho 抢劫；*dominica*：doma 家的，房屋的；nic 争夺，征服）
Rhizophora apiculata 红树（*Rhizophora*：红树属；rhiza 根；phoreo 具有；*apiculata*：具细尖的）
Rhizopus stolonifer 匍枝根霉（*Rhizopus*：根霉属；rhiz 根；pus 足；*stolonifer*：具匍匐茎的）
Rhodobryum giganteum 大叶藓（*Rhodobryum*：大叶藓属；rhodon 玫瑰花；bryon 苔藓；*giganteum*：巨大的）
Rhododendron simsii 杜鹃（*Rhododendron*：杜鹃属；rhodon 玫瑰花；dendron 树木；*simsii*：意不明，可能源自人名）
Rhodomyrtus tomentosa 桃金娘（*Rhodomyrtus*：桃金娘属；rhodon 玫瑰花；Myrtus 香桃木属；*tomentosa*：被绒毛的）
Rhopalosiphum pseudobrassicae 菜缢管蚜（*Rhopalosiphum*：rhopalon 根，杖，形如棒的；sipho 虹吸管；*pseudobrassicae*：pseudo 假的；brassica 菜）
Rhopilema esculentum 海蜇（*Rhopilema*：意不明，可能源自 rhopi 灌木＋lema 意志；*esculentum*：可食的）
Ricinus communis 蓖麻（*Ricinus*：蓖麻属；ricinus 蓖麻种子；*communis*：共有的，共同的，一般的）
Roccella tinctoria 染料地衣（*Roccella*：染料地衣属；rocca 岩石，ella 小的；*tinctoria*：染料用的）
Rodolia cardinalis 澳洲瓢虫［*Rodolia*：rodo 咬（也可能源自人名）；*cardinalis*：铰链的］
Rosa rugosa 玫瑰（*Rosa*：蔷薇属；rosa 玫瑰花；*rugosa*：多皱纹的）
Rubus parvifolius 茅莓（*Rubus*：悬钩子属；rubeo 变红色；*parvifolius*：小叶的）
Sagittaria sagittifolia 慈姑（*Sagittaria*：慈姑属；sagitta 箭；*sagittifolia*：箭形叶的）
Salix babylonica 垂柳（*Salix*：柳属；salix 柳；*babylonica*：巴比伦的）
Sanguisorba officinalis 地榆（*Sanguisorba*：地榆属；sanguis 血；sorbeo 吸收；*officinalis*：药用的）
Sapium sebiferum 乌桕（*Sapium*：乌桕属；sapinus 一种枞；*sebiferum*：具蜡质的）
Saposhnikovia divaricata 防风（*Saposhnikovia*：防风属；源自姓氏 Saposhnikov；*divaricata*：极叉开的）
Saprolegnia parasitica 寄生水霉（*Saprolegnia*：Sapro 腐生的；*parasitica*：寄生物，寄生的）
Saxifraga stolonifera 虎耳草（*Saxifraga*：虎耳草属；saxum 石；frango 打破；*stolonifera*：具匍匐茎的）
Scenedesmus quadricauda 四尾栅藻（*Scenedesmus*：栅藻属；scene 场所，帐篷；desmotes 被禁锢了的；*quadricauda*：四尾的）
Schistocerca gregaria 沙漠蝗（*Schistocerca*：schisto 分开的，裂开的；ceras 角，有角的；*gregaria*：成群的）
Schistosoma haematobium 埃及血吸虫（*Schistosoma*：schisto 分开的，裂开的；soma 身体；*haematobium*：haemato 血流）
Scutigera forceps 蚰蜒（*Scutigera*：scuti 长圆盾；ger 具有；*forceps*：钳子，镊子）

Scutigerella immaculate 蚰（*Scutigerella*：scuti 长圆盾；ger 具有；ella 小的；*immaculate*：无斑点的）

Selaginella tamariscina 卷柏［*Selaginella*：卷柏属；silago 一种石松；ellus 小；*tamariscina*：像柽柳的（tamarix 柽柳属）］

Selenarctos thibetanus 黑熊（*Selenarctos*：selene 月，月亮；arctos 熊；*thibetanus*：意不明）

Semiaquilegia adoxoides 天葵（*Semiaquilegia*：天葵属；semi 半；Aquilegia 耧斗菜属；*adoxoides*：adoxa 五福花科中一属名；oides，像，如）

Sepia esculenta 乌贼（*Sepia*：乌贼；*esculenta*：可食的）

Sequoiadendron giganteum 巨杉（*Sequoiadendron*：巨杉属；Sequoia 北美红杉属；dendron 树木；*gigantum*：巨大的）

Sinentomon erythranum 红华原尾虫（*Sinentomon*：sin 中华的，中国的；entomos 昆虫；*erythranum*：红）

Sinonovacula constricta 缢蛏（*Sinonovacula*：sin 中国的，中华的；novacula 剃刀；*constricta*：收缩的）

Sitodiplosis mosellana 麦红吸浆虫（*Sitodiplosis*：sitos 谷，谷物；diploos 双的，加倍的；*mosellana*：河流名称）

Solanum melongena 茄（*Solanum*：茄属；salanum 茄子；*melongena*：melon 瓜果；genus 生产；生苹果的）

Spartina anglica 大米草（*Spartina*：大米草属；spartine 绳缆；*anglica*：英国的）

Sphaerodema rustica 负子蝽（*Sphaerodema*：sphaera 圆，球；dema 身体；*rustica*：乡下）

Sphenodon punctatum 楔齿蜥（*Sphenodon*：sphenos 楔状的；odon 齿；*punctatum*：多点的）

Spheroides vermicularis 虫纹圆鲀（*Spheroides*：spher＝ sphaera 圆，球；ides 词尾；*vermicularis*：蠕虫状的）

Spilosoma lubricipeda 黄腹星灯蛾（*Spilosoma*：spilos 斑点，污点；soma 身体；*lubricipeda*：lubricus 平滑的；peda 足）

Spinacia oleracea 菠菜（*Spinacia*：菠菜属；spina 刺；*oleracea*：属于厨房的）

Stellaria media 繁缕［*Stellaria*：繁缕属；stella 星；*media*：米提亚（伊朗高原一古国名）］

Stephanitis typicus 香蕉网蝽（*Stephanitis*：stephan 王冠；*typicus*：典型的，模式的）

Struthio camelus 鸵鸟（*Struthio*：驼鸟；*camelus*：camel 骆驼）

Sus scrofa 野猪［*Sus*：猪；*scrofa*：牝豚（猪）］

Tachypleus tridentatus 中国鲎（*Tachypleus*：tachys 迅速的；pleos 充满，航行；*tridentatus*：tri 三；dentatus 齿，齿状突）

Taena solium 猪带绦虫（*Taena*：taenia 带子，条纹；*solium*：座位，宝座）

Taeniarhynchus saginatus 牛带吻绦虫（*Taeniarhynchus*：taenia 带子，条纹；rhynch 嘴；*saginatus*：sagina 装填，喂，填满

Taraxacum mongolicum 蒲公英（*Taraxacum*：蒲公英属；tarashqun 蒲公英；*mongolicum*：蒙古）

Taxodium ascendens 池杉（*Taxodium*：落羽杉属；Taxus 红豆杉属；eidos 相似；*ascendens*：上升的，上举的）

Taxodium distichum 落羽杉（*Taxodium*：落羽杉属；Taxus 红豆杉属；eidos 相似；*distichum*：二列的）

Tenebrio molitor 黄粉虫（*Tenebrio*：tenebrio 黑暗爱好者；*molitor*：磨坊主，研磨）

Tessaratoma papillosa 荔蝽（*Tessaratoma*：tessares 四；toma 分割，分片，分节；*papillosa*：多乳状突的）

Tetranychus telarius 棉红蜘蛛［*Tetranychus*：tetra 四；(o)nychus 爪；*telarius*：tel 蹼；arius 词尾］

Tetrastes bonasia 榛鸡（*Tetrastes*：tetrax 雉；*bonasia*：表示是鸟的或美味的）
Tetrastichus purpureus 胶虫红眼啮小蜂（*Tetrastichus*：tetra 四；stichus 列；*purpureus*：purpuratus 紫色的）
Tomocerus plumbeus 长角跳虫（*Tomocerus*：toma 分节的；cerus 角，弓；*plumbeus*：plumb 铅色的）
Torpedo marmorata 石纹电鳐（*Torpedo*：僵硬，所去知觉的状态；*marmorata*：大理石纹的）
Torreya grandis 榧树（*Torreya*：榧树属；源自姓氏 Torrey；*grandis*：grandi 巨大的，硕大的）
Toxicodendron vernicifluum 漆树（*Toxicodendron*：漆树属；toxilos 箭毒；dendron 树木；*vernicifluum*：生漆的）
Toxoptera graminum 麦二叉蚜（*Toxoptera*：toxon 弓；ptera 翅；*graminum*：草，草的）
Tremella fuciformis 银耳（*Tremella*：银耳属；tremo 摇动；ella 小的；*fuciformis*：墨角藻状的）
Triatoma rubrofasciata 红带锥蝽（*Triatoma*：tria 三分的，toma 分节的；*rubrofasciata*：rubro 红色的；fasciatus 成捆的，带状的）
Tribolium castaneum 赤拟谷盗（*Tribolium*：tribolos 三尖的；*castaneum*：栗色的）
Tribulus terrester 蒺藜（*Tribulus*：蒺藜属；tribulus 铁蒺藜；*terrester*：陆生的）
Trichinella spiralis 旋毛虫［*Trichinella*：trich 毛发，多毛发的；ella 小的（词尾）；*spiralis*：螺旋状的］
Trichiurus haumela 带鱼（*Trichiurus*：trich 毛发的，ura 尾；*haumela*：意不明）
Trichodextes bovis 牛鸟虱（*Trichodextes*：trich 毛发，多毛发的；dect 能咬的；*bovis*：牛）
Trichogramma dendrolimi 松毛虫赤眼蜂（*Trichogramma*：trich 毛发，多毛发的；gramma 标记，线条；*dendrolimi*：dendron 树，棍；lim 饥饿）
Trichogramma ostriniae 玉米螟赤眼蜂（*Trichogramma*：trich 毛发，多毛发的；gramma 标记，线条；*ostriniae*：意不明，可能源自人名或地名）
Trichophaga tapetiella 毛毡蛾（*Trichophaga*：trichos 毛发，多毛发的；phaga 吃，食用；*tapetiella*：tapet 地毯；ella 小的）
Trichoplax adhaerens 丝盘虫（*Trichoplax*：trich 毛发，多毛发的；plax 圆盘，薄片；*adhaerens*：附着的）
Triticum aestivum 小麦（*Triticum*：小麦属；triticum 小麦；*aestivum*：Aestival 夏季开花的）
Trogoderma granarium 谷斑皮蠹（*Trogoderma*：trogo 轻咬的；derma 皮，革；*granarium*：granum 谷粒）
Uncaria pinnatifida 裙带菜（*Uncaria*：钩藤属；uncus 钩；*pinnatifida*：羽状半裂的：pinnati 羽状的）
Vaccinium bracteatum 乌饭树（*Vaccinium*：越桔属；vaccinium 越桔树；*bracteatum*：具苞片的）
Varanus salvator 巨蜥（*Varanus*：巨大蜥蜴；*salvator*：saltator 跳舞）
Vespertilio superans 蝙蝠（*Vespertilio*：vespertilio 黄昏，属于黄昏的；*superans*：高出的，超出的）
Viburnum macrocephalum 木绣球（*Viburnum*：荚蒾属；viburnum 一种荚蒾；*macrocephalum*：macro 大的；cephala 头，头的）
Vitis vinifera 葡萄（*Vitis*：葡萄属；vitis 藤蔓植物；*vinifera*：产葡萄酒的）
Whitmania pigra 宽体金线蛭（*Whitmania*：源自人名；*pigra*：缓慢的）
Zanthoxylum simulans 野花椒（*Zanthoxylum*：花椒属；xanthos 黄色；xylon 木；*simulans*：仿造的，模拟的）
Zingiber officinale 姜（*Zingiber*：姜属；zingiberis 姜；*officinale*：药用的）
Zizania caduciflora 菰（*Zizania*：菰属；zizanion 毒麦；*caduciflora*：caduus 脱落的；floreus 花）
Zygophyllum xanthoxylum 霸王木（*Zygophyllum*：霸王属；zygos 轭；phyllon 叶；*xanthoxylum*：芸香科一属）
Zyzyphus jujuba 枣（*Zyzyphus*：枣属；zyzyphus 枣；*jujuba*：枣）

附录3　部分常见生物命名词汇表（中文西文对照）

（以中文笔画为序）

一半　hemi
一年生的　annuus
一种多刺灌木　krataigos
一部分　meros
七　septem
二，双的，2倍的　Bi，dis
二叉状的　dikranon
二列的　distichum
二岐的　dichotoma
人　anthropos
人参属　*Panax*
力量　sthenos
十二　duodenale
三，三分的　tri（a）
三凸头的　*tricuspidata*
三尖的　tribolos
上升的，上举的　*ascendens*
下，下面　hypo，cat
下的　pledon
乡下　*rustica*
大　*grande*
大叶的　*macrophyllus*
大叶藓属　*Rhodobryum*
大米草属　*Spartina*
大豆属　*Giycine*
大的，巨大的　*giganteus*，grandi，macr-，macro，mega，megal
大理石纹的　*marmorata*
大象　*Elephas*
大麻属　*Cannabis*
大戟属；源自人名　*Euphorbia*
女贞属　*Ligustrum*
小　ullus，ulum
小山　collis
小叶的　*parvifolius*
小麦　*tritici*
小麦属　*Triticum*
小的　cul
微小的　micro
小盾　pelt
小猪　delphac
小球藻属　*Chlorella*
山毛榉树　fagus
山羊　*hircus*
山羊（属）　*Capra*
山胡椒属　*Lindera*
山楂属　*Crataegus*
川芎　*chuanxiong*
弓　toxon
马　equus，hippo
马钱叶的　*Strychnifolia*
马钱属　*Strychnos*
不法的，不守规则的　anomos
不凋落的　amarantos
不能飞的　aptenos
不等的　anisos
中华的，中国的　sin
中间的　meso
中国　*chinensis*，*sinensis*
之上的　ep（i）
之外　ek
之前，原始的　pro
乌头属　*Aconitum*
乌桕属　*Sapium*
乌贼　*Sepia*
云状的斑点　nephos
云实属　*Caesalpinia*
五月的　*majus*
五加属　*Acanthopanax*
五花的　*quinqueflorus*
五角形的　*pentagona*
仁，谷粒　coccus
内的　ento
凤尾蕨属　pteris
凶猛的，多刺的　*ferox*
分开的，有区别的　*distinguendus*
分开的，裂开的　schisto
分离的　*separata*
分割，分片，分节　toma
化香树属　*Platycarya*
升麻属　*Cimicifuga*
双的，加倍的　diploos，di
双型的　dimorphus
天竺葵属　*Pelargonium*
天南星属　*Arisaema*
天葵属　*Semiaquilegia*
太阳　helios
巴比伦的　*babylonica*
巴豆　*tiglium*
巴豆属　*Croton*
心脏　kardia
手指，足指　dactylus
斗篷，无袖外套　chlamydos
无　a
无毛的，光秃的　*glabra*
无角的　colos
无饰的　*inornatus*
无斑点的　*immaculate*
日，白天，栽培的，驯养的　hemera，hemero
月，月亮　selene
木　xylon
木兰属　*Magnolia*
木耳属　*Auricularia*

木贼属　*Equisetum*
木槿属　*Hibiscus*
毛发　home
毛发的，多毛的　trichi（a）
毛竹属　*Phyllostachys*
毛虫　campe
水杉属　*Metasequoia*
水松属　*Glyptostrobus*
水果　*pomorum*
水青冈属　*Fagus*
火　pyr
火丝菌属　*Pyronema*
爪　onychus
牛　*bovis*
犬　kyon
王冠　stephan
长叶的　*longifolia*
长叶柄的　*longipetiolata*
长角果状的　*sili(q)guosa*
长命的　*vivax*
长的，大的　macros
长春花属　*Catharanthus*
长柔毛的　*villosa*
长圆盾　scuti
长颈瓶　lagenos
长颈鹿　*Giraffe*
世系，种族　genos
东方的　*orientalis*
丝瓜属　*Luffa*
冬瓜属　*Benincasa*
北美红杉属　*Sequoia*
半　semi
去、走　bainein
古代的，原始的　archaeos
可见的，显明的　phaneros
可制纸的　*papyrifera*
可变的，多样的　vari
可食的　*esculenta*
可爱的　*amabilis*
可溶解的，可破的　lytos
可疑的　*dubius*
叶　phyla，phyllon，phyllus
叶的　folius
四　quadri，tessares，tetra
四叶的　*quadrifolia*
四尾的　*quadricauda*
四棱角的　*tetragona*
外边　exo
外卷的，反卷的　*revoluta*
头　cephala，ceps
头盔　korys
孕育　endyos
巨大的　*gigantea*，*giganteum*
巨大蜥蜴　*Varanus*
巨杉属　*Sequoiadentron*
平，扁　platy
平台状的　*tabulaeformis*
平地的，田野生的　*campestris*
打，刺，割切　copto
打破　frango
汇合的　*confluens*
瓜果　melon
甘蓝　raphanos
生长　physis
生长、身长　phye
生产　kyo，parous
生产，产生　gera
生产；生苹果的　genus
生育　fer，fera
生活的　bius
生漆的　*vernicifluum*
用手搬运者　bates
电　*electricus*
电的　electr
白色，白的　leuca
白色的　*Alba*，*album*，*albus*
白屈菜属　*Chelidonium*
白前属　*Cynanchum*
白粉菌属　*Erysiphe*
白鹃梅属　*Exochorda*
皮，革　der（mos），derma，derm
矛状的　*lanceolata*
矛盾的，奇异的　paradox
石　litha，lithos，saxum
石竹属　*Dianthus*
石松　silago
石松属　*Lycopodium*
石的　petra
性质，产地　nus
穴，壕　bothynos
饥饿　lim
鸟　ornithos
鸟叫声　patogos
鸟冠，颈项　lophos
争夺，征服　nic
亚麻　linon
亚麻荠属　*Camellia*
亚灌木状的　*suffruticosa*
产油的　*oleifera*
产葡萄酒的　*vinifera*
仿造的，模拟的　*simulans*
伞菌属　*Agaricus*
充满，航行　pleos
光线，光束　actis
光亮的，具光泽的　*lucidum*
光滑　laevis
全，全部的　holo
全部的　pantos
共有的，共同的，一般的　*commue*，*communis*
列　stichus
刚毛　chaeta
印度的　*indica*
吃　esthio
吊钟花属　*Enkianthus*
同色的　*concolor*
后，随　post
向上　Ana
向日性的　*helioscopia*
向日葵属　*Helianthus*
向风的　aeolo
在一起　hama
在后面　meta
在地上的　Chamae
地下生的　*hypogaea*
地钱属　*Marchantia*

地毯 tapet
地榆属 *Sanguisorba*
扩藁 apium
场所，帐篷 scene
多花的 *multiflorum*
多乳状突的 *papillosa*
多的 poly
多育的，再育的 *proliferum*
多点的 *punctatum*
多皱纹的 *rugosus*
多颗粒的 *granulosus*
多露的 Drosos
如菌的 agaric
尖的 acuti
尖锐的 *acutus*
异的，不同的 hetero
成捆的，带状的 fasciatus
成群的 *gregaria*
扩张的、成层的 strata
收缩的 *constricta*
有光泽的，美丽的 gano
有名的，大家知道的 gnorim
有芒的，有须的 aristatus
有亲缘关系的 *consanguineum*
有胶质物的 *glutinosa*
有豹斑的 *pantherina*
有强烈气味的 *graveolens*
有斑点的，有小斑的 conspersa
有棱角的 *angularis*
杂色的 poecilo
灰，尘 conio
牝豚（猪） *scrofa*
米提亚（伊朗高原一古国名） *media*
红 *erythranum*，erythros
红肉杜属 *Cyclobalanus*
红色的 rubro，ruf
红豆杉属 taxus
红树属 *Rhizophora*
红黄色，藏红色 crocos
网状的 Reticul
羊毛 erion
羊毛，柔毛 lan
羽毛 ptilon
羽状半裂的 *pinnatifida*
羽状的 pinnati
耳，耳状体 *auricula*
肉桂树 kinnamomon
肋骨，侧板 pleuros
臼齿 myl
舌 gloss(a)
色调，主题 themis
色彩，颜色 color
芋属 *Colocasia*
芍药属 *Paeonia*
芒 antherix
芒萁属 *Dicranopteris*
血 sanguis
行动迟缓的 *morosus*
衣服上的金边 patagium
衣藻属 *Chlamydomonas*
西方的 *occidentale*
西瓜属 *Citrullus*
负荷，具有 phoros
迅速的 *argus*，tachys
防风属 *Saposhnikovia*
阳茎 pennis
阴茎 verpa
两栖的 *amphibius*
伸长的，延展的 *elongates*
似，像 odes
似耳的，耳状的 auricularia
似球果的 stroboides
似鹰又不是鹰的鸟 *Aegypius*
作记号的 graphicus
冷杉属 *Abies*（源自 abeo 升起来）
吞食 vor，vorus
含笑属 *Michelia*
吸 myzo
吸收 sorbeo
吸湿的 *hygrometrica*
吹的人，吹气孔 *Physeter*
园圃的 *hortorum*
围绕的，带子，条纹 *cincta*
围绕的，腰带状的 *cingulatus*
座位，宝座 *solium*
坚硬的 *robusta*
壳状的 *testaceus*
尾，臀，肛门 anus
尾的 urus
岛生的，岛上的 *insularis*
弟兄 adelphos
形式，形状 schema，form
投掷 ballo
抢劫 pertho
报春花属 *Primula*
拟苍术属 *Atractylodes*；atractylis 苍术属；eidos 相似
拟的，似的 para
杉木属 *Cunninghamia*
李属 *Prunus*
杜仲属 *Eucommia*
杜鹃属 *Rhododendron*
条裂状花的 *lactiflora*
杧果 manga
杧果属 *Mangifera*
杨属 *Populus*
极叉开的 *divaricata*
极多分支的 *ramosissimum*
极多的 aga
极其的 issima
极柔软的 *mollissima*
沟，条纹 striat
沟，腔，穴 aulac
灵芝属 *Ganoderma*
男性 aner
秃顶的 phalacros
纯洁的 katharos
纽 chorde
肚子，腹，胃 gaster
肛门，臀部，尾 proctos
肝 *hepatica*
肠子 enteron
良好 eu
芡属 *Euryale*

芦苇　*arundinis*
芫荽属　*Coriandrum*
花　anthemis，antheros，anthos，floreus，florus
花皮蠹属　*Anthrenus*
花金龟　ceton
花柱　stylus
花椒属　*Zanthoxylum*
芸薹，甘蓝　*brassicae*
芸薹属　*Brassica*
芹属　*Apium*
芽鳞　pedunculatus
苋属　*Amaranthus*
苍术属　atractylis
苍鹭　herodios
苏铁属　*Cycas*
角，弓　cerus，keras，keratos
角，成角度的　gon
角，有角的　ceras
角，矩　cornis
谷，谷物　sitos，pyros，*zeae*
豆荚　legumin
豆象属　laria
财富　ploutos
赤竹属　*Sasa*
赤霉属　*Gibberella*
足　poda，podos，pous，pus
足的　ps＝pes
身体　dema，soma
近的，像的　Peri
近粉绿色的　*glaucescens*
连接的，攀援的　*annecteus*
连翘属　*Forsythia*
针，尖状物　belon
针、刺　Akantha
附着的　*adhaerens*
陆生的　*terrestris*
麦角菌属　*Claviceps*
龟　chelys
乳头　thele
乳汁　lac
使干　azo
侧柏属　*Platycladus*
具小疖的　tuberculatus
具中脉的，具棱脊的　*costalis*
具毛的　*pilosula*
具光泽的，放光的　hyaleos
具有　ger，phora，phoreo
具坚果的　*nucifera*
具尾的　*caudatum*
具沟的　*canaliculatus*
具刺的　*spiniferus*
具刺的，多刺的　*spinolae*
具刺的，刺状的　*aculeate*
具武装的　*armigera*
具细尖的　*apiculata*
具细锯齿的　*serrulata*
具苞片的　*bracteatum*
具匍匐茎的　*stolonifera*
具恶臭的　*foetida*
具弹丝的，弹出的　*elaterium*
具硬毛的　*hispida*
具蜡质的　*sebiferum*
典型的，模式的　*typicus*
凯撒（人名）　*Carausius*
制作，生产，产品　poieo
刺　spina
刺毛　seta
刺石松属　*Baragwanathia*
刺猬　ericius
刺猬，多刺的　echinos
刺猬状的，具刺的　*erinaceus*
单一的　mono，monas
单式的，不分枝的　*simplex*
单的　haplo
卷柏属　*Selaginella*
夜的　nyct
奇异的　*paradoxa*
宙斯　dios
岩石　rocca
幸运的　*fortunei*
念珠藻属　*Nostoc*
怪样，可怕　*portentosus*
昆虫　entomos
昏暗的　*obscurata*
昏暗的，多云的　psepharos
易变的　*mutabilis*，*proteus*
易变的，不定的　*variabilis*
柿属　*Diospyros*
松叶蕨属　*Psilotum*
松属　*Pinus*
构树属　*Broussonetia*
果　karpos，carpo
果实　mel
枝　klados
枝　rachis
枣　*jujube*
枣属　*Zyzyphus*
欧洲　*europaeus*
河　potamus
治疗　althaino
沼泽，池塘　limne
泅水者，钻穴者　dytes
法律，秩序，规则　nomos
波状的　*undulatus*
波斯的　*persica*
浅裂的　lobus
狗　cynon
玫瑰　*rosea*
玫瑰花　rhodon
环状的　*annularis*
画笔状的　penicillate
直　ortho
空气，空　*aurita*
空的　vacu
线　linea
线，丝　nema
组织　histo
细长的　gracili
细的　lepto
细点状的，细孔状的　*punctiforme*
经，脉　neura
罗汉松属　*Podocarpus*
股，腿　mer
肾形鳞片的　*nephrolepis*
苔藓　bryon
苦瓜属　*Momordica*

苎麻属　*Boehmeria*
英国的　*anglica*
苹果属　*Malus*
茄属　*Solanum*
茉莉属　*Jasminum*
虎耳草属　*Saxifraga*
贪婪　*rapae*
贪婪地吃　philao
转弯；神名　tropos
轭　zygos
轮萼的　calyx
金，金色的　*auratus*，aurum
金的，华丽的　chryseos
金钱松属　*Pseudolarix*
金黄色的　chryso
金缕梅属　*Hamamelis*
钓鱼钩，钳，诱惑物　agkis-tron
青霉属　*Penicillium*
驼鸟　*Struthio*
驼背的　gibber
鱼　ichthys
鱼腥藻属　*Anabaena*
齿　odon，odonta，odont
齿，牙　denti，dentatus
剃刀　novacula
前胡属　*Peucedanum*
剑　*gladius*
南瓜属　*Cucurbita*
厚的　pachy
厚的，重的　crass
变动，改变　amoeba
变红色　rubeo
变形虫　*Plasmodium*
咬　corrodo
咽　phyarynx
咽喉　*gutturola*
型，形状　morphus
契丹　cathaya
姜属　*Zingiber*
孩儿参属　*Pseudostellaria*
带　zonatus
带子，条纹　taenia

弯曲的　cyrto，kampsis
弯曲的，钩的　ancylos
很精细的　*delicatula*
总状花序式的　*racemosa*
扁虫　kroton
星　stella
枯草　foenum
柏木属　*Cupressus*
柑橘属　*Citrus*
染料用的　*tinctoria*
染料地衣属　*Roccella*
柔软的　*malacoides*
柔软的，具软毛的　*mollis*
柘属　*Cudrania*
柠檬绿色的　*citrinum*
柱　stylos
柱头　stigma
柳杉属　*Cryptomeria*
柳属　*Salix*
柽柳属　*Tamarix*
栀子属　*Gardenia*
栅藻属　*Scenedesmus*
标记，线条　gramma
标志的，注明的　*notatum*
栎属　*Quercus*
树，棍　dendron
树林　hyla
树胶　kommi
毒蛇　echis
洞　trogle
炭　*carbo*
点，刻点，有斑点的　punc-tatus
狭翅的　*stenoptera*
狮子　leon
玻璃般的，放光的　hyal
珍珠菜属　*Lysimachia*
相似　Ana，eidos
相等的　parisos
盾　aspis
看守人，看护人　scopus
神树　*deodara*
绞杀　Ancho

美丽的　calos，formosus
美丽的，极美丽的　*pulcher-rima*
脉　phlebia
茨菇属　*Sagittaria*
茴香属　*Foeniculum*
茶秆竹属　*Pseudosasa*
荆猎蝽属　*Acanthaspis*
荆棘　acantha
草，草的　*graminum*
草地　nomus
草莓属　*Fragaria*
荚蒾属　*Viburnum*
荞麦属　*Fagopyrum*
荨麻　cnide
药用的　*officinale*
虹吸管　Sipho（n）
轻咬的　trogo
适度的　*modestus*
逃避　fugo
钝的　ambly
钟　kodon
钥匙　clei
钩　uncus
钩藤属　*Uncaria*
面包　artos
面粉、粉　aleuron
革质的　*coriacae*
食用，吃　Phaga，phago
食道，胃　stoma
香瓜属　*Cucumis*
香桃木属　*Myrtus*
香菇属　*Lentinus*
骆驼　camel，cameleo，*Camelus*
鸦　corax
俯垂的　*cernuum*
党参属　*Codonopsis*
剥脱了的，使裸露的　*denu-data*
原生质团　plasmodio
原始的，第一的　proto
圆，球　sphaera（=spher）

圆圈中心　centros
圆盘，薄片　plax
圆筒状的　*cylindrica*
家的，房屋的　doma
宽的，阔的　latus
宽阔的　platys
峭壁的，崎岖的　*praeruptorum*
座位，位置　edra
栗属　*Castanea*
核　karyon
根　rhiz (a)
根，杖，形如棒的　rhopalon
根肿菌属　*Plasmodiophora*
根霉属　*Rhizopus*
栽培的　*sativa*
桃　persicon
桃金娘属　*Rhodomyrtus*
桉属　*Eucalyptus*
桑　*mori*
桑叶的　*morifolium*
桑属　*Morus*
桔梗属　*Platycodon*
桨　eretmon
梨　pyri
梨孢菌属　*Piricularia*
梨的　pirum
流苏　cross
海人草属　*Digenea*
海中的，海生的　*marina*
海鸟，信天翁　*albatrus*
海鱼　sciaena
海洋的　paral
海豚　delphin
海鲷　brahma
烦恼的　*molesta*
爱的，喜欢的　philos，philus
狼　lykos
瓶尔小草属　*Ophioglossum*
真的，好的　eu
破裂了的　rhagos
粉绿色的　*glauca*
缺少 lip
翅，羽毛，翼　Pter，Pteron，pterum，pterus，pteryx，ptera
胸骨状的　*pectoralis*
能咬的　dect
臭虫　cimex
臭虫，女人　coris，koris
荷兰　Holland
莲属　*Nelumbo*
莴苣属　*Lactuca*
蚊母树属　*Distylium*
被绒毛的　*tomentosa*
被棉毛的，棉毛状的　*lanatus*
被短柔毛的　*pubescens*
被禁锢了的　desmotes
透明的　*hyalinus*
钳子，镊子　*forceps*
钻　dytes
钻木虫，白蚁　termes
钻洞，洞　tru (ypes)
铅色的　plumb
高山　mont
高出的，超出的　*superans*
高丽的，朝鲜的　*coreanum*
高尚的，显赫的　*nobilis*
鸭的，似鸭的　*Anas*，anatis，*anatinus*
假的　pseudes，pseudo
假樱的　*pseudocerasus*
唱　cano
寄生物，寄生的　*parasitica*
悬垂的　*pensilis*，*suspense*
悬钩子属　*Rubus* rubeo 变红色
敏捷的　oxys
斜，歪　limus
梳子　ktenos
毬果　strobos
淡黄色的　*flavescens*
淡黄色的，黄褐色的　*xuthus*
深黑的　*atrata*，attri
渐狭的　*angustata*
牻牛儿草属　*Erodium*
猪　*Sus*
猫　ailouros
猫　*procyonoides*=raccoon
球果状的　*strobilacea*
盔　cranos
盖　kalyptos
盖子　opercul
眼　phthalm
眼虫属　*Euglena*
眼角　kanthos
眼球　glene
着了色的　pintad
着色的，彩色的　pictus
第一　primus
粘鱼　*Myxine*
绳索　funis
绿色的　*viridis*
绿色的，黄绿色的　chloros
羚羊　dorkas
脱落的　caduus
菊属　*Dendranthema*
菜　brassica
菜豆属　*Phaseolus*
菠萝蜜属　*Artocarpus*
菰属　*Zizania*
菱形叶的　*rhombifolia*
苹属　*Marsilea*
萝卜属　*Raphanus*
蚯蚓　lumbric
蛇　ophidion，opis
蛇葡萄属　*Ampelopsis*
野牛，瞪羚　*Bubalus*
铰链的　*cardinalis*
银白色的　argyraeus
银耳属　*Tremella*
银杉属　*Cathaya*
银杏属　*Ginkgo*
银鱼　saxanx
隐的，藏的　crypto
隐晦的、不显著的　adoxos
隐藏的　cryptos
雪白色的　*nivea*
雪松属　*Cedrus*

颈　cervi，coll
鹿角菜属　*Pelvelia*
黄色　xanthos
黄芪属　*Astragalus*
黄麻属　*Corchorus*
善跑的，奔跑　*dromaeo*
喷瓜属　*Ecballium*
塔藓属　*Hylocomium*
属于的　aria
属于厨房的　*oleracea*
属于墓地的　*funebris*
愉快的　*jucunda*
搜寻者　ereunet
斑点　gutta，maculata，punct，punctata
斑点，污点　spilos
斑点，迹　macul
斑点的　*macularins*
普通的　*vulgare*
最大的　*maximus*
棉属　*Gossypium*
棍棒　bactri
棍棒形的　clavate
棕榈　kykas
森林的　hylo
椆属　*Lithocarpus*
猴子　pithec，pithecos
猴头菌属　*Hericium*
番茄属　*Lycopersicon*
短的　brachy，brevi，brevis
短脚的　*brevipes*
硬叶的　*sclerophylla*
筛状的　cribratus
粟属　*Milium*
紫红色的　*purpurea*
紫萁属　*Osmunda*
紫檀属　*Pterocarya*
缓慢的　*pigra*
缘膜，面帕，罩子　vel
腔，穴　aulax
落叶松属　*Larix*
落羽杉属　*Taxodium*
落花生属　*Arachis*
葡萄属　*Vitis*
葡萄蔓　ampelos
葫芦属　*Lagenaria*
葫芦藓属　*Funaria*
蛔虫，肠虫　*Ascaris*
蛙　batrachos
蛙　*Rana*
裂隙，住在裂隙中的鸟　charadra
装填，喂，填满　sagina
越橘属　*Vaccinium*
锐利的、有尖的　acutous
鹅　chen
鹅膏菌属　*Amanita*
鹈鹕　*Pelecanus*
黍属　*Panicum*
黑如沥青的　*piceus*
黑色的，黑的　nigr
黑的，浅黑的　*nigricans*
黑的，黑色的　melano
催眠的，使睡的　*somniferum*
像、如（词尾）　oides
像禾草的　*graminis*
像柳的　*salicina*
像柽柳的　*tamariscina*
像粟草的　*miliaceum*
像榆树的　*ulmoides*
像鹫的　*aquilinum*
微缺刻的，具缺口的　*emarginata*
意志　lema
摇动　tremo
新的　Nov(a)
楔状的　sphenos
溪岸生的　*riparia*
满江红属　*Azolla*
睡莲属　*Nymphaea*
矮小的　Chamai
矮小的，矮生的　*pumila*
缠绕，卷曲　helicx
腰果属　*Anacardium*
腹部　ventris
蒙古　*mongolicum*
蒲公英　tarashqun
蒲公英属　*Taraxacum*
蒴果状的　*capsularis*
蒺藜属　*Tribulus*
蓖麻属　*Ricinus*
蓟马，钻木虫　trips
裸花的　*nudiflorum*
裸露的　*nudum*，psilos
跳跃　att
跳舞　saltator
锥栗属　*Castanopsis*
锯　*Prionus*，prion
雉　*Phasianus*，tetrax
鼓膜　tympana
鼠　*Rattus*
僧人　*monachus*
愿意要的，希望的　*speratus*
旗帜　Sema，*vexillifer*
榛属　*Corylus*
榧树属　*Torreya*
槠属　*Cyclobalanopsis*
模样　opsis
漆树属　*Toxicodendron*
漫游者　Planets
熊　arctos
罂粟　*rhoeas*
罂粟属　*Papaver*
翠鸟属　*Alcedo*
翠雀属　*Delphinium*
膜质的　*membranaceus*
蓼属　*Polygonum*
蔷薇属　*Rosa*
蜀葵属　*Althaea*
蜜的　mellis
蜜蜂　halictus
蜜蜂属　*Apis*
鲟鱼　*Acipenser*
鼻　rhinos，rrhin
鼻子　nasut
僵硬，所去知觉的状态　*Torpedo*
墨角藻状的　*fuciformis*
樟脑　*camphora*

樟属　*Cinnamomum*
橄榄状的，橄榄色的　*olivaceus*
箭　sagitta
箭形叶的　*sagittifolia*
箭形的　*sagittatum*
箭毒　toxilos
耧斗菜属　aquilegia
膝，小腿，胫　knemis
膝关节　gony，gonu
蕨属　*Pteridium*
蝴蝶　*Papilio*
踝骨　astragalos
醉的　*siceraria*
鲤鱼　*carpio*，cyprinos
鲨鱼　rhine
黎明，春　ora，*orana*，ora
嘴　Rhynch，rhyncha
壁虎名　*Gekko*
整齐的　taxo
燕子　chelidon
燕雀　fringilla
磨坊主，研磨　*molitor*
篱边生的　*sepiaria*
糖　*saccharina*
薄的，细的　*tenuis*
薄荷　mintha
薄荷属　*Mentha*
醒目的，奇观的　*spectabilis*
雕纹的，刻痕　glypto
雕刻　grapho
鲸　balaena
鹦鹉　psittakos
鹧鸪　*Francolinus*
穗　stachys
繁缕属　*Stellaria*
臀部，肛门　podicis
臂　brachio
臂的　*branchialis*
藁木属　*Ligusticum*
螺旋状的　*spiralis*
蟋蟀　gryllus，tettix
藜属　*Chenopodium*
覆瓦状的　*imbricata*
镰刀形　falcis
鞭子　flagellum
鳍　branchion
藿香属　*Agastache*
蹼　tel
灌木　rhopi
蠕虫状的　*vermicularis*
霸王属　*Zygophyllum*
麝香气味的　*moschata*
镶边的　*marginalis*
鹳　pelargos
鹳　*ciconia*
鼹鼠　talpa
唇，下唇　labium

附录4　部分常见生物命名词汇表（西文中文对照）

（以西文字母为序）

a　表示否定，无

Abies　冷杉属；源自 abeo 升起来

acantha　荆棘；

Acanthaspis　荆猎蝽属；acantha 荆棘；aspis 盾

Acanthopanax　五加属；akantha 针、刺；panax 人参属

Acipenser　鲟鱼

Aconitum　乌头属；akoniton 一种有毒的植物

actis　光线，光束

aculeate　具刺的，刺状的

acuti　尖的

acutissima　acuti 尖的；issima 极其的

acutorostrata　acutous 锐利的、有尖的；strata 扩张的、成层的

acutous　锐利的、有尖的

acutus　尖锐的

Adelphocoris　adelphos 弟兄；coris 臭虫

adelphos　弟兄

adhaerens　附着的

adoxoides　adoxa 五福花科中一属名；oides 像、如

Adoxophyes　adoxos 隐晦的、不显著的；phye 生长、身长

adoxos　隐晦的、不显著的

Aegypius　似鹰又不是鹰的鸟

aeolo　向风的

Aeolothrips　aeolo 向风的；trips 钻木虫，蓟马

aestivum　aestival 夏季开花的

aga　极多的

agaric　如菌的

Agaricus　伞菌属；agaric 如菌的

Agastache　藿香属；aga 极多的；stachys 穗

Agkistrodon　agkistron 钓鱼钩，铒，诱惑物

agkistron　钓鱼钩，铒，诱惑物

ailouros　猫

Ailuropoda　ailouros 猫；poda 足

akantha　针、刺

Alba，*album*，*albus*　白色的

albatrus　海鸟，信天翁

Alcedo　翠鸟属；鱼狗

Aleurocanthus　aleuron 面粉、粉；acantha 荆棘

aleuron　面粉、粉

Althaea　蜀葵属；althaino 治疗

althaino　治疗

amabilis　可爱的

Amanita　鹅膏菌属；amanitai 一种菌

Amaranthus　苋属；amarantos 不凋落的；anthos 花

amarantos　不凋落的

ambly　钝的

amblycephala　ambly 钝的；cephala 头

Ameba　amoeba 变动，改变

amoeba　变动，改变

Ampelopsis　蛇葡萄属；ampelos 葡萄蔓；opsis 模样

ampelos　葡萄蔓

amphibius　两栖的

Ana　相似，向上

Anabaena　鱼腥藻属；ana 向上；bainein 去、走

Anacardium　腰果属；ana 相似；kardia 心脏

ananassa　ananas＝anass 凤梨（属）

Anas，anatis，*anatinus*　鸭的，似鸭的

Ancho　绞杀

ancylos　弯曲的，钩的

Ancylostoma　ancylos 弯曲的，钩的；stoma 食道，胃

aner　男性

anglica　英国的

Anguina angui 蛇，
angularis 有棱角的
angustata 渐狭的
Anisobobis anisos 不等的
Anisodactylus anisos 不等的；dactylus 手指，足指
anisos 不等的
annecteus 连接的，攀援的
annularis 环状的
annuus 一年生的
Anomoneura anomos 不法的，不守规则的；neura 经，脉
anomos 不法的，不守规则的
anthemis 花
Antheraea antherix 芒；antheros 花
antherix 芒
antheros 花
Anthonomus anthos 花；nomos 法律，秩序，规则
anthos 花
Anthrenus 花皮蠹属；胡蜂
anthriscifolium anthriscus 为伞形科中一属名；folius 叶的
Anthriscus 伞形科中一属名
Anthropopithecus anthropos 人；pithec 猴子
anthropos 人
anus 尾，臀，肛门
apiculata 具细尖的
Apis 蜜蜂
Apium 芹属；apium 圹藁
Aptenodytes aptenos 不能飞的；dytes 泅水者，钻穴者
aptenos 不能飞的
Aquarius aquarium 水中的，水生的
Aquilegia 耧斗菜属
aquilinum 像鹫的
Arachis 落花生属；a 无；rachis 枝
Archaeopteryx archaeos 古代的，原始的；pteryx 羽毛，翼
archaeos 古代的，原始的
arctos 熊
argus 迅速的
argyraeus 银白色的
argyrophylla argyraeus 银白色的；phylla 叶
aria （词尾）属于的
aris 一种植物名
Arisaema 天南星属；aris 一种植物名；sema 旗帜
aristatus 有芒的，有须的
Aristichthys aristatus 有芒的，有须的；ichthys 鱼
arius 词尾
armigera 具武装的
Artocarpus 菠萝蜜属；artos 面包；karpos 果
artos 面包
arundinis 芦苇
Ascaris 蛔虫，肠虫
ascendens 上升的，上举的
aspis 盾
astragalos 踝骨
Astragalus 黄芪属；astragalos 踝骨
Atractylis 苍术属
Atractylodes 拟苍术属；atractylis 苍术属；eidos 相似
atrata 深黑的
atrilineata attri 深黑的；linea 线
Atropos a 表示否定；tropos 转弯；神名
att 跳跃
atthis att 跳跃（或源自人名）
attri 深黑的
aulac 沟，腔，穴
aulax 腔，穴
auratus 金，金色的
Aurelia aurum 金
auricula 耳，耳状体
Auricularia 木耳属；auricularia 似耳的，耳状的，源自 auricula 和 auris
aurita 空气，空
aurum 金
azo 使干
Azolla 满江红属
azollae azo 使干，*Azolla* 满江红属
babylonica 巴比伦的
bactri 棍棒
bactrianus bactri 棍棒；anus 尾，臀，肛门

bainein 去、走
balaena 鲸
Balaenoptera balaena 鲸；ptera 翅
ballo 投掷
Baragwanathia 刺石松属；
barbensis barbatus 胡须，有胡须的
bates 用手搬运者
batrachos 蛙
belon 针，尖状物
Belostoma belon 针，尖状物；stoma 食道，胃
Benincasa 冬瓜属；源自姓氏 Benincas
Bi 二，双的，2倍的
biloba bi，二；lobus 浅裂的
bipunctatus bi 双的，2 倍的；punctatus 点，刻点
bius 生活的
Boehmeria 苎麻属；源自姓氏 Boehmer
bonasia 表示是鸟的或美味的
Bothynoderus bothynos 穴，壕；der（mos）皮，革
bothynos 穴，壕
bovis 牛
brachio 臂
brachionus brachio 臂；nus 示性质，产地
brachy 短的
Brachymeria brachy 短的；meros 一部分
Brachytrupes brachy 短的；tru（ypes）钻洞，洞
bracteatum 具苞片的
brahma 海鲷
branchialis 臂的
branchion 鳍
Branchiostoma branchion 鳍；stoma 食道，胃
brassica（e） 菜，芸薹属；甘蓝，芸薹，甘蓝
brevi（s） 短的
Brevicornyne brevis 短的；cornu 角
brevipedunculata brevi，短的；pedunculatus 芽鳞
brevipes 短脚的
Broussonetia 构树属；源自姓氏 Broussonet
bryon 苔藓
Bubalus 野牛，瞪羚
Budorcas bous 牛；dorkas 一种羚羊
Bungarus 可能来自地名
caduciflora caduus 脱落的；floreus 花
caduus 脱落的
Caesalpinia 云实属；源自姓氏 Caesalpini
calenella catanella 为一种鞭毛虫的种名，意为链条；也可能源自 calos，美丽的
calos 美丽的
calyx 轮萼的
camel 骆驼
cameleo 骆驼
cameleoparadalis cameleo 骆驼；paradox 矛盾的，奇异的
Camellia 亚麻荠属；chamai 矮小的；linon 亚麻
Camelus 骆驼
campe 毛虫
campestris 平地的，田野生的，平原的
camphora 樟脑
canaliculatus 具沟的
candelaria 可能源自人名
Cannabis 大麻属；kannabis 大麻
cano 唱
canorus cano 唱
Cantherines kanthos 眼角；rhinos 鼻子
Capra 山羊（属）
capsularis 蒴果状的
Carassius 可能源于法语的 varnacular carassin 或德语的 karuse，指金鱼或类似鱼类
Carausius 凯撒（人名）
carbo 炭
cardinalis 铰链的
carpio 鲤鱼
carpo 果实
Carpophilus carpo 果实；philos 喜欢的
caryophyllus caryophylleus 石竹色的，石竹香的
castanea 栗色的
Castanea 栗属；kastanos 栗树
Castanopsis 锥栗属；castanea 栗属；opsis 模样

cat 下，下面的
catanella 为另一种鞭毛虫的种名，意为链条；也可能源自 calos，美丽的
Catharanthus 长春花属；katharos 纯洁的；anthos 花
cathaya 契丹
Cathaya 银杉属；cathaya 契丹
catodon cat 下，下面的；odon 齿
caudatum 具尾的
Cedrus 雪松属；kedros 雪松
centros 圆圈中心
cephala 头
ceps 头
ceras 角，有角的
Ceratovacuna keratos 角，弓；vacu 空的
cernuum 俯垂的
Cerodontha keras 角，弓；odonta 齿
cerus 角，弓
cervi 颈
cervicornis cervi 颈；cornis 角，矩
ceton 花金龟
chaeta 刚毛
Chaetopterus chaeta 刚毛；pterus 羽毛；翼
chalumnae 源自河名
Chamae 在地上的
Chamaeleon chamae 在地上的；leon 狮子
chamai 矮小的
charadra 裂隙，住在裂隙中的鸟
charadrius charadra 裂隙，住在裂隙中的鸟
charantia 东印度一植物名
chelidon 燕子
Chelidonium 白屈菜属；chelidon 燕子
chelys 龟
chen 鹅
Chenopodium 藜属；chen 鹅；pous 足
chinensis 中国
Chlamydomonas 衣藻属；chlamydos 斗篷，无袖外套；monas 单个
chlamydos 斗篷，无袖外套
Chlorella 小球藻属；chloros 绿色的，黄绿色的，ella 小，小的
chloros 绿色的，黄绿色的
chorde 纽
chryseos 金的，华丽的
chryso 金黄色的
chrysogenum chryso 金黄色的
Chrysolophus chryseos 金的，华丽的；lophos 鸟冠，颈项
Chrysopa chryseos 金的，华丽的
chuanxiong 川芎
ciconia 鹳
cimex 臭虫
Cimicifuga 升麻属；cimex 臭虫；fugo 逃避
cincta 围绕的，带子，条纹
cincti 围绕的，条纹
cincticeps cincti 围绕的，条纹；ceps 头
cincticrus cinctus 带子，腰带
cingulatus 围绕的，腰带状的
Cinnamomum 樟属；kinnamomon 肉桂树
citrinum 柠檬绿色的
Citrullus 西瓜属；citrus 柑橘属；ullus 小
citrus 柑橘属
clavate 棍棒形的
Claviceps 麦角菌属；clavate 棍棒形的，ceps 头
clei 钥匙
Cleisthenes clei 钥匙；sthenos 力量
Clethra 为山柳科中一属
clethroides *Clethra* 为山柳科中一属；oides 像，似
cnide 荨麻
Cnidocampa cnide 荨麻；campe 毛虫
coccus 仁，谷粒
Codonopsis 党参属；kodon 钟；opsis 模样
colchicus 源自植物名
coll 颈
collis 小山
Colocasia 芋属；kolokasia 一种水生植物
color 色彩，颜色
colos 无角的
commue 共有的，共同的，一般的
communis 共有的，共同的，一般的
concolor 同色的
confluens 汇合的
conio 灰，尘
Coniocampsa conio 灰，尘；kampsis 弯曲的

conis 角，圆锥
consanguineum 有亲缘关系的
conspersa 有斑点的，有小斑的
constricta 收缩的
copto 打，刺，割切
corax 鸦
Corchorus 黄麻属；korchoros 繁缕
coreanum 高丽的，朝鲜的
coriacae 革质的
Coriandrum 芫荽属；koris 臭虫；aner 男性
coris 臭虫，女人
Corizus coris 臭虫
cornis 角，矩
correptus corrodo 咬
corrodo 咬
Corylus 榛属；korys 头盔
costalis 具中脉的，具棱脊的
cranos 盔
crass 厚的，重的
crassicorne crass 厚的，重的；cornus 角
Crataegus 山楂属；krataigos 一种多刺灌木
cribraria cribratus 筛状的；aria 词尾
cribratus 筛状的
Cricetulus cricetus 一种鼠名
crocos 红黄色，藏红色
Crocothemis crocos 红黄色，藏红色；themis 色调，主题
cross 流苏
Crossoptilon cross 流苏；ptilon 羽毛
Croton 巴豆属；kroton 扁虫
crypto 隐的，藏的
Cryptobia crypto 隐的，藏的
Cryptomeria 柳杉属：cryptos 隐藏的；meros 部分
cryptos 隐藏的
Cryptothelea crypto 隐的，藏的；thele 乳头
Cryptotympana crypto 隐的，藏的；tympana 鼓膜
Ctenolepisma ktenos 梳子；lepisma 鳞
Ctenopharyngodon ktenos 梳子；phyarynx 咽；odon 齿
Cucumis 香瓜属；cucumis 胡瓜
Cucurbita 南瓜属；cucurbita 南瓜
Cudrania 柘属；cadrang 一种植物名
cul 小的
Cunninghamia 杉木属；源自姓氏 Cunningham
Cupressus 柏木属；kyo 生产；parisos 相等的
Cycas 苏铁属；kykas 一种棕榈
Cyclobalanopsis 槠属；cyclobalanus 红肉杜属；opsis 模样
Cyclobalanus 红肉杜属
cylindrica 圆筒状的
Cynanchum 白前属；kyon 犬；ancho 绞杀
Cynoglossus cynon 狗；gloss 舌头
cynon 狗
cynthia 源自地名
Cyprinodon cyprinos 鲤鱼；odon 齿
cyprinos 鲤鱼
cyrto 弯曲的
Cyrtopeltis cyrto 弯曲的；pelt 小盾
Cyrtorrhinas cyrto 弯曲的；rrhin 鼻
dactylus 手指，足指
Dallia 可能源自人名
davidianus 源自姓氏
dect 能咬的
delicatula 很精细的
delphac 小猪
Delphacodes delphac 小猪；odes 似，像
delphin 海豚
Delphinium 翠雀属；delphin 海豚；delphinium 一种翠雀属植物
delphinium 一种翠雀属植物
dema 身体
Dendranthema 菊属；dendron 树木；anthemis 花
dendrolimi dendron 树，棍；lim 饥饿
Dendrolimus dendron 树，棍；limus 斜，歪
dendron 树，棍
dentatus 齿，齿状突
denti 齿，牙
denticonis denti 齿，牙；conis 角
denudata 剥脱了的，使裸露的
deodara 神树
der（mos） 皮，革

derm (a)　皮，革
Dermochelys　derm 皮；chelys 龟
desmotes　被禁锢了的
di　双的，两个的
Dianthus　石竹属；dios 一神名；anthos 花
dichotoma　二歧的
Dicranopteris　芒萁属 dikranon 二叉状的；stigma 圆点，柱头
Digenea　海人草属；di 双的，两个的；genos 世系，种族
dikranon　二叉状的
Dimorphopterus　dimorphus 双型的；pterus 翅
dimorphus　双型的
Dinodon　可能源自 din 可怖的＋odon 齿
Diomedea　源自人名
dios　一神名，宙斯
Diospyros　柿属；dios 宙斯；pyros 谷物
diploos　双的，加倍的
dis　二
distichum　二列的
distinguendus　分开的，有区别的
Distylium　蚊母树属；dis 二；stylos 柱
divaricata　极叉开的
doma　家的，房屋的
dominica　doma 家的，房屋的；nic 争夺，征服
dorkas　一种羚羊
dromaeo　善跑的，奔跑
Drosophila　drosos 多露的；philos 爱的，喜欢的
Drosos　多露的
dubius　可疑的
duodenale　十二
Dysdercus　dysder 好争论的，易怒的
dytes　泅水者，钻穴者，钻
Ecballium　喷瓜属；ek 之外；ballo 投掷
Echidna　echis 毒蛇；echinos 刺猬
Echinocnemus　echinos 多刺的；knemis 膝，小腿，胫
Echinococcus　echinos 多刺的；coccus 仁，谷粒
echinos　刺猬，多刺的
echis　毒蛇
edodes　edo　可吃的
edra　座位，位置
eidos　相似
ek　之外
elaterium　具弹丝的，弹出的
electr　电的
electricus　电
Electrophorus　electr 电的；phoros 负荷，具有
Elephas　大象
ella　小的（词尾）
elongates　伸长的，延展的
emarginata　微缺刻的，具缺口的
endyos　孕育
Enkianthus　吊钟花属；endyos 孕育；anthos 花
Entamoeba　ento 内的；amoeba 变动，改变
Enterobius　enteron 肠子；bius 生活的
enteron　肠子
ento　内的
entomos　昆虫
ep (i)　之上的
Ephemera　ephemerus 暂时的，短命的
Epiphanes　ep (i) 之上的；phaneros 可见的，显明的
Equisetum　木贼属；equus 马；seta 刺毛
equus　马
Eretmochelys　eretmon 桨；chelys 龟
eretmon　桨
ereunet　搜寻者
ericius　刺猬
erinaceus　刺猬状的，具刺的
erion　羊毛
Eriosoma　erion 羊毛；soma 身体
Erodium　牻牛儿草属；herodios 苍鹭
Erysiphe　白粉菌属；erythros 红；siphon 管子
erythranum　红
erythros　红
esculenta　可食的
esthio　吃
Esthiopterum　esthio 吃；pterum 羽毛，翼

eu　良好，真的，好的

Eucalyptus　桉属；eu 良好；kalyptos 盖

Eucommia　杜仲属；eu 良好；kommi 树胶

Euglena　眼虫属；eu 真的，好的，美的；glene 眼球

Euphorbia　大戟属；源自人名

Eupolyphaga　eu 真的，好的；poly 多的；phago 吃

Euproctis　eu 真的，好的；proctos 肛门，臀部，尾

europaeus　欧洲

Euryale　芡属；euryale 源自神名

exo　外边

Exochorda　白鹃梅属；exo 外边；chorde 纽

Fagopyrum　荞麦属；fagus 山毛榉树；pyros 谷物

Fagus　水青冈属；fagus 山毛榉树

falciparum　falcis 镰刀形；parous 生产

falcis　镰刀形

fasciala　fasciatus 打成捆的，具带状纹的

fasciaticollis　fasciatus 打成捆的；collis 小山

fasciatus　成捆的，带状的

fer　生育

fera　生育

ferox　凶猛的，多刺的

flagelliforme　flagellum 鞭子；form 形状

flagellum　鞭子

flavescens　淡黄色的

floreus　花

florus　花

Foeniculum　茴香属；foenum 枯草；ulum 小

foenum　枯草

foetida　具恶臭的

folius　叶的

forceps　钳子，镊子

form　形状

formosicola　formosus 美丽的；colos 无角的

formosus　美丽的

Forsythia　连翘属；源自姓氏 Forsyth

fortunei　幸运的

Fragaria　草莓属；fragrans 香

Francolinus　鹧鸪

frango　打破

fringilla　鸟名，燕雀

Fringilla　一种小鸟名

fuciformis　墨角藻状的

fugo　逃避

Fulgora　fulgor 闪光，闪耀

Funaria　葫芦藓属；funis 绳索

funebris　属于墓地的

funis　绳索

gano　有光泽的，美丽的

Ganoderma　灵芝属；gano 有光泽的，美丽的；derma 皮革

Gardenia　栀子属；源自姓氏 Garden

Garrulax　garrulus 喋喋不休的

gaster　肚子，腹，胃

Gekko　壁虎名

genos　世系，种族

genus　生产；生苹果的

ger　具有

gera　生产，产生

gibber　驼背的，ella 小的

Gibberella　赤霉属；gibber，驼背的，ella 小的

gigantea　巨大的

giganteum　巨大的

giganteus　大的，巨大的

Ginkgo　银杏属；ginkgo 金果

Giraffe　长颈鹿

glabra　无毛的，光秃的

gladius　剑

glauca　粉绿色的

glaucescens　近粉绿色的

glene　眼球

gloss　舌头

glutinosa　有胶质物的

Glycine　大豆属

glycinivorella　*Glycine* 大豆属；vor 吞食，贪食；ella 词尾

glypto　雕纹的，刻痕

glyptostroboides　glypto 雕纹的；stroboides，似球果的

Glyptostrobus　水松属：glyptos 刻痕；strobos 毬果

gnorim　有名的，大家知道的

Gnorimoschema gnorim 有名的，大家知道的；schema 形式，形状
gon 角，成角度的
gonocephala gon 角，成角度的；cephala 头
gonu 膝
gony 膝，膝关节
Gonyaulax gony 膝，膝关节；aulax 腔，穴
Gordius gordios 节
gossypiella gossypion 植物名；ella 小的
Gossypium 棉属；gossypion 棉花
gracili 细长的
gracilistylus gracili 细长的；stylus 花柱
graminis 像禾草的
graminum 草，草的
gramma 标记，线条
granarium granum 谷粒
grande 大
grandi 大的
grandiflora grandi 大的，florus 花
granulosus 多颗粒的
graphicus 作记号的
grapho 雕刻
Grapholitha grapho 雕刻；litha 石
graveolens 有强烈气味的
gregaria 成群的
grunniens grunnio 用喉鸣叫
Gryllotalpa gryllus 蟋蟀；talpa 鼹鼠
gryllus 蟋蟀
gutta 斑点
gutturola 咽喉
haematobium haemato 血流
Halictophagus halictus 蜜蜂名称；phagus 吃
halictus 蜜蜂名称
hama 在一起
Hamamelis 金缕梅属；hama 在一起；melon 苹果
haplo 单的
haplocalyx haplo 单的；calyx 轮萼的
Helianthus 向日葵属：helios 太阳；anthos 花
Helicoverpa helicx 缠绕，卷曲；verpa 阴茎
helicx 缠绕，卷曲
helios 太阳
helioscopia 向日性的（helios 太阳）
hemera 日，白天，栽培的，驯养的
hemero 日，白天
Hemerophila hemero 日，白天；philao 贪婪地吃
hemi 一半
Hemicentrotus hemi 一半；centros 圆圈中心
hemipertus hemi 半；pertus 翅
hepatica 肝
Hericium 猴头菌属；（h）ericius 刺猬
hermes 源自神名
herodios 苍鹭
hetero 异的，不同的
Heteroconis hetero 异的，不同的；conis 角，圆锥
heterophylla hetero 异形的，异的；phyllus 叶
Hibiscus 木槿属；hibiskos 一种锦葵
hippo 马
Hippopotamus hippo 马；potamus 河
hircus 山羊
hirsutum hirsutus 被粗硬毛的
hispida 具硬毛的
histo 组织
histolytica histo 组织；lytos 可溶解的，可破的
Holland 荷兰
hollandiae 荷兰
holo 全，全部的
Holotrichia holo 全，全部的；trichia 毛发的，多毛的
home 毛发
hortorum 园圃的
hyal 玻璃般的，放光的
hyaleos 具光泽的，放光的
hyalinus 透明的
hyalocranius hyal 玻璃般的，放光的；cranos 盔
Hyalopterus hyaleos 具光泽的，放光的；pterus 翅
hygrometrica 吸湿的
hyla 树林
hylo 森林的

Hylobates　hylo 森林的；bates 用手搬运者

Hylocomium　塔藓属；hyla 树林；home 毛发

hypo　下，下面

hypogaea　地下生的

Hypophthalmichthys　hypo 下，下面；phthalm 眼；ichthys 鱼

Ichthyophys　ichthys 鱼；physis 生长

ichthys　鱼

idellus　eidos 相象

ides　词尾

imbricata　覆瓦状的

immaculate　无斑点的

indica　印度的

inornatus　无饰的

insularis　岛生的，岛上的

issima　极其的

jasminoides　jasmin 素馨（一种植物）；oides 像的，似的

Jasminum　茉莉属；yasmin 一种灌木

jucunda　愉快的

jujube　枣

kalyptos　盖

kampsis　弯曲的

kanthos　眼角

kardia　心脏

karpos　果

karyon　核

katharos　纯洁的

keras　角，弓

keratos　角，弓

kinnamomon　肉桂树

klados　枝

knemis　膝，小腿，胫

kodon　钟

kommi　树胶

koris　臭虫

korys　头盔

krataigos　一种多刺灌木

ktenos　梳子

kykas　一种棕榈

kyo　生产

kyon　犬

Labidura　labidos 钳子

labium　唇，下唇

lac　乳汁

lactiflora　条裂状花的

Lactuca　莴苣属；lac 乳汁

laevis　光滑

Lagenaria　葫芦属；lagenos 长颈瓶

lagenos　长颈瓶

lan　羊毛，柔毛

lanatus　被棉毛的，棉毛状的

lanceolata　矛状的

lanigera　lan 羊毛，柔毛；gera 生产，产生

Laria　豆象属

Lariophagus　laria 豆象属；phaga 吃

Larix　落叶松属

Latimeria　源自人名（另外 latus 宽的，阔的；mer 股，腿）

latus　宽的，阔的

legumin　豆荚

Leguminivora　legumin 豆荚；vorus 吞食

lema　意志

Lentinus　香菇属

leon　狮子

Lepidosiren　lepido 鳞，鳞片；sirex 美女神

Lepisma　lepisma 鳞

lepto　细的

Leptocorixa　lepto 细的；coris 臭虫

leuca　白色，白的

Leucania　leucanie 咽喉

Ligusticum　藁木属；ligusticum 模式产地名

Ligustrum　女贞属；ligustrum 一种水蜡树

lim　饥饿

limne　沼泽，池塘

Limnophilus　limne 沼泽，池塘；philus 喜欢的

limus　斜，歪

Lindera　山胡椒属；源自姓氏 Linder

linea　线

linon　亚麻

Lipotes 白鱀豚属；*lip* 缺少；*otes* 为词尾

litha　石

Lithocarpus　椆属；lithos 石；karpos 果

lithographica　litho 石；graphicus 作记号的

lithos　石
livispennas　livescen 蓝黑色的，蓝色的
lobus　浅裂的
longifolia　长叶的
longipetiolata　长叶柄的
lophos　鸟冠，颈项
Lophura　lophouros 尾上有簇饰的
lubricipeda　lubricus 平滑的；peda 足
lucidum　光亮的，具光泽的
Luffa　丝瓜属；lufah 一种植物名
lumbric　蚯蚓
lumbricoides　lumbric 蚯蚓；oides 词尾
Lycopersicon　番茄属；lykos 狼；persicon 桃
Lycopodium　石松属；lykos 狼；pous 足
Lycorma　源自女人名
Lyctocoris　lyctos 人名；coris 女人
lykos　狼
Lysimachia　珍珠菜属；lysimachion 一种药用植物
lytos　可溶解的，可破的
macr（o）　大的
macrocephala　macro 大的；cephala 头，头的
Macrodontia　macr-大的；odont 齿
macrophyllus　大叶的
Macropus　macros 长的，大的；pus 足
macros　长的，大的
Macrosiphum　macros 长的，大的；siphon 虹吸管，管
macul　斑点，迹
macularins　斑点的
maculata　斑点
maculaticollis　maculatus 有斑点的
maculipennis　macul 斑点，迹；pennis 阳茎
Magnolia　木兰属；源自姓氏 Magnol
majus　五月的
malacoides　柔软的
Malapterurus　malos 软的；pter 翅，翼；urus尾的
Malus　苹果属；malos 苹果树
manga　杧果
Mangifera　杧果属；manga 杧果；fera 生育
mantchuricum　可能源自地名
Marchantia　地钱属
marginalis　镶边的
marina　海中的，海生的
marmorata　大理石纹的
Marsilea　苹属；源自姓氏 Marsigli
maximus　最大的
Mecopoda　mecos 长，高；poda 足
media　米提亚（伊朗高原一古国名）
mega　大的
Megacopta　mega 大的；copto 打，刺，割切
megal　大的
Megalobatrachus　megal 大的；batrachos 蛙
Megalobrama　megal 大的；brahma 海鲷
Megasoma　mega 大的；soma 身体
mel　果实
melano　黑的，黑色的
melanogaster　melano 黑的，黑色的；gaster 肚子，腹，胃
melanoleuca　melano 黑的，黑色的；leuca 白色，白的
mellifera　mellis 蜜的；fer 生育
mellis　蜜的
melon　瓜果
melongena　melon 瓜果；genus 生产；生苹果的
Melopsittacus　mel 果实；psittakos 鹦鹉
membranaceus　膜质的
Mentha　薄荷属；mintha 薄荷
mer　股，腿
meros　一部分
meso　中间的
Mesomorphus　meso 中间的；morphus 形状，形式
meta　在后面
Metasequoia　水杉属；meta 在后面；*Sequoia* 北美红杉属
Michelia　含笑属；源自姓氏 Micheli
micro　小的，微小的
Microvelia　micro 小的，微小的；vel 面帕，罩子
miliaceum　像粟草的，*Milium* 粟属
Milium　粟属
mintha　薄荷
modestus　适度的

molesta　烦恼的

molitor　磨坊主，研磨

molitrix　mola 磨石，臼齿；trix 3倍的

mollis　柔软的，具软毛的

mollissima　极柔软的

Momordica　苦瓜属；momordi 咬

monachus　僧人

monas　单个

mongolicum　蒙古

mono　单一的

Monopterus　mono 单一的；pterus 翅，翼

mont　高山

montifringilla　mont 高山；fringill 鸟名，燕雀

mori　桑

morifolium　桑叶的，*Morus* 桑属

morosus　行动迟缓的

morphus　型，形状

Morus　桑属

moschata　麝香气味的

moschiferus　moschos 麝香；ferus 生育，生产

Moschus　moschos 麝香，麝属

mosellana　河流名称

multiflorum　多花的

mundana　mundus 清洁的，整洁的

mutabilis　易变的

myl　臼齿

Mylopharyngodon　myl 臼齿；phyarynx 咽；odon 齿

Myrtus　香桃木属

Myxine　粘鱼

myzo　吸

nasut　鼻子

Nasutitermes　nasut 鼻子；termes 钻木虫

Natrix　natrix 游泳

Nelumbo　莲属；nelumbo 莲花

nema　线，丝

Nephopteryx　nephos 云状的斑点；pteryx 翅，翼

nephos　云状的斑点

Nephotettix　nephos 云状的斑点；tettix 一种蟋蟀

nephrolepis　肾形鳞片的

neura　经，脉

nic　争夺，征服

nigr　黑色的，黑的

nigricans　黑的，浅黑的

nigromaculata　nigr 黑色的，黑的；maculata 斑

nivea　雪白色的

nobilis　高尚的，显赫的

nomos　法律，秩序，规则

nomus　草地

norvegicus　挪威（地名）

Nostoc　念珠藻属（无意义词）

notatum　标志的，注明的

Nov（a）新的

novacula　剃刀

nucifera　具坚果的

nudiflorum　裸花的

nudum　裸露的

nus　示性质，产地

nyct　夜的

Nyctereutes　nyct 夜的；ereunet 搜寻者

nycthemera　nyct 夜的，晚上的；hemera 日，白天，栽培的，驯养的

Nymphaea　睡莲属；nympha 神名

obscurata　昏暗的

occidentale　西方的

odes　似，像

odon，odonta，odont　齿

officinale　药用的

oides　词尾，像、如

oleifera　产油的

oleracea　属于厨房的

olivaceus　橄榄状的，橄榄色的

Oncotympana　oncos 突出的，凸出的；tympan 鼓膜

onychus　爪

opercul　盖子

operculella　opercul 盖子；ella 小的

ophidion　蛇

Ophiocephalus　ophidion 蛇；cephalus 头的

Ophioglossum　瓶尔小草属；opis 蛇；glossa 舌

opis　蛇
opsis　模样
ora　黎明，春
orana　黎明，春
orientalis　东方的
Ornithorhynchus　ornithos 鸟；rhynch 嘴
ornithos　鸟
ortho　直
orthonasus　ortho 直；nasut 鼻子
oryzae　稻属
Osmunda　紫萁属；osmunder 神名
ostriniae　意不明，可能源自人名或地名
Oxycetonia　oxys 敏捷的；ceton 花金龟
oxys　敏捷的
pachy　厚的
Pachytriton　pachy 厚的；triton 神名
Paeonia　芍药属；peion 神医名
Panaeus　= *peneus*，女神名
Panax　人参属
Panicum　黍属；panicum 黍
Pantala　pantos 全部的
pantherina　有豹斑的
pantos　全部的
Papaver　罂粟属；papaver 罂粟
Papilio　蝴蝶
papillosa　多乳状突的
papyrifera　可制纸的
para　拟的，似的
paradox　矛盾的，奇异的
paradoxa　奇异的
paral　海洋的
Paraleptophlebia　para 拟的，似的；lepto 细的，phlebia 脉
Paralichthys　paral 海洋的；ichthys 鱼
Paramoecium　para 拟的，似的；amoeba 变形虫
parasitica　寄生物，寄生的
parisos　相等的
parous　生产
parvifolius　小叶的
patagium　衣服上的金边；
patagonica　patagium 衣服上的金边；或者 patogos 指叫声
patogos　鸟叫声
pectoralis　胸骨状的
pedunculatus　芽鳞
Pelargonium　天竺葵属；pelargos 鹳
pelargos　鹳
Pelecanus　鹈鹕
pelt　小盾
Pelvelia　鹿角菜属
penicillate　画笔状的
Penicillium　青霉属；penicillate 画笔状的
pennis　阳茎
pensilis　悬垂的
pentagona　五角形的
Peri　近的，像的
Periplaneta　peri 近的，像的；planetes 漫游者
persica　波斯的
persicon　桃
pertho　抢劫
petra　石的
Petromyzon　petra 石的；myzo 吸
Peucedanum　前胡属；peukedanon 前胡
Phaga，phago　食用，吃
Phalacrocorax　phalacros 秃顶的；corax 鸦
phalacros　秃顶的
phaneros　可见的，显明的
Phaseolus　菜豆属；phaseolos 一种豆
Phasianus　雉
philao　贪婪地吃
philos，philus　爱的，喜欢的
Philosamia　philos 爱的，喜欢的；samia 昆虫（源自地名）
phlebia　脉
phora，phoreo　具有
phoros　负荷，具有
phthalm　眼
phyarynx　咽
phye　生长、身长
phyla，phyllon　叶
Phylloscopus　phyllon 叶；scopus 看守人，看护人
Phyllostachys　毛竹属：phyllon 叶；stachys 穗

phyllus　叶

Physalia　physal 气泡，水泡

Physeter　吹的人，吹气孔

physis　生长

piceus　黑如沥青的

picticornis　pictus 着色的，彩色的；cornis 角突，距

pictiventris　pictus 着色的，彩色的；ventris 腹部

pictus　着色的，彩色的

Pieris　源自人名与地名

pigra　缓慢的

pilosula　具毛的

pinnati　羽状的

pinnatifida　羽状半裂的；pinnati 羽状的

pintad　着了色的

pintadeanus　pintad 着了色的；anus 尾，臀，肛门

Pinus　松属；pinus 松

Piricularia　梨孢菌属；pirum，梨的，cul 小的，aria 属于的

pirum　梨的

pithec，pithecos　猴子

Planaria　planarius 平坦的

Planets　漫游者

plasmodio　原生质团

Plasmodiophora　根肿菌属；plasmodio 原生质团，phora 具有

Plasmodium　变形虫

platy　平，扁

Platycarya　化香树属；platys 宽阔的；karyon 核

Platycladus　侧柏属；platys 宽阔的；klados 枝

Platycodon　桔梗属；platys 宽阔的；kodon 钟

Platyedra　platy 平，扁；edra 座位，位置

Platypleura　platy 平，扁；pleuros 肋骨，侧板

platys　宽阔的

plax　圆盘，薄片

pledon　下的

Pleonomus　pledon 下的；nomus 草地

pleos　充满，航行

pleuros　肋骨，侧板

ploutos　财富

plumb　铅色的

plumbeus　plumb 铅色的

Plutella　ploutos 财富；ella 小的

poda　足

Podiceps　podicis 臀部，肛门；ps＝pes 足的；

podicis　臀部，肛门

Podocarpus　罗汉松属；podos 足；karpos 果

podos　足

poecilo　杂色的

poecilorhyncha　poecilo 杂色的；rhyncha 嘴

Poephagus　poieo 制作，生产，产品；phago 食用，吃

poieo　制作，生产，产品

poly　多的

polyactis　poly 多的；actis 光线，光束

Polygonum　蓼属；polys 多的；gonu 膝

polymorpha　poly 多的；morphus 型，形状

pomorum　水果

Populus　杨属；populus 白杨树

portentosus　怪样，可怕

Portunus　portus 港口神

post　后，随

postmaculata　post 后，随；maculata 斑点

potamus　河

pous　足

praeruptorum　峭壁的，崎岖的

Primula　报春花属；primus 第一

primus　第一

Prionus，prion　锯

pro　之前，原始的

Procapra　pro 之前，原始的；capra 山羊，羊

proctos　肛门，臀部，尾

procyonoides　猫（＝raccoon）

proliferum　多育的，再育的

proteus　易变的

proto　原始的，第一的

Protohermes　proto 原始的，第一的；hermes 源自神名

Protopterus　proto 原始的，第一的；pterus 翅，翼，鳍

Protosalanx proto 原始的，第一的；saxanx 银鱼
Prunus 李属；prunum 梅、李
ps＝pes 足的；
psepharos 昏暗的，多云的
Psephurus psepharos 昏暗的，多云的；urus 尾的
Pseudaulacaspis pseudes 假的；aulac 沟，腔，穴；aspis 盾
pseudes 假的
pseudobrassicae pseudo 假的；brassica 菜
pseudocerasus 假樱的（pseudo 假的）
pseudoconspersa pseudo 假的；conspersa 有斑点的，有小斑的
Pseudolarix 金钱松属：pseudes 假的；larix 落叶松属
Pseudosasa 茶秆竹属：pseudes 假的；sasa 赤竹属
Pseudosciaena pseudes 假的；sciaena 海鱼
Pseudostellaria 孩儿参属：pseudes 假的；stellaria 繁缕属
psilos 裸露的
Psilotum 松叶蕨属；silos 裸露的
psittakos 鹦鹉
Pter，Pteron，pterum，pterus，pteryx 翅，羽毛，翼
ptera 翅
Pteridium 蕨属；*Pteris* 凤尾蕨属；eidos 相似
Pteris 凤尾蕨属
Pterocarya 紫檀属；pteron 翼；karpos 果
ptilon 羽毛
pubescens 被短柔毛的
pulcherrima 美丽的，极美丽的
pulsatorium pulsates 打击
pumila 矮小的，矮生的
punct 斑点
punctata 斑点
punctatum 多点的
punctatus 点，刻点，有斑点的
punctiforme 细点状的，细孔状的
punctiventris punct 斑点；ventris 腹部
punctutipennis punctatus 有斑点的；pennis 阳茎
purpurea 紫红色的
pus 足
pyr 火
pyrenoidosa pyrenoid 淀粉核
pyri 梨
pyrivorella pyri 梨；vor 吞食；ella 小的（词尾）
Pyronema 火丝菌属；pyr 火，nema 线，丝
pyros 谷物
quadri 四
quadricauda 四尾的
quadrifolia 四叶的
quadriguttata quadri 四；gutta 斑点
Quercus 栎属；quercus 栎树
quinqueflorus 五花的
racemosa 总状花序式的
rachis 枝
ramosissimum 极多分支的
Rana 蛙
rapae 贪婪
raphanos 甘蓝
Raphanus 萝卜属；raphanos 甘蓝
Rattus 鼠
Reticul 网状的
Reticulitermes reticul 网状的；termes 钻木虫，白蚁
revoluta 外卷的，反卷的
rhagos 破裂了的
Rhagovelia rhagos 破裂了的；vel 缘膜
Rhincodon rhine 一种粗皮鲨鱼名；odon 齿
rhine 一种粗皮鲨鱼名
Rhinoceros rhinos 鼻；ceras 角，有角的
Rhinopithecus rhinos 鼻；pithecos 猴子
rhinos 鼻
rhiz（a） 根
Rhizopertha rhiza 根；pertho 抢劫
Rhizophora 红树属；rhiza 根；phoreo 具有
Rhizopus 根霉属；rhiz 根；pus 足
Rhodobryum 大叶藓属：rhodon 玫瑰花；bryon 苔藓
Rhododendron 杜鹃属：rhodon 玫瑰花；dendron 树木

Rhodomyrtus　桃金娘属：rhodon 玫瑰花；*Myrtus* 香桃木属
rhodon　玫瑰花
rhoeas　一种罂粟
rhombifolia　菱形叶的
rhopalon　根，杖，形如棒的
Rhopalosiphum　rhopalon 根，杖，形如棒的；sipho 虹吸管
rhopi　灌木
Rhynch，rhyncha　嘴
Ricinus　蓖麻属；ricinus 蓖麻种子
riparia　溪岸生的
robusta　坚硬的
rocca　岩石
Roccella　染料地衣属；rocca 岩石，ella 小的
Rodolia　rodo 咬（也可能源自人名）
Rosa　蔷薇属：rosa 玫瑰花
rosea　玫瑰
roxellanae　源自人名
rrhin　鼻
rubeo　变红色
rubro　红色的
rubrofasciata　rubro 红色的；fasciatus 成捆的，带状的
Rubus　悬钩子属：rubeo 变红色
ruf　红色的
ruficollis　ruf 红色的；coll 颈
rufozonatum　ruf 红色的；zonatus 带
rugosus　多皱纹的
rustica　乡下
saccharina　糖
sagina　装填，喂，填满
saginatus，sagina　装填，喂，填满
sagitta　箭
Sagittaria　茨菇属；sagitta 箭
sagittatum　箭形的
sagittifolia　箭形叶的
salicina　像柳的
Salix　柳属；salix 柳
saltator　跳舞
salvator　saltator 跳舞
samia　昆虫（源自地名）
sanguis　血
Sanguisorba　地榆属：sanguis 血；sorbeo 吸收
Sapium　乌桕属；sapinus 一种枞
Saposhnikovia　防风属：源自姓氏 Saposhnikov
Saprolegnia　sapro：腐生的；
sasa　赤竹属
sativa　栽培的
saxanx　银鱼
Saxifraga　虎耳草属：saxum 石；frango 打破
saxum　石
scene　场所，帐篷
Scenedesmus　栅藻属：scene 场所，帐篷；desmotes 被禁锢了的
schema　形式，形状
schisto　分开的，裂开的
Schistocera　schisto 分开的，裂开的；ceras 角，有角的
Schistosoma　schisto 分开的，裂开的；soma 身体
sciaena　海鱼
sclerophylla　硬叶的
scopus　看守人，看护人
scrofa　牝豚（猪）
scuti　长圆盾
Scutigera　scuti 长圆盾；ger 具有
Scutigerella　scuti 长圆盾；ger 具有；ella 小的
sebiferum　具蜡质的
Selaginella　卷柏属；silago 一种石松；ellus 小
Selenarctos　selene 月，月亮；arctos 熊
selene　月，月亮
sema　旗帜
semi　半
Semiaquilegia　天葵属：semi 半；aquilegia 耧斗菜属
semilaevis　semi 半；laevis 光滑
separata　分离的
Sepia　乌贼
sepiaria　篱边生的
septem　七

septempunctata　septem 七；punctata 斑点
Sequoia　北美红杉属
Sequoiadentron　巨杉属；*Sequoia* 北美红杉属；dendron 树木
serrulata　具细锯齿的
seta　刺毛
siceraria　醉的
silago　一种石松
sili（*q*）*guosa*　长角果状的
simplex　单式的，不分枝的
simsii　意不明，可能源自人名？
simulans　仿造的，模拟的
sin　中华的，中国的
sinensis　中国
Sinentomon　sin 中华的，中国的；entomos 昆虫
Sinonovacula　sin 中国的，中华的；novacula 剃刀
Sipho（n）　虹吸管
Sitodiplosis　sitos 谷，谷物；diploos 双的，加倍的
sitos　谷，谷物
Solanum　茄属；salanum 茄子
solium　座位，宝座
soma　身体
somniferum　催眠的，使睡的
sorbeo　吸收
Spartina　大米草属；spartine 绳缆
spectabilis　醒目的，奇观的
speratus　愿意要的，希望的
sphaera　圆，球
Sphaerodema　sphaera 圆，球；dema 身体
Sphenodon　sphenos 楔状的；odon 齿
sphenos　楔状的
spher＝sphaera　圆，球
Spheroides　spher ＝ sphaera 圆，球；ides 词尾
spilos　斑点，污点
Spilosoma　spilos 斑点，污点；soma 身体
spina　刺
spiniferus　具刺的
spinolae　具刺的，多刺的
spiralis　螺旋状的
squameus　squama 鳞甲
stachys　穗
stella　星
Stellaria　繁缕属；stella 星
stenoptera　狭翅的
stephan　王冠
stephanianum　stephanos 王冠
Stephanitis　stephan 王冠
sthenos　力量
stichus　列
stigma　圆点，柱头
stolonifera　具匍匐茎的
stoma　食道，胃
strata　扩张的、成层的
striat　沟，条纹
striatella　striat 沟，条纹；ella 小的
strobilacea　球果状的
stroboides　似球果的
strobos　毬果
Struthio　驼鸟
strychnifolia　马钱叶的（*Strychnos* 为马钱属）
stylos　柱
stylus　花柱
suffruticosa　亚灌木状的
superans　高出的，超出的
Sus　猪
suspense　悬垂的
swinhonis　可能源自地名
tabulaeformis　平台状的
Tachypleus　tachys 迅速的；pleos 充满，航行
tachys　迅速的
Taena　taenia 带子，条纹
taenia　带子，条纹
Taeniarhynchus　taenia 带子，条纹；rhynch 嘴
talpa　鼹鼠
tamariscina　像柽柳的（*Tamarix* 柽柳属）
Tamarix　柽柳属
tapet　地毯
tapetiella　tapet 地毯；ella 小的
tarashqun　蒲公英

Taraxacum 蒲公英属；tarashqun 蒲公英
taxicolor taxo 整齐的；color 色彩，颜色
taxo 整齐的
Taxodium 落羽杉属；*Taxus* 红豆杉属；eidos 相似
Taxus 红豆杉属
tel 蹼
telarius tel 蹼；arius 词尾
Tenebrio tenebrio 黑暗爱好者
tenuis 薄的，细的
termes 钻木虫，白蚁
terrestris 陆生的
Tessaratoma tessares 四；toma 分割，分片，分节
tessares 四
testaceus 壳状的
tetra 四
tetragona 四棱角的
Tetranychus tetra 四；（onychus 爪）
Tetrastes tetrax 雉
Tetrastichus tetra 四；stichus 列
tetrax 雉
tettix 一种蟋蟀
thele 乳头
themis 色调，主题
tiglium 巴豆
tinctoria 染料用的
titanus titan 大力神
toma 分割，分片，分节
tomentosa 被绒毛的
Tomocerus toma 分节的；cerus 角，弓
Torpedo 僵硬，失去知觉的状态
Torreya 榧树属；源自姓氏 Torrey
Toxicodendron 漆树属：toxilos 箭毒；dendron 树木
toxilos 箭毒
toxon 弓
Toxoptera toxon 弓；ptera 翅
Tremella 银耳属：tremo 摇动；ella 小的
tremo 摇动
tri 三
tria 三分的
Triatoma tria 三分的，toma 分节的
Tribolium tribolos 三尖的
tribolos 三尖的
Tribulus 蒺藜属：tribulus 铁蒺藜
trich 毛发，多毛发的
trichia 毛发的，多毛的
Trichinella trich 毛发，多毛发的；ella 小的（词尾）
Trichiurus trich 毛发的，ura 尾
Trichodectes trich 毛发，多毛发的；dect 能咬的
Trichogramma trich 毛发，多毛发的；gramma 标记，线条
Trichophaga trichos 毛发，多毛发的；phaga 吃，食用
Trichoplax trich 毛发，多毛发的；plax 圆盘，薄片
tricolor tri 三；color 颜色，色彩
tricuspidata 三凸头的
tridentatus tri 三；dentatus 齿，齿状突
trips 钻木虫，蓟马
tritici 小麦
Triticum 小麦属；triticum 小麦
trituberculatus tri 三；tuberculatus 具小疖的
trogle 洞
troglodytes trogle 洞；dytes 钻
trogo 轻咬的
Trogoderma trogo 轻咬的；derma 皮，革
tropos 转弯；神名
tru（ypes） 钻洞，洞
tuberculatus 具小疖的
tympana 鼓膜
typicus 典型的，模式的
ullus 小
ulmoides 像榆树的
ulum 小
Uncaria 钩藤属：uncus 钩
uncus 钩
undulatus 波状的
unicornis uni 单的，单个的；cornis 角
unispina uni 单个的；spina 刺
urus 尾的
Vaccinium 越橘属；vaccinium 越橘树
vacu 空的

Varanus　巨大蜥蜴
vari　可变的，多样的
variabilis　易变的，不定的
varicornis　vari 杂色的，可变的；cornis 角
variopedatus　vari 可变的，多样的；pedatus 足，附肢
vel　缘膜，面帕，罩子
ventris　腹部
vermicularis　蠕虫状的
vernicifluum　生漆的
verpa　阴茎
Vespertilio　vespertilio 黄昏，属于黄昏的
vexillifer　旗帜
Viburnum　荚蒾属；viburnum 一种荚蒾
villiger　villi 蓬松的毛，多毛的
villosa　长柔毛的
vinifera　产葡萄酒的
viridis　绿色的
Vitis　葡萄属；vitis 藤蔓植物
vivax　长命的
vor　吞食
vorus　吞食
vulgare　普通的
Whitmania　源自人名
xanthos　黄色
Xanthoxylum　芸香科一属
xuthus　淡黄色的，黄褐色的
xylon　木
Zanthoxylum　花椒属；xanthos 黄色；xylon 木
zeae　谷物
Zingiber　姜属，zingiberis 姜
Zizania　菰属；zizanion 毒麦
zonatus　带
Zygophyllum　霸王属；zygos 轭；phyllon 叶
zygos　轭
Zyzyphus　枣属；zyzyphus 枣

中文索引

（以汉语拼音为序）

A

鹀鹀科　152

136

阿米什人　77

按蚊　97

螯虾　118

澳洲区　208

B

白垩纪　206

白腹管鼻蝠　129

白鱀豚　128，139，143

白鱀豚科　139

白须侏儒鸟　51

白蚁　68，85

斑海豹　54

斑螯　86

板栗　127

半翅目　46，121，139

保护色　81

北方草原荒漠大区　211

北方区　208

北方森林大区　211

北京人　144

北美红杉　143

北美鼠兔　51

贝氏拟态　84

被子植物门　136

本地旋毛虫　127

本质论物种概念　91

比对　193

蝙蝠　37，42

标准化处理　187

表征分类学派　183

宾州蟋蟀　97

并系群　165

波氏拟态　85

卟啉病　78

哺乳纲　136

布谷鸟　115

布氏田鼠　47

C

仓燕　48

苍耳　86

草地鹨　92，94

草原胡狼　52

草原田鼠　51

长翅目　46，50

长额负蝗　47

长喙天蛾　20

长尾虎凤蝶　129

长吻虻　20

嘲鸫　15

车前草　141

诚实表现论　48

耻阴虱　117

赤拟谷盗　22，39

赤松　127

赤松松毛虫　130

臭鼬　97

出芽式物种形成事件　112

川金丝猴　128，143

锤头果蝠　51

春蜓科　152

慈竹　127

刺鱼　37，110，117，118

刺鱼属　118

翠鸟　112

D

达尔文雀　15，37

达氏鳇　130

大袋鼠　143

大果栎　99

大陆漂移假说　206

大灭绝　122

大牧场鸡　76

大山雀　82，112

大熊猫　116，143

大足鼠耳蝠　87，129

单参数模型　199
单名　146
单配制　51
单系群　164
单元型　210
弹涂鱼　136
堤燕　49
地理隔离　96
地理区划　210
地模　144
地球膨胀假说　208
地雀　21，36，117
地鼠　62
地中海果蝇　46
奠基者效应　77
调和物种概念　106
东亚大区　211
东亚植物区系　211
冬青栎　99
动物地理区　210
独征　154
杜鹃花科　114
杜松子　100
短丝蜉科　133
多配制　51
多纹黄鼠　51
多足纲　202

E

鳄目　179
二叠纪　206
二球悬铃木　99
二色栎　99

F

反阴影色　81
泛大陆　206
泛生物地理学　208
方胸甲　123
鲂　136
飞鱼　136
非加权配对法　188，194，196
非洲翠鸟　63
非洲凤蝶　36
分类操作单元　184，210
分支生物地理学　209
分支图　163
分子标记　193
分子进化　29
分子系统学　192
粪蝇　60
蜂鸟　19
蜂鸟科　86
凤蝶　36
辐射松　97，98
蜉蝣目　129，183
负鼠　63
复系群　165
副鳉　137
副模　144

G

甘蓝　100
冈瓦纳大陆　206
隔离分化理论　205
攻击性拟态　85
共同祖先的相对近度　150
共有衍征　154
共有祖征　154
沟嘴犀鹃　52
钩蛾亚科　122
钩肢带马陆　146
古翅类　183
古热带区　208
古细菌　76
棺头蟋属　130
灌木　97
归群　148
龟鳖目　179
鲑鱼　96
轨迹　208
贵州带马陆　146
果蝇　8，20，38，50，87，89，97，99，109，110，113，118
果蝇属　123
蜾蠃　123

H

哈代-温伯格平衡　34
海鬣蜥　54
海雀　49
海桐花属　123
合浦绒螯蟹　107，130
合子不活　98
黑斑羚　51
黑斑蛙　113

黑腹果蝇 22，39，76，97，117
黑松 127
黑隐翅虫 85
红袋鼠 160
红皇后假说 41
红火蚁 64，68
红颈瓣蹼鹬 51
红天堂蚁 67
红眼雀 100
后验概率 199
蝴蝶 82，85，93，112
虎耳草 116
虎凤蝶 127，129
互惠利他 66
滑蟾属 207，208
滑嘴犀鹃 52
画眉 59
桦尺蠖 21，22
环形种 112
黄蜂 67
黄腹旱獭 51
灰蝶属 118
灰树蛙 48，49，116
婚配制度 50
混交制 51
火鸡 112
霍氏片蟋 129

J

机械隔离 97
矶鹞 51
鸡 160
基因簇物种定义 106
基因物种定义 106
基因选择 61
吉氏蜉属 129
集体拟态 85
脊椎动物亚门 136
季节或时间隔离 97
加利福尼亚海鸥 65
加州沼松 97，98
家猫 98
家牛 98
家鼠 113
家蝇 78，143
甲虫 58，87
甲壳纲 202
尖嘴鱼 45，50，54
间断分布 204
间断平衡 125
间断平衡论 31
间断平衡式 122
间接互惠 69
简约法 198
渐进式的物种形成 121
箭毒蛙科 83
浆果苣苔 20
鳉鱼 43，109，119
姐妹群 151
金枪鱼 136
进化分类学派 169
进化级 169
进化稳定模型策略 60
进化物种概念 102
精子竞争 45
警戒色 82
竞争 45
旧热带大区 211
距翅水雉 47
锯盖鱼科 85
君主斑蝶 47

K

蝌蚪 63
空白位点开启 195
空白位点延伸范围 195
孔雀 45，48，49
孔雀鱼 89
昆虫纲 202
扩散理论 205

L

濑鱼 58
兰花 86，98
蓝喉歌鸲 52
蓝鲸 98
狼蛛 49
劳亚大陆 206
老虎 96
类群趋势 154
类群系列对比 154
梨片蟋 129
蔺雀 47
里氏田鼠 51
丽翅吉氏蜉 129

丽鱼　8，20，37，48，50，105，115，123，124
两栖纲　136
量子物种形成　122
猎豹　78
猎蝽　47
裂爪螨　127
邻接法　196
林岩鹨　52
鳞翅目　46，83
领域物种形成事件　111
瘤突片蟋　129
柳沙天牛　47
陆地蟹　87
露尾甲　130
绿骨顶　52
绿胡须效应　64
萝卜　70，100，116
萝卜甘蓝　100，116
螺　37
落叶松毛虫　130

M

麻栎　127
麻雀　100
马鲅　136
马蛔虫　25
马莱熊　116
马里兰栎　99
马铁菊头蝠　129
马尾松毛虫　130
马属　98
蚂蚁　85，115
埋葬甲　47
蟒蛇　20
毛蜂　86
毛竹　127
美国黑鸭　63
美国麻鸦　81
美洲红翼鸫　52
美洲野牛　98
迷彩色　82
麋鹿　78，143
蜜雀　19
蜜旋木雀　19，20，119
棉花　98
鸣禽　112
缪氏拟态　85
模式标本　144
模式物种概念　91
木鼠　63

N

南极区　208
南美鲶　136
南山毛榉　204
南山毛榉属　207，208
内聚物种概念　105
内群　192
拟灯蛾　86
拟短丝蜉科　139，207
拟态　84
逆戟鲸　98
黏菌　64
捻翅目　183
鸟纲　136
牛　98
牛背鹭　66
挪威鼠　98

P

爬行纲　136
盘古大陆　206
配偶外交配　52
配子隔离　98
配子选择　70
瓢虫　93
平行进化　152
平胸鸟类　207，208
瓶鼻海豚　98
瓶颈效应　78
鲆鱼　81
普通小麦　116

Q

祁连圆柏　79
启发式搜索　198
潜蝇　39
枪虾　112
蔷薇科　114
鞘翅目　46，50，183
亲选择　61，69
亲子冲突　64
蜻科　152
蜻蜓目　183
趋同进化　152
全系群　171

犬旋毛虫 127
缺翅虫 50
缺翅目 50
雀 58
雀稗 86
雀科 119，123
鹊鹅 52
群选择 58，69

R

人虱 117
人体虱 117
人头虱 117
忍冬科 114
忍冬属 119
日本稻蝗 118
日本虎凤蝶 129
日本猕猴 62
日本瓢虫 97
日本绒螯蟹 107，130
绒螯蟹属 107
蝾螈 45，83，100，112

S

三刺棘鱼 40
三名 143
三球悬铃木（法国梧桐） 99
杀婴 47
沙蒙狐蝠 53
山毛榉属 112
山雀 112
山蜘蛛 85
山茱萸科 114
杉木 127
蛇 82
社群繁殖制 52
生境隔离 96
生态适应区 169
生物地理学 204
生物学物种概念 94
狮群 58
狮子 96
施氏鲟 130
十字花科 86
实蝇 119
实蝇属 114
食蜂鸟 62
食米鸟 82
食蚜蝇 85
蜀葵 86
鼠李 114
鼠李科 114
鼠尾草 98
鼠尾南星 86
树蟾 96
树蜥 51
数值分类学派 183
双参数模型 199
双翅目 46，183
双分支 166
双名 142
水毛茛 92
水牛 98
水芹 59
水杉 89
水蛇 74
顺序排列法 181
似然法 198
松田鼠 51
苏铁目 53
粟色蚁鸟 113
蓑鲉 136
索蟾 96

T

台湾绒螯蟹 107，130
太白虎凤蝶 129
太平洋 206
太平洋洲假说 207
太阳鸟 19
太阳鱼 136
坛罐花科 53
坛罐花属 53
汤姆逊瞪羚 69
蝗註目 147
特化 86
特有性简约性分析 209
藤壶 36
藤露兜树 53
天牛 123
天竺葵 20
田下蓟 114
跳跃式物种形成 122
跳蛛 85
同胞相残 65

同翅目　139
同名　145
同域物种形成事件　111
同源多倍体　116
同源特征　152
铜绿辉椋鸟　53
统模　144
秃鹰　19

W

瓦氏拟态　85
外群　192
外群比较　154
万年青　141
网翅虻科　20
网状互惠　69
唯名论物种概念　92
鲔鱼　37
乌灰鹞　66
乌苏里虎凤蝶　129
乌贼　82
物种选择　71

X

吸血蝙蝠　66
犀鸟科　152
蜥蜴　76
蟋蟀　46，93，121
蟋蟀科　130
系统发育生物地理学　208
系统发育树　163
系统发育物种概念　103
细裳蜉科　129
狭颚绒螯蟹　107，130
狭颚新绒螯蟹　107
仙人掌地雀　74，88，117
先验概率　199
线虫　68
香草　54
向日葵　98，119
象海豹　54，78
橡树属　100
橡树啄木鸟　52
小翅稻蝗　47，118
小蛾类　123
肖蛸属　123
蝎蛉　50
蟹　37
蟹蛛　81
新达尔文主义　28
新模　144
新热带区　208
新综合进化论　28
星猫鲨　136
行为隔离　97
形式分类　148
形态学物种概念　91
性间选择　45
性内选择　45
性选择　41
熊蜂　86
熊猫　128
须鲸　98
旋毛虫　127
选模　144
血缘关系　150

Y

鸭嘴兽　143，160
蚜虫　41
亚河豚科　139
亚麻科　86
亚麻荠　86
亚婆罗门参　119
亚洲高原大区　211
檐鼠　98
衍征　154
鼹鼠　51，67
燕子　39，47，48，112
野猫　98
叶甲　109
一般轨迹　208
一雌多雄制　51
一球悬铃木　99
一雄多雌制　51
一种虻　20
一种文殊兰　20
一种玄参　20
遗传漂变　76
异名　145
异域物种形成事件　111
异源多倍体　116
异源同形　152
意大利蜜蜂　85
银剑树　20

银热带鱼　58
银杏目　53
隐翅甲　85
隐身色　81
莺　36
鹦鹉　98
萤火虫　85
蝇　39
蝇科　114
蝇类　87
油松松毛虫　130
有螯类　6
有鳞目　179
鱼蛉　63
玉米　116

Z

杂草　39
杂种不育　98
杂种退化　98
蟑螂目　46
障碍模型论　48
针叶小爪螨　127
正模　144
支系　154
支系选择　71，138
支序系统学　148
直翅目　46，50
直额绒螯蟹　107，130
直接共利互惠　69
指猴　87
智人　160
雉科　86
中国拟短丝蜉　139，204
中华稻蝗台湾亚种　118
中华虎凤蝶　129
中华鸟龙　183
中华绒螯蟹　107，130
中华鼠耳蝠　129
中华鲟　130
中喙地雀　74，88
中性论　30
肿腿蜂　123
种本名　142
种名　142
重叠　209
侏罗纪　206
侏儒鸟　49
猪旋毛虫　127
竹节虫　114
梓树　99
紫水鸡　52
自引导法　200
自有新征　154
总适合度理论　61
总体相似性　184
综合进化论　28
棕榈树　115
棕色田鼠　51
祖征　154
钻嘴鱼科　85
最小进化法　198
最优化比对　195
C值悖论　30

西文索引

(以英文字母为序)

A

Abudefduf troschelli 58
Acanthoscelides obvelatus 130
Accipitridae 19
Achatinella 123
Acinonyx jubatus 78
Acipenser schrenckii 130
Acipenser sinensis 130
Actitis macularia 51
Ada 86
adaptive zone 169
Adenostoma fasciculatum 114
Aepyceros melampus 51
Aethia 49
Agapornis personata fischeri 98
Agapornis roseicollis 98
Agelaius phoeniceus 52
aggressive mimicry 85
Agrius convolvuli 20
Agrodiaetus 118
Agrostis tenuis 39, 116
Ailuropoda melanoleuca 116, 143
Alcea setosa 86
Alces alces 119
Alces gallicus 119
Alces latifrons 119
Alces scotti 119
Alcidae 49
alignment 193
Allonemobius 50
allopatric speciation 111
allopolyploid 116
Alpheus 112
Amblyrhynchus cristatus 54
Amish 77
Amphibia 136
Amphilophus citrinellus 115
Amphilophus zaliosus 115
Anacamptis morio 86
Anartia fatima 82
ancestral character 154
Andrena nigroaenea 86
Angraecum sesquipedale 20
Anolis 124
Anopheles gambiae 97
Anopheles maculipennis 97
Anseranas semipalmata 52
Antarctic 208
anterior probability 199
Anthoxanthum odoratum 116
Aphenops cronei 87
Apis mellifera 85
Aplonis atrifuscus 53
Apodemus sylvaticus 63
apomorphy 154
aposematic coloration 82
aposematism 82
Arabidopsis thaliana 59
Arisarum vulgare 86
Ascaris bivalens 25
Atemeles pubicollis 85
Atractomorpha lata 47
Australian 208
autapomorphy 154
autopolyploid 116
Aves 136

B

background-matching 81
Balaenoptera musculus 98
Balaenoptera physalus 98
Balanus balanoides 36
Batesian mimicry 84
Bayes 199
Bayesian analysis 199
behavioral isolation 97
bifurcate 166
binomen 142
biogeography 204

biological species concept 94
Bison bison 98
Biston betularia 21
Bittacus apicalis 50
Blattoidea 46
Bombus pascuorum 86
bootstrapping 200
Boreal 208
Bos taurus 98
Botaurus lentiginosus 81
bottleneck effect 78
Brassia 86
Brassica oleraceae 116
Brassica oleraceae 100
Brassicaceae 86
Bubalus bubalis 98
Bubulcus ibis 66
Bucerotidae 152

C

C value enigma 30
Caenorhabditis elegans 68
Camelina sativa 86
camouflage 81
Camponotus bendigensis 85
Canis simensis 52
Carcinus maenas 37
Carthartidae 19
Castanea mollissima 127
Catalpa bignonioides 99
Catalpa ovata 99
Ceanothus jepsonii 97
Ceanothus ramulosus 97
Ceanothus spinosus 114
Centropomidae 85
Centropomus mexicanus 85
Ceratitis capitata 46
Ceryle rudis 63
chelicerates 6
Chthamalus stellatus 36
cichlid 8, 37, 124
Cichlidae 115, 123
Circus pygargus 66
Clade selection 71, 138
clade 154
Cladistics 148
cladogram 163
Coatonachthodes ovambolandius 85
cohesion species concept 105
Coleoptera 46, 50, 183
Colias eurytheme 93
Colias philodice 93
Colias philodice 93
collective mimicry 85
color resemblance 81
combat 45
comparison of transformation series 154
congruence 209
continental drift 206
convergence 152
Cretaceous 206
Crinia signifera 96
Crinia signifera 96
Crinia tasmaniensis 96
Crinum bulbispermum 20
Crocodylia 179
Crotaphytus collaris 76
Crotophaga ani 52
Crotophaga sulcirostris 52
Crustacea 202
crypsis 81
Cuculus canorus 115
Cunninghamia lanceolata 127
Cycadales 53
Cyphoderris 50
Cyprinodon spp. 109, 119
Cytrandia 20

D

Danaus gilippus 85
Danaus mauritiana 110
Danaus plexippus 47, 85
Daubentonia madagascariensis 87
Dendrobatidae 83
Dendroica occidentalis 119
Dendroica spp. 112
Dendroica townsendi 119
Dendroica 36
Dendrolimus laricis 130
Dendrolimus punctatus 130
Dendrolimus spectabilis 130
Dendrolimus tabulaeformis 130
derived character 154
Desmodus rotundus 66

Dictyostelium discoideum 64
Diptera 46, 183
direct reciprocity 69
disjunction 204
dispersal 205
Dolichonyx oryzivorus 82
Doras sp. 137
Drepanidinae 19, 119, 123
Drepaninae 122
Drepanosiphum platanoides 41
Drosophila ampelophila 38
Drosophila carcinophila 87
Drosophila equinoxialis 99
Drosophila heteroneura 110
Drosophils mauritiana 110
Drosophila melanogaster 22, 39, 76, 97, 117
Drosophila pseudoobscura 38, 97, 99, 109
Drosophila santomea 113
Drosophila silvestris 110
Drosophila simulans 110
Drosophila spp. 113
Drosophila subobscura 89
Drosophila willistoni 99
Drosophila 8, 20, 50, 118, 123

E

ecological isolation 96
Elaphurus davidianus 78, 128, 143
Empis 50
Encyclia 86
Ensatina eschscholtzii xanthoptica 83
Ensatina eschscholtzii 100
Ensatina 112
Ephemeroptera 129, 183
Epilachna nipponica 97
Epilachna spp. 93
Epilachna yasutomii 97
Epipactis 86
Equus 98
Erebia epiphron 112
Eriocheir Formosa 107
Eriocheir formosa 130
Eriocheir hepuensis 107
Eriocheir hepuensis 130
Eriocheir japonica 107
Eriocheir japonica 130
Eriocheir leptognatha 107
Eriocheir leptognatha 130
Eriocheir recta 107
Eriocheir recta 130
Eriocheir sinensis 107
Eriocheir sinensis 130
Eriocheir 107
Eristalis tenax 85
essentialis species concept 91
Eucinostomus melanopterus 85
Eurosta solidaginis 39
evolutionarily stable strategy 60
evolutionary grade 169
evolutionary species concept 102
evolutionary systematics 169
Exocoetus volitans 137
expanding earth 208
extrapair copulation 52

F

Felis bengalensis 98
Felis catus 98
Ficedula 118
finch 15
formal classification 148
founder effect 77
Freycinetia reineckei 53
Fringillidae 119, 123
Fulica Americana 63
Fulleritermes contractus 85

G

Gallus gallus 160
gamete selection 70
gametic isolation 98
Gasterosteus aculeatus 37, 110, 117, 118
Gasterosteus 40, 118
Gazella thomsoni 69
gene selection 61
geneological relationships 150
generalized track 208
generic name 142
genetic drift 76
genetic species concept 106
genotypic cluster definition 106
Geocarcinus ruricola 87
geographic isolation 96
Geospiza fortis 21, 37, 74, 88, 117
Geospiza fuliginosa 37

Geospiza magnirostris 21, 37
Geospiza scandens 74, 88, 117
Geranium 20
Gerreidae 85
Gilliesia pulchra 129
Gilliesia 129
Ginkgoales 53
Gomphidae 152
Gondwana 206
Gossypium barbadense 98
Gossypium hirsutum 98
Gossypium tomentosum 98
gradual speciation 121
greenbeard effect 64
group selection 58
group trend 154
group 148
Grylidae 130
Gryllus pennsylvanicus 93, 97
Gryllus veletis 93, 97
guppies 37

H

habitat isolation 96
Habropoda pallida 86
handicap model 48
haplotype 210
Hawaiian honeycreepers 20
Helartos malayanus 116
Helianthus annuus 119
Helianthus annuus 98
Helianthus anomalus 119
Helianthus deserticola 119
Heliconius himera 85
Helianthus paradoxus 119
Helianthus paradoxus 98
Helianthus petiolaris 119
Helianthus petiolaris 98
Heliconius erato 85
Hemerocallis citrina 130
Hemerocallis dumortieri 130
Hemerocallis esculenta 130
Hemerocallis lilioasphodelus 130
Hemerocallis middendorffii 130
Hemerocallis minor 130
Hemerocallis multiflora 130
Hemerocallis plicata 130
hemimelaena 113
Hemiptera 46, 121, 139
Heterocephalus glaber 51, 67
Heuchera grossulariifolia 116
heuristic search 198
Hirundo rustica 39, 48
holophyletic group 171
holotype 144
Homo erectus pekinensis 144
Homo sapiens 160
homology 152
homonymy 145
homoplasy 152
Homoptera 139
honest signal 48
Howea 115
Huso dauricus 130
hybrid inviability 98
hybrid sterility 98
Hyla aurea 96
Hyla chrysoscelis 116
Hyla versicolor 48, 49, 116
Hyposmocoma 123
Hypsa monycha 86
Hypsignathus monstrosus 51

I

Idotea baltica 82
inclusive fitness 61
indirect reciprocity 69
infanticide 47
Insecta 202
Intersexual selection 45
Intrasexual selection 45
in-group 192

J

Jacana spinosa 47
Jukes-Cantor 199
Junco phaeonotus 58
Juniperus barbadense 100
Juniperus orizontalis 100
Juniperus przewalskii 79
Juniperus scopulorum 100
Juniperus virginiana 100
Jurassic 206

K

Kimura 199

kin selection 61

L

Laboulbeniaceae 87
Larus argentatus 112
Larus californicus 65
Lathyrus ochrus 86
Laupala 121, 123
Laurasia 206
lectotype 144
Leiopelma 207, 208
Lepidoptera 46, 83
Lepomis megalotis 137
Leptophlebiidae 129
Libellulidae 152
Limenitis archippus 85
Linaceae 86
Lipotes vexillifer 128, 139
Lipotes vexillifer 143
Lipotidae 139
Liriomyza brassicae 39
Littoria obtusa 37
Lonicera 119
Loxoblemmus 130
Luehdorfia chinensis 129
Luehdorfia japonica 129
Luehdorfia longicaudata 129
Luehdorfia puziloi 129
Luehdorfia sp. 127
Luehdorfia taibai 129
Luscinia svecica 52

M

Macaca fuscata 62
Macropus giganteus 143
Magnoliophyta 136
Mammalia 136
Manacus manacus 51
Mantophasmatodea 147
marker 193
Marmota flaviventri 51
mass extinction 122
maximum likelihood (ML) 198
maximum parsimony (MP) 198
mechanical isolation 97
Mecoptera 46, 50
Megaleia rufa 160
Melanerpes formicivorus 52
Meleagris gallopavo 112
Meleagris occeleta 112
Meliphagidae 19
Meloe franciscanus 86
Merops bullockoides 62
Metasequoia glyptostroboides 89
Microtus brandti 47
Microtus mandarinus 51
Microtus ochrogaster 51
Microtus pinetorum 51
Microtus richardsoni 51
Mimicry 84
minimum evolution method (ME) 198
Mirounga angustirostris 54, 78
Moegistorhynchus longirostris 20
molecular evolution 29
molecular phylogenetics 192
molecular systematics 192
Monodelphis domestica 63
monogamy 51
monophyletic group 164
morphological species concept 91
multilevel selection 58
Murina leucogaster 129
Mus musculus domesticus 113
Musca domestica 78, 143
Myliobatis freminvilii 137
Myotis auriculus 37, 42
Myotis chinensis 129
Myotis evotis 37, 42
Myotis ricketti 87, 129
Myriapoda 202
Myrmecia fulvipes 85
Myrmeciza 113
Myrmica 115
Müllerian mimicry 85

N

Nectariniidae 19
neighbour joining 196
Nemestrinidae 20
Neochlamisus bebbianae 109
Neoeriocheir leptognatha 107
Neopyrochroa 50
Neosinocalamus affinis 127
Neotropical 208
neotype 144

Neo-Darwinism 28
Nerodia sipedon 74
Nerophis ophidion 54
Nesomimus 15
network reciprocity 69
neutral theory of evolution 30
new synthetic evolutionism 28
Nicrophorus orbicollis 47
nomen specificum 142
nomen triviale specificum 142
nominalistic species concept 92
Nothofagus spp 204
Nothofagus 112, 207, 208
Notropis 112
numerical systematics 183

O

Oberonia thwaitesii 86
Ochotona princeps 51
Odonata 183
Odynerus 123
Oecanthus 50
Oligonychus ununguis 127
operational taxonomic unit (OTU) 184
Ophrys sphegodes 86
optimization alignment 195
order 148
Ornithorhynchus anatinus 143, 160
Orthoptera 46, 50
OTU 210
out-group comparison 154
out-group 192
overall or total similarity 184
Oxya chinensis formosana 118
Oxya japonica 118
Oxya yezoensis 47, 118

P

Pacific 206
Palaeoptera 183
Paleotropical 208
panbiogeography 208
Pandamilia nyererei 115, 118
Pandamilia pundamilia 48, 50, 105
Pangaea 206
Panthera leo 58, 96
Panthera tigris 96
Paphiopedilum 86
Papilio dardanus 36
Papilio memnon 36
Parachauliodes japonicus 63
Paracirrhites forsteri 136
Paraliehthys lethosligma 81
parallelism 152
parapatric speciation 111
paraphyletic group 165
paratype 144
parsimony analysis of endemicity (PAE) 209
Partulina 123
Parus major 82
Parus 112
Pascifasticus leniscululs 118
Paspalum paspaloides 86
Passer spp. 100
Pavo cristatus 45, 48, 49
Pedculus humanus capitis 117
Pedculus humanus corporis 117
Pedculus humanus 117
Pelargonium suburbanum 20
Periophthalmus koelreuteri 137
peripatric speciation 112
Permian 206
Phalaropus lobatus 51
Phasianidae 86
phenetics 183
Phoca vitulina 54
Photuris 85
phyletic sequencing 181
Phylloscopus trochiloides 112
Phyllostachys pubescens 127
phylogenetic species concept 103
phylogram 163
Physalaemus pustulosus 49
Pinus densiflora 127
Pinus muricata 97, 98
Pinus radiata 97, 98
Pinus thunbergii 127
Pipilo erythrophthalmus 100
Pipilo ocaci 100
Pipridae 49
Pisum fulvum 86
Pittosporum 123
Plagithmysus 123
Plantago lanceolata 116

Plantago major 141
Platanthera bifolia 98
Platanus hispanica 99
Platanus occidentalis 99
Platanus orientalis 99
plesiomorphy 154
Poecilia reticulata 43，89
Pogonomyrmex barbatus 67
Polistes dominulus 67
Polistes fuscatus 67
polyandry 51
Polydesmus guizhouensis 146
Polydesmus hamatus 146
polygamy 51
polygyny 51
Polynemus paradiseus 137
polyphyletic group 165
Porphyria 78
Porphyrio porphyrio 52
Portia labiata 85
posterior probability 199
Poultonian mimicry 85
primitive character 154
prior expectation 199
promiscuity 51
Prosoeca ganglbaueri 20
Proterrhinus 123
Prunella modularis 47，52
Pseudorca crassidens 98
Psilopa petrolei 87
Pterois volitans 137
Pteropus samoensis 53
Pthirus pubis 117
punctuated equilibrium hypothesis 31
punctuated equilibrium 125
punctuation model 122
Pundamilia nyererei 115，118
Pundamilia pundamilia 48，50，105，115
Pygoscelis adeliae 52
Pyrococcus 76
python 20
P. chlorantha 98

Q

quantum speciation 122
Quercus acutissima 127
Quercus bicolor 99
Quercus ilicifolia 99
Quercus marilandica 99

R

Ramphastidae 152
Rana berlandieri 97
Rana blairi 97
Rana pretiosa 113
Rana sphenocephala 97
Rana zephyria 114，119
Ranunculus flabellaris 92
Raphanobrassica sp. 100，116
Raphanus raphanistrum 70
Raphanus sativus 100，116
ratite bird 207，208
Rattus norvegicus 98
Rattus rattus 98
relative recency of common ancestor 150
Reptilia 136
Rhagoletis cornivora 114
Rhagoletis mendax 119
Rhagoletis mendox 114
Rhagoletis pomonella 114
Rhagoletis 114
Rhamnaceae 114
Rhinolophus ferrumequinum 129
Rhinopithecus roxellana 128，143
Rhipidura rufifrons 112
ring species 112
Riparia riparia 49
Rosaceae 114

S

saltational speciation 122
Salvelinus spp. 96
Salvia apiana 98
Salvia mellifera 98
Sanseveria trifasciata 141
Scatophaga stercoraria 60
Schizocosa ocreata 49
Schizotetranychus bambusae 127
Scyliorhinus caniculus 137
Scytodes sp. 85
Semanotus japonicus 47
Sepia officinalis 82
Sequoia sempervirens 143
sexual isolation 97
sexual selection 41

Sfurnella neglecta 92, 94
Sierola 123
Silverswords 20
Sinosauropteryx prima 183
Siparuna 53
Siparunaceae 53
Siphlonuridae 133
Siphluriscidae 139, 207
Siphluriscus chinensis 139, 204
Siphonostoma typhle 54
sister group 151
social breeding system 52
Solenopsis invicta 64, 68
spatial isolation 96
Spea bombifrons 63
Spea multiplicata 63
Specialization 86
species selection 71
sperm competition 45
Spermophilus beldingi 62
Spermophilus tridecemlineatus 51
Spilogale gracilis 97
Spilogale putorius 97
Squamata 179
standardization 187
Strepsiptera 183
Sturnella magna 92, 94
sympatric speciation 111
symplesiomorphy 154
synapomorphy 154
Syngnathus typhle 45
synonymy 145
synthesis species concept 106
synthetic evolutionism 28
syntype 144

T

Tanysiptera spp. 112
Taricha granulose 45
Taricha 83
temporal isolation 97
Tephritidae 114
Testudines 179
Tetragnatha 123
Thalassoma lucasanum 58
Thomisus spectabilis 81
Thunnus thynnus 137
Timema cristinae 114
Timema podura 114
topotype 144
track 208
Tragopogon dubius 116
Tragopogon mirus 116, 119
Triatoma phyllosonia 47
Tribolium castaneum 22, 39
Tribolium castaneum 58
Tribonyx mortierii 52
Trichillena nativa 127
Trichillena sp. 127
Trichillena spiralis 127
Trichillena swine 127
Trigla pini 137
trinomen 143
Triticum aestivum 116
Trochilidae 19, 86
Truljalia hibinonis 46, 129
Truljalia hofmanni 129
Truljalia tylacantha 129
Turdus pilaris 59
Tursiops truncates 98
Tympanuchus cupido 76
type specimen 144
typological species concept 91

U

uninomen 146
unweighted pair-group method with arithmetic mean (UPGMA) 188, 194, 196
Urosaurus ornatus 51
Ursus melanoleuca 128

V

Vertebrata 136
vicariance 205
Vicia peregrina 86
Vidua spp. 115
Vipera berus 82

W

warning coloration 82
warning signal 82
Wasmannian mimicry 85
Wurmbea dioica 54

X

Xanthium trumarium 86
Xanthopan morganii praedicta 20

Xiphophorus　49

Z

Zaluzianskya microsiphon　20

Zea mays　116

Zootermopsis nevadensis　68

Zoraptera　50

Zorotypus　50

Zosterops lateralis　77

zygotic mortality　98